U0382103

浙江师范大学环东海与边疆研究院

环东海研究

第二辑

于逢春　王涛　主编

中国社会科学出版社

图书在版编目（CIP）数据

环东海研究. 第二辑/于逢春，王涛主编. —北京：中国社会科学出版社，2018.5
ISBN 978 - 7 - 5203 - 2199 - 0

Ⅰ. ①环… Ⅱ. ①于… ②王… Ⅲ. ①东海—研究 Ⅳ. ①P722.6

中国版本图书馆 CIP 数据核字 (2018) 第 052707 号

出 版 人	赵剑英
责任编辑	李庆红
责任校对	李 剑
责任印制	王 超

出 版	中国社会科学出版社
社 址	北京鼓楼西大街甲 158 号
邮 编	100720
网 址	http://www.csspw.cn
发 行 部	010 - 84083685
门 市 部	010 - 84029450
经 销	新华书店及其他书店

印刷装订	北京明恒达印务有限公司
版 次	2018 年 5 月第 1 版
印 次	2018 年 5 月第 1 次印刷

开 本	710×1000 1/16
印 张	21.75
插 页	2
字 数	335 千字
定 价	89.00 元

目　录

海洋经济与贸易

地产鱼虾海物：关于唐代江南海洋渔业的探讨 ……………… 张剑光（3）

唐宋台州与南海贸易 ……………………………………… 周运中（14）

元代浙江港口与海上丝绸之路 ……………… 刘恒武　马　敏（23）

元代海洋经济与东南海上动乱

　　——以温州为中心的考察 ………………………… 陈彩云（37）

明清税关中间代理制度研究 ……………………………… 胡铁球（52）

16 世纪澳门海上贸易新见中文史料二题 ……… 汤开建　周孝雷（83）

梅菉镇早期历史与明末清初粤西海上贸易活动 …………… 吴　滔（106）

锁国时期中日两国对外贸易中的输入品结构

　　——以广州、长崎为对象 ………………… 刘　钦　张晓刚（118）

清前期（1684—1784 年）东南沿海与台湾的

　　贸易往来 ………………………………… 王兴文　陈　清（151）

宗教利益至上：传教史视野下的"安菲特利特号"

　　首航中国若干问题考察 ………………… 伍玉西　张若兰（159）

略论晚清时期制约宁波港贸易发展的主要因素 …………… 陈建彬（176）

论近代台州黄氏家族经营形态的嬗变——兼谈江南涉海

　　家族的发展特点与历史命运 …………………………… 杜真江（193）

海洋社会与文化

海上交通、移民群体与区域社会意识之构建

　　——唐宋时期中朝海上移民问题研究 ………………… 冯建勇（215）

宋代近海航路考述 …………………………………………… 黄纯艳（241）

1815—1869 年影响浙北地区台风序列重建与

    路径分析 ……………………… 郑微微　唐　晶　杨煜达（261）

筑城与拆城：近世中国通商口岸城市成长扩张的

    模式与特征 …………………………………………… 刘石吉（274）

略谈江南文化的海洋特性 …………………………………… 陈国灿（290）

漳州沿海福佬地区与山区客家地区"谢安信仰"的

    比较 ………………………………………… 张晓松　毛　丽（300）

海外华人社会发展及其对华关系演变

    ——马来西亚美里市个案研究 ………………………… 黄晓坚（320）

信仰导向：方国珍与浙东佛教势力的政治互动 ………… 李鹏飞（332）

海洋经济与贸易

地产鱼虾海物：关于唐代江南海洋渔业的探讨

张剑光*

江南自古以来重视渔业。《史记·货殖列传》说南方的楚、越之地是"饭稻羹鱼"，意指南方人的食物中鱼类食品占有较大份额。因为有人喜欢食用鱼产品，所以就会有人追逐利润，来供应这一类东西。唐代以后，渔业在农业经济中占有不小的比重，是部分百姓赖以生存的基本产业。由于社会的稳定和农业经济的发达，唐代渔业经济有着较快的发展，在鱼类产品的捕捞、加工和销售等技术上都有所进步。中唐以后商品经济较为繁盛，农副业产品逐渐涌进市场，各种鱼产品被经销买卖，市场对鱼产品的需求量增大，这使得渔业生产的发展有了足够的动力。本文根据现有资料，对江南的海洋渔业生产作简单描述。①

一　海洋捕捞生产

唐代的江南沿海地区，很多人主要以捕鱼为生，而不再或较少从事农田耕作。早在圣历三年（700年），崔融就言："江南诸州，乃以鱼为命"，"一朝禁止，百姓劳弊，富者未革，贫者难堪"。②说明江南的百姓以捕鱼为生，与渔业生产结下了不解之缘。《资治通鉴》卷二〇五载武则天长寿元年（692年）五月，"禁天下屠杀及捕鱼虾，江淮旱，饥，民不得采鱼虾，饿死者甚众"。不少人是靠捕鱼为生的，一旦禁止捕捞，生活就没有着落。中

---

*　张剑光，上海师范大学古籍研究所教授。

①　本文所说的"江南"，是指唐代的浙东和浙西两道，主要论述的区域为两道的沿海地区。

②　（清）董诰：《全唐文》卷二一九《禁屠议》，上海古籍出版社1990年版，第977—978页。

宗景龙元年（707年），李乂上疏，谈到江南人民的生产习惯时说："江南水乡，采捕为业，鱼鳖之利，黎元所资。"① 捕鱼作为居住在江河湖泊和海边的人来说，已是一个相对固定的职业，成为他们获取生活资料的主要来源。以捕鱼为业的渔民在记载中十分常见。如常州江阴县，位于长江入海口，"乡多钓浦人"，② 这种靠在大海或江口捕鱼为生的渔民，在江南地区占有较大的比重。当然，唐代既渔亦农的情景是十分普遍的，如苏州人王可交，"以耕钓自业"，③ 耕作与捕鱼并重，农闲时以捕鱼为主要职业。

唐代的捕鱼工具和方法，与前代相比有了较大的变化与发展。除了继承前代的一些器具和方法外，又有了新的发明和创造。唐代末期，陆龟蒙在苏州地区见到的渔具和渔法，反映了当时近海和内河捕捞技术的基本情况。他说：

　　大凡结绳持网者，总谓之网罟。网罟之流，曰罛，曰罾，曰罺。圆而纵舍曰罩，挟而升降曰罧，缗而竿者总谓之筌。筌之流，曰筒，曰车。横川曰梁，承虚曰笱，编而沈之曰箪，矛而卓之曰矛昔，棘而中之曰叉，镞而纶之曰射，扣而骇之曰桹（以薄板置瓦器上，系之以驱），鱼置而守之曰神，列竹于海澨曰沪（吴之沪渎是也），错薪于水中曰椮，所载之舟曰舴艋，所贮之器曰篓箸。其他或术以招之，或药而尽之，皆出于诗书杂传及今之闻见，可考而验之不诬也。④

　　陆氏所见的这些工具，是以内陆河道和湖泊使用的工具为主，但有的工具是近海和内陆湖泊通用的。从总的情况来看，海上捕捞以网具为最重要，通常由渔船载着网具再撒到海中。在近海捕捞中，网具发挥出巨大的作用，尽管没有直接的关于江南沿海的记载，但我们可以其他沿海地区的资料作为佐证："东州静海军姚氏率其徒捕海鱼，以充岁贡，时已将晓，而

① （宋）王溥：《唐会要》卷四一《断屠钓》，中华书局1955年版，第731页。

② （清）彭定求：《全唐诗》卷六四九，方干《送江阴霍明府之任》，中华书局1960年版，第7460页。

③ （宋）李昉：《太平广记》卷二〇，引《续神仙传》"王可交"条，中华书局1982年版，第136页。

④ （唐）陆龟蒙：《甫里先生文集》卷五《渔具》，《四部丛刊初编》本。

得鱼殊少。方忧之，忽网中得一人……明日，鱼乃大获，倍于常岁矣。"①
显然网具捕鱼的效率很高。再如有人看到"苏州太湖入淞江口，唐贞元中，
有渔人载小网数船，共十余人，下网取鱼"。② 淞江入太湖口，河面很宽，
使用网具是最有效的捕鱼方式，而在近海，尽管使用的网线粗细和网眼大
小可能不一样，但捕捉的原理应是相同的。

除了网具外，当时还使用一些以竹木编制的小型渔具，如沪、簖、罾、
筌等。其中的沪、簖最为常见，这从帝王的一些禁令中频繁出现便可看出。
如咸亨时高宗早已下过"禁作簖捕鱼"的诏书；③ 开元十八年（730 年）玄
宗敕："诸州有广造簖沪取鱼，并宜禁断。"④ 这一类的工具主要是能拦截一
片水面，是一种口大身体细长的口袋形的网具，使过往的所有鱼类全朝簖
中钻，结果会将大、小鱼全部捕杀灭尽，所以捕鱼的功效比较高，但对水
产资源的破坏也是较大，因而帝王下令禁止。从陆龟蒙的文章中我们看到，
沪是将竹竿插在海边的浅水中，竹竿中布满口袋形的网具，拦截海面，捕
捉来往的近海鱼类。

近海捕捞对渔船的要求较高。唐代的造船业十分发达，且近海捕捞业
已相当发展，所以渔船的规模也是相当大的。《太平寰宇记》卷九十八谈到
明州贡中，就有"舶船"，说明明州的船舶制造技术达到了较高的水准，明
州船只出海没有任何技术上的难题。《酉阳杂俎》前集卷十七云："异鱼，
东海渔人言近获鱼，长五六尺。"估计这里指的东海渔人是浙东沿海的渔
民，他们驾船在近海捕鱼，发现了人们还没有认识的鱼类。

江南靠海的各州，近海捕捞都比较兴盛。我们以《通典》所记的天宝
年间上贡的海物、《元和郡县图志》所记的开元和元和年间上贡的海物，以
及《新唐书·地理志》所记的长庆年间上贡的海物作为唐朝几个时期段，
可以看出当时江南靠海各州的海洋渔业大致情况。另外，宋初《太平寰宇
记》中所载各州土产中的海物，基本上反映了五代各州的情况，也一并列
出。由于土贡和土产，一般都是只记最重要的物品，并不能真正看出各地

---

① （南唐）徐铉：《稽神录》卷四"姚氏"条，中华书局 1996 年版，第 65 页。
② （唐）皇甫氏：《原化记》，《全唐五代笔记》，三秦出版社 2007 年版，第 1157 页。
③ （宋）王钦若：《册府元龟》卷四二《帝王部·仁慈》，中华书局 1960 年版，第 479 页。
④ （宋）王溥：《唐会要》卷四一《断屠钓》，中华书局 1955 年版，第 732 页。

渔业生产的实际情况，因此我们所列，只是看出海洋渔业生产的大概而已。

唐五代江南沿海工贡和土产中的海物

州名	《通典》	《元和郡县图志》	《新唐书·地理志》	《太平寰宇记》
苏州	鲻鱼皮三十头、鲅鱼鱼昔五十头、肚鱼五十头、春子五升		鲻皮、鲅、鱼昔、肚鱼、鱼子	
明州		元和：海肘子、红虾米、鲭子、红虾鲊、乌鲗骨	海味	紫菜、淡菜、鲐、蚶、青鲫、红虾鲊、大虾米、石首鱼、海物
台州	鲛鱼皮百张	开元：鲛鱼皮；元和：鲛鱼皮一百张、甲香三十斤	蛟革	望潮鱼、甲香、鲛鱼皮、海物
温州	鲛鱼皮三十张	开元：鲛鱼皮三十张；元和：鲛鱼皮	蛟革	鲛鱼、西施舌
杭州				海蛤

由上表可知，沿海各州都上贡海产品，只是各书记录上的问题，有的州有的时间段有缺略。沿海各州也有淡水鱼产品的上贡，但相对来说没有海产品丰富。对当时的朝廷而言，这些州的海产品质量较高，品种丰富，所以就挑最好的东西加以勒索。即使如明州，记录中的海产品种类很多，但这些根本不是明州产品的全部。另外还有一点我们必须注意的，如鲛鱼之类的产品，并非是近海就能捕到，大多生活在冷水和深水海区，因而渔民必须出海相对较远才能完成朝廷的土贡任务。就这一点而言，当时的渔民不是只在靠近海岸线的地方捕捞，而是有能力深入海中去捕捉大鱼。

二　海产品的商品化

江南海洋渔业生产的发达，使得大量海产品被捕捞出来后等待消费。江南沿海渔民自己的消费是有限的，因而大量的海产品必须被运进各地市场进行销售。如果没有市场销售的刺激，海洋渔业生产就会停滞不前，只能维持在一种很低的基准上。

　　对沿海渔民而言，捕捞海产品是自己借以谋生的重要手段，他们必须把劳动所得的绝大部分产品变成商品，将这些海产品运进市场，通过交换环节来换取货币，从而购买自己的生活必需品，以维持简单再生产。景龙年间，中书舍人李乂谈道："生鬻之徒，惟利是视，钱刀日至，网罟年滋。"① 这种渔民"惟利是视"的描绘，实际上是对渔民进入市场交换的概括。渔民"惟利是视"的趋势，在受到唐代商品经济发展的波浪推动后愈演愈烈。

　　唐代渔民出售鱼产品的方法，一般是自己"持鱼诣市"，"一斗霜鳞换浊醪"，② 用鱼来交换生活用品。通常，大城市周围的渔民都直接将鱼运进城内市场上出售，但在更广大的农村，渔民一般在草市、墟市等小市场上交换。如广东海边渔人，每当海潮将牡蛎冲上沙滩，就将其收拢起来放在烈火中烘烤，"蚝即启房，挑取其肉，贮以小竹筐，赴墟市以易酒"。③ 想必江南沿海渔民也同样是如此。在一些水路比较方便的地方，前来交易的渔民越来越多，一些自发的市场就形成了。如越州有个名叫卢冉的人，"自幼嗜鲙，在堰尝凭吏求鱼……复睹所凭吏就潭商价"④。越州淡水和咸水鱼的销售方式，应该是相差不多的形式。再如广东沿海渔民捕捞到鲨之类的海产品，"列肆卖之"⑤。也可以旁证江南渔民捕捞到海鱼后会尽快就地销售。

　　渔民捕捞的大量海产品涌进市场，使得市场内出现了一些新变化。一些销售鱼产品的商店、摊点排列在一起经销，出现了规模效应，形成了一个相当集中、相对稳定的鱼产品交易地点，时称鱼市、海市、鱼行。元稹在《奉和浙西大夫李德裕述梦四十韵》中谈到越州的市场："鱼虾集橘市……渔艇宜孤棹，楼船称万艘。"⑥ 虽说市场称橘市，但市面上有众多的鱼虾产品，都是渔船直接运输进城的。《太平广记》卷二七"唐若山"条

　　① （宋）王溥：《唐会要》卷四一《断屠钓》，中华书局 1955 年版，第 732 页。
　　② （清）彭定求：《全唐诗》卷六一五，皮日休《钓侣》，中华书局 1960 年版，第 7097 页。
　　③ （唐）刘恂：《岭表录异》卷下，《全唐五代笔记》，三秦出版社 2007 年版，第 2624 页。
　　④ （唐）段成式：《酉阳杂俎》续集卷三《唐五代笔记小说大观》，上海古籍出版社 2000 年版，第 731 页。
　　⑤ （唐）段成式：《酉阳杂俎》前集卷一七《唐五代笔记小说大观》，上海古籍出版社 2000 年版，第 684 页。
　　⑥ （唐）元稹：《元稹集》外集卷七，中华书局 1982 年版，第 692 页。

云："其后二十年，有若山旧吏自浙西奉使淮南，于鱼市中见若山鬻鱼于肆，混同常人，睨其吏而延之入陋巷中。"虽然鱼市是在扬州城里，但隔江的江南各城，应该也同样有这样的市场，它们为城市消费带来了方便，同时也促进了渔民以更大的热情为城市提供海洋食物资源。此外，在一些州县城市及周围水路交通便利处，一个个以买卖鱼产品为主的市场纷纷出现。如罗邺说到越州"鱼市酒村相识遍，短船歌月醉方归"[①]，村市中的商品以鱼为主。元稹说："镜澄湖面嶭，云叠海潮齐""长干迎客闹，小市隔烟迷。"[②] 在离镜湖和海边都不是很远的地方，有一个小市，顾客众多，十分热闹，市场上必然都是鱼盐类产品。方干也说："沙边贾客喧鱼市，岛上潜夫醉笋庄。"[③] 这个鱼市应该就在海边不远处。韩翃诗云："暮雪连峰近，春江海市长。"[④] 海市的形成主要与海上船只的到来和海洋渔业生产有关。位于钱塘江边的杭州钱塘县，白居易曾说是"鱼盐聚为市，烟火起成村"[⑤]，海鱼从江中运过来，直接进入这个江边的市场。位于长江口的常州江阴县，海里的渔船航行比较方便，所以"海鱼朝满市，江鸟夜喧城"[⑥]。润州也是"野市鱼盐隘，江村竹苇深"[⑦]，应该也有不少海鱼船的到来。这些以海洋鱼产品交贸为主的鱼市的出现，说明了广大渔民与市场的联系十分紧密。

种类丰富，产量较大，导致了海产品销售地交贸旺盛，市场从业人员增多，朝廷于是在这类地方设立行政机构。《太平寰宇记》卷九八《明州》谈到定海县："海壖之地，梁开平三年（909 年），吴越王钱镠以地滨海口，有鱼盐之利，置望海县。后改为定海县。"说明定海县是靠了海洋渔业的发展才聚集人口、正式设县的。

鱼产品进入市场，通常是以活、鲜类为主。但问题是海鱼易死亡，一旦变质，无论是渔民还是商人都要蒙受经济上的损失，因而唐代沿海地区的商人和渔民对鱼产品进行了技术加工，用制成咸鱼和鱼干的方法进行加

① （清）彭定求：《全唐诗》卷六五四，罗邺《南行》，中华书局 1960 年版，第 7526 页。
② （唐）元稹：《元稹集》卷一一《送王协律游杭越十韵》，中华书局 1982 年版，第 131 页。
③ （清）彭定求：《全唐诗》卷六五一，方干《越中言事》，中华书局 1960 年版，第 7475 页。
④ （清）彭定求：《全唐诗》卷二四四，韩翃《送张渚赴越州》，中华书局 1960 年版，第 2746 页。
⑤ （唐）白居易：《白居易集》卷二〇《东楼南望八韵》，中华书局 1979 年版，第 444 页。
⑥ （清）彭定求：《全唐诗》卷二〇八，包何《送王汶宰江阴》，中华书局 1960 年版，第 2171 页。
⑦ （清）彭定求：《全唐诗》卷二六八，耿湋《登钟山馆》，中华书局 1960 年版，第 2992 页。

工，之后再把商品销往市场，一方面减少了经济损失，同时还能将海产品销售到更远的地方。"彭虫骨，吴人呼为彭越，盖语讹也。足上无毛，堪食。吴越间多以盐藏，货于市"。① 吴越地区的渔民将新鲜彭越用盐腌制后，就不再会变质，便可投放到市场上销售，不受时间长短的限制。唐代人还将新鲜鱼制成鱼干，深受人们的欢迎。孟诜《食疗本草译注》谈到石首鱼时说："作干鲞，消宿食。"② 就是说将石首鱼用盐腌后晒干。如广州沿海渔民捉到了"率如蒲扇"的乌鱼，"炸熟，以姜醋食之，极肥美。或入盐浑腌为干，捶如脯，亦美。吴中人好食之"。③ 广东沿海做咸乌贼鱼干的技术，在江南地区同样也是流行的。其实早在隋代，江南已见干鱼的制作。隋大业年间，"吴郡献海鲵干脍四瓶，瓶容一斗"④。将海鲵鱼做成干鱼，便于存放和保证质量，因为要送到北方，时间上可以更加延长。可见，用制成咸鱼、干鱼的方法可以解决新鲜海产品容易变质的缺陷，避免了经济受损，同时能将海产品运到更远的内地进行销售。

制成干、咸鱼的技术在唐朝的江南习以为常，在许多文人学士的诗文中，我们常可见到相互之间用干鱼、咸蟹之类海产品寄赠的事例，甚至有辗转数百上千里路之外的。文人学士们当然不会亲自动手去制作，他们馈赠的物品无非是当地市场上销售的土特产。如皮日休"欲封干鲙寄终南"的韦校书，而寄住在南方"岛夷"的好友则寄海蟹给皮日休，而皮氏又转寄给陆龟蒙。⑤

三　海产品的消费

唐朝人特别喜欢食鱼。相对而言，内陆地区主要食用淡水鱼，而沿海地区大量食用海水鱼。亲朋好友设宴开席，往往以鱼作为佳肴。人情往来，

① （唐）刘恂：《岭表录异》卷下，《全唐五代笔记》，三秦出版社 2007 年版，第 2625 页。

② （唐）孟诜：《食疗本草译注》，郑金生等译注，上海古籍出版社 1992 年版，第 201 页。

③ （唐）刘恂：《岭表录异》卷下，《全唐五代笔记》，三秦出版社 2007 年版，第 2619 页。

④ （宋）李昉：《太平广记》卷二三四，引《大业拾遗记》"吴馔"条，中华书局 1982 年版，第 1790 页。

⑤ （清）彭定求：《全唐诗》卷六一五，皮日休《寄同年韦校书》，中华书局 1960 年版，第 7097 页；卷六一三，皮日休《病中有人惠海蟹转寄鲁望》，第 7071 页。

还以鱼作为礼品相互赠送。正因为如此，市场对海鱼的需求量很大。

唐朝江南地区的海产品，已被人们认识的，分为贝类、鱼类、虾类、海洋植物几种。曾在台州任司马的孟诜《食疗本草》中，谈到的贝类有：牡蛎、龟甲、魁蛤、蚌、蚶、蛏、淡菜等。鱼类有鲛鱼、石首鱼、嘉鱼、鲨、时鱼、黄赖鱼、比目鱼、鲚鱼、鯼鯘鱼、鯨鱼、黄鱼、鲂鱼等。各地的土贡中的一些海产品，孟诜并没有记载，说明当时人们食用的品种远远超过孟诜的记录。如《太平寰宇记》卷九十九谈到温州土产中有西施舌，孟书里也是没有的："似车螯而扁，生海泥中，常吐肉寸余，类舌，俗甘其味，因名。"这是蛤的一种，是比较特殊的贝壳类产品。

唐末五代时期，记录中的海产品越来越多。陶谷《清异录》谈到"吴越功德判官毛胜，多雅戏，以地产鱼虾海物，四方所无，因造水族加恩簿，品叙精奇"，他将各种水产品全部给一个官位，虽是游戏笑谈，但列出了众多时人食用的海产品名单。这些水产品，按书中的先后次序有：江瑶、章举、车螯、蚶菜、虾魁、蚝、蟛蚏、蟹、彭越、蛤虫乐、文、鲈、鲋、鲚、鼋、鳖、鲨、石首、石决明、乌贼、龟、水母、珍珠、玳瑁、牡蛎、梵响、砑光螺、珂、螺蛳、蛙、鲦鯘、江豚、鳜、鲤、鲫、白鱼、鳊、鲟鳇、鳝、葱管、东崇、崇连、河豚、鳆、蚬。① 在这些水产品中，超过一半以上的是海产品，说明人们对海产品的食用数量在增加，分类更加细化。

地处西北内陆的皇室宫廷，对海鱼类产品有着特殊的喜好。各地上贡的海产品，本身已经说明了帝王对海鱼的爱好。沿海到长安，路途遥远，且海产品很难保存不变质，对运输提出了很高的要求。明州的海产品皇帝特别喜欢。元和年间，"明州岁贡海虫、淡菜、蛤蚶可食之属，自海抵京师，道路水陆，递夫积功岁为四十三万六千人"，华州刺史孔戣"奏疏罢之"。② 这种停贡可能是临时性的，因为到了穆宗长庆三年（823 年），元稹为浙东观察使，这一问题又提了出来。时"明州岁进海物，其淡蚶，非礼之味，尤速坏，课其程，日驰数百里。公至越，未下车，趋奏罢，自越抵

---

① （宋）陶谷：《清异录》卷上，《全宋笔记》第一编第二册，大象出版社 2003 年版，第 62—66 页。
② （唐）韩愈：《韩昌黎文集校注》卷七《孔公墓志铭》，马其昶校注，上海古籍出版社 2014 年版，第 591 页。

京师，邮夫获息肩者万计，道路歌舞之"。① 说明明州岁进海物已经有很长时间了。由于要保鲜，解送的速度要快，动用了大量的人力。到了唐文宗时，明州依然在进贡："颇好食蛤蜊，沿海官先时递进，人亦劳止。一旦御馔中有擘不开者，即焚香祷之。"② 能说明的一点是，江南的海鲜有着特殊的魅力。

官员对海产品有偏爱的也不少。唐武宗会昌年间，李绅在扬州时，"因科蛤，为属邑令所抗……绅大惭而止"。③ 从文字看，李绅"科蛤"是为了自己食用，结果地方官员认为文蛤生于深水处，现在天气严寒，下水的话实在太冷，李绅这才认识到自己的不妥。扬州的蛤应产自长江入海口附近。皮日休云："何事晚来还欲饮，隔墙闻卖蛤蜊声。"④ 显然蛤蜊是深受人们喜爱的。唐代一些到过南方的官员，对江南的海产品都有深刻的记忆。宋朝朱翌《猗觉寮杂记》卷上谈道："淡菜，贝中海错之美。韩退之《孔戣墓志》曰：'淡菜，蚶蛤之属。'李长吉诗云：'淡菜生寒日。'以天色极寒方出。元微之《论海错》亦云：'淡菜，海蚶之属。'"⑤ 李贺在诗《画角东城》中说："淡菜生寒日，鲖鱼馔白涛。"⑥ 白居易曾游浙右数郡，来到越州，谈到这里是"投竿出比目，掷果下猕猴"。⑦ 说明越州的海鱼十分受人喜欢。

对普通百姓而言，食用海洋食品十分普遍。当时在饮食行业中，有人以制作精美的海鲜菜而出名。海产品还被制成炙、脯、鲊、羹、脁等各种菜肴，如天脔炙、蛤蜊炙、蝤蛑炙、光明虾炙、金银夹化平截（剔蟹细散卷）、虾羹、冷蟾儿羹（冷蛤蜊）、白龙脁（鳜肉）、金粟平食追（鱼子）、凤凰胎（鱼白）、逡巡酱（鱼羊体）、乳酿鱼、丁子香淋脍、剪云析鱼羹、鱼羊仙料、加料盐花鱼屑、金丸玉菜脁鳖等。⑧

江南地区的一些海鱼十分著名。吴曾谈到两浙沿海的石首鱼云："两浙有鱼，名石首，云自明州来。问人以石首之名，皆不能言。予偶读张勃

---

① （唐）白居易：《白居易集》卷七〇，《河南元公墓志铭》，中华书局1979年版，第1467页。
② （宋）钱易：《南部新书》卷戊，《全宋笔记》第一编第四册，大象出版社2003年版，第58页。
③ （宋）钱易：《南部新书》卷丁，《全宋笔记》第一编第四册，大象出版社2003年版，第47页。
④ （清）彭定求：《全唐诗》卷六一五，《酒病偶作》，中华书局1960年版，第7098页。
⑤ （宋）朱翌：《猗觉寮杂记》卷上，《全宋笔记》第三编十册，大象出版社2008年版，第35页。
⑥ （清）彭定求：《全唐诗》卷三九二，中华书局1960年版，第4413页。
⑦ （唐）白居易：《白居易集》卷二七，《想东游五十韵》，中华书局1979年版，第607页。
⑧ （宋）陶谷：《清异录》卷下，《全宋笔记》第一编第二册，大象出版社2003年版，第102—104页。

《吴录·地理志》载：'吴娄县有石首鱼，至秋化为凫，言头中有石。'又《太平广记》云：'石首鱼，至秋化为冠凫，冠凫头中有石也。'"① 说明江南长期以来一直食用石首鱼，而且认为明州产的鱼质量最高。再如江南的乌贼鱼也很有名气，是江南沿海各地消费较多的一种鱼，"江东人或取墨书契以脱人财物，书迹如淡墨"②。比目鱼，"南人谓之鞋底鱼，江淮谓之拖沙鱼，亦谓之箬叶鱼"，"状如牛脾，细鳞，紫色，一面一目，两片相合乃行"。③ 比目鱼从南海一直到东海，都是人们喜爱吃的。

一些海鱼，还会跑到内河中："又有海鳍，形如大堤，长数十丈，至于浔阳。值冬水涸，不能旋，每每喊喁，水自脑而出，或云海神取其珠矣。迨死，人食其肉，多者至卒，以胁骨为桥，脊骨为臼。鳍者，鲤之类也。"④ 内地人当然也是喜欢食用。

除了当作菜肴食用外，海鱼的药用价值也逐渐被认识。知道有药用价值后，就有人在烧煮的时候讲究营养和药疗，讲究哪些鱼类适合哪些人食用。同时，将海鱼和药材相配成药食用，医疗效果更佳，海产品的消费有了崭新的途径。唐前期孟诜的《食疗本草》卷中，有许多内容提到了唐代常食鱼类的药用功效和禁忌，并一一进行了分析。如谈到蚶时说："主心腹冷气，腰脊冷风；利五藏，建胃，令人能食。每食了，以饭压之，不尔令人口干。又云，温中，消食，起阳，时最重。出海中，壳如瓦屋。又云，蚶：主心腹腰肾冷风，可火上暖之，令沸，空腹食十数个，以饮压之，大妙。又云，无毒，益血色。"谈到牡蛎云："火上炙，令沸，去壳食之，甚美。令人细润肌肤，美颜色。又，药家比来取左顾者，若食之，即不拣左右也。可长服之。海族之中，惟此物最贵。北人不识，不能表其味尔。"⑤ 谈到淡菜云："补五藏，理腰脚气，益阳事。能消食，除腹中冷气，消玄癖

① （宋）吴曾：《能改斋漫录》卷一五"石首鱼"，《全宋笔记》第五编第四册，大象出版社2012年版，第168页。

② 段成式：《酉阳杂俎》前集卷一七，《唐五代笔记小说大观》，上海古籍出版社2000年版，第684页。

③ （宋）刘恂：《岭表录异》卷下，《全唐五代笔记》，三秦出版社2007年版，第2620页。

④ （宋）龙衮：《江南野史》卷三《后主》，《全宋笔记》第一编第三册，大象出版社2003年版，第176页。

⑤ （唐）孟诜：《食疗本草译注》，郑金生等译注，上海古籍出版社1992年版，第202、197、203页。

气。亦可烧，令汁沸出食之。多食令头闷，目暗，可微利即止。北人多不识，虽形状不典，而甚益人。"这些北人不识的海产品，产自江南，是江南海洋渔业达到一定发展程度的标志。

四　余论

总体而言，唐代江南海洋渔业生产发展强劲，与淡水渔业生产共同为江南渔业经济做出较大的贡献。唐代江南渔业生产的发展，与前代相比，已经达到了一定的高度，渔业生产在经济中的地位不断上升。比如越州，中唐设观察使后，"西界浙河，东奄左海，机杼耕稼，提封七州，其间茧税鱼盐，衣食半天下"。这里的"鱼"，就有相当一大部分是指海洋渔业，渔业在经济中的比重不断升高。宋朝人评价越州为"东南一大都会"，其主要依据为"物产之饶，鱼盐之富，实为浙右之奥区也"。[①] 渔业生产，特别是海洋渔业，被提到重要位置。

促使渔业生产向前发展的主要因素是市场需求的增加，对鱼产品的需求较前代更加突出。随着商品经济对城市和农村的冲击、唐代人嗜鱼风气的盛行，一些有条件发展渔业的地方，渔民纷纷将捕捞产品运进市场，鱼产品的商品化倾向十分明显。有着海洋这一得天独厚的优势，江南沿海渔业捕捞就快速发展起来，人们纷纷将海产品运进各地，从沿海至内地，只要能保证海产品质量不变质，海洋鱼产品会迅速充斥市场。因此，唐代江南商品经济的发展，促使了海洋捕捞业的发展，同时海洋捕捞业丰富了商业市场的内涵，为市场提供了大量的商品。

江南海洋渔业的发展，丰富了人们的日常饮食生活，对人们的生活习性产生了一定的影响。吴越国孙承祐"尝馔客，指其盘延曰：'今日坐中，南之蟳蚄，北之红羊，东之虾鱼，西之粟，无不毕备，可谓富有小四海矣。'"[②] 社会各个阶层，对海洋鱼类越来越喜好，这使得原有的饮食习惯在变化，海产品的食用数量日益增多。因此，海洋渔业的发展，将不断改变人们的生活习惯。

---

① （宋）张淏：《宝庆会稽续志》卷一《会稽》，《宋元方志丛刊》，中华书局1990年版，第7092页。
② （宋）陶谷：《清异录》卷下，《全宋笔记》第一编第二册，大象出版社2003年版，第106页。

唐宋台州与南海贸易

周运中[*]

中国东部有世界上最广阔的温带与亚热带季风宜农平原，黄淮海大平原与长江中下游平原在江淮下游的江苏境内没有任何分水岭，其实连为一体。长江三角洲又与宁绍平原相连，所以大运河向南又能通过杭甬运河延伸到宁波。因为这片大平原纵横南北，所以战国秦汉之际，浙江北部平原的越人首先汉化。所以汉代会稽郡县治最密之处就是宁绍平原，而其南部山区县治极少。汉人依靠海路连接长三角与珠三角，沿途设置回浦（治今台州市椒江区章安镇）、冶（治今福州市）、揭阳（治今汕头市）三县，作为航海的补给站。[①]

回浦县在东汉初年改为章安县，章安县在汉代是会稽郡东部都尉治，管理今浙东南与福建，孙吴、两晋作为临海郡治所时是整个浙东南地区（今台州、温州、丽水三市）的政治中心。孙吴又从章安分出临海县（治今临海）、始平县（治今天台）。又立临海郡，郡治仍在章安。西晋分置乐安县（治今仙居县），东晋分置宁海县（治今宁海）。章安不仅是政治中心，也是重要港口。孙吴临海太守沈莹著有《临海水土异物志》，其中有夷洲（台湾）宝贵史料，说夷洲："在临海东南，去郡二千里。"很多学者认为孙吴派卫温、诸葛直远航夷洲是从章安出发。

隋代裁并临海郡入永嘉郡，又废六百年古县章安，唐代的台州治所就迁往内陆的临海县，直到 1994 年台州市移治椒江区，才结束了一千多年区

---

　　* 周运中，厦门大学人文学院历史系副教授。

　　① 周振鹤：《从历史地理角度看古代航海活动》，《周振鹤自选集》，广西师范大学出版社 1999 年版。

域政治中心在内陆的历史。《隋书·地理志》永嘉郡下说："临海，旧曰章安，置临海郡。平陈，郡废，县改名焉。"开皇十年（590 年）冬，江南掀起了反隋大起义，会稽人高智慧有战船数千，在临海被隋军打败。此战打击了台州的海洋势力，隋朝试图通过新开陆路有效控制浙东南，所以不仅废章安县，还把永嘉郡治从永宁（治今温州市）移到括苍（治今丽水市）。① 此前的永嘉郡内分为两块，西北是邻近金衢盆地的遂昌、松阳二县，东南是永宁、乐成、安固、横阳四县。隋朝新设括苍县作为郡治，打通陆路。

唐代台州迁往内陆，台州海洋贸易似乎衰落，很多宋代海外贸易著作不提台州，②《浙江通史》唐宋海洋贸易史也不提台州。③ 台州历史研究比宁波、温州薄弱，至今没有通史性质著作。《台州文化史话》第六章《台州与中外文化交流》前三节与第五节有关唐宋天台县与日本、韩国的文化交流，但是论述主体是日本、高丽僧人，第四节是台州人赵汝适所著《诸蕃志》，④ 此书却是在泉州市舶使任上所作，与台州无关。《台州文化发展史》第八章《颇为发达的台州的海港海运及海洋文化》第五节《唐代日本高僧远渡天台及中日文化的交流开拓》论述主体是日本人，不是台州人。⑤《台州文化概论》第一章《台州史脉》第五节《五代至南宋时的台州》指出临海县、黄岩县有新罗人，还有台州商人到高丽、日本贸易，章安、松门有市舶务，宋理宗时因为海外贸易导致台州城内出现钱荒。⑥

笔者以前也认为唐宋时期的台州海外贸易史乏善可陈，但是近来仔细阅读唐代地理总志、宋代文集及域外文献时，发现唐宋时期台州的海洋贸易不仅没有衰落，甚至可以说在某些方面超过浙东、福建的其他沿海地区。

---

① 周运中：《夷洲与流求新考》，王日根主编《厦大史学》第四辑，厦门大学出版社 2013 年版。

② 黄纯艳：《宋代海外贸易》，社会科学文献出版社 2003 年版，第 19—23 页。陈高华、吴泰：《宋元时期的海外贸易》，天津人民出版社 1981 年版，第 109—122 页。黄先生另外提到唐代中国南方新罗人最多的地区是台州，见黄纯艳《新罗人在中国南方地区的活动》，《唐宋政治经济史论稿》，甘肃人民出版社 2009 年版，第 289—297 页。

③ 李志庭：《浙江通史》第四卷，浙江人民出版社 2005 年版，第 180—185 页、355—359 页。沈冬梅、范立舟：《浙江通史》第五卷，浙江人民出版社 2005 年版，第 468—499 页。

④ 连晓鸣、周琦、金祖明、任志强：《台州文化史话》，杭州大学出版社 1993 年版，第 138—147 页。

⑤ 叶哲明：《台州文化发展史》，云南民族出版社 2006 年版，第 426—446 页。

⑥ 李一、周琦主编：《台州文化概论》，中国文联出版社 2002 年版，第 38—39 页。

一 隋唐之际的台州海盗

《太平寰宇记》台州说："唐武德四年，讨平李子通，于临海县置海州，领临海、章安、始丰、乐安、宁海五县。五年，改为台州。六年，没于辅公祏。七年，平贼，仍置台州，省宁海入章安，八年，废始丰、乐安二县入临海。贞观八年，复置始丰。旧管二县，永昌元年置宁海县。"① 唐朝武德四年（621年），不仅恢复了临海郡原来五县，而且恢复了临海郡原境的单列地位。因为江北有海州（今连云港市），所以改为台州。但是两年后废宁海县，并入章安县。次年并始丰、乐安县入临海县，全州只余两县。太宗贞观八年（634年）复置始丰县，高宗上元二年（675年）更名为唐兴县。同年，从临海县析出黄岩县，武则天永昌元年（689年）复置宁海县。

章安县最后裁撤时间不明，应该是在唐初。唐初的台州为什么又有大规模的并县呢？可能也和战乱有关，但是没有确切的史料证明。唐初宁海县并入章安县，说明章安县辖境都在沿海，有今临海市东部及三门县南部，因为与宁海县接壤，又都在沿海，所以宁海县并入章安县。章安县裁撤后，今椒江区都属临海县。章安县的南境不明，黄岩县设置后，今椒江区南部属黄岩县。台州治所从章安县转移到了内陆的临海县。

隋末唐初的临海郡之所以有政区的频繁变动，原因是当地在战乱中局势很不稳定。这一时期史书没有记载临海郡的著名地方武装，但是史书中还有一些蛛丝马迹说明此时的临海郡有很多小规模的地方武装。《嘉定赤城志》卷二十七《寺观门一》："无碍院，在县东南一百三十四里。旧名栖道，梁时，嘉法师建。隋改摄静。旧传灌顶尝升座讲经，时海寇拥兵以入，见持帜戟者甚盛，身皆丈余，骇而窜，遂又名山兵。"② 无碍院在金鳌山东十四里，正是今前所镇地。梁代建，隋代灌顶在此遇到大股海盗。

《嘉定赤城志》卷十九《山水门一》："石鼓山，在县东一百五里。按《临海记》云：黄石村有石鼓山，山上有石似鼓，兵革兴则鸣。旧有栅城，唐贞观初，刺史李元奏置，起州兵两千人护之。僧灌顶尝避地于此。"石鼓

---

① （宋）乐史：《太平寰宇记》，王文楚点校，中华书局2007年版，第1962页。
② （宋）陈耆卿：《嘉定赤城志》，《宋元方志丛刊》第7册，中华书局1990年版。

山在金鳌山西面十五里，在今椒江区西北界，今名黄石山。僧人灌顶躲避战乱，隐居在此。唐初台州刺史李元在此设立栅城，有兵两千，说明唐初的台州局势很乱，需要在此设置城堡。此城遗址今天仍有踪迹，但是这个城址不是新亭城，台州历史上也没有新亭县。唐李绰《尚书故实》说："顾况，字逋翁，文词之暇，兼攻小笔，尝求知新亭监。人或诘之，谓曰：余要写貌海中山耳。仍辟善画者王默为副知也。"① 据《嘉定赤城志》卷七，新亭监在临海县东南六十里，不是黄石山的位置，所以新亭与黄石山的栅城无关。

隋代临海郡、章安县的裁撤，就与沿海的战乱有关，隋唐之际台州海盗还有很强的势力。这都说明台州沿海民众擅长航海的传统一直保留下来，海盗、海商在中国历史上往往可以互相转化，甚至经常融为一体。正是这种传统，支撑了唐宋时期台州海洋贸易的继续繁荣。

二　唐代台州贡品显示台州与南海贸易

唐代的台州治所虽然内迁到了临海，但是与海外的交流仍然很多，过去我们很少有系统的史料来证明这一观点。笔者无意中在阅读唐代地理资料时，从史籍记载的台州贡品看出当时台州海洋贸易的兴旺。

其实我们从唐代台州贡品可以看出台州海洋贸易的繁荣，《元和郡县图志》卷二六说台州贡赋："开元贡：干姜三百斤、鲛鱼皮。元和贡：甲香三十斤，鲛鱼皮一百张。"② 《唐六典》卷三载台州贡品是："金漆、干姜、甲香。"《新唐书·地理志》台州土贡是："金漆、乳柑、干姜、甲香、蛟革、飞生鸟。" 根据各书记载，和台州贡赋相同或类似的东南沿海各地如下页表所示：

唐代台州的贡品多与福建、岭南各州贡品相同，而且浙东各州只有台州和福建、岭南的贡品最接近，浙东各州仅温州出现一次。说明唐代台州和岭南的海上往来非常密切，因此台州商人能得到岭南商品，或在台州本地移植生产。甲香产于岭南，福建贡品没有甲香。甲香是海螺制成的香料，故名甲香。苏颂《本草图经》："甲香，生南海，今岭外、闽中近海州郡及

---

① （唐）李绰：《尚书故实》，清文渊阁《四库全书》影印本，第862册。

② （唐）李吉甫：《元和郡县图志》，贺次君点校，中华书局1983年版，第627页。

明州皆有之。海蠃之掩也。南州之使益芳，独烧则臭。一名流螺……甲香须用台州小者佳。"① 这里特地提到台州甲香很好，另外还提及明州，明州的技术很可能来自台州。《元和郡县图志》记载循州（治今广东惠州市）贡赋有大甲香、小甲香，不单是台州产小甲香。鲛鱼是鲨鱼，鲛鱼皮多见于岭南与台州。山姜很可能起源于热带，所以见于广州、福州、台州。

史籍记载东南治海贡品

	浙东	福建	岭南
甲香	台州		潮州、广州、漳州、循州、陆州
山姜	台州	福州	广州
鲛鱼皮	台州	漳州	潮州、循州、交州
鲛革	台州、温州	漳州	循州、潮州、封州、交州

台州在唐代两大海港广州、扬州中间，台州以北，群岛很多，台州以南洋面开阔。台州以北的岛礁延缓航速，补给不便。日本僧人圆仁在开成三年（838 年）到达今南通市，在长江口芦苇滩觅人难得。② 因此台州可能成为海船最佳补给地与重要商埠，台州本地的海洋势力应在唐代复兴。

三 唐代台州海盗与明州

唐玄宗开元二十六年（738 年），分越州置明州（今宁波市），治鄮县（在今宁波东）。同年置所辖慈溪、奉化、翁山（今舟山）三县，明州在晚唐才崛起，晚于越州、台州。

天宝三载（744 年）二月，海贼吴令光等抄掠台州、明州，闰月，吴令光伏诛。吴令光首攻台州，很可能是台州人。

代宗宝应元年（762 年）八月，台州人袁晁反，十月，陷明州。广德元年（763 年），李光弼平袁晁。袁晁是台州人，但是攻陷明州，应是通过

① （宋）苏颂：《本草图经》，《苏魏公文集》，中华书局 1988 年版。
② ［日］圆仁：《入唐求法巡礼行纪》，［日］小野胜年校注，白化文、李鼎霞、许德楠修订校注，花山文艺出版社 1992 年版，第 8 页。

属于台州的象山县。象山县是中宗神龙元年（705 年）设，属台州，但是在袁晁平定的次年就改属明州，说明袁晁很可能是通过象山攻陷明州。明州为了防御台州海盗，因此拥有象山县。其实象山半岛通过宁海县与大陆相连，但是宁海县一直属台州，而象山与明州之间是海峡，来往不便。但是明州为了防盗，还要拥有象山。

大历六年（771 年），废翁山县。又移郡治鄞县的县治于三江口，即今宁波市区。韦庄编《又玄集》收有戴叔伦《送谢夷甫宰鄞县》：

> 君去方为县，兵戈尚未销。
> 邑中残老少，乱后少官僚。
> 廨宇经山火，公田没海潮。
> 到时应变俗，新政满余姚。

鄞县，《全唐诗》作余姚县，校云余姚一作鄞县。鄞县应是鄞县之形讹，余姚是指明州，郡号余姚，不是余姚县。鄞县海潮淹没公田，又经过战争与山火，很可能因为袁晁战乱。此诗写作时间应在广德元年（763 年）到大历六年（771 年）间，此时鄞县还在今宁波之东的鄞山，所以说是山火。三江口地势低洼，但是距离海岸稍远，可以躲避海盗侵扰。

宣宗大中十三年（859 年），裘甫陷象山，咸通元年（860 年）陷剡县，掠上虞，破慈溪，入奉化，抵宁海，八月平定。

唐代来自台州的海盗，三次攻打明州，说明台州的海上民间武装势力很大，这也是台州海洋贸易兴盛的佐证。象山县南部的石浦等地通过海路与台州有密切往来，至今仍然是台州话分布地，迥异于象山县北部的宁波话。

四　宋代台州与南海贸易

徐梦莘《三朝北盟会编》卷一三六载，建炎四年（1130 年）正月十五日戊午，赵构南逃到台州章安镇时，遇到台州柑橘商人的两条船，被风吹离航线，直冲禁船，赵构买了很多分给禁卫军士。因为是元宵节，所以下令在柑橘皮中点灯，海面上有数万盏灯，章安人皆登金鳌峰观看。

阿拉伯人阿布尔菲达（1273—1331年）的《地理学》说："依据《喀南》记载，Khanju是中国门户之一，位于河上，伊本·赛义德说，Khanju是中国门户之首，筑石为城……其东是Tajah［台州］。"此段在泉州（刺桐Zaitun）、扬州（Yanju）之间，[①] Khanju是中国门户之首，即杭州，当时是南宋首都，Tajah在其东面，从读音来看只能对应台州。裕尔注解说这里的Tajah即Edrisi所说的Bajah，其实二者不能等同，查裕尔同书中译本第109页所引Edrisi于1153—1154年所写的《地理志》说从库姆丹河口的Janku上溯行船2月到达中国君主所在都城Bajah，Bajah应即北宋都城汴京的对音，Janku应即北宋长江口最重要的商港江阴军的对音。裕尔说Bajah是Tajah，忽视原文说此地是中国都城的情况。这一段史料的浙江区域，除了首都杭州的特例外，只说到台州，没有提及温州、明州，说明台州的地位仍然非常重要，其原因应该还是上文分析的几点。

元卢伦《金鳌山集》说："观察使冯安国，父宝，以武德大夫从高宗南渡。安国以荫仕观察，巡视金鳌、松门市舶。卒于台，葬海门赤山。"丁伋先生指出来自冯氏宗谱，明人程敏政《篁墩文集》卷四十三《黄岩陈处士墓志铭》记陈氏的先世陈继发，登宋咸淳进士，继发之子元夫："官元松门务副使。"丁先生认为这个务或是市舶务。[②] 但是南宋各种史籍不提台州有市舶机构，待考。

台州沿海是海盗聚集之所，《方舆胜览》卷八台州引吕伯恭《修城记》："距海百余里，逋亡剽侠之所。遭恶岁辄睢盱洲溆，睥睨郛郭，徼警者不敢弛柝。故闭修之政，在是郡为首务。"[③]

包恢《禁铜钱申省状》说："惟倭船一项，其偷漏几年彰彰明甚，已不待赘陈。但漏泄之地，非特在庆元抽解之处，如沿海温、台等处境界，其数千里之间，漏泄非一。盖倭船自离其国，渡海而来，或未到庆元之前，

① ［英］亨利·裕尔著，［法］亨利·考迪埃修订：《东域行程录丛》，张绪山译，云南人民出版社2008年版，第228页。

② 丁伋：《台州海外交通史钩沉》，载台州地区地方志编纂委员会办公室编《〈台州地区志〉志余辑要》，浙江人民出版社1996年版，第87—95页。

③ （宋）祝穆撰、祝洙增订：《方舆胜览》，施和金点校，中华书局2003年版，第137页。

预先过温、台之境，摆泊海涯，富豪之民，公然与之交易，倭所酷好者，铜钱而止。海上民户所贪嗜者，倭船多有珍奇，凡值一百贯文者，止可十贯文得之，凡值千贯文者，止可百贯文得之。似此之类，奸民安得而不乐与之为市？及倭船离四明之后，又或未即归其本国，博易尚有余货，又复回旋于温、台之境，低价贱卖，交易如故。所以今年之春，台城一日之间，忽绝无一文小钱在市行用。乃知本郡奸民，奸弊至此之极，不知前后辗转，漏泄几多，不可以数计矣！"①这里说日本的商船在到庆元府（治今宁波市）贸易前后，往往到台、温海边走私，用低价出售珍宝奇物，博得铜钱。所以包恢上书的当年春天，台州城里突然没有一文小钱使用，台州城离海有一百多里，而台州沿海走私贸易的影响居然如此巨大，说明台州沿海商人掌握了当地经济命脉。或以为包恢淳祐三年（1243年）任台州知州，所以这次台州钱荒发生在该年。②其实我们注意到《禁铜钱申省状》题目之下有"广东运使"四个字，所以这是包恢任广东运使时所撰，据李之亮先生考证包恢是淳祐十一年到十二年（1251—1252年）任广东转运副使，③所以该文应撰于此时。

梁庚尧先生的《南宋温艚考》一文分析了南宋浙东海盗起于私盐贩运的原因，这些海盗经常南下到广东。方大琮于淳祐二年到七年（1242—1247年）任广州兼广南东路经略安抚使，《宋忠惠铁庵方公文集》卷十七《书·郑金部》说广东："产米产漆，又有番货，而自温、台、明、越来，大艚或以十余为［舟宗］。有所产以养人，自外运去者，反以害人，其辞不直，未有不以败去者，故广无巨寇，其黠者多自外。"④从浙东温州、台州、明州、越州来的大船有的十余艘为一个船队，来到广东贩运热带产品和海外商品，有时成为海盗，强卖私盐，延及新会南部海域，《宋会要辑稿》方域一九《起立寨栅》记嘉定六年（1213年）广东经略安抚司申报："肇庆府常于冬、春之时，有温、台、明州白槽船，尽载私盐，扛般上岸，强买村民，因而劫掠家财，已踏逐到广州、肇庆府两界首起立寨栅，每遇冬月，

① （宋）包恢：《敝帚稿略》卷一，《影印文渊阁四库全书》第1178册。
② 周琦：《台州古代海外贸易史略》，《台州商人》2009年第4期。
③ 李之亮：《宋朝路分长官通考》，巴蜀书社2003年版，第1075页。
④ （宋）方大琮：《铁庵集》文集卷一七，《影印文渊阁四库全书》第1178册。

差拨水军官兵五十人，前去把截。至次年春尽减戍。又广州新会县界有地名潮连山及鸡湾官子渡，正是温、台、福建私盐槽船入广路，及海寇藏泊劫掠地头，已各添置一寨，往来巡捕海寇。及温台州等处盐船作过，或有缓急，两寨互相应援。元申海寇作过急出没之地，号上下川罟蜑头，属新会县，亦是温、明州槽船入路，委是要紧，见措置起寨，及于潮州水军就拨六十人。"

台州私盐贩卖尤其突出，朱熹《朱文公文集》卷十八《奏盐酒课及差役利害状》说："浙东所管七州，而四州濒海，既是产盐地分而民间食盐，必资客钞。州县又有空额，比较增亏，此不便之大者。夫产盐地分，距亭场去处，近或跬步之间，远亦不踰百里，故其私盐常贱，而官盐常贵。利之所在，虽有重法不禁止，故贩私盐者，百十成群，或用大舡般载。巡尉既不能诃，州郡亦不能诘，反与通同，资以自利，或乞觅财物或私税钱，如前日所奏台州一岁所收二万余贯是也。以此之故，除明、越两州稍通客贩，粗有课利外，台、温两州全然不成次第。"

温、台多山，商人较少，而且受到福建私盐越界影响，《宋会要辑稿》食货二八《盐法》淳熙元年（1174 年）浙东提盐司言："温、台州买纳正耗盐数，逐年支发比较，皆不及三分之一。缘二州登山涉海，从来少有大商兴贩，兼与福建州军接连，多被越界私盐相侵，缘此两朝盐场常有积剩。不惟坐放卤沥消折，兼发泄不行，致拖欠亭户本钱。"《赤城集》卷七陈淳祖《新建盐仓记》说："台虽号濒海，接畛联麓，猿居蚁附之民，大抵皆山窟穴耳。一监所积，一岁贩夫，至无几何。雪廪冰窖，日融雨液，吏常怀羽化之忧，非开源疏流轻利以便法，恐未易朝夕运掉也。"①

因为唐宋时期的台州海上势力一直很大，而且自从唐代以来就与南海有密切贸易往来，所以元末有台州人方国珍崛起，占领浙东，方国珍原来就是以海外贸易起家。②

---

① 梁庚尧：《南宋温艚考——海盗活动、私盐运贩与沿海航运的发展》，《台大历史学报》2011 年第 47 期。

② 周运中：《方国珍部崛起的地理背景》，《元史及民族与边疆研究集刊》第 25 辑，上海古籍出版社 2013 年版。

元代浙江港口与海上丝绸之路

刘恒武　马　敏*

　　元朝是一个地跨欧亚大陆的庞大帝国，蒙古政权的大疆域征服和控制，使得东亚、东南亚地区与印度洋沿岸诸地之间的联系比历史上以往任何时期都更加密切。元朝的对外往来分为海、陆两部分，内陆对外交往在地理空间上借助陆上古丝路得以确立和延展，而海上对外交往体系则在因袭唐宋以来的市舶制度和海上丝绸之路的基础上迅速构建起来。在摧毁南宋统治机器的同时，元政权就开始着手重组中国东南沿海的对外贸易管理架构。至元十四年（1277年），元廷在先行攻占的江浙闽沿海设立上海、澉浦、庆元（宁波）、泉州四处市舶司，之后，又增置杭州、温州、广州三处。至元三十年（1293年），温州市舶司和杭州市舶司罢停。大德二年（1298年），上海、澉浦两司并入庆元。自此之后，全国海上对外贸易统由庆元、泉州、广州三大枢纽港管控。[1]江浙地区市舶司由三处增至五处，再由五处减至三处，最终并为一处。由此可见，元廷在灭宋之初，就对江浙港口十分重视，一度希望通过密集设司达到有效管理的目的，但最终以一并多，回归前朝定制，以宁波一港总揽两浙市舶之利，借此强化浙江诸港航海贸易的运营效率，但舶政上的集中化并未影响到各港的开放度，客观上，元代浙江港口在海上丝绸之路海航体系中的地位明显提升。

　　目前，国内外学界有关元代浙江港口与海上丝绸之路的成果为数不多，其中，江静、杨妮等人的文章重点梳理了元代以宁波为首的浙江诸港对日

---

　　* 刘恒武，宁波大学人文与传媒学院历史系教授；马敏，宁波大学人文与传媒学院历史系研究生。
　　① （明）宋濂等：《元史》卷九四《食货志二·市舶》，中华书局1976年版，第2402页。

贸易的历史过程，并对其特征进行了概括。[①] 此外，陈高华、榎本涉、村井章介、竺菊英等中外研究者的论文和著作，也对元代浙江海港的对外海航状况有所论及。[②] 然而，当前成果主要侧重于元代浙江港口在东亚海洋贸易，尤其是对日贸易中的历史事件及其因果关联，本文将在考察元代浙江港口对外航海往来整体状况的基础上，力求探明浙江港口在元代海上丝绸之路中的地位与角色。

一　元代浙江港口与海上丝绸之路东海航线

两宋时期，明州—博多航路曾是海上丝绸之路东海航线的中轴。元日航海交往中，浙东庆元港（宁波）依然占据着核心地位。南宋庆元元年（1195 年）至元朝至元十三年（1276 年），宁波被称为"庆元府"，之后其地方官署虽先后易为庆元宣尉司、庆元路总管府，但直至元朝覆亡，庆元之名再无变更。[③] 事实上，早在元军灭宋之前，元人就已对南宋滨海港口及其市舶之利的状况相当了解。1276 年，元军攻占两浙地区，庆元（宁波）、澉浦、温州、江阴等港口尽归元政权控制，翌年，元廷即在庆元、澉浦、上海设置市舶司，力图续收两宋以来两浙沿海的海外贸易之利。

众所周知，自晚唐以来，宁波港对外航海活动的主要目的地是日本列岛和朝鲜半岛。入宋以后，宁波与日本博多成为宋日贸易的轴心，而以浙闽海商为主的博多纲首集团则是这一轴心的运转者。13 世纪晚期，蒙元帝国的扩张战争给宁波港的对日贸易一度带来了消极影响。这一影响主要表现在博多航海贸易据点遭到破坏、东南沿海社会经济经历了失序与重建、

---

① 江静：《元日贸易特征论——以庆元港为考察对象》，《宁波与海上丝绸之路》，科学出版社 2006 年版。

② 陈高华、吴泰：《宋元时期的海外贸易》，天津人民出版社 1981 年版；[日] 榎本涉：《明州市舶司と東アジア海交易圏》，《歴史学研究》第 756 号，2001 年；[日] 榎本涉：《元朝の倭船対策と日元貿易》，《東アジア海域と日中交流》，吉川弘文館 2007 年版；[日] 村井章介：《寺社造営料唐船を見直す—貿易・文化交流・沈船》，《港町と海域世界》，青木书店 2005 年版；竺菊英：《开埠前宁波对外贸易历史地位探析》，《中国社会经济史研究》1995 年第 1 期；杨妮、王丁国：《元代浙江之海外贸易》，《浙江纺织服装职业技术学院学报》2008 年第 3 期。

③ 元至元十三年（1276 年），元廷改庆元府为庆元宣尉司。至元十四年（1277 年），又改庆元宣尉司为庆元路总管府，自此直至元至正二十七年（1367 年），宁波被称为庆元路。

博多纲首遭遇身份困惑等。

自 1266 年起，蒙元政权接连派出使节，敦促日本称臣纳贡，但遭到日本方面的拒绝。1274 年，元军发动第一次对日本北九州地区的侵攻，结果无功后撤。然而，需要特别指出的是，此次侵日元军的攻掠范围覆盖北九州沿岸今津、博多、筥崎一带，虽无文献史料记载宋日贸易据点——博多唐坊的损害情况以及博多纲首的伤亡状况，博多唐坊遭到战火波及是毫无疑问的。

1274 年之后，元军灭宋之征使江南社会陷入战乱状态，沿海地区的商贸和物流一度休克，航海贸易难以正常运转。1277 年，江南战事基本结束，元廷在庆元、澉浦、上海、泉州设市舶司，力图重建海外贸易体系。有关江南地区的社会变局与元朝对外贸易的重启的消息，很快被博多纲首集团获知。至元十四年（1277 年），"日本遣商人持金来易铜钱，许之。"① 这里所说的"商人"，无疑仍是博多纲首，此时中国虽已经历了朝代更替，但以博多为在日据点的中国海商已操控中日间海上交通数百年之久，其延续性不可能在短短数年之间被切断终结。铜钱原本是南宋政府严禁输出的物品，博多海商利用政权交替、舶法变更的间隙达成了一桩以金易铜的交易。

这一时期，虽然元朝与不臣之国的日本处于敌对状态，但看重市舶之利的元世祖对中日航海贸易采取了开放、鼓励的态度。至元十五年（1278 年）十一月，"诏谕沿海官司通日本国人市舶。"② 至元十六年（1279 年），"日本商船四艘、篙师二千余人至庆元港口。哈喇䚟谍知其无他，言于行省，与交易而遣之。"③ 文献对于这次来自日本贸易船团"篙师二千余人"的记载或许有夸张的成分，但其规模使得元朝地方官员对之心存疑虑，船团的到达口岸正是对日贸易枢纽港——宁波。

尽管史料记载了元日第一次战后两国之间零星贸易活动，但无可否认的是，13 世纪 70 年代以前中日之间航海贸易的盛况，此时已经不复存在，其原因除了上文提到的江南社会经济受到破坏、博多宋日贸易据点遭遇劫难之外，1279 年南宋覆亡之后博多纲首的身份困惑也值得注意。博多纲首

① （明）宋濂等：《元史》卷二八〇《日本传》，中华书局 1976 年版，第 4628 页。
② （明）宋濂等：《元史》卷一〇《世祖纪七》，中华书局 1976 年版，第 206 页。
③ （明）宋濂等：《元史》卷一三二《哈喇䚟传》，中华书局 1976 年版，第 3217 页。

的主体是频繁往来于宋日之间的中国舶商、长期居留于日本的宋人后裔和宋日混血，[①] 宋廷的覆亡，让原本以宋朝为生身之国或父祖之邦的博多海商群体陷入了身份抉择的迷惘：作为宋遗民继续与蒙元政权抗争？回归故土成为元朝的子民？更名易籍变身为"日商"？在元日军事对立、舶市尚通的状况下，对博多纲首而言，以日商身份继续赴华贸易无疑是维持生计的最现实选择，然而，贸易维系多久完全取决于元日关系的变化。

1281 年，元廷发动第二次征日战争，结果遭遇台风袭击以失败告终。值得一提的是，1281 年 6 月下旬，被忽必烈调遣征日的江南水军 10 万余人、军船 3500 艘自庆元起航，历经 7 昼夜顺利到达九州西北部的平户一带，平户是中国商舶前往博多的必经之地，此次浙东宁波—北九州平户之间的航海活动，其规模之大空前绝后，而且 3500 艘军船之中内河船占了相当大的比重，足见当时宁波—北九州之间航路的成熟程度。

此后，元朝方面一直筹划第三次侵攻日本的计划，直至 1294 年忽必烈去世征日计划才彻底终止。1281—1291 年的 10 年间，元日间航海贸易基本中断。1292 年，元廷派出第十二次遣日使节，并随使团送还了一批日本漂流民，当年，征日之议虽未终止，但自该年起，元日间贸易得到恢复，而1292 年来自日本的商船的航行目的地仍是宁波。关于 1292 年之后赴宁波贸易的日本商船，江静和榎本涉已做过较为细致的整理[②]，相关资料列举如下：

至元二十九年（1292 年）六月："日本来互市，风坏三舟，惟一舟达庆元路。"（《元史》卷一七《世祖本纪十四》）

至元二十九年（1292 年）十月："日本舟至四明求互市，舟中甲仗皆具。恐有异图，诏立都元帅府，令哈喇岱将之，以防海道。"（《元史》卷一七《世祖本纪十四》）

日本正安元年（1299 年）："我商舶薄明州，太元国主……欲请有道衲

<hr>

① 日本学者榎本涉认为，贯穿两宋始终，宋日之间海运的掌控者一直是宋海商，即博多纲首，而 12 世纪中期以后宋朝文献中出现的所谓"日本海商"，其主体仍是博多纲首。参见［日］榎本涉《宋代の「日本商人」の再検討》，《史学杂志》110－3，2001 年。

② 江静：《元日贸易特征论——以庆元港为考察对象》，《宁波与海上丝绸之路》，科学出版社 2006 年版；［日］榎本涉：《明州市舶司と東アジア海交易圏》，《歴史学研究》第 756 号，2001 年。

子，劝诱以为附庸……（一山一宁）遂附日本舶……著于博多，本朝正安元也。"（《一山国师行记》）

日本嘉元三年（1305 年）："时师（龙山德见）方二十二岁，遂去附商船抵四明。"（《龙山和尚行状》）

大德十年（1306 年）："倭商有庆等抵庆元贸易，以金铠甲献命。江浙行省平章阿喇卜丹等备之，赐梁王萨克缴钞千锭。"（《元史》卷二一《成宗本纪四》）

至大二年（1309 年）："枢密院臣言，去年日本商船焚掠庆元，官军不能敌。"（《元史》卷九九《兵志二》）

延祐四年（1317 年）：（王克敬）"往四明监倭人互市，先是往监者惧外夷情叵测，必严兵自卫，如待大敌。克敬至悉去之，抚以恩意，皆帖然无敢哗。有吴人从军征日本陷于倭者，至是从至中国，诉于克敬，愿还本乡，或恐为祸阶。克敬曰：'岂有军士怀恩德来归而不之纳邪？脱有衅，吾当坐事。'事闻朝廷，嘉之。"（《元史》卷一八四《王克敬传》）

此外，日本入元僧也多选择庆元作为来华的登陆地以及归国的始发港。文献史料的数据显示，选择宁波港作为着岸地的日舶最多，两宋以来的宁波—博多中日贸易轴心在元代得到了延续。另外，浙江温州港在元日航海贸易中的角色也值得注意，杨妮论文列举了 1311—1343 年日本商船 5 次航抵温州的史例[1]。1298 年以后两浙舶务由庆元统揽，在温州入港的外国商舶仍需接受庆元市舶司的管控，温州对日贸易航线仍从属于宁波—博多轴心。还有一点值得关注的是，与宋代相比，元代往返于中日之间的"唐船"与"日舶"的数量比发生了逆转，元代来华的"日本商船"成为元日贸易的主角，而中国商船鲜有赴日者，中国海商也似乎基本退出了中日航海贸易的舞台，其实，这只是折射于文献史料上的一种虚象，下文我们将对其实态做一解析。

元日航海贸易中，日本寺社造营料唐船所扮演的角色最为值得关注。镰仓时代后期，由于幕府财政紧张，日本各大寺社难以从官方获得修缮和营建的费用，于是向幕府申请许可借助对日贸易筹办寺社造营费用。事实

---

[1] 杨妮、王丁国：《元代浙江之海外贸易》，《浙江纺织服装职业技术学院学报》2008 年第 3 期。

上，特定寺社的造营料唐船，只是发起和运营对元航海贸易活动的一块看板，而且实际的贸易参与者不仅限于名目上的某个特定寺社，一般包含了多个团体和个人。① 寺社造营料唐船主要往返航路仍是博多—宁波，造营料唐船中有名的天龙寺造营料船和遭遇海难的东福寺造营料船（新安沉船）都利用了博多—宁波路线，其中，宁波起航的新安沉船的考古发现则为我们探明造营料唐船的真实状况提供了宝贵资料。

根据目前研究成果，新安沉船系一艘元代中期自宁波起航驶往日本博多的造营料唐船，航行途中遭风偏离航向，最终在韩国新安郡附近海域沉没。新安沉船船长约 30 米，宽约 10 米，可载重 200 吨。船首、船尾都为方形，船底呈 V 形。船舶形制属于宋元东南沿海常见的海船样式，船材也来自中国江南。② 另外，船首龙骨与中部龙骨接合处嵌有一面铜镜，在船尾龙骨与中部龙骨的接合处嵌有 7 枚铜钱，这种特殊做法也证明新安沉船系中国建造的海船。

从考古发掘所获个人遗物来看，乘船人员既有中国人，也有日本人和高丽人。船中发现了中国式炊具。船中也发现了髹漆木碗、以及将棋、木屐、和镜等不少日式私人用品和娱乐器具。另外，船中出水的高丽造汤匙，则显示出该船有朝鲜人乘坐。③ 109 支木质货品附札上写有货主名"纲司"，所谓"纲司"正是以博多为贸易据点的拥有中国血统的海商，他们与宋代博多纲首应一脉相承④。除此之外，船中还发现标有"八郎""叉七""道阿弥""秀忍"等日本商人名和僧侣名的个人货品附札。在非个人的货品附札中，东福寺木札数量最多，合计 41 支，另有博多承天寺塔头"钩寂庵"木札 6 支、博多"筥崎宫"木札 3 支。据此可以推定，新安沉船是一艘以东福寺造营料唐船为名义、实际上关系到多个利益团体及个人的航海贸

① ［日］村井章介：《寺社造営料唐船を見直す一貿易・文化交流・沈船》，《港町と海域世界》，青木书店 2005 年版。

② ［韩］崔光南撰：《东方最大的古代贸易船舶的发掘——新安海底沉船》，郑仁甲等译，《海交史研究》1989 年第 1 期。

③ ［韩］尹武炳撰：《新安打捞文物的特征及历史意义》，张仲淳译，《海交史研究》1989 年第 1 期；［日］国立歴史民俗博物館：《東アジア中世海道一海商・港・沈没船》，每日新闻社 2005 年版，第 25 页。

④ ［日］村井章介：《寺社造営料唐船を見直す一貿易・文化交流・沈船》，《港町と海域世界》，青木书店 2005 年版；［日］榎本涉：《宋代の「日本商人」の再検討》，《史学杂志》110 - 3，2001 年。

易船。

　　总结以上有关寺社造营料唐船分析可知，入元以后，作为博多纲首后继者的中国舶商及船员并未退出中日航海贸易的舞台，而是以博多为据点，接受日本寺社和幕府权要的委托，增强了与日本、高丽滨海地域集团的协作关系，继续从事航海贸易。从日本方面来看，寺社造营料唐船之所以称为“唐船”，不仅因为这种特遣贸易船以中国为航行目的地，也缘于船舶本身及其船务担当和贸易运营团体所具有的中国色彩；从元朝方面来看，无论船主出身和船舶建造地如何，一律作为日本船（倭船）对待。

　　关于元代宁波港输入的日本舶货，根据王元恭《至正四明续志》卷五《土产·市舶物货》来看，主要有“倭金、倭银、水银、茯苓、螺头、合蕈、倭铁、硫黄、倭条、倭橹”等①。新安沉船的出水遗物则使我们得以窥见宁波港对日输出货品的状况，新安沉船遗物中，铜钱数量最多，重达 28 吨；陶瓷器 2 万余件，其中包括青瓷 12000 余件，以龙泉窑制品为主；白瓷 5300 余件，多属定窑系产品；黑釉瓷 500 余件，杂色釉瓷 2300 余件，分别来自吉州窑、磁州窑、建窑等窑口；其他货物还有香炉、佛像、铜镜、紫檀木材、胡椒、桂皮、巴豆、山药等等。② 由此可见，由宁波港输往日本的物品包括：铜钱、瓷器、佛教用品、调味料、南洋稀有木材等，其中，陶瓷器来源地涉及浙江、河北、江西和福建，这实际上反映出元代宁波港在国内的货物集散区域。另外，根据文献史料的记载以及日本国内现存中国元代遗物来看，从宁波输出到日本的物品还应有丝绸、香药、书籍、佛画等。

　　中丽间航路，是宋元海上丝绸之路东海航线的另一重要组成部分。早在元灭南宋之前，高丽就已成为蒙元的藩属国。1280 年，元朝为了东征日本，在高丽初设征东行省，1281 年征日失败后征东行省被撤废。至元二十四年（1287 年），复设征东行省，并以高丽国王兼任行省长官，此次复置的征东行省一直存续至元顺帝至正十六年（1356 年）。因此，对于元帝国而言，高丽既是一个关系密切的属邦，又是一个保持了较大独立性的特别

---

① 　王元恭：《至正四明续志》卷五《土产·市舶物货》，明刻本。
　② 　［韩］崔光南：《东方最大的古代贸易船舶的发掘——新安海底沉船》，郑仁甲等译，《海交史研究》1989 年第 1 期。

行政区。

高丽与元帝国连疆接壤，故而元丽之间的往来可以选择海路，也可以取道陆路。即便选择海路，在航路与港口上也存在着多个选项，事实上，对于高丽商人而言，取道黄海、渤海的传统北路航线更容易前往元朝首善之区的大都（北京），同理，中国江淮以北的北方地区商人经由山东、辽东近海也更便于到达高丽首都开京。据陈高华和吴泰推测，元代北方对外贸易港大概是直沽（天津塘沽）①，此外，山东半岛的登州也是对丽海上交通的传统港口。不过，南中国地区在出产物品上与高丽更具互补性，因此双方面的海商都更有互通有无、交易互利的欲望。13 世纪末，高丽国王曾派遣官员由海路前往杭州，商谈双方贸易事宜②。杭州之外，南中国与高丽往来的良港还有宁波、澉浦、上海、温州、泉州。

通观元丽海陆交通的全景，两浙诸港无疑在南中国对高丽海上贸易中占据着举足轻重的地位，但由于元丽贸易海陆兼行、南北并举，其样态相比于元日贸易复杂多得多，故而浙江港口在元丽交往整体格局中的重要性不宜被高估。

庆元港（宁波）是元代两浙沿海对丽贸易的枢纽港，这可以说是宋代状况的延续。北宋神宗熙宁以后的宋朝遣高丽使以及高丽朝贡使均自宁波起航、着岸，《宣和奉使高丽图经》所记载的路允迪出使高丽航路到了元代已经非常成熟，这条航路的具体经路为：明州府城（宁波三江口）→定海招宝山→沈家门→普陀山（梅岑山）→中街山列岛（蓬莱山）→半洋礁（位于嵊泗列岛海域）→外洋（白水洋、黄水洋、黑水洋）→夹界山（小黑山岛）→五屿（今大黑山岛西南五小岛）→黑山（今大黑山岛）→月屿（今前后曾岛）→礼成江碧澜亭③。入元以后，宁波对丽海上交通的传统得到延续，庆元港—礼成江口对航路线仍是元丽海上交通干线。元代《至正四明续志》曰："南通闽广，东接日本，北距高丽，商舶往来，物货丰

---

① 陈高华、吴泰：《宋元时期的海外贸易》，天津人民出版社 1981 年版，第 44—45 页。
② 同上书，第 45 页。
③ 徐兢：《宣和奉使高丽图经》卷三十四《海道一》《海道二》，中华书局 1985 年版，第 115—124 页。

溢。"① 足见元代宁波对丽贸易之盛。

元代浙江对外口岸还有杭州、澉浦、温州，元政府亦曾在这些地方设置过市舶司。但宁波对丽、对日的自然航行条件在浙江诸港中最为优越，宁波之东的舟山群岛是往返朝鲜半岛和日本列岛的天然栈桥，在庆元下辖的普陀山补给、候风、放洋是浙江海商的最佳选择，自杭州、澉浦、温州启碇的海舶也常常以普陀作为前往高丽、日本的中继地。这也是1293—1298年江浙诸港舶务陆续并入庆元市舶司的原因之一。

值得一提的是，元末张士诚、方国珍等反元势力割据江浙，出于改善财政的需要，积极与高丽开展贸易往来，遣使向高丽国王致书赠礼，而高丽方面也展示出积极回应的姿态。至正十五年（1355年），方国珍攻下温州、庆元。同年，攻占昌国州（今舟山市），拥有战船1300余艘。方国珍安定了台州、温州、庆元后就致力保境安民，休养生息，鼓励农工商学，而台州、温州、庆元皆有对丽航海往来之便。

关于浙江诸港对丽航海贸易的货品，可以从《至正四明续志》卷五《土产·市舶物货》所载宁波舶货名单上窥见，元代宁波港进口的高丽物品多被列为细色货物，其中有人参、松子、榛子、松花、茯苓、红花、麝香、高丽青器高丽铜器、新罗漆等；粗色物品则有螺头、杏仁、白术、合蕈等。② 元代从宁波港出口到高丽的货品应与宋代大致相近，其中包括生丝、瓷器、茶叶、书籍等江南产品，也包括有香药之类由南海诸国舶运至宁波的货物。可以推测，宁波以外杭州、澉浦、温州的情况也大致如是。

二　元代浙江港口与海上丝绸之路南海航线

元朝将"南海地区"划分为东、西洋，东洋和西洋大致以龙牙门（马六甲海峡）和兰无里（苏门答腊岛西）为界，龙牙门和兰无里以西的环印度洋地区为西洋，以东的南太平洋地区为东洋。③ 西洋包含印度、斯里兰卡、阿拉伯和伊朗地区，东洋则主要指东南亚诸国。自宋代起浙江沿海就

---

① （元）王元恭：《至正四明续志》卷一《土风》，明刻本。
② （元）王元恭：《至正四明续志》卷五《土产·市舶物货》。
③ 陈高华、吴泰：《宋元时期的海外贸易》，天津人民出版社1981年版，第40—41页。

与南海地区有贸易联系，入元以后浙江诸港的南海贸易进一步加强。元人张翥诗言及庆元市舶盛况："是邦控岛夷，走集聚商舸。珠香杂犀象，税入何其多。"① 诗中所说的香料、犀角、象牙均来自南海地区。事实上，元代庆元市舶货物中很大一部分都是南海舶来品，元代王元恭《至正四明续志》卷五详细列举了元代庆元舶货品类：②

细色

珊瑚　玉玛瑙　水晶　犀角　琥珀　马价珠　生珠　熟珠　倭金　倭银　象牙　玳瑁　龟筒　翠毛　南安息　苏合油　槟榔　血竭　人参　鹿茸　芦荟　阿魏　乌犀腽肭脐　丁香　丁香枝　白豆蔻　芯澄茄　没药　砂仁　木香　细辛　五味子　桂花　诃子　大腹子　茯苓　茯神　舶上茴香　黄蓍　松子　榛子　松花　黄熟香　麤熟　黄熟头　□香　沉香　暂香　笺香　虫漏香　没斯宁　蟹壳香　蓬莱香　登楼眉香　旧州香　生香　光香　阿香　委香　嘉路香　吉贝花　吉贝布　木棉　三幅布罩　番花棋布　毛驼布　袜布　鞋布　吉贝纱　胡椒　降真香　檀香　糖霜　苓苓香　麝香　脑香　人面干　紫矿　龙骨　大枫油　泽泻　黄蜡　八角茴香　金颜香　朱砂　天竺黄　桔梗　歴香　剉香　鹏砂　新罗漆　笃褥香　乌黑香　搭泊香　水盘香　肉豆蔻　水银　乳香　喷哒香　龙涎香　栀子花　红花　龙涎　修割香　碙砂　牛黄　鸡骨香　雌黄　樟脑　赤鱼鳔　鹤顶　罗纹香　黄紧香　赖核香　黑脑香油　崖布　绿矾　雄黄　软香　脊蛉皮　三泊　马鸦香　万安香　交趾香　土花香　化香　罗斛香　高丽青器　高丽铜器　芯拨　沙鱼皮　桂皮

粗色

红豆　壳砂　草豆蔻　倭枋板枔　木鳖子　丁香皮　良姜　蓬朮　海桐皮　滑石　藿香　破故纸　花梨木　射香　窊木　乌木　苏木　赤藤　白藤　螺头　鲇　琼芝菜　倭铁　苎麻　硫黄　没石子　石斛　草果　广漆　史君子　益智　香脂　花梨根　椰子　铅锡　石珠　炉甘石　条铁　红柴　螺壳　相思子　豆蔻花　倭条　倭櫓　芦头　椰簟　三赖子　芜荑

---

① （宋）张翥：《蜕菴集》卷一《送黄中玉之庆元市舶》，《四部丛刊续编》，景明本。
② （元）王元恭：《至正四明续志》卷五《土产·市舶物货》，明刻本。

仁　硫黄泥　五倍子　白术　铜青　甘松　花蕊石　合草　印香　京皮
牛角　桂头　镶铁　丁铁　铜钱　麂皮　鹿皮　鹿角　山马角　牛皮　牛
蹄　香肺　焦布　手布　生布　藤棒　椰子壳　生香粒　石决明　栀明
云白香　真炉　黄丁　断白香　暂脚香　画黄　杏仁　历青　松香　磨珠
细削香　条戳香

　　其中，来自南海（东、西洋）地区的药材类舶货包括：阿魏、白豆蔻、
苾澄茄、没药、血竭等；宝物类舶货有：珊瑚、犀角、象牙、翠毛；珍稀
木材类舶货有：花梨木、乌木、苏木。香料类的舶货大部分来自南海地区，
苏合油、乳香产于阿拉伯；黄熟香、沉香、金颜香、笃耨香主要出于真腊
（柬埔寨境内）；丁香、檀香来自阇婆（爪哇岛）。关于浙江其他港口的舶
货明细，虽无史料可查，但可推测其情况与庆元大致相同。
　　两浙舶市所见南海舶货来源存在两种可能性：一是两浙商舶或南海番
船直接舶运而来，二是两浙商舶或闽广商船从闽广舶市上转贩而来。文献
史料中有两浙市舶司召集舶商赴南海地区贸易的证据，《元史》卷九十四
《食货二·市舶》记载：

　　至元十四年（1277 年），立市舶司一于泉州，令孟古岱领之；立市舶
司三于庆元、上海、澉浦，令福建安抚使杨发督之。每岁召集舶商，于番
邦博易珠翠香货等物，及次年迴帆依例抽解，然后听其货卖。

　　由此可见，至元十四年庆元、上海、澉浦、泉州四市舶司设立之后，
市舶官员采取的是一种主动贸易的政策，发动舶商前往海外采买货物并回
航交易，文中所谓"番邦"包括有翠毛、香料等货品出产地的南海诸国。
1293 年之前，元政府在江浙地区设置的市舶司一度达到五处（1293 年杭州
和温州罢废），元廷在江浙密集设置市舶司的目的，显然不仅仅是应对往来
日丽的商舶，况且 1293 年之前元日关系尚未缓和，元日商贸往来并未正常
化。元廷的最初意图之一应该是通过江浙诸市舶司动员江浙舶商赴南海贸
易，同时招徕南海番舶北上长江口和杭州湾地区从事贸易。
　　在《马可波罗行纪》中，我们可以找到浙江港口与南海西洋诸国通商

的材料。根据《马可波罗行纪》第 151 章"补述行在"记载,元代杭州城内有印度等国商旅的宿泊之所:①

> 城中有大市十所……市后与此大道并行,有一宽渠,邻市渠岸有石建大厦,乃印度等国商人挈其行李商货顿止之所,利其近市也。

南海舶商一般经由两条航线前往杭州,其一,是航抵宁波,然后转余姚江—浙东运河,过钱塘江入杭州城;其二,是先在澉浦登岸,然后舟行或陆行进赴杭州。由《马可波罗行纪》第 151 章"蛮子国都行在城"的记述可知,杭州之东的外港澉浦的确停靠着很多往来印度等国商舶:②

> 海洋距此有二十五哩,在一名澉浦(Ganfu)城之附近。其地有船舶甚众,运载种种商货往来印度及其他外国,因是此城愈增价值。有一大川自此行在城流至此海港而入海,由是船舶往来,随意载货,此川流所过之地有城市不少。

另外,入元以后,位于澉浦东北大约 30 公里的乍浦,作为杭州湾北岸重要港口的地位开始确立。《至元嘉禾志·江海》记载:"(海盐)南抵澉浦三十六里,番舶萃焉。东北抵乍浦,商舶间至。"③ 同文献还提及乍浦设有税务机构——"乍浦务"。《明一统志·嘉兴府》"乍浦"则言:"元至正间,番舶皆萃于此。"④ 乍浦的崛起,强化了杭州湾北岸在元代航海贸易格局中的地位。

值得注意的是,13 世纪晚期元朝对南海一些重要的军事性和外交性航海活动都以浙江港口作为出发地。元代至元二十九年(1292 年),元廷发动征爪哇战争,舟师主力和辎重从庆元港出发,至泉州后渚港会师休整后,

---

① [意] 马可波罗:《马可波罗行纪》,冯承钧译,东方出版社 2007 年版,第 404—405 页。
② 同上书,第 400 页。
③ (元) 单庆:《至元嘉禾志》卷四《江海·海盐县》,清道光刻本。
④ (明) 李贽:《明一统志》卷三九《嘉兴府·乍浦》,清文渊阁《四库全书》本。

又出发航抵构栏山：①

> 至元二十九年二月，诏福建行省除史弼、亦黑迷失、高兴平章政事，征爪哇；……九月，军会庆元。弼、亦黑迷失领省事，赴泉州；兴率辎重自庆元登舟涉海。十一月，福建、江西、湖广三省军会泉州。十二月，自后渚启行。三十年正月，至构栏山议方略。

构栏山又称"勾栏山""勾阑山"，即今加里曼丹岛西南的格兰岛。这次大规模军事性航海活动的路线为庆元—泉州后渚—勾栏山。此外，元贞二年（1296年）二月，元政府遣真腊（柬埔寨）使团自明州出发，温州人周达观为使团随员。同月在温州放洋，三月抵占城，秋七月至真腊。大德元年（1297年）六月回航，同年八月返回宁波。② 这些航海活动反映出13世纪末浙江沿海往返南海地区航路已经非常成熟。

元代浙江诸港航海贸易网络向南方的延伸与扩张，与两浙地区航海家族势力的勃兴密不可分。元代两浙沿海地区聚居着一些汉族和色目人航海集团与家族，他们在长距离海运和远洋航海贸易方面有卓越的能力和丰富的经验。例如，以太仓为基地的朱清、张瑄船团，最初为海盗，后为元朝管理海运长达二十年之久，直至1303年被诬处死。朱张船团航迹到达交趾等南海地区，其船团亦从事海外贸易，使太仓一度成为番舶辐辏之所。另外，澉浦杨氏航海家族对元代两浙海外贸易影响更大，陈高华先生曾对之做过精详研究。③

至元十四年（1277年）庆元、上海、澉浦初设之际，统掌两浙三司的杨发即出自澉浦杨氏，杨发当时任福建安抚使，同时兼"领浙东西市舶总司事"④。杨发之子杨梓参加了元军跨海远征爪哇的战争，之后曾任浙东道宣慰副使。杨梓的第二子杨枢则是一位出类拔萃的航海家，大德五年（1301年），年方19岁的杨枢就乘官本船"浮海至西洋"。大德八年（1304

---

① （明）宋濂等：《元史》卷二一〇《爪哇传》，中华书局1976年版，第4665页。
② （宋）周达观：《真腊风土记》总叙，中华书局1981年版，第16页。
③ 陈高华：《元代的航海世家澉浦杨氏——兼说元代其他航海家族》，《海交史研究》1995年第1期。
④ （元）陈旅：《安雅堂集》卷十一《碑碣志铭·杨国材墓志铭》，清文渊阁《四库全书》本。

年），他自备船舶、给养和用具，从京师附近口岸出发，3 年后航抵忽鲁模思（波斯湾内霍尔木兹港），往返途中交易东、西洋诸国土物，向朝廷进奉了所获之利。其后，杨枢曾任常熟、江阴等处海运副千户，还分理过庆绍温台漕运事务。[①] 杨氏家族虽以本籍所在地的澉浦为活动中心，但其家族人物亦屡屡仕宦浙东，社会网络覆盖两浙。可以推定，杨氏家族船团以包括庆元在内的两浙诸港为基地，航迹远达南海诸国。

三 结语

以上分别考察了元代浙江港口在海上丝绸之路东海航线和南海航线中的角色。总结而言，元日航海往来依然继承了宋代形成的庆元—博多航海轴心，故而可以肯定，庆元港在元日航海往来中保持着绝对的主导地位。元丽往来海陆并举，且南北出入港选择余地较大，浙江港口与高丽之间的航路只是元丽往来的渠道之一。但基于宋丽之间航海传统的影响，庆元—礼成江口的对航仍是元代江南与高丽航海贸易的主要途径。在元朝海上丝绸之路南海航线上，浙江诸港的地位较前代大幅提升，因为元朝代宋之后积极推进江浙各港的对南海贸易，元代对南海地区的一些军事和外交航海活动也自浙江港口始发。同时，入元以后江浙沿海地方涉海集团和航海家族势力崛起，江浙船团和舶商将运营的范围扩大到了南海地区，加强了浙江诸港与元朝海上丝绸之路南海航线的联系。

---

① （元）黄溍：《文献集》卷八上《墓记·松江嘉定等处海运千户杨君墓志铭》，吉林出版集团有限责任公司 2005 年版，第 523 页。

元代海洋经济与东南海上动乱

——以温州为中心的考察

陈彩云[*]

学者论及明清时期的海洋经济政策，多以闭关锁国称之，其因多归根于小农经济的保守性和天朝上国思想的落后性。追溯历史原因，学者注意到，强大的蒙元帝国亡于东南海上动乱给后来的明王朝带来了巨大的心理冲击，以致朱元璋采取有力措施，施行禁海。不过值得反思的是，明清的闭关锁国可以导致近代中国的落后，被认为重视海上利益、奉行海洋开放的蒙元帝国又何以亡于东南海上动乱呢？

元代因国家大一统使得南北运输系统贯通以及对外海运畅通，加之货币统一和手工业发展，政府重视商业等因素，成为历史上海洋经济发展的重要时期，关于元代的海洋经济发展情况，元史学者等多有论著问世。[①]然而，鉴于元代各地复杂各异的社会文化特征，要细致了解元代海洋经济的现实和变迁，更为微观的区域史研究成为必然。温州位居东南沿海，依山傍海，陆路交通闭塞，特殊的地形地貌使得海洋经济颇为发达。在北宋时期已成为对外贸易的经济要地，宋室南渡后，温州地近临安，逐步成为重要的对外贸易港口，入元之后，温州的海洋经济仍呈现着继续发展的态势。[②]

---

* 陈彩云，浙江师范大学环东海与边疆研究院副教授。

① 如陈高华、吴泰《宋元时期的海外贸易》，天津人民出版社 1981 年版；高荣盛《元代海外贸易研究》，四川人民出版社 1998 年版；高秀丽《元代东南地区商业研究》，博士学位论文，暨南大学，2002 年；张国旺《元代榷盐与社会》，天津古籍出版社 2009 年版等。

② 张健：《宋元时期温州海外贸易发展初探》，《海交史研究》1988 年第 1 期。

一　元代温州海洋经济的发展条件

海洋经济的发展离不开交通条件的改善，由于温州特殊的地形地貌，三面均有崇山峻岭阻隔，温州和外界的陆路交通颇为不便，南宋以来温州对外大宗货物贸易一般依赖海运，而区域内部之间的大宗货物运输也依赖内河联运。元末曾任永嘉县尹林泉生说："郡四封外皆崇山峻坂，溪流激湍，行者病其险，至郡境则平衍千里，江河沃流。"[①] 温州河流水量充沛，瓯江为终年可通航的河道，是上游处州、婺州等货物从港口出口的重要通道，还有飞云江（主要流经瑞安）、鳌江（主要流经平阳、苍南）。自唐至宋，以大规模的水利开放为契机，温州平原上的交通状态得到大规模改善，乐清、永嘉、瑞安、平阳等地平原地区开挖的人工河道纵横交错、航船穿梭，人员和物资往来甚为便利。[②] 通过运河形成以温州城为中心的四通八达的内河水运网，再配合漫长的远洋和沿海贸易航线，使得大宗货物的运输费用下降到极低水平，这些交通设施和航线在元代亦发挥着重要的作用。值得指出的是，尽管元代温州境内也有发达的驿站系统，但其主要用于政治军事需要，历来为官府修筑，民间的道路经过几代修筑，至附近地区的陆路交通也逐步沟通，但更多是为了个人出行，货物运输依靠人力或畜力，运量小且运输费用大，这些路线需要穿越众多的山口和峡谷，使得价值低的大宗货物几乎不可能通过陆路运输。

水运成为大宗货物运输的最主要方式，在瓯江边的江岸还专门设置码头，除了方便官员往来外，还便于商船往来运输货物，以致在岸边形成了商品的集散市场。黄溍说："温为郡，俯瞰大海，江出郡城之后，东与海合，直拱北门，枕江为亭。……亭之西为市区，百货所萃，廛氓贾竖，咸附趋之。江浒故有大石堤，延袤数千尺，舍舟登陆者，阻泥淖不得前，其俗率于堤之旁为石路，外出以属于舟次，为之马头。凡为马头者二，一以

---

① （明）王瓒等纂：《弘治温州府志》卷一九《词翰》，《天一阁藏明代方志选刊续编》本，上海书店 1990 年版，第 956 页。

② 吴松弟：《温州沿海平原的成陆过程和主要海塘、塘河的形成》，《中国历史地理论丛》2007 年第 2 期。

侯官舸，一以达商舶云。"① 在国内，温州开通了不少于国内知名港口的航线，潮州港还和温州港有商业往来，"潮（州）去广（州）二千里……岸海介闽，舶通瓯吴及诸蕃国"②。文中的"瓯"概指温州。不仅是潮州，当时温州和广州也有商舶往来。平阳人宋允恒为德庆路（今广东肇庆）蒙古字学正，后因才能，有益言于官长，被当地官员留在广州，其为孝子，经常经海舶奉物父兄。"其为学正巡检，计口用俸，而归其余赈宗族之匮乏者，虽在岭南得异味，辄附海舶，奉其父兄。"③ 温州港至帝国中心大都城的海上航行也相当方便，平阳人陈高有诗赠友人回京说："北望燕山倚舵楼，水程十日到通州。"④ 若所言不虚，陈高所居之温州南部平阳州至大都门户通州仅需十日航程。

温州城瓯江边港口连接着北部台州、庆元、太仓等港口，甚至要远达大都等地，其航线大体经过乐清沿海地区，有山名凤凰山者，元时为海商所集。元末乐清诗人朱希晦有诗《送天衢首座还故山》云："凤凰山上瞻华盖，师住白云知几重，海日楼台金翡翠，天风亭榭玉芙容。"明代其七世孙朱谏重刻其诗集注云："凤凰山今在海中，去永嘉界可三百里，元时航商所集，国初禁绝以杜倭寇。"⑤ 温州北上方向航线的船只大体沿乐清沿海航行，先经名山（今在北白象镇），"去县西四十里，在茗屿乡下岸山，高十丈，海舰皆以为准"；中间则要经过窑奥山（今在虹桥镇），"即丫髻山，去县东五十里，山北曰山门乡，山南瑞应乡，绝高，海舰皆以为准"；北上经玉环至台州海面，需要经楚门山，"去县东南一百九十里，在玉环乡海中，其峡如门，广二十步，海舰皆由此出入"⑥。从诗注"国初禁绝以杜倭寇"来看，温州海外贸易的衰落是洪武时期倭寇的侵扰以及政府随之实行的海禁政策，温州大规模对外贸易时代才告结束。

---

① （元）黄溍：《金华黄先生文集》卷九《永嘉县重修海堤记》，《中华再造善本》，影印上海图书馆藏元刻本。

② （明）解缙等：《永乐大典》卷五三四五，《四库全书存目丛书补编》第63册，第471页。

③ （明）苏伯衡：《苏平仲集》卷一三《宋君墓志铭》，《四部丛刊》，影印正统间刊本。

④ （元）陈高：《不系舟渔集》卷九，《元人文集珍本丛刊》，影印民国敬乡楼丛书本，台湾新文丰出版有限公司1985年版，第365页。

⑤ （元）朱希晦：《云松巢诗集》卷二，温州图书馆藏道光癸巳刻本。

⑥ （明）佚名纂：《永乐乐清县志》卷二，《天一阁藏明代方志选刊》本，上海古籍书店1981年版。

海洋经济发展除了开辟贸易航线外，还需要发达的造船业支撑。温州沿海港湾众多，造船业自三国东吴开始就是重要的造船基地。而元代海洋经济发达的主要表现就是拥有具备远洋航行、抵御狂风巨浪的巨大舰船，这种船只的建造技术，同在内河航运小船有着天壤之别，而温州在南宋以来就能生产远洋航行船只。元初世祖至元期间征东南亚的爪哇，温州也是南征舰船制造基地。时任温州路总管的夏若水亲任其事，以减轻民众负担。"朝命造征爪哇船，若水虑吏胥病民，令民备材，躬董其役，民咸德之。"①元末还在温州南部平阳州制造官方舰船。"明年（至正七年，1347 年）春，新任太守通州岳侯（岳祖义）承露，委督造舡事于南鄙之钱仓，公实与侯共事。"② 官府造船可能为粮食海运，也可能为海防需要。明初，温州仍能制造到远涉重洋的巨舰。黄淮（1367—1449 年，字宗豫，号介庵，永嘉人）回忆自己在家乡看到巨舰建造说："余家海隅，见造巨舰以涉海者，实以万钧镇重而不摇，驾风涛，泛溟渤，如履平地，盖其量宽而有容虚以受盈，求益之道也。尝窃羡慕，以为世有若而人，则愿与之游以扩吾志焉。"③ 驾驶此等巨舰，远洋航行如履平地，可见温州造船业之发达。

海上航行的知识技术性很强，需要长期从事才能获得，组织性也很强，需要大批熟悉沿海海况和航海知识的人，才能娴熟驾驶海船，元代温州海洋经济发达还在于形成一些航海世家，世袭为元政府服务，从事海运业务。乐清名族海运世家楚门戴氏就是为官府专门从事运粮而发家的海运千户。至正十四年，脱脱征张世诚的高邮之战，戴氏族人还率舟舰驰援。至正二十一年秋九月，送南下征粮的户部尚书李士瞻到温州南部的平阳州、福建沿海等地征粮，李士瞻说："其属县乐清，其所谓戴氏者，又为是郡之名族也。戴氏昆季三人，长某，不幸早逝，次国荣，近以功授千牛官，次国宾，尝为海道千户。……余以天子命，奉使闽粤，其舟即戴氏舟也。"④ 方国珍崛起于东南沿海之时，戴氏家族还与其联姻。在南部平阳州也有汤氏、郑氏家族为元朝担任粮食海运任务。元末方国珍之侄方明善治温时期，台州

---

① （明）王光蕴等：《万历温州府志》卷九《治行》，温州图书馆藏明万历刻本。
② （元）史伯璿：《青华集》卷一《送平阳镇守千夫长东平忽都达尔公序》，温州图书馆藏旧抄本。
③ （明）黄淮：《介庵集》卷四《益斋记》，民国敬乡楼丛书本。
④ （元）李士瞻：《经济文集》卷五《赠戴氏序》，湖北先正遗书本。

人刘仁本担任温州路总管，在记载一位汤氏节孝妇时谈其出身时就说："汤氏名某，永嘉郡平阳邑白沙里人，海道运粮千夫长某女也，婉静有仪，及笄，而归同乡右族郑瑞，瑞之先闽人，五季时徙居儒立里，自瑞祖武德君以上，世授五品漕运官。"[①] 汤氏出身于平阳海运世家，而出嫁于郑氏，而郑氏自祖上同样是为元朝服务的海运官。

二 温州海洋经济的类型

海洋经济是人类开发利用海洋资源和依赖海洋空间进行的经济活动，在古代主要包括有沿海渔业、盐业、商业贸易、粮食海运业等。

（一）沿海渔业

温州靠山面海，耕地资源紧张，海洋渔业一直是沿海居民赖以为生的传统职业，自古此地就是"饭稻羹鱼"的地方。宋代渔业颇为兴盛，除了捕捞自食外，还在鱼市交易补贴家用，随着捕捞技术的不断发展，一些珍稀鱼种还被作为土贡送往京城。据《元丰九域志》《宋史》等记载温州在宋代就上供鲛皮（鲨鱼皮），可见捕捞技术之高，业已具备相当之规模。入元之后，沿海民众生活仍旧。在乐清楚门（今属玉环）大多以渔为业，"海天日暖鱼堪钓，潮浦船回酒可赊。傍水人家无十室，九凭舟楫作生涯。"[②] 在南部平阳等地，不少民众也是依赖渔业为生。平阳人陈高介绍："温之平阳有地曰炎亭，在大海之滨，东临海，西南北三面负山，山环若箕状，其地可三四里，居者数百家，多以渔为业。"[③] 一些地方形成以专业捕鱼的村镇。渔民的海产品购销方式除了"担鲜"贩卖、加工销售外，还有海上购销的方式，即渔船在海上把捕捞到的海产品直接销售给运销船，由运销船将收购的海产品运往陆地再进行销售。元代延祐年间赵许为温州路推官曾经处理过一起海上购销的纠纷。"乐清县民陈渔于海，它舟赍（意：赊欠）

---

① （元）刘仁本：《羽庭集》卷六《郑节妇汤氏节孝传》，清文津阁《四库全书》第406册，商务印书馆2005年版，第295页。

② （明）王瓒等纂：《弘治温州府志》卷二二，《天一阁藏明代方志选刊续编》本，第1249页。

③ （元）陈高：《不系舟渔集》卷十二，《元人文集珍本丛刊》，影印民国敬乡楼丛书本，第398页。

其钓鱼，陈舞秤以给（意：欺诈）之。"双方诉讼纠纷造成陈年冤案，由赵许细查加以平反，渔民欢声动海上。①

（二）盐业

温州地处浙江沿海，拥有漫长的海岸线和滩涂，自古以来就是重要的海盐产地。元代继承了南宋以来温州所建立的盐场，从乐清湾到平阳沿海分布着五大盐场。乐清县有两个盐场，"天富北盐场盐课司在乐清县玉环乡三十三都，元在三十六都海岛中，设司令、司丞监办盐课。长林盐课司在本县长安乡六都塔头，宋政和元年创，元仍其旧，设司令、司丞监办盐课。"② 永嘉县有永嘉盐场，在二都永兴。"永嘉场在二都，东临大海，其乡一至五都。"③ 瑞安州有双穗盐场，就是现在的场桥街道。"双穗场盐课司在崇泰乡长桥，宋元名为双穗盐场。"④ 平阳沿海边有天富南盐场，在十一都南监。"天富南盐盐课司，先在东乡，宋乾道迁十一都，元初复仍旧址，至元间徙市南河西，明洪武八年徙芦浦。"⑤ 天富南盐场司时常迁徙的原因大概为台风海潮冲击所毁，平阳大族陈氏自五代时由福建长溪迁居于天富南盐场附近，元大德年间全家与盐场俱沦丧于海潮中，仅有陈谦者以身免。⑥《弘治温州府志》卷五《水利》记载，大德元年丁酉（1297 年），天富南盐场沙塘陡门与附近俱荡于海溢。

（三）商业贸易

特殊的地貌使得温州对外贸易更多取道海洋，水路北达台州路、庆元路、平江路，南达潮州、广州等地。温州在入元之后，国内外商业贸易继

---

① （元）王沂：《伊滨集》卷二四，清文津阁《四库全书》第 403 册，商务印书馆 2005 年版，第748 页。

② （明）佚名纂：《永乐乐清县志》卷四《盐场》。

③ （明）王叔杲、王应辰等：《嘉靖永嘉县志》卷三《食货志》，《稀见中国地方志汇刊》第 18册，中国书店 1992 年版，第 571 页。

④ （明）刘畿、朱绰等：《嘉靖瑞安县志》卷二《建置志》，《稀见中国地方志汇刊》第 18 册，中国书店 1992 年版，第 670 页。

⑤ （清）金以埈、吕弘诰：《康熙平阳县志》卷二《建置志》，《稀见中国地方志汇刊》第 18册，中国书店 1992 年版，第 860 页。

⑥ （明）苏伯衡：《苏平仲文集》卷七《陈氏祠堂记》，《四部丛刊》本。

续发展。在当时人来看，温州绝对是个商业发展极度发达的地区。① 温州在元代属上路，不仅人口众多，而且本地商品经济活跃，商税收入相当丰厚。元代设置税课提领的条件要在岁入3000锭以上，全国共21处，温州就是其中一处，同级别城市还有建康、吉安、泉州、庆元、镇江、福州、成都、保定等大路。② 至顺二年（1331年），柳贯送同乡赵大讷到任永嘉县尹时说："永嘉在浙水东，为大县矣，而索言其大，则非谓版籍之蕃庶，有土著而无冗食也，非谓土田之广斥，生物滋而用物饶也。又非谓邑屋之富丽，珍货萃而市贾充也。"③ 可见在当时来看，温州的不同之处不在于人口众多，而是农业生产薄弱，而商品经济发达。成宗元贞二年二月，温州人周达观奉命出使真腊，即从温州随商船开洋，经福州、泉州、广州、琼州等海口外洋，直到目的地。

温州不仅内贸上居于重要港口地位，而且海外贸易亦甚发展，以致本地商业气氛浓郁。元末宋濂就说："永嘉为海右名区，南引七闽，东连二浙，宦车士辙之所憩止，蕃舶夷琛之所填委，气势熏陶，声光沦浃，人生其间，孰不闻鸡而兴，奔走于尘土冥茫中以求，遂其尺寸之欲。"④ 浓郁的商业氛围，加之丰厚的商业利润，吃苦耐劳的温州人不顾艰辛，多奔走海外各地从事商业贸易，以求生计。如平阳人王文佑，字子寿，为当地富家，经常接济贫穷族人。"君之于族人也，聪明材俊者必资之使学，无以为生

① 关于元代温州的商业发展，王秀丽《元代东南地区商业研究》（暨南大学博士论文，2002年）第一章《东南地区商业交通的发展》曾有论及，然其中关于温州方面，亦有不确之说。如其引郑东《送驸马西山公诗》："二年市官留小州，政宽坐致东南酋。三韩毛人及流求，行縢在股宝络头。长风万里驱大艘，象犀珠贝充海陬。贡之府库常汗牛，归视其室唯绷绻。圣主在位将尔求，出入王命为舌喉。"以此来证明当时的温州是宁波之外，与日、韩等国贸易的另一重要港口。然而根据宋濂撰写的《故赠奉议大夫磨勘司令郑公墓志铭》可知：郑东，字季明，号呆斋，平阳人，早年出游，得教授昆山而交游诸士大夫，死后葬于昆山，终生未归家乡温州平阳。此诗所称"二年市官留小州"当为昆山州。延祐元年以后，太仓为昆山州治所，太仓刘家港是当时海运和对外贸易的重要港口，商贾云集，海外货物充斥，号称六国马头。《至正昆山郡志》卷一《风俗》（·《宋元方志丛刊》第一册，第1114页）称："海道朱氏翦荆榛、立第宅，招徕蕃商，屯聚粮艘。不数年间，凑集成市，番汉间处，闽广混居，各循土风，习俗不一，大抵以善贸易好市利。"由此可见，郑东所言海外贸易情况和元代温州没有关系。
② 《大元圣政国朝典章》之《吏部卷一·典章七》，中国广播电视出版社1998年版，第210页。
③ （元）柳贯：《柳待制文集》卷一七《送赵永嘉序》，《中华再造善本》，影印上海图书馆藏元至正十年余阙浦江刻明永乐四年柳贯补修本，北京图书馆出版社2005年版。
④ （明）宋濂：《宋学士文集》卷一九《水北山居记》，《四部丛刊》本。

者，必召而与之子本，使为商贾。"①族中青年如果读书仕宦无望，就使以商贾为职业。元代特殊的政治歧视政策使得温州人很难在仕途上有大的作为，迫使其精力多转向别种方式谋取发展，甚至贩鬻以为商贾。元代温州诗人留下一些咏叹商妇思夫的诗篇，反映了当时温州商业发达的社会现象。元初林景熙诗《商妇吟》："良人沧海上，孤帆渺何之，十年音信隔，安否不得知。长忆相送处，缺月随我归，月缺有圆夜，人去无归期。"②元末陈高有《商妇吟》诗云："嫁夫嫁商贾，重利不重恩，三年南海去，寄信无回言。妾身为妇人，不敢出闺门，缝衣待君返，请君看泪痕。"③此诗的"南海"当为东南亚。这些诗文说明温州沿海从事海外贸易的商人之多。

(四) 粮食海运

元代的航海事业由两部分组成，一方面是以贸易为主的航运，向东到日本，向南到东南亚和印度洋地区；另一方面是以粮食运输为主的海运，每年经海道从江南输往元大都的粮食，先后持续70余年，规模庞大。温州在至大四年（1311年），设置温、台海运千户所，设置的原因是温州征发船户越来越多，便于就近管理，催发起程，并发放脚价银。"庆绍温台所，即系并改运粮，一切事务，令各官前去规办，拟于温州开置治所，取勘船只给散脚钞，催督起发。"④千户所下面还设置百户来管理船户。"焦礼，字和之，其先高邮人，居京口。壮岁游京师，言海运，授进义校尉瑞安县，管领海船上百户。"⑤元时瑞安县尉从九品，主掌捕盗，兼管领海船可能是海运兴起后职责的调整。而温州地区参与元代海运的船只数量，只有至顺元年（1330年）的统计，据载当年全国有1380只船只参与海运，而温州有"平阳、瑞安州飞云渡等港七十四只，永嘉县外沙港一十四只，乐清白溪、沙屿等处二百四十二只。"⑥总计温州共有330只船，约占全国总数的24%，

---

① （明）苏伯衡：《苏平仲集》卷十四《两山处士王君墓志铭》，《四部丛刊》本。

② （宋）林景熙：《霁山先生文集》卷一《商妇吟》，清知不足斋丛书本。

③ （元）陈高：《不系舟渔集》卷三《商妇吟》，《元人文集珍本丛刊》，影印民国敬乡楼丛书本，第330页。

④ （明）解缙等：《永乐大典》卷一五九四九，《四库全书存目丛书补编》第71册，第139页。

⑤ （元）脱因、俞希鲁：《至顺镇江志》卷一九《仕进》，《宋元方志丛刊》第3册，第2863页。

⑥ （明）解缙等：《永乐大典》卷一五九四九，《四库全书存目丛书补编》第71册，第146页。

可见温州在全国粮食海运中的地位。

三　元代海洋社会经济政策的弊端

以往对元代海洋政策评价往往单独指出其重视海外贸易、对外开放的一面，但较少整体分析其海洋经济政策，剖析其得失。兹以温州为例，管窥元代的海洋经济政策对当地社会的影响。

（一）海运征发影响渔民生计

自古至今，沿海从事渔业捕捞的渔民都不轻松，需要和大自然搏斗而赢得生计。在平阳地区，"濒海居人不种田，捕鱼换米度长年，钓船渔网都狼藉，老稚流离哭向天"①。对温州渔民威胁最大的自然灾害是频繁的台风。在瑞安，大德七年十月望夜遭遇大风潮，沿海渔业者甚众，大风覆舟，哭者比屋，阁巷人陈昌时因感而赋："千尺飞涛割空碧，生命应悬水官籍，我儿已死前夜风，邻屋归来报消息，市中竞利争刀锥，此底悲辛那个知。"②然而渔民不仅有覆舟而死海之忧，还要面对来自政府的苛索。元代地方官府多不顾渔民安危，驱使捕捞之渔船从事远洋粮食运输，耽误渔民自身生计不说，还有随时葬身海上的危险。即便侥幸生还者还需要为海难事故负责，出卖自己的船只赔偿官府损失的粮食，还经常为拿不到及时足额的脚价银而苦恼。

有记载，至大二年（1309 年）开始，夏吉甫等温州船户就曾运粮到大都，日后不断。由于温州等地是新加入海运税粮的地区，产生了脚价即运价的支付问题。从温州港到大都，比之原来的浙西太仓港到大都的运输成本明显不同。航程增长几千里，修理船只费用上升，加之浙江沿海海况复杂恶劣，夏秋多台风，岛礁密布，船覆人亡概率上升，加以路上时间增长，船户自身所需口粮亦较浙西地区为多，如果按照浙西地区标准支付脚价银，

① （元）陈高：《不系舟渔集》卷九《即事漫题十首》，《元人文集珍本丛刊》，影印民国敬乡楼丛书本，第 366 页。
② （元）裴庚选、（明）吴论续选：《阁巷陈氏清颖一源集》卷一《覆舟行》，温州图书馆藏道光五年瑞安陈锡三摆印本。

那温州等地运粮船户势必破产，于是船户纷纷上诉说明情况，要求增加脚价银，并得到官府重视。温台等处海运千户所转呈船户夏吉甫等申告状向江浙行省做了报告，请求考虑实际情况，并援引至大四年浙西船户到福建运粮时，朝廷亦曾添置脚钱为例，请求增加温台等地船户的脚价银。江浙行省考虑到此次至大四年温台船户运粮颇不顺利，由于遭遇海上飓风，船只被风覆没，在直沽卸欠官粮，被迫出卖船五十六只，二万六千二百三十料以补亏欠。加之因温州、台州等地路途遥远，物价上涨，修理船只费用上升，抚恤海难船民等因素，提出把温台等处脚价银添至元钞一两，增至元钞三两的建议，但并未得到中书省户部的同意，仅同意加二钱。"户部回议得，温台庆元顾到船户经涉海洋，既比两浙程远，每石带耗量添脚价至元钞二钱，通作至元钞二两二钱。"① 承运漕粮是沿海船户的承担负担，下层民众为应官府差役不得不卖儿女来应付，内中悲苦不可言状。《永乐大典》引元代修纂的《经世大典》中记载："温州路船户陈孟四将一十三岁亲女卖与温州乐清县傅县尉，得中统钞五锭，起发船只。"连编撰者也不得不疾呼"此等船户，到此极矣"。海运千户所官员掌握着船户脚价银的发放，贪污者有之。泰定四年（1327 年），朝廷还派以廉能著称的常熟江阴等处海运副千户杨梓前往整顿温台等地海运千户所，严惩贪官。"居官以谦介称，被省檄给庆绍温台漕挽之直，力划宿蠹培尅之弊，绝无所容"。② 可以说，为官府承担海运任务是沿海渔民一大沉重负担，也是元朝政府的苛政之一。

（二）食盐法的实行

元朝海洋经济的苛政之一还表现在海盐业上。一般而言，为防私盐泛滥，影响国家税收，一般来说盐场附近和沿海地区采取以计口而赋的食盐法，在温州即是如此。所谓的"食盐法"根本上就是按照户口人数强行分摊盐赋，按国家需要来征收盐课，而不是卖出去多少盐，这个方法叫椿配法。在元代，"食盐椿配，害民为甚"，食盐法激化本来就严重的社会矛盾，实行强行推销的办法，加重民众负担，加上胥吏上下其手，民众苦不堪言。元末温州大儒史伯璿指出"自至治以来，为弊日甚一日。数载以前椿配，

① （明）解缙等：《永乐大典》卷一五九四九，《四库全书存目丛书补编》第 71 册，第 139 页。
② （元）黄溍：《金华黄先生文集》卷三五《松江嘉定等处海运千户杨君墓志铭》。

抑勒使民占认，乡都之民至有卖田鬻妻子以充盐价者，又不及数，则笞箠逮曳，不胜惨酷，有力者则散而之四方，无力者自经于沟渎。"① 食盐法造成的盐户日益逃亡，而广大民众被迫淡食或冒险购买私盐。"爱民"的温州地方官深深忧虑。有责任心的官吏力图使"食盐法"能够按民众实际承受能力或田土数量分配赋额，达到均平的目的。至元时期蒋葵曾经在两浙转运司为胥吏，深知盐政弊端，大德年间任职于温州路平阳州，根据民众财力计口而赋，并安排熟悉民间情况的"里正"掌之。"州之盐课无籍，累贫民，君为视民田多寡以定其赋，委里正掌之，民利其便。"② 由于吏治腐败，实际民众购买的官盐价格比额定价格高出不知凡几，而且仓官克扣，缺斤少两，民愤极大。

（三）市舶停废

元王朝建立之初，重视海外贸易，温州与泉州、上海、澉浦、庆元、广东、杭州一起作为当时重要外贸港都重置市舶司。③ 到至元三十年四月，从行大司农燕公楠、翰林学士承旨留梦炎言，以温州市舶司并入庆元，杭州市舶司并入税务。撤并市舶的原因应该是来自当时大规模的对外贸易体制整顿。市舶司专门制定"市舶则法二十一条"，对海外贸易进行控制，为防止商人偷逃税款及夹带违禁物品，江浙行省在舶商回番之际，要派官员登船抽解，监督抽分过程。温州市舶司税则与其他市舶一样，粗货十五分中要一分，细货十分里要一分，所得货物一部分上供朝廷，一部分由市舶司在当地出售。

温州市舶司撤并之后，元朝政府严禁海外商船未经批准到温州贸易，私自贸易的货船甚至有被查扣充官的危险。江西乐平人彭天俊时任职贵溪主簿，素有廉名。"江浙行省檄君封商舶于温州，往时犀珠错落，贿及僮吏，君一皆禁止之。"④ 贸易品大多为犀角、珍珠等奢侈品，走私贸易查扣

---

① （元）史伯璿：《青华集》卷二《代言盐法书》。
② （元）黄溍：《金华黄先生文集》卷三七《从仕郎绍兴路诸暨州判官致仕蒋府君墓志铭》。
③ （元）苏天爵：《元文类》卷四〇《市舶》，商务印书馆1958年版，第541页。
④ （元）危素：《危太朴文续集》卷五《故从仕郎襄阳路谷城县尹彭君墓志铭》，《元人文集珍本丛刊》第7册，第542页。

成为官员中饱私囊的大好机会，"廉洁自持"分内之事已经是"真廉"之士才有的德行了，江浙行省为防止腐败，特意从江西行省调派官员来主持其事。吏治腐败，胥吏横行、乘机勒索舶商，多有谋求私利之事，温州商业贸易也难免受到一定的阻碍。不过从文献记载来看，撤并市舶司并非温州海外贸易的终结，只是必须要来庆元市舶司办理完税抽解的手续而已，温州依旧是海商出没之地。

四　元末温州的海上动乱

温州海内外贸易发达，官员、富商来往全国各地亦多从海路，盐场又多分布在海岸线上，可以说大量公私财富就集中在沿海岸的贸易线和海岸边，是故沿海渔业船只与往来商船的秩序维持颇为重要。但是不当的海洋经济政策使得海寇成为元代温州危害社会稳定的重要势力。沿海海贼之中躲避赋役而亡入海岛的船户为数不少。逃亡沿海船户不少从事私盐贩卖以谋生。大德年间，王安贞任永嘉县尹时，亦雷令严禁私盐贩卖，严厉打击走私行为。"其在永嘉，地滨海，饶咸蓰，豪户若民通岛夷贸鬻，官弗能制，轧于运司总府，前令职是失职者相望。公戒严条禁，察尤者填之法，奸伪以息。"① 打击私盐问题本是两浙盐运司的职责所在，县级责任负有协助之责。

当然海盗的成因复杂，不仅是私盐贩卖的问题，元代后期撤并温州市舶司，许多商人和民众废生失业，元代中后期不少沿海居民以走私贸易和贩卖私盐为谋生手段，最终元末的时候海寇已经形成一定规模，成为政府不可控制的因素。史伯璿就说："自古盗贼莫甚于海寇，盖以鲸波万里，白昼犹夜，聚散往来，无有定着，不可得而掩捕之也。……今之海寇不过蒿师渔子之俦，相聚劫掠以图口腹而已，何能为哉？但凶徒恶党，所聚众既拦截海面，而客舟不可行矣。"② 大规模海盗袭扰，导致商旅不行，同时沿岸居民多遭剽掠，极大破坏温州的稳定，官方深以为忧。

盗贼的猖獗和元代维持海洋秩序措施的弊端有着很深的关系，首先为

---

① （元）许有壬：《至正集》卷五七《故朝列大夫饶州路治中王公碑铭》，《北京图书馆藏古籍珍本丛刊》第 95 册，书目文献出版社 1998 年版，第 293—294 页。

② （元）史伯璿：《青华集》卷二《上宪司陈言书》。

官府畏盗不捕。史伯璿说当时捕盗情况时说："盖牧民之官，素非谙识海道之人，彼见洪波怒涛，汹涌无际，固已胆丧而魄褫矣。况又使其冒犯猾贼之锋刃，则彼下海之行，惟有见之公移而已，舟未及行，固已问幽闲林壑，贼所不到之处，以为避贼之所矣。"① 元代军官世袭制度的恶果就已经体现，南方多海洋和河道，温州更是河网密布，沿海港湾众多，海岸线绵长，而捕盗之官，由于军官和军人世袭制度往往率多北人，又不信任南方汉人，严禁汉人持有武装。北人大多不习海战，一见海上大风涛，大致已经破胆，多移舟至盗贼不到偏僻地方躲避，既避免上司畏贼不出的责罚，又可免与海盗交战而丧命。捕盗之官，畏海盗如虎，文书往来之间，海盗已预先了解官府计划，官府大举而来，则相戒逃避，若小股而来，则协力抗拒，不为无益，反而扰民。

其次，官盗勾结分赃。平阳州天富南盐场设置巡检司严查私盐贩运，然而"贩私盐者，跋山而出，遵海而趋，动以千百成群，往往多处州、建宁，负固走险，凶凶不逞之徒，涉历本州地界，公然操刃，往返各处，巡禁在官之人，袖手莫敢拦截，不过取索买路钱而已"。② 私盐贩卖者乃是组织性极强的队伍，常年山海逐利，出生入死，养成彪悍不畏死的作风，经过温州各地的时候，巡查官员只能索取买路钱而已。

就加强地方上军事力量建设，增强捕盗能力，史伯璿提出要训练沿海舟师熟悉水战，严格赏罚制度，勇者赏、怯者罚。他说："俾其期夕就海面上，教习军人以水战之法，却又于众军官中，其尤长于水战者，使之时时点阅。量其技之优劣而赏罚之。"除此之外，史伯璿还提出要动员民间力量为官府所用，这也说明元代后期地方军事力量衰败，不能维持地方稳定，故而汉人持兵器之禁则稍松。他上书肃政廉访司官员说："募近海有舟之人，使与官军逐捕者赏格，且不征其所获贼以劝之，此则捕贼军民皆尽其杀贼之长技者，又况我众彼寡，贼之所至，我亦至焉。无约会往来之消息可向，何畏于贼，何疑于官，自是人自有勇其矣。于捕寇也，何难之。"③ 他举例指出瑞安州知州、畏兀儿人三宝柱已在瑞安行此法，颇为有效，可

① （元）史伯璿：《青华集》卷二《上宪司陈言书》。
② （元）史伯璿：《青华集》卷二《上盐禁书》。
③ （元）史伯璿：《青华集》卷二《上宪司陈言书》。

以推广效法。史伯璿之说可谓有的放矢，若能实行，确为地方缉捕海盗之助。不过民间捕盗，不由控制也会造成有人挟私报复，诬陷良民，造成冤案。在元代官场积弊甚深，诬良为盗时有发生。即便地方士人助官府捕盗，亦有被地方官夺功抢赏，甚至被诬为盗贼。"温州路平阳州民倪景元尝捕海寇，后为怯烈州判及其子雅古攘其功赏，反以倪为贼，遂枉问于连沈贵宁，拷掠死，仲温察倪冤，怯烈坐罪，减死一等，倪冤获伸。"① 文中之"仲温"即为元末名臣高昌人左答纳失里，原任温州路总管，时任浙东海右廉访副使，以平反冤狱得名。元代虽然由巡检司和县尉等专司捕盗事宜，然而地方长官也介入较大规模的捕盗，并对县尉捕盗予以监督，特别是影响重大的大案要案。永嘉县滨海，民多私通海外贸易，官府缉捕甚急，有人诬张明一为海盗，逮系三十人，经过初步审判，狱具已成。县尹王安贞"具察其冤，释之，同官果争，公曰：'理冤，令职也。苟失出，令自坐。'未几，得真盗。其人相率绘公像祠之"。② 要不是王安贞不顾"同官"反对，执意平冤，释放无辜民众，只怕此人已成刀下之冤魂矣。

自元中后期开始，由日本诸岛的武士、浪人和奸商等组成的"倭寇"就时常对东南沿海地区进行骚扰和劫掠，明初开始，倭寇更是同方国珍余部联合在一起，出没沿海地区为害地方，由于地理位置的原因，温州是明代倭患最为严重的地区之一，洪武初年，温州卫指挥佥事王铭重修温州卫所就表示："臣所领镇，岸大海而控岛夷。"③ 防卫倭寇侵扰，是温州卫的重要职责。洪武五年夏，倭寇登岸肆虐平阳县南部，沿海居民望风而逃，平阳镇守王某率士卒星夜赶往，杀伤倭寇大半，余者登船而逃。④ 为应对侵扰，洪武时期在温州沿海设置诸多卫所，如金乡卫、盘石卫、海安所等，同时闭关锁国，全面实行海禁。强迫沿海居民迁居内地，烧毁房屋，温州府所属玉环岛居民几千家，也都被迫放弃。为防止沿海居民勾结倭寇骚扰沿海地区，禁止民间运货出海从事贸易，禁止从海外运回洋货回国销售，

① （元）郑元祐：《侨吴集》卷一二《江西行中书省左右司郎中高昌普达实立公墓志铭》，《北京图书馆古籍珍本丛刊》第95册，第826页。
② （元）许有壬：《至正集》卷五七《故朝列大夫饶州路治中王公碑铭》，《北京图书馆藏古籍珍本丛刊》第95册，第294页。
③ （明）苏伯衡：《苏平仲文集》卷三《王铭传》。
④ 刘绍宽等：《民国平阳县志》卷六五《文征内编》，民国十四年铅印本。

甚至禁止民间私自建造船只，严禁将本地出产货物卖给外来商人，乃至禁止民众下海捕鱼，违者正犯杀，全家发边卫充军，不少民众深受其苦，"守平阳者以其地岸大海，过于关防，民举足辄获戾"①。洪武时期矫枉过正的海禁政策对温州海洋经济打击甚重，不仅断绝众多老百姓的生计，还使自宋、元一直繁荣的温州海外贸易一落千丈。

五 结语

综观蒙元统治下的温州，得天独厚的地理条件使得温州延续南宋以来的经济基础，作为东南沿海港口城市，海洋经济仍有一定的发展，以渔业弥补耕地不足带来的粮食短缺，促使乡村小农经济稳定，以盐业、商业、海运、对外贸易等促进温州的对外开放，继续保持着全国重要商业城市的地位。但元代吏治腐败一定程度加重了对温州经济资源的掠夺，船户、盐户等诸色户计制度加强了人身奴役关系，不当的海洋经济政策使得脱离政府控制的私盐贩卖和走私贸易发展起来，至元末海上动乱乘势而起，最终元朝因为海上粮食运输的生命线被切断而覆亡。

元代海洋经济政策的历史教训在于虽然元王朝充分认识到海洋经济的重要性，积极发展海上贸易、粮食海运、海盐业等，以致海上利益对于元王朝的整体利益中分量提高，甚至可以说元帝国的生死存亡在于海运的畅通。但在元代诸多苛政的影响下，海洋管理颇为混乱，大量财富和人员往来于海上，海上冲突和海上争斗不断扩大，脱离元政府控制的海上势力也逐步形成，最终元朝海上控制力量薄弱导致无法驾驭海洋。明初定都东南，来自海上威胁近在咫尺，为政权安全和稳定出发，防止东南沿海地区的张士诚、方国珍残余势力和倭寇联合威胁新生的明政权，而采取了严厉的海禁政策。

---

① （明）苏伯衡：《苏平仲文集》卷三《谢成传》。

明清税关中间代理制度研究

胡铁球[*]

　　税关在明清经济中占有重要地位，涉及财政、商品流通等诸多方面，故中外学者对其进行了长期的研究，取得了丰硕的成果，然而，对依附钞关所生存的中间服务群体及其与税关的关系等研究，却涉猎甚少。实际上，在明清时期许多税关都曾依赖中间包揽群体"保收税银"或"保承钱粮"，形成法定的中间代理制度。然而，由于缺乏相关研究，加之中间包揽群体名色繁多，有保家、歇家、保歇、牙歇、保商、商保、铺户、钞户、铺家、经牙、牙行、税行、保税行、店户、过塘主人、埠头等，不下数十种，致使读史者无所适从，不知其具体所指。因此，把这些包揽群体分类整理再加以研究，就显得尤为必要。经笔者研究，上述各色名目可概括为保家（歇家）、铺户（钞户）、牙行三类，且这三类名称皆是对兼营客店的中介经营组织的泛称。这一制度的实质内涵包括两方面：从过关商人的视角去看，保家等在为商人提供住宿、兑换、贸易、运输、搬运、贮存等各类服务的同时，还代理商人办理过关手续并交纳关税；从管理税关的衙门视角来看，保家等具有代理税关开写报单、递报数目、核查丈量、估算税额、收取关税等多方面职责，甚至税关的公私费用皆取之于他们，是政府极为倚重的力量。

一　税关中保家的设置及其职能

　　在明代的仓场、州县中，政府曾以歇家为中心建立起了"保歇制度"，一切钱粮皆托歇家代理征收，由此延伸出的歇家异名很多，主要有保家、

＊　胡铁球，浙江师范大学环东海与边疆研究院教授。

保歇、歇保、保户等。① 在关税征收中亦不例外，许多税关曾设置保家来"保收税银"。

（一）杭州南新关保家的设置与职责

据杨时乔《两浙南关榷事书》② 记载，在杭州南新关，共设有保家 36 名，属关役，其设置及职责如下："正关保家二十名，（仁和、钱塘）二县居民。各商木植拢塘，同赴抽分，保收税银。渔临关保家四名，保收渔临关商税。安溪关保家五名，保收安溪关方籓竹税。沙板保家五名，保收沙板税……小关保家二名，收竹柄税。"③ 据此史料，杭州南关保家设置的原则是按关口或竹木类别设置，其职责是"各商木植拢塘，同赴抽分，保收税银"。不过，这个定义式的说明，很是模糊，故要确切了解南关保家的职能，必须了解商人上交商税的具体过程。就商人具体交税过程而言，在南关，不仅凭单征税，还凭单稽查，单分"拢塘报单""抽验清单""各关报单"三种。根据此三单内容，④ 以及相关史料，商人在南新正关纳税一般要经历以下六个程序：

（1）告报。商人贩竹木到关后，便要投入保家，由保家开写"拢塘报单"向税关告报，报单内容除了商人到关的时间及所贩竹木的数目、类别外，在单尾还要开写告报人（商人）、保家和包牌人，共三类人的姓名。也就是说，商人、保家、包牌人是纳税的关键人物。

（2）挂号。报单写好后，保家开始引领商人挂号。挂号需跑三处：第一是到关署二门外的阴阳生处"挂外号"；第二是挂好外号后，根据"挨次登记"的顺位依次到关署内请主事签名；第三是拿到主事签名以后，保家

① 参见胡铁球《明清保歇制度初探——以县域"保歇"为中心》，《社会科学》2011 年第 6 期；《明代仓场中的歇家职能及其演化——以南京仓场为例》，《史学月刊》2012 年第 2 期。

② 杨时乔于隆庆元年任两浙南关主事，隆庆三年卸任。据《两浙南关榷事书》的内容，其年代最迟已到万历三十四年，而《续修四库全书》丛刊的目录，则言"影印国家图书馆藏明隆庆元年刻本"，对此出版信息，笔者颇为怀疑，或者后人在原书基础上增补了不少内容。

③ （明）杨时乔：《两浙南关榷事书·役书》，《续修四库全书》第 834 册，上海古籍出版社 2002 年版，第 322 页。

④ 该三单内容长达 1300 余字，在此不详细列出。参见杨时乔《两浙南关榷事书·单书》，《续修四库全书》第 834 册，第 338—339 页。下列引用而未出注者，皆是源自这三单。

又引领商人到官署的书吏处"挂内号"。①

（3）领牌开装。商保在关署挂完"内号"后，便会领到"牌票"，这就是所谓的"领牌"。商保拿到"牌票"后，根据其上面所安排的顺位，到"拢塘"处叫包牌人"开装"，史称："木植自徽、严、衢、处直抵大江拢塘，各从商人商贩之便，陆续赴本部报单挂号，堆垛唐池，挨次领牌开装。"② 所谓"开装"，就是把大排"拆分（为）小筏"。③ 因为当时抽分竹木，皆是根据竹、木、板的类型，分为"甲""皮"④ 或"簰""捆""把""束"，⑤ 等等，以此来计算根、片等数。按小筏单位来丈量定税，叫"量簰量筏"。在这个过程中，包牌人还应清点竹木数目，这可从"包簰具草数付清单书手"可推断出来。

（4）丈量、定价、估税及书写清单。包牌人"开装"好排筏后，主事不时还要带人对其进行缜密地丈量、估价和定税。丈量包括：定木、板的类别，即木是楠木还是杉木等；定木、板的品级，即属于一等还是二、三等木、板；定木、板的数量，即根据甲、皮等丈量单位，算出商人所贩木、板具体的根、片数。估价，根据当时的税则，按竹木类别、等级进行估价，再根据其数量汇算出总的估价银。定税，根据估价银折算关税，并汇总成应交的银数。上述竹木的类别、品级、数量、估价、税额都要详细登记在清单上，清单由清单书手开写，在单尾处还要写上四类人名字，即"告报人某（商人），保家某，装簰人某，写单某"，显然具体负责组织丈量、估价、定税的是保家、装簰人、单书。为确保"清单"的有效性，需主事与委官共同签字确认。至此，商人纳税的数目才最终确定下来。显然，清单

---

① 《两浙南关榷事书·役书》载："单（拢塘报单）既具，先于二门外阴阳生处照数登记号簿，仍于单末排写某日几号，商保乃入递，本部亲笔判定，登拢塘号簿"（《续修四库全书》第834册，第338页）；又载："阴阳生十二名……每日一名，领外号簿于二门外，凡商贩竹木投报，挨次登记"（第321页）；《两浙南关榷事书·勅书》载："一扇（印信文簿）付阴阳生，掌于本厂二门外，将每日商保报过竹木，抽过银两，逐日挨写，是为外号。一扇自收堂上，责令吏书前登记，是为内号"；再载："四扇发与阴阳生，登记报单数目。四扇尔（主事）自收，掌为挂号簿"（《续修四库全书》第834册，第314页）。

② （明）杨时乔：《两浙南关榷事书·署书》，《续修四库全书》第834册，第315—316页。

③ （明）刘洪谟：《芜关榷志》卷上，黄山书社2006年版，第28页。

④ （明）杨时乔：《两浙南关榷事书·估书》，《续修四库全书》第834册，第356—357页。

⑤ （明）刘洪谟：《芜关榷志》卷下，第96—130页。

是商人缴税的真正依据。

（5）签订"保税限状"与商人出关。清单一式两份，一份由清单书手送部（税关衙门），另一份交给商人。商人拿到清单后，并非马上交税，而是据此与保家签订"保税限状"。"保税限状"签订后，双方还要请关署核对，官方盖章认定后合同才可生效。其中"保税限状"核心内容如下："内开某府某县保家某人，令当某部台下，保领某关抽分过，某县商人某，或民人某，名下折价银若干，限某月或初二、十六日赴部交纳，不致违误，保领是实，某年某月某日，保领某。其有发行板木，该给照票出北新关，给限日缴。"① 据此，"保税限状"内容涵盖了保家的姓名籍贯，保领时的主事是谁②，保家所保商人的姓名、籍贯及所过的关口；保家所保税银的数量以及保领的具体时间、保家具体交税的限期等。其核心内容是主事、保家、商人的身份认定，所过关口的认定，所保税银数量的认定以及缴纳时间的限定。"保税限状"签订并被官方认定后，商人交税于保家，保家根据合同所定期限，按期交与佐贰官（委官），于是保家成为商人与税关纳税的中间机构。保家经收税银的职责，也可从官员卸任上任的交接过程体现出来，史称："命日呈册报部交代在先，领银在后，将在任日扣算，原充保商封数，计足关新部，至日来领给发。"③ 该史料给我们的信息是当南关主事卸任而新主事没有上任的空缺时段里，政府要求"原充保商封数"，等到新任主事上任以后，再把已经承收税银赴部交纳，即"计足关新部"，这再次有力地证明了商人交纳税银的对象是保家。因保家担当商人纳税的中间人，此后，政府只向保家征讨关税，理论上认定了商人已经纳税，故可发给商人过关的凭据——"票"，商人即可过关或贸易。

（6）商人贸易及保家"销号"。"保税限状"签订并被官方认定后，商人所贩竹木便被定为"抽分过"，只有抽分后的木料才可发卖，否则就是私买私卖，史称："关例。凡竹、木、板、枋各项，俱由关抽分，过至永昌、

---

① （明）杨时乔：《两浙南关权事书·单书》，《续修四库全书》第 834 册，第 338 页。

② 因南新关是由工部派来的官员管理，故这些官员自称"本部"（见"抽验清单"）；"某部"自然是指"某个主事或员外郎"。由此进一步可推断，所谓的"令当某部台下"，就是指在某主事或员外郎主管南关时投报纳税。

③ （明）杨时乔：《两浙南关权事书·贮书》，《续修四库全书》第 834 册，第 339 页。

会安坝方发卖，如未经关，不拘远近，皆属私卖私买。"① 签订"保税限状"的目的就是让商人获得一个纳税缓冲期，一般为一个月，在这期间，商人可过关贸易，贸易完后，再交税于保家，保家交税于佐贰官，此为销号。当保家把税交与佐贰官（委官）并销号以后，整个过关纳税过程才算真正完成。

在正关纳税的，一般是"大抽竹木"，即贩卖数量巨大的商人。除正关以外，还有"各小关"，其竹木又分"小抽竹木"和"奇零竹木"两种。其中"小抽竹木"纳税程序与正关一样，由保家向商人收取关税并交给税关，但"奇零竹木"的征收，则不需要保家、包簿，而是由"小关写单书手"写报单，由"听事官总自抽"。史称："小关写单书手二名：代各贩写报单回数。""听事官二十二员：日轮二名站堂听事，六名委守各小关收税，二名放船，一月挨次更换。"② 又称："各关。商贩竹木皆听事官委之守抽，或五日或十五日具报。"③ 不过这些"奇零竹木税银"亦要登入"外号簿""内号簿"，而"听事官"如同保家一样，亦要按期到抽分处所把税交与佐贰官，并登入"销号簿"。另外，歇家（保家）有递报数目的职责，史称："义桥新坝歇家二名：凡渔临关商木拢塘，赴报数目……外江歇家一名：凡系外江木植，赴报数目"，歇家所递数目主要用于稽查。④

综上所述，杭州南新关征税分三类进行，即"大抽竹木""小抽竹木"和"奇零竹木"。其中前两者皆是商人到关后，便投托保家，保家为商人开写"拢塘报单"并告报税关，然后引领商人办理"登号""挂号""销号"等一系列手续，这就是"各商木植拢塘，同赴抽分"的具体含义。当商人所贩竹木被丈量、估价、定税并开写清单后，商人、保家、税关三者之间便签订"保税限状"，于是商人缴税于保家，保家缴税于佐贰官（委官），此为"保收税银"的具体含义。也就是说，商人从入关告报一直到领票出关，皆是保家为其指引或代其办理各种纳税手续。且从该关的商税缴纳过程来看，保家是典型的"包商"，除了"奇零竹木"外，所有税银都要经过

① （明）杨时乔：《两浙南关权事书·例书》，《续修四库全书》第 834 册，第 323—324 页。
② （明）杨时乔：《两浙南关权事书·役书》，《续修四库全书》第 834 册，第 322 页。
③ （明）杨时乔：《两浙南关权事书·署书》，《续修四库全书》第 834 册，第 316 页。
④ （明）杨时乔：《两浙南关权事书·役书》，《续修四库全书》第 834 册，第 322 页。

其手，他们是商人与税关之间的中间代办人，而这个中间代办人是法定的，列入了经制之内，是制度性的包揽者。当然，保家"保收税银"远不是仅签订"保税限状"这么简单，后面还有许多具体环节没有列出来，《两浙南关榷事书》所揭示的保家职能并不全面，因此，我们有必要对工部所管辖的芜湖等关①的保家做进一步探究。

（二）芜湖关保家的设置与职责

杭州南新关、安徽芜湖关、湖北荆州关皆以抽分竹木税为主，故它们在税关管理和设置上是相似的。史称："芜湖厂抽分系关国计，事体匪轻，欲照荆州、杭州抽分事例，请敕管理，以重事权。"② 又言："缘荆州、杭州、芜湖三关司，虽分南北，事同一体，相应依拟。"③ 因此，这些关的商人纳税程序应与杭州南新关大同小异，为了进一步理清税关保家的设置与职责，现将芜湖关的保家设置与职能详述如下。

据万历三十一年成书、顺治末年补刻本《芜关榷志》记载，安徽芜湖关共设有保家 63 名，又名"相识家"或"相识"，④ 其名额分布及职责如下："一班保家拾壹名，二班保家拾名。凡大抽竹木等项，并两班识认商人、保单销号。三班保家拾伍名，四班保家拾陆名，五班保家拾壹名。凡小抽竹木、查票等项，并三班保家识认、销号。"⑤ "买办二名，万历十六年（1588 年）议定，一班、二班保家内轮值。凡厂内使用小菜、油、烟等项，并领廪给银买办。凡使客送程请酒等项，并领公费银买办。"⑥ 据上述记载，芜湖关的保家是按税额的大小分类设置，即一、二班保家是管"大抽竹木等项"，三、四、五班是管"小抽竹木等项"。实际上与杭州南新关没有多大区别，即除"奇零竹木"外，其一切竹木税皆由保家保收。

芜湖关保家的职责有四。一是"保单销号"，"保单销号"所蕴含信息

---

① （清）乾隆《大清会典则例》卷四八《户部·关税》，清文渊阁《四库全书》第 621 册，（台北）商务印书馆 1986 年版，第 501 页。

② （明）刘洪谟：《芜关榷志》卷上《敕书一道嘉靖四十五年颁》，第 9 页。

③ （明）刘洪谟：《芜关榷志》卷上《部札一道嘉靖四十五年给》，第 18 页。

④ （清）康熙《浒墅关志》卷九《人役》，江苏广陵古籍刻印社 1986 年版，第 4 页。

⑤ （明）刘洪谟：《芜关榷志》卷上《厂内听用员役》，第 48 页。

⑥ 同上书，第 45 页。

非常复杂，据杭州南关保家的职能梳理及下文芜湖关有关保家案例，所谓"保单"，就是保家承包"清单"所开的关税；所谓"销号"，就是保家代理商人办理纳税过关的手续以及代纳关税。二是稽查，即"识认商人"与"查票"。所谓"识认商人"，就是政府利用保家对商人十分熟识的便利而赋予其"稽查"的职责，以防逃税漏税。在各关中，往往有各种逃税手段，如"有附搭民船、官船、家小船、使人不得盘验者"①，"有小筏潜舣僻地，俟大筏既放而混入者"②，"一船在官，夹带十船者有之"③，等等。要识破这些作弊手段，往往需要"识认"身份，这成为税关稽查的重要环节。三是"写单"，即"保家改名歇家，包揽写单"。④ 四是充当买办，凡税关一切公私消费，皆由保家轮值承办。不仅修理税关衙署由保家承办，⑤ 诸如橱柜、桌子、衣架、屏风等器具也皆由保家承办，史称："厂器旧无额费。年例借办，并出头班、二班相识家"⑥，甚至小菜、油、烟等项及使客送程请酒等项也是由保家承办。

上述保家的职责，仅是根据其作为关役的身份总结出来的，若从具体案例来看，还是很不全面。《芜关榷志》卷下，增补了"曾九韶、曾九德额外科派案"与"杉木诬称青柳起税案"两个案例，这两个案例的主角皆是商人与保家，通过这两个案例的分析，对芜湖关保家设置特点、职责以及商人与保家的关系会有更深入的了解。

（1）曾九韶、曾九德额外科派案。万历四十二年（1614 年），清江县商人罗尚年、周腾冲、陈国器等人状告保家曾九韶、曾九德，告他们利用丈量体制中"量深量宽不量长"的规定，从中挟诈，额外科派。据此案例，保家具有四个职责，即丈量、估算税额、稽查夹带、保收商税，其中丈量、估算税额的职责不在保家作为关役职责范围内，但在此案例中，这却是保家的核心职责，各种弊端皆由此而生。该案例还揭示了保家是按区域及木料类别来设置的，如该案称："台治相识贰拾余家，俱保杉捆额……独有枭

---

① （清）雍正《北新关志》卷六《利弊》，雍正九年刻本，北京大学图书馆藏，第 1 页。
② （明）刘洪谟：《芜关榷志》卷上《管辖事宜考》，第 29 页。
③ 同上书，第 35 页。
④ （清）康熙《浒墅关志》卷九《人役》，第 4 页。
⑤ （明）刘洪谟：《芜关榷志》卷上《厂署考》，第 53—54 页。
⑥ 同上书，第 54 页。

恶曾九韶、曾九德专保江簰。""江簰，来自辰州、荆州等处，木有楠、杂、青柳不等，量深量宽不量长……积保曾九韶、曾九德，从中挟诈，商情不甘。"那么保家是如何"挟诈"的？这与商人夹带避税有关，即商人根据"不量长"的规定，"乘是日益加长，有至于拾余丈"，而且还在中间夹带昂贵木料以避税，即"夹带俱在腹中"。于是保家在丈量估税时，以打击夹带避税为借口而索骗，即"积保乘是要挟，阴咨吞噬"，往往是"每税百两索骗不啻伍拾两"。① 对于保家曾九韶、曾九德挟诈索骗，商人虽然恨之入骨，但只要是贩自辰州、荆州等处的楠、杂、青柳等木料，还是要投入曾九韶、曾九德家，他们包办这些木料的关税具有世代相传的特性，如案中说曾家"百年溪求、积磊数万"，到曾九韶、曾九德这一代，已经富过王侯，额外所得赛过国税。因他们作恶多端，漏税严重，证据确凿，最后处理意见是："相识（保家）之为商害，其日已久，其类甚多……依拟：曾九韶二犯，追赃完日，所回原籍详道发配，满日不许潜回，以绝商蠹。"②

（2）杉木诬称青柳起税案。此案出现的背景是明朝晚期不断加抽关税，而这些加抽关税皆由商保包办，由此导致商保困苦不堪，于是清江各商为了转移负担，把出自江西石城、福建宁化联界等处的"杉木诬称青柳"，按当时税则，杉木"每根抽银七厘"③，而青柳每根抽银"贰钱五分"④，税额相差 30 多倍，福建木商负担由此激增。于是两个商业群体对于按"杉木还是青柳"征税的官司就此拉开序幕。官司从九江关打到芜关，时间自崇祯十五年一直打到崇祯十七年，最后得出了"诬称"的结论，即"蒙仁天亲临查验，实非青柳，果系杉木"，之所以出现诬称的情况，是"《志》云：闽汀清江县亦出青柳"和"清江商人假公报隙"两者结合的结果。随后"比采酌众议，将数簰量作青柳二层科算，商情未服，控苦纷纷，久不领单……无已，即条议各商同福建各商并两处保家公议"，公议结果是江西石城、福建宁化连界等处杉木"比徽、甯、池、饶之木围原略大，价值略增……业经确议服输，凡系福建木植，每根例抽七厘，义输七豪"，最终以

---

① （明）刘洪谟：《芜关榷志》卷下《附》，第 183—189 页。
② 同上书，第 190—192 页。
③ （明）刘洪谟：《芜关榷志》卷下《抽杉木簰捆则》，第 103 页。
④ （明）刘洪谟：《芜关榷志》卷下《抽江簰则》，第 100 页。

福建杉木每根加征七豪而结束。① 在此案例中，凡是重大决议皆出现了"两处保家公议"之语。由此可见保家在木色税则的制定中亦起了关键作用，且似乎成了政府与商人之间调停的中间人。最值得注意的是保家以固定区域的商人群体为服务对象，这从该案多次出现"两处保家"之说亦可推断出来，这个特点也与上述曾九韶、曾九德案所述暗合。

保家不仅征收木料正税，而且在关各吏役的种种使费也是由保家征收，保家成为税关征收正税及各费的实际承担者。这从清初江宁等处巡按上官鉝的奏折便可得知。顺治九年，清政府下令"各关不许留用保家、委官等项名色"，② 这一禁令的颁布与顺治八年十二月江宁等处巡按上官鉝奏报芜湖关保家舞弊息息相关：

> 臣训历所至，备谙民间疾苦。查芜、湖两关，其商人之最苦者，无如保家一项，共一百二十余户，凡有船只，先投保家。每单如正课一两，则保家索银二三两，甚至四五两者。书办、吏农、舍人、委官、巡兵、伞扇等役，种种使费，不一而足，而总收分散，究其源皆有保家始。即商人有厌其苦而不投保家交纳者，关蠹表里为奸，所费必倍，是以明知之而不能逃其圈套也。及货已输税，入店发卖，远客必要勒写免单，然后许其开船……臣仰体皇上恤商至意，行次芜湖，与两臣面相商订议，将保家、委官尽革不用，客船一到，听其自行投税，悉照关志款项，分文不容多索。③

据此案例，商人运载货物到关以后，必先投保家，保家征收商税及各种费用，即"书办、吏农、舍人、委官、巡兵、伞扇等役，种种使费"皆由保家总收，然后再分给各役，即所谓的"总收分散"。不仅如此，从"及货已输税，入店发卖，远客必要勒写免单，然后许其开船"来看，保家似还拥有启闭关口的实际指挥权，保家之所以拥有"指挥"各役的权力，原因可能在于各役的费用来自保家，他们是利益共同体，若是哪个商人想绕开保家，亲自投税，则会受到各役的刁难，所费必倍，最后还得投入保家。

---

① 上述资料皆来自此"杉木诬称青柳"案，参见刘洪谟《芜关榷志》卷下《附》，第132—160页。
② （清）雍正《北新关志》卷三《禁令》，第5—6页。
③ 中国第一历史档案馆：《顺治年间关榷税档案选（上）》，《历史档案》1982年第4期。

这亦可从《芜关榷志》其他记载中看出一些端倪:"小抽单例。凡船载竹木或内河竹木小筏,据商人开报数目,按志定税。但此弊多门,相识受贿,愚商人、诱巡兵,通同弊漏,莫可穷诘。间亦掣查乎,或少杜什一云。"①相识(保家)与商人、巡兵通同弊漏,而指挥作弊者是保家,其对商人采取的办法是"愚",对巡兵采取的是"诱",其实际含义应是保家把商人应缴的正税不入"簿籍"而私吞,实为"漏税",再将收入让利一部分给商人和巡兵,即以贿赂巡兵来逃脱"稽查",以利益均沾而让商人铤险。

总之,从《芜关榷志》记载来看,保家有"保单销号"、稽查、充当公私消费买办的职责;而从具体案例及其他史料来看,保家还有写单、丈量、估税、承收各种使费的职能。

(三) 其他各关之保家或歇家

在税关设置保家,可能广泛存在于各关。南京各关也设有"保家",史称"京保",商人纳税必须投托京保,由京保代为上纳②。各种料银、税银以及本色、折色皆由保家(商保、官保)保收,其流程是商人交税于商保,商保交税于各厂、场、库中③。史称:"官保之设,第商旅借以为主,而国税凭以取足耳。"不仅如此,商保还要承担买办及各种费用,史称:"通京衙舍,不论料之有无多寡,尽票取商保",甚至酒席、复席、小饭之类皆"责之商保"。④另外,扬州关、九江关亦与京关一样设有保家⑤。在九江关,乾隆三十三年,江西巡抚吴绍诗言:"查各色船只及木簰、木把到关,各有本地居民为之招揽纳税,名曰保家。"⑥九江关保家的职能与芜湖关保家一样,且商人钱银兑换、倾兑纹银皆由保家代理,史称:"船户、木客,

---

① (明)刘洪谟:《芜关榷志》卷上《每日阅单故事考》,第36页。

② 同上书,第36—37页。

③ (明)施沛:《南京都察院志》卷二三《职掌十六》,《四库全书存目丛书补编》第73册,齐鲁书社2001年版,第646、第651、第655—656页;郑二阳:《郑中丞公益楼集》卷二《笔库条议南工部》,《四库未收书辑刊》第6辑第22册,北京出版社2000年版,第602页。

④ (明)施沛:《南京都察院志》卷二三《职掌十六》,第657页。

⑤ (清)康熙《浒墅关志》卷九《人役》,第4页。

⑥ 乾隆三十三年八月初三日江西巡抚吴绍诗奏折,《宫中档乾隆朝奏折》第31辑,(台北)故宫博物院,1984年,第484页。

向来纳税，以钱易银及以色银市平、倾兑纹银库平，皆系保家为之料理。"①

保家也称保歇、歇家，如南京的"官保"亦称"保歇"②，芜湖关的保家也称保歇，如崇祯五年，王思任称："一邑两关（芜、湖），一关两税，胥吏纷纷，保歇争肉"③，皆属关役，显然保家就是保歇。在北京，史称："今京师钱法通行，商税便利，居正言往者皆以歇家包揽，奸弊多端。"④ 在各地，史称："若夫优恤米商之法，大凡贩米车船所到，不许歇家经纪包揽抽税。"⑤ 甚至盐商纳税及过关，亦是由歇家法定包揽，隆庆年间，郭惟贤言："臣闻盐商之赴县纳银也，全凭保歇揽纳……盐商投文到关，每名私送该关官吏共银三钱，以千名计之，则数盈三百矣。又歇家指称各衙门使用名色，每船一只索银一两，以千只计之，则数盈一千矣。多方剥削，营费不赀，此常例之不可不严禁者三也。"⑥ 从歇家每船收取"常例"银一两来看，歇家包揽是法定的。不管上述是官保还是保歇、保家，实际上皆是包收关税之歇家。直到清初依然如此，如顺治年间，蒋永修言在税关侵渔商税的主要是"保歇"与胥役，"近闻税关诸员虑亏课而加征，甚之苛索以重罚，中间保歇侵之，胥役侵之，官耗侵之，公家所入无几"。⑦ 又言："臣闻商货至关，保歇、吏胥丛食。"⑧《清乾隆实录》载："何谓关中之关，客商货物到关上税，非特重平（秤），浮耗更多，吏胥揭勒需索，歇家包揽侵蚀。"⑨

总之，通过对杭州南新关、芜湖关、京关等各关保家的梳理，其职能大致可分三类：一是服务类，如指引商人办理纳税手续及提供住宿餐饮、

① 乾隆三十三年十二月二十七日江西巡抚吴绍诗奏折，《宫中档乾隆朝奏折》第33辑，第156页。
② 胡铁球：《明代仓场中的歇家职能及其演化——以南京仓场为例》，《史学月刊》2012年第2期。
③ （明）王思任：《王季重先生自叙年谱》，清初刻本，第53页。
④ 《明神宗实录》卷八〇，万历六年十月乙巳，（台）"中央研究院"史语所，1968年，第1722页。
⑤ （清）唐梦赉：《志壑堂文集》卷九《筹饷厄言·或问二》，《四库全书存目丛书》集部第217册，齐鲁书社1997年版，第488页。
⑥ （明）陈子龙：《明经世文编》卷四〇六《甲明职掌疏盐法》，中华书局1962年版，第4417页。
⑦ （清）蒋永修：《日怀堂奏疏》卷四《商贾宜加珍恤以裕财用疏》，《四库全书存目丛书》集部第215册，齐鲁书社1997年版，第804页。
⑧ （清）蒋永修：《日怀堂奏疏》卷四《谨就职掌所及敷陈愚见恭候睿裁以肃蠹弊疏》，《四库全书存目丛书》集部第215册，第808—809页。
⑨ 《乾隆朝实录》卷一三五，乾隆六年辛酉正月乙未，中华书局1986年版，第952—953页。本文所引《清实录》皆为此版本。

钱银兑换、倾兑纹银等服务；二是帮办类，如引领完税、保收税银、总收各类使费及写单、丈量、稽查、估税等，有的是参与，有的是包办；三是买办供应类，如供应厂器用具、修理衙门及使客送程请酒等项，甚至厂内使用小菜、油、烟等项，亦由他们供应。

二 税关中包揽关税的铺户及其与保家的关系

在明清税关中，作为商人的中间代理人，除了保家以外，还有铺户。就铺户的概念而言，《现代汉语词典》解释为"商店"，显然把其概念内涵大大缩小了，高寿仙先生把其解释为"坐贾"，即"定居化的城市工商业者和服务业者"。[1] 若形象化，就是开设店面营生的人户的泛称，包括牙店、商店、客店、手工作坊等一切拥有店面的人户，[2] 也就是说铺户囊括了一切从事商业、服务业、手工业且有店面的定居人户，是一种极广的泛称，但税关中的铺户是有所特指的。其一是特指"捡钞人役"，史称："先是本部例收钱钞，行仁、钱二县，选取杭城收卖钱钞之人在关应役，凡船户商人上纳钱钞，令其逐一拣验，不系低钱软钞，方收在官，名曰铺户。"关税收银后，铺户职能有三，即收税、倾销、管解，且这些铺户（钞户）原来是两年一换，后来"此辈多系积棍谋充"[3]。铺户收税的职能，非常久远，早在正统二年，监察御史李匡奏："在京九门及诸处收钞，已有内官同御史主事、锦衣卫五城兵马司官并铺户人等收受，送赴海印寺"[4]，后来才设委官收税，史称嘉靖四年"始设委官，与同捡钞人役查收钱钞"[5]，由于铺户来源于"捡钞人役"，故后来各关把"铺户"称为"钞户"，其起源应在此。其二是特指兼营客店且具有中介性质的各类铺户。这类铺户的核心职责是"招接船户、引写报单、打点纳料"以及居中代办纳税，"钞关无稽之徒，

① 高寿仙：《市场交易的徭役化：明代北京的"铺户买办"与"召商买办"》，《史学月刊》2011年第3期。
② 《清高宗实录》卷八二九，乾隆三十四年四月戊辰，第103页；《清高宗实录》卷二二，乾隆九年十月壬子，第923页；《清宣宗实录》卷二二六，道光十二年十一月辛丑，第379—380页。
③ （明）崇祯《北新关志》卷一四《人役》，崇祯九年纂修本，国家图书馆馆藏，第2页。
④ 《明英宗实录》卷二七，正统二年二月乙酉，第547—548页。
⑤ （明）崇祯《北新关志》卷七《责委》，第1页。

专一招接船户，引写报单，打点纳料，是为铺户。"① 本文重点关注的便是这种兼营客店且具有中介性质的铺户，即包揽关税的铺户。

（一）铺户包揽关税

铺户包揽关税早在嘉靖年间已蔚然成风，直至民国初年。早在嘉靖九年，梁材就曾猛烈抨击铺户包揽关税："各钞关有无藉之徒，专一招接船户，索骗银两为生，每遇船户到关，引写报单，指以打点纳料，多派银两，诓收在手，止将料银煎销上纳。其使用之数，倍于正料。内将一半分送在官人役，一半入己，俗有船户落铺户，一料成两料之语。船户人等明知其弊，但以往来必由之路，虑恐结怨，不敢声言。故于揽载之时，多取商人纳料等项银两，甘心投托，为害亦多。今给告示张挂晓谕，今后商人顾写船只，止许交与水脚工食。所纳料银，本商备办足色银两，径自到厂，照数报纳，不许船户干预，违者各治以罪。"② 据此，在明代各关皆用铺户来招接船户、引写报单、打点纳料、代纳关税、倾泻纹银，成为商人与税关的中间机构。

所谓"招接船户"，是指船户或商人入关后便投入铺户，铺户为他们提供住宿餐饮、贮存、装卸、运输等各类服务，如淮关商贩"将豆货运贮蒋家坝铺户行内"。③ "运贮"两字，点出了铺户具有提供贮存、搬运服务的功能。又康熙二十四年，杜琳言淮关铺户唐新宇"私立柜簿，每石客货抽店用银四分，出店小垛银二分六厘，不缴官不解部，名为公费"，④ 说明到关口转运的货物，往往需要进店出店，"店用银"应指铺户为商贩提供住宿餐饮等服务的费用，"出店小垛银"应是指为商人提供贮存、搬运等服务的费用，查"小垛（垛）"，有时指的是数量单位，每"小垛"为 150 斤⑤，

---

① （清）康熙《浒墅关志》卷九《员役》，第 2 页。
② （明）梁材：《钞关禁革事宜疏》，孙旬《皇明疏钞》卷三八《财用一》，《续修四库全书》本，第 205 页。
③ （清）准泰：《咨呈两江督院文》，马麟《续纂淮关统志》卷一一《文告》，《四库存目丛书》史部第 274 册，齐鲁书社 1997 年版，第 31 页。
④ （清）杜琳：《谘呈江督安抚各院文》，马麟《续纂淮关统志》卷一一《文告》，第 26—27 页。
⑤ 按："草以百五十斤为一小垛，一千五百斤为一大垛"。民国《黑龙江志稿》卷一八《财赋志》1932 年铅印本，第 20 页。

而明清 1 仓石为 150 斤，所谓"出店小垛银二分六厘"实际指"出店每石银二分六厘"。

所谓"引写报单"，是指船户或商人投入铺户后，铺户为他们开写投关的报单，报单要写明货物数量、类别以及应交关税数额。梁材认为铺户隐漏国课核心原因是铺户的"引写报单"之权，故其提议："晓谕商人，每车船到关，不许投托铺户，径自开写货物，从实报官"①，即通过商人自己开写报单、递报数目的方式来取缔铺户"引写报单"的职责。

所谓"打点纳料"，是指铺户向船户或商人收取纳税过程中的各种费用，在税关的各种"在官人役"多靠收取各类费用来养活，这些费用由铺户收取后转给关役，故梁材希望通过商人"径自到厂，照数报纳"的方式来取缔铺户"打点纳料"的职责，以减轻商人负担。

所谓"倾泻纹银"，其含义有二：一是指银钱兑换，二是指把商人的银子提炼为"足色官银"。在明代初期交纳关税皆是以钱钞，但随着货币白银化，至迟自成化以后，各关便开始用钞折银②，而民间贸易多用钱，于是便有一个钞钱折换和钱银折换的烦琐过程，且折银以后还有一个把"纹银"熔铸成"官银"的过程。在明代，"投单之后，每税船算该银若干，发牌知会各商船。如数自算无差，即将足色锭银在外兑准，挨次进纳"。③ 所谓"足色锭银"便是按中央规定的含银量而重铸的"官银"，"税银，俱足白大锭，易于解部交纳"。④ 在清代，还明确规定："关库兑收银两，均系一律足色关纹，其银非官准开设银铺不许倾化，商贩纳税必得易换关纹，始可兑交。"⑤ 梁材希望通过"本商备办足色银两"的方式，取缔铺户代理商人"倾泻纹银"的职能。

梁材把铺户称为"无藉之徒"，似乎铺户不是官设，其实不然，明清时期，当某官员对某一制度不满，希望取缔时，往往对操控这一制度的群体冠以蔑称。而梁材希望通过商人自己直接开写报单、倾泻纹银、直接上纳

① （明）梁材：《钞关禁革事宜疏》，孙旬《皇明疏钞》卷三八《财用一》，第 204 页。
② 按："成化十六年……始解折银。"杨时乔《两浙南关榷事书·额书》，第 341 页。
③ （明）崇祯《北新关志》卷四《经制》，第 7—8 页。
④ （清）雍正《北新关志》卷三《禁令》，第 15 页。
⑤ （清）李如牧：《钱随市价》，马麟《续纂淮关统志》卷一一《文告》，第 51 页。

税银等方式，取缔铺户中间代理制度，形成税关与商人直接对应的缴纳体制，故称铺户为"无藉之徒"。当然，梁材的希望落空了，其所揭示的情形直到清初顺治时期都没有改变，因为顺治十三年，广西道监察御史伊辟，几乎一字不差地把上述梁材所言的各关铺户之弊及解决该弊的办法，上奏给了顺治皇帝。①

伊辟既然敢直接以136年前梁材所奏内容上奏给顺治帝，说明此前这136年来铺户包揽关税的情形没有什么改变。此后，清政府虽然不断颁布"裁去铺户"的禁令，但依然未取得实质性的效果，铺户包揽关税如故。如淮安关，康熙二十八年，主事蒋洪绪言"凡有商船到关"，铺户（钞户）便"簧言揽诱"，利用其"引写报单"的权力"将多报少，以细作粗"，建议革除铺户；②康熙四十二年，主事倭赫言"钞户居停，并非官设，久经禁革"，但实际上"仍然包揽吓诈"，商人习惯"勾串钞户，贿通丁役，减漏钱粮"，最后决定对钞户进行严惩；③康熙五十八年，主事朱人龙言"船户勾通不法钞户，竟不输纳"，通过"借单"的方式来"隐漏国课"，所干没的关税"一年之内不知凡几"，建议严革；④乾隆七年，主事伊拉齐奏："淮关向有签量等费，缘附近无藉之辈（钞户），居停客商，专揽代纳。客贩利其便已，相沿乐从。今若净尽革除，胥役无以利已，转致签量迟滞，更启偷运之端"，建议不要革除钞户；⑤乾隆某年，庆复说淮安关的关税与各类使费"俱系揽头钞户经手"；⑥乾隆三十七年，伊龄阿言钞户利用丈量、递报数目、钱银兑换等权力"包揽侵扣"，他们"盘踞兜收，哄诱商贩，串同丁役减报侵渔，病商亏课，莫此为甚"，建议严革；⑦自道光至光绪三十年，史称淮安关"客货预关，先报钞户，钞户勾通关役，然后开单扦查。数既折扣，报又朦混，层累剥削，表里奸欺"，这些钞户利用"中间代理"之权，在引写报单时"改大为小，盘陆卖放"，以致漏税严重，在钱银兑换

① 中国第一历史档案馆：《顺治年间关权税档案选（下）》，《历史档案》1983 年第 1 期。
② （清）蒋洪绪：《严禁包揽》，马麟《续纂淮关统志》卷一一《文告》，第 37—38 页。
③ （清）倭赫：《豆税复征》，马麟《续纂淮关统志》卷一一《文告》，第 39 页。
④ （清）朱人龙：《详总河部院文》，马麟《续纂淮关统志》卷一一《文告》，第 29 页。
⑤ 《清高宗实录》卷一六五，乾隆七年四月戊午，第 91 页。
⑥ 乾隆无年月日庆复题本，见钞档。
⑦ （清）伊龄阿：《严禁包揽亏课累商》，马麟《续纂淮关统志》卷一一《文告》，第 41 页。

时，每两折钱达"三千、五千、六千不等"，苛刻商人，在收取"挂号、抄号、内账、口账、账楼、总楼诸名"费用时，则是"以少报多，苛刻取盈"，由此造成官商俱病，户部建议"革除钞户"；① 民国初年，"（淮扬）两关原系户工两例，名为两税，合计不过值百抽二五之数。其奸商钞户勾串书丈，要求减折招徕……将中闸等处钞户查惩"。② 也就是说，自康熙二十八年至民国初年，淮安关的关税实际上皆由钞户包纳。不过，必须指出的是，在禁革钞户的呼声之外，亦有请求将钞户留关充用的声音。

铺户难以禁革，不仅体现在淮安关，也体现在浒墅关。乾隆二十七年，因"（浒墅关）向由铺户代客完税，包揽居奇，舞弊无穷，尽行禁革，听商自纳……通行各关一体严禁"。③ 但这一禁令并未得到切实贯彻。至乾隆中期，史称"浒关向有铺户代客完税，包揽居奇，节经禁革，乃旋革旋复，阳奉阴违"。④ 道光十二年，户部又言"今以该关（浒墅关）榷税论之，凡商人纳课，向例由银铺代完"。⑤ 在这里，终于把浒墅关铺户实际经营身份揭露出来了，它就是"银铺"。铺户"旋革旋复"，在全国各关大体类似。如乾隆《钦定户部则例》规定："各关税课，均听商人自行完纳，按簿亲填。其有铺户包揽居奇，及串通管关人役，苛索商民者，许商喊禀究治。"⑥ 乾隆二十七年，政府又将各关"铺家尽行列榜禁革"，并规定"货税或客商自纳，或令船家赴纳，悉听其便……若铺户敢沿旧习，诱客包揽，即予枷责重处，不许盘踞关地"，⑦ 但之后各关依然如旧。至道光三年，给事中清安等奏称："凡关津、市镇地方，往往有恶棍把持，蠹役盘踞，及牙行铺户人等相缘为奸，包揽商贾。"⑧

铺户之难以革除，原因非常复杂，核心是其能够提高通关效率以及为税关带来不菲的收益。乾隆十六年凤阳关监督尤拔世奏称："向来货船抵

① 宣统《续纂山阳县志》卷四《榷关》，第 26 页。
② 《裁并淮扬关难成事实》，《申报》第一万六千八百八十号，1920 年 2 月 13 日。
③ （清）光绪《钦定大清会典事例》卷二三九《户部·关税·禁令一》，第 827 页。
④ （清）《钦定续文献通考》卷二七《征榷考》，清文渊阁《四库全书》第 632 册，第 551 页。
⑤ 道光十二年闰九月十一日给事中孙兰枝奏折，《中国近代货币史资料》第 1 辑，中华书局 1964 年版，第 11 页。
⑥ （清）乾隆《钦定户部则例》卷五八《关税·禁令·铺户包揽》，《故宫珍本丛刊》本。
⑦ 乾隆二十七年九月十九日大学士傅恒等奏折，见钞档。
⑧ 《清宣宗实录》卷五二，道光三年五月丙戌，第 934 页。

关，商人皆投经牙（钞户），遵例报纳货钞，随时金验放行。商图便捷无羁，牙籍沾资糊口，历久相安……若定以行商自熔自纳，革除经牙包揽，固为去弊之方。但商贾携本色银俱多，远方来此，人面生疏，熔银完课，难免稽延。且船货赶时取利，既叫经牙包纳，即可扬帆而行，往来客商反以代办为快……经牙每两溢取银一两一钱四分，以一半银七分为经牙代熔火工、饭食、奔走薪水之资，余存一半银七分，缴充公用。"① 乾隆十六年，户部再次重申"行商自熔自纳"的原则，禁革一切中间代纳组织，这一禁令遭到凤阳关监督尤拔世的反对，他向乾隆陈述了保留经牙的好处：一是可以提高通关效率，二是铺户可以为税关带来可观收入。尤氏建议得到了乾隆的赞同，凤阳关经牙得以保留。乾隆二十八年，户部再次重申"凤阳关经牙一款，系从前奏明之项，准其留关充用。仍严行查察，毋令经牙潜行包揽，以清弊窦"。② 也就是说只要经牙不"潜行包揽"隐漏国课便可。

　　上述所称"经牙"实际上是"钞户"。道光十六年，有人向道光皇帝打报告，极力陈述凤阳关钞户之害，道光将奏章内容传阅军机大臣："风闻安徽凤阳关包揽客商纳税之人，名曰钞户……钞户勾通监督家丁书役，无论何项货物，并不按照税例，分别科则。一概丈量，任意高下……有不投钞户纳税者，辄行多方勒索，百计留难……印簿既不亲填，税单又不给发，征多报少，无可稽查。书差钞户，包庇分肥，互相固结，年复一年……拿获张来安等，讯无串通家丁书役偷税累商情事，惟代客商交完税课。"③ 对比上述有关凤阳关的二则材料，不难发现，所谓"经牙"便是"钞户"。且从"代熔火工、饭食、奔走薪水之资"等描述来看，钞户是个中间经营体，他们为客商提供住宿餐饮服务，代客商熔解白银，代理客商完纳关税。可见钞户不仅从事银铺营生，他们还开设客店，且从"经牙"一词来看，他们还兼营牙行。也就是说凤阳关的钞户是兼营银铺、牙行、客店的综合经营体。

　　清代的凤阳关钞户具有明代铺户的一切职能，他们招接商人、倾泻纹银，且从"一概丈量，任意高下"来看，钞户参与了丈量估税；从"有不

---

① 乾隆十六年九月十九日凤阳关监督尤拔世奏折，《宫中档乾隆朝奏折》第 1 辑，第 700 页。
② （清）光绪《钦定大清会典事例》卷二三九《户部·关税·禁令一》，第 828 页。
③ 《清宣宗实录》卷二八〇，道光十六年三月己丑，第 312—313 页。

投钞户纳税者，辄行多方勒索，百计留难"来看，钞户有收取各种杂费和使费的职责，即打点纳料；从"征多报少，无可稽查"来看，钞户有引写报单、代纳关税的职责。

类似尤拔世的奏报不少，虽然原因不尽相同。如乾隆七年，伊拉齐明确要求保留中间代纳制度，即允许钞户包揽，其言此制度不仅便利商贩、胥役、公用，而且还可防止偷运漏税，可起到"便商安民"的效果，于是乾隆帝同意其请求。① 又如乾隆二十八年，"福州将军福增格奏：海关铺户多系土著有力人。航海贸易，自立坐铺，为登卸货物计，外商亦资销售，沿久相安，与浒关铺户不同，请仍留不禁"。② 福增格又言："（闽关铺户）多系土著之人，自货自船，航海贸易，既为行商，故立坐铺，以冀货物随到随卸，随下随行。是名虽纳税之铺户，实系贸易之洋商，即有外省船商贩货来闽，或置货出洋，皆赖铺户为之消（销）售，沿久相安。"③ 显然，闽关的铺户集多种经营于一身，他们用自己的船只装货远贸，实为行商；他们又"自立坐铺"，这个坐铺功能是"货物随到随卸，随下随行"，或言"登卸货物"，可知闽关铺户兼营货栈和搬运业务；闽关的铺户还是牙行，从"外省船商贩货来闽，或置货出洋，皆赖铺户为之消（销）售"和"外商亦资销售"来看，闽关铺户不仅是内商的中间商，还是外商的中间商。也就是说，这里铺户是集行商、坐贾、货栈、牙行等职能于一身，除自身贸易外，还为商人提供商品、承销船货、代客纳税等，正因为闽关铺户功能全面，政府收取关税和稽查走私皆需依靠他们。

（二）铺户与保家的关系

据康熙《九江府志》记载，在明及清初的九江关设有铺户："旧设铺户六十名，引船投单上料，保承钱粮。凡倾泻宝钞，修理衙舍，供给薪水，巡夜守口，皆铺户任之。"④ 根据上述史料，明代九江关铺户有引船投单上料（引写报单）、保承钱粮（代纳关税）、倾泻宝钞（倾泻纹银）、修理衙

---

① 《清高宗实录》卷一六五，乾隆七年四月戊午，第91页。
② 《清高宗实录》卷六八二，乾隆二十八年三月己未，第632页。
③ 乾隆二十八年二月初四日福增格奏折，《宫中档乾隆朝奏折》第16辑，第776页。
④ （清）康熙《九江府志》卷三《田赋·附载·关钞》，康熙十二年刻本，第43页。

舍（充当买办）、供给薪水（收取各类费用）、巡夜守口（稽查）六种职能。这说明在九江关，官方曾长期设立铺户作为商人、船户的法定代纳组织。"（顺治）九年……奉户部札，裁去铺户。"① 虽然顺治九年后，官方没有在九江关设立铺户，但九江关的中间代纳组织依然存在，只是更名叫"保家"，这在舒善侵蚀关税案中有明显记载：

> 查各色船只及木簰、木把到关（九江关），各有本地居民为之招揽纳税，名曰保家。其家必存有船只、木簰底簿……据保家何东扬等数十人各供，有代船户、木商向书役家人串通，少报丈尺，得银舞弊，名曰跳神。每船十只约计二三只作弊，得银自数钱至十余两不等。木簰、木把作弊，自三四两至二三十两不等。并在各保家屋内搜起上税底簿，虽据今夏暻善至关查办，各皆闻风烧毁，间有查出之簿，核对该关日收红簿，多有底簿银数多，而红簿少者。讯明即系跳神之弊。更有底簿所有而红簿无者……提在省之书役沈植、聂秉南及家人张麟等逐一质讯，大概相符。②

> 两关柜书沈植、罗上达等，串同引税之保家，将木排、木把，以大报小，所漏税银，三分归木客，七分与家人朋分。③

> 船户、木客，向来纳税，以钱易银及以色银市平、倾兑纹银库平，皆系保家为之料理……俱令本人各自经手，恐与木客、船户，亦有未便。④

> （乾隆）三十四年（1769年）议准，九江关木簰到关，向由保家引领完税，应全行禁革。令商自纳，以杜串通滋弊。⑤

根据上述康熙《九江府志》有关铺户职能的记载和《宫中档乾隆朝奏

---

① （清）康熙《浒墅关志》卷九《员役》，第3页。
② 乾隆三十三年八月初三日江西巡抚吴绍诗奏折，《宫中档乾隆朝奏折》第31辑，第484页。
③ 乾隆三十三年十二月十二日江西巡抚吴绍诗奏折，《宫中档乾隆朝奏折》第32辑，第796—797页。
④ 乾隆三十三年十二月二十七日江西巡抚吴绍诗奏折，《宫中档乾隆朝奏折》第33辑，第156页。
⑤ 光绪《钦定大清会典事例》卷二三九《户部·关税·禁令一》，《续修四库全书》，第801册，第830页。

折》所载舒善案中提供的保家信息，保家与铺户的核心职能几乎一致。一是铺户的"保承钱粮"，在保家则是"招揽纳税"，这不是普通的包揽，而是带有制度性的，因为在保家之家皆设有"上税底簿"，即保家是在家私收商人税银并登记于底簿上，然后再把税银交与税关，这是典型的"保承钱粮"。二是铺户的"引船投单上料"，在保家则是"引领完税"，其过程包括保家代商人开写报单，递报数目、收取各类费用等，与明代相比，区别在于保家所写的报单必投给"书役家人"，其所收关税也要交给书役家人，书役家人再上交国库，也就是说清代比明代中间多了一层"书役家人"，其他皆同。也正因如此，各关出现了书役家人与保家联合作弊的现象，甚至"家人书役串通保家、船户，将船只、木簰卖放，短报侵蚀税课"①，出现了"更有底簿所有而红簿无者"的现象。总之，不管是商人、家人还是书役想要侵蚀国课，从中获利，则必须与保家串通，保家成为整个税关运转的中轴。三是铺户的"倾泻宝钞"，在保家则是"倾兑纹银"，即商人纳税时，不管是"以钱易银、色银市平"还是"倾兑纹银库平"，皆是保家为其料理。

其实，若把明代九江关铺户与明代各关保家职能进行对比，则亦可一一对应。如铺户的"保承钱粮"与明代保家的"保收税银"及"保单销号"含义一致；铺户的"巡夜守口"可与芜湖关保家的"识认商人""查票"等稽查职能相对应；铺户的"修理衙舍"亦可与芜湖关缮葺衙舍"付之买办（保家）"相对应；至于铺户的"供给薪水"，若理解为各类使费的"总收分散"，则是明代保家的另一核心职责。

除此之外，税关中铺户与保家实为同一类型的中间组织，还可从两方面补充证明：一是铺户与保家经营方式一致。上述铺户与保家均为商贩提供住宿、贮存、运输、贸易等多种服务，尤其是"倾兑纹银"这项服务更是高度一致，铺户与银铺往往是合一的，而歇家兼营银铺或银铺经营歇家在文献中亦多有反映。如王汤谷在其《严革歇蠹》一文指出："浙属州县七十有六，此辈（歇家）立有顶首，用价买充，以县分之大小，钱粮之多寡，定售价之低昂……以故钱粮到家，先有倾销之弊，每千出水三十两，倾销

---

① 乾隆三十三年十月初七日江西巡抚吴绍诗奏折，《宫中档乾隆朝奏折》第32辑，第104页。

既就，又为讲费。"① 从"倾销之弊"来看，浙江的歇家是兼营银铺的。又崇祯年间，南城兵马司指挥束宗圣言："遵奉明旨，并蒙部示，每谕外解员役银到，不许私住歇家开鞘倾泻低银，诓骗包揽……（李可德等）到京，投住熟知店主（歇家），即倾银匠周明阳家。"② 从"遵奉明旨，并蒙部示"及在歇家"开鞘倾泻低银"来看，歇家由银铺兼营是一个普遍现象，其中周明阳就是银铺兼营歇家的典型。

二是直到近代，有的地方依然把铺户称为歇家。如在青海，铺户与歇家便是同义异名。史载："查西宁、循化向有官设歇家，住歇蒙古番子，原系报官开设，例所不禁。惟贵德往向无官歇家，以致有河州回民在于贵德城外典凭民房，私做歇家。"③ 又载："查贵德城三街原有五十二家铺户，与该番民自必各有主顾……所有各番族仍令五十二家铺户照旧照接生理，随时报明该厅营查核，以便舆情。"④ 再载："贵德番族易买粮茶章程，均着照所议行，惟该厅五十二家铺户既准招接蒙番，即应入册作为官歇家办理。"⑤ 把上述三则史料进行对比，则知贵德的"歇家"亦可称"铺户"，在未入官册之前，皆称"私歇家"，后来为了"舆情"，清政府将贵德52家"铺户"全部"入官册"而变为"官歇家"。

三　税关中包揽关税的牙行及其与歇家的关系

在明清税关中，言及包揽时，除了保家（歇家）、铺户（钞户）外，还有牙行，甚至在同一税关中，一会儿言歇家包揽，一会儿言铺户包揽，一会儿言牙行包揽，矛盾重重。实际上，这三者皆是对中间组织的泛称，是互相包含的。如铺户，实际上就是牙行。乾隆时期，锦州海口有王、越、

---

① （清）王汤谷：《严革歇蠹》，凌铭麟《新编文武金镜律例指南》卷一五，清康熙二十七年刻本，第22页。
② （明）毕自严：《度支奏议》新饷司卷二二《题参河南解吏李德等改倾辽饷疏》，《续修四库全书》第458册，第634页。
③ （清）那彦成：《平番奏疏》卷四，沈云龙主编《近代中国史料丛刊续编》，（台北）文海出版社1974年版，第46辑，第339页。
④ （清）那彦成：《平番奏疏》卷四，第341—342页。
⑤ 同上书，第353页。

孙、揆、兰、佩六家牙行，他们除了代客登记纳税外还兼营贸易，史称："在锦州马（码）头开行，即系揽卖客船货物之铺户"，① 显然这里的铺户与牙行同义。在凤阳关，文献记载包揽关税群体时，一会儿言是经牙，一会儿言是钞户（铺户），史称："向来货船抵（凤阳）关，商人皆投经牙……既叫经牙包纳，即可扬帆而行，往来客商反以代办为快"，② 而又称："安徽凤阳关包揽客商纳税之人，名曰钞户"，③ 显然凤阳关的钞户就是经牙。另外，淮安关还出现了"铺户行内"，④ 铺户亦是牙行。至于上述闽关的铺户，他们不仅是内陆商人的中间商，也是洋商的中间商，是典型的牙行。

不仅税关中的铺户是牙行，前面所述的保家也是牙行，不过这些牙行皆是歇家，他们也是包揽关税的核心。现以杭州南新与北新两关做一分析。

（一）清初南新关的牙行沿袭明代保家职责

在杭州南新关，保家（歇家）实为牙行，如明代华亭人陈嗣元曾主管"杭州南新关"，其严令："保家不得依水浒以攫牙之利"，⑤ 从"攫牙之利"来看，保家就是牙行；又据《两浙南关榷事书》所载，该关所设的"中牙"皆是"牙保"，亦是"歇家"；⑥ 再据同书所载的"改埠盈川"的案例，该案记载了一个名叫黄九亨的人，既是"歇孽"又是牙人。⑦ 保家与牙行称呼转换的关键点，是其担负的具体职责：当他们作为中间商人时，文本称他们为"牙"；当他们赴报数目时，便称之为"歇家"；当他们担当商人的保户，执行"保收税银"的职责时，便改称为"保家"。正因如此，清初禁革保家后，保家便更名为牙行，诸如开写报单、递报数目、引领完税、代纳

---

① 乾隆四十三年十二月初二日直隶天津道明兴奏折，《宫中档乾隆朝奏折》第 45 辑，第 791 页。

② 乾隆十六年九月十九日凤阳关监督尤拔世奏折，《宫中档乾隆朝奏折》第 1 辑，第 700 页。

③ 《清宣宗实录》卷二八〇，道光十六年三月己丑，第 37 册，第 312—313 页。

④ （清）準泰：《咨呈两江督院文》，马麟《续纂淮关统志》卷 11 《文告》，第 31 页。

⑤ （明）何三畏：《云间志略》卷二三《陈少参成所公传》，《四库禁毁书丛刊》史部第 8 册，北京出版社 2000 年版，第 644 页。

⑥ （明）杨时乔：《两浙南关榷事书·牙书》，第 347—348 页。

⑦ （明）杨时乔：《两浙南关榷事书·例书》，第 328 页。

关税、收取各类费用、充当买办等原属保家的职责，到清初时统统变为牙行之责。如雍正《浙江通志》载南新关："本关设立拢塘簿，凡商人木植拢塘，着令牙行查明清数，登填簿内。俟装清排甲，赴关抽分，对同销号……如有以多报少，隐匿朦胧，即行查究"，"仍设正关交易簿一本，续报交易簿一本，饬着牙行将交易木植字号、大小、银数登填缴查"。① 故所谓"查明清数，登填簿内"，是指牙行开写报单、递报数目的职责；所谓"装清排甲"，指的是核定各商人应纳税额的过程，与明代的"领牌开装""开写清单"过程一致；所谓"赴关抽分，对同销号"，应与明代签订"保税限状"的过程是一致的。当"保税限状"签订后，牙行又变名为"保头"或"保商"，如雍正《浙江通志》载："本关（南新关）抽分后，该保头将某商应完税银若干，登记亲填簿内"；② 而地方志亦言："本关（南新关）抽分后，该保商将某商应完税银若干，登记亲填簿内"。③ "亲填簿"在明代叫"销号簿"或"堂印号簿"，是登记已纳关税的账簿，④ 故这里的"抽分后"不是指"纳税后"，而是与明代一样，只要商人与保家（牙行）签订了"保税限状"，便叫"抽分过"，于是商人交税于牙行，牙行交税于税关，故"登记亲填簿"是牙商而非本商。由此可见，清初商人的纳税程序与明代大同小异，只不过明代"保收税银"的是保家，而在清初则是牙行，是一种换汤不换药的变革。另外，明代保家有收取各类费用的职责，在清初则为牙行沿袭，史称："种种不经之费，均属派之商牙……以致私征倍于正供。"⑤ 明代用保家充当买办是关例，在清代则是牙行，亦是关例。⑥

（二）北新关牙行类型及其与歇家的关系
商人过关形式多种多样，有运货来关就地销售者，有在关市及周边收买货物装船过关者，有远道运货到关经中间转卖或接买者，也有仅是过关

① （清）雍正《浙江通志》卷八六《榷税》，清文渊阁《四库全书》第 521 册，第 295 页。
② 同上。
③ 民国《杭州府志》卷六四《赋税七·关榷》，《中国方志丛书》，华中地方·第 199 号，第 1363 页。
④ （明）杨时乔：《两浙南关榷事书·勅书》，第 314 页；康熙《浒墅关志》卷七《则例》，第 3 页。
⑤ （清）张泰交：《受祜堂集》卷九抚浙下《禁南关征收私觚》，《四库禁毁书丛刊》集部第 53 册，第 522 页。
⑥ （清）雍正《浙江通志》卷八六《榷税》，清文渊阁《四库全书》第 521 册，第 295 页。

继续远行者。各税关便根据商人过关的类型而设置不同的经营类型，如杭州北新关的货物过关主要有三种类型：一是在关发卖或收购货物者，这类商人一般投入"店户"；二是货物仅是路过，并不发卖，这类商人一般投入"过塘主人"；三是货物在关市及周围收购后便雇船装运过关者，这类商人一般投入"船埠头"。为此，该关额设过塘主人、店户、埠头三种类型的牙行，其职能是开写报单、递报数目、包揽关税。史称："出关货物，店户收买，店户递数；出关船，埠头代写，埠头递数。出入货物，但经某处过塘，则过塘主人递数。"① 而政府用店户、过塘主人、埠头来递数，原因在于他们掌握了搬运、贸易、运输等关键环节，关于这一点，崇祯《北新关志》做了详细解释：

> 过塘主人。江头、六家场、陡门、德胜、石灰、猪圈各塘坝俱有之，受雇搬驮客商货物，备知匿税情弊。本关置立卯簿记名，责令每日开报所过货物，朔望递（数），不致隐匿，结状查考。如有前弊事发，与商人一体治罪。
>
> 店户。住省城内，安歇商人，引领收买缎疋锡箔等货。货之多寡精粗，无不周知。本关置立卯簿记名，朔望呈递结状。商税出关，责令先将货数开揭呈递，然后商人投单。盘有隐匿，与商同罪。但各店户有多科牙用者，宜严禁之。
>
> 船埠头。黑桥埠头代商写雇出关船只，每日开具各船梁头并商货数目呈报。凡官民座船搭有客货，亦另开报，朔望呈递，结状查考。其肩挑出关税票，关外埠头日逐收缴。仍令具数呈递，以防欺隐。旧时各役科索牙用太多，今出示严禁，稍从简便。②

据上述史料，过塘主人主要掌控了搬运环节，店户掌握了贸易环节，船埠头掌控了运输环节，通过这些环节，他们清楚货物的数量、精粗及船只的梁头大小阔狭。如搬运环节，不管是上岸还是过塘过坝过闸，船上之货往往要卸下来，这一卸，一切货物都出来了，故其能"备知匿税情弊"。

---

① （明）崇祯《北新关志》卷四《经制》，第1页。
② （明）崇祯《北新关志》卷一四《人役》，第4—5页。

又如店户掌控买卖环节，商人在交易中不可能隐藏货物，其对货物的好坏，价格低昂，也是一清二楚的，故"货之多寡精粗，无不周知"。埠头因掌控船只的雇佣及雇佣的费用，故对船只梁头大小阔狭一清二楚。很显然，明政府把过塘主人、店户、埠头纳入关务管理，主要是为了防止商人隐匿或欺隐货物而短少关税。

递报数目与"包代纳税"有着天然的联系，即谁掌控递报数目，谁就可能成为商人纳税的中间代办人。核心原因在于税关规定只有店户、过塘主人、埠头等递报数目之后，商人方可投单。史称："商货自江口陇塘……过塘牙人先行报数，即令本商投单"；① 又称："（店户）先将货数开揭呈递，然后商人投单"；② 再称："各店户、过塘主人、船埠头具数呈递……算该纳钞贯折银数目，登号填牌。"③ 也就是说商人纳税必须经过这类人之手，否则无法纳税。而店户、过塘主人、埠头等利用递数之权，不仅进行垄断经营，而且还包揽纳税。如万历三十七年，黄一腾言："杭省坝、闸等处，旧有过塘主人、剥船埠头计十余家，以查商报数为名，请给官牌文簿，占住地方，索骗商船。今一概禁革，任从客便投主，敢有私设牌簿，需索用钱者究遣。"④ 显然，过塘主人与船埠头利用官方给予的"查商报数"之权，要求所有客商船户投入其家，进行垄断经营。黄一腾希望禁革他们的"查商报数"之权，以打破他们的垄断经营，推行"任从客便投主"的政策。店户亦如过塘主人，史称"店户人等呈递货物手本，多串商人以多报少，以精为粗，扶同隐匿"，⑤ 甚至"牙人店户，用强兜接客商，货物到关，包代纳税，以多报少，隐精为粗，图撞太岁。既而倍取牙钱，罔顾折本。至于承买缎疋、锡箔等货，呈递手本查考者，又与商人串通，展（辗）转隐匿，欺公济私"。⑥ 据此，明代店户等利用递报数目这一权力，来"兜接客商"并"包代纳税"，甚至串通商人"以多报少，以精为粗"，成为"包

① （明）堵胤锡：《权政纪略》卷三《革长单·禁约城南牙脚示》，《续修四库全书》第834册，第376页。
② （清）雍正《北新关志》卷五《法制》，第1页。
③ （明）崇祯《北新关志》卷四《经制》，第1—2页。
④ 同上书，第10页。
⑤ 同上书，第5—6页。
⑥ （明）崇祯《北新关志》卷一〇《利弊》，第2页。

揽"和"漏税"的核心力量。

过塘主人、店户、埠头既是牙行又是歇家,过塘主人可称"过塘牙人",[①] 店户则时而"多科牙用",而船埠头则往往"科索牙用太多",故他们可通称"牙商"。不仅如此,他们还可统称"歇家"。店户的概念是"住省城内,安歇商人,引领收买缎疋锡箔等货"。从"安歇"两字来看,店户为商人提供了住宿服务,符合"歇家"为"客店"别称的本义概念,故雍正《北新关志》,直接把"店户"称为"店歇"。[②] 从其他领域来看,店户一个核心职责就是提供住宿服务,如在明代盐场,史称"两淮运使设有店户,居停官商";[③] 在茶场,"店户或贪其居停之税"。[④] "居停"两字凸显店户兼营客店的属性,因此把店户称为"歇家"完全符合逻辑,亦符合习俗。故北新关店户,有时便直接称为"饭歇",如"西兴扇骨。系属绍兴土产,俱系西兴饭歇认输,只许进望江、清泰二门入城,其余概行禁止"等。[⑤] 而在青海地区,亦有把店户称为"歇家"的例子,如"开设店户充当歇家"。[⑥]

埠头的职能是"代商写雇出关船只",但因业务需要,其也常常兼营客店(歇家),故出现了"埠头歇家"一词,如称史:"奉旨照商疏通米舡,严禁埠头歇家把持舡只,及官兵擅拿米舡等弊",[⑦] 这种情况到清初依然不变,如张泰交就把北新关的"埠头"称为"船埠店歇",如其言:"船埠店歇孙玉、宣标等呈称",[⑧] 在明代小说中也描述了北新关的"船家(埠头)"提供住宿服务的故事,如"且说乔俊于路搭船,不则一日来到北新关,天色晚了,便投一个相识船家宿歇,明早入城",[⑨] 这说明埠头兼营客店是一种常态。

---

① (明)堵胤锡:《抚政纪略》卷三《革长单·禁约城南牙脚示》,第 376 页。

② (清)雍正《北新关志》卷五《法制》,第 2 页。

③ (明)王圻:《续文献通考》卷二五《征榷考》,《续修四库全书》第 762 册,第 243 页。

④ (明)毕自严:《度支奏议》陕西司卷二《覆御史顾其国条陈茶法疏》,《续修四库全书》第 490 册,第 637 页。

⑤ (清)雍正《北新关志》卷一一《季钞》,第 17 页。

⑥ 《申报》1904 年 8 月 26 日。

⑦ (明)陈燕翼:《思文大纪》卷八,《续修四库全书》第 444 册,第 81 页。

⑧ (清)张泰交:《受祜堂集》卷九,《抚浙下·禁各衙门滥捉船只》,第 533 页。

⑨ (明)洪楩:《清平山堂话本》,程毅中校注,中华书局 2012 年版,第 355 页。

"过塘主人"又叫"过塘行",常常兼营客店和货栈,并代商人报数挂号,如粮商吴中孚说,浙江钱塘江口的过塘行徐、杨、马三家都好,但"须先寻主人来,方可搬起行李。如住久,每日三餐,每人五分",显然这里过塘行提供住宿餐饮服务,又称商人在浙江钱塘江口"登岸,住闸口。行家先遣人同主人到北新关报税"。① 这一点直到民国依然如此,有人回忆浙江乍浦地区的过塘行,"过塘行内有经理、司账、跑街、栈司等职事人员……兼营客栈(旅馆),以方便顾客,增加收入"。② 实际上,作为"受雇搬驮客商货物"的过塘行,在陆地多称为"夫行",这些夫行皆开设歇店,如《商贾便览》言:"客途雇夫运货、挑行李,而夫马往来之地,固有夫行歇店,保雇夫运",③ 史称:"令(夫头)开张歇店,客则投行雇夫,夫则投店住宿"。④

正因为过塘主人、店户、埠头既是"牙行"又是"歇家",故张泰交言:"朝廷立北新一关并分设七务六小关……各商完税,应听本商协同牙歇亲自投单,柜书即与核明上纳,令其亲填红簿……今商人完税,应听本商亲自协同保歇开明货物,赴关投单,柜书核算明白,令商人亲自填注部颁红簿,照数上纳。"⑤ 把"应听本商协同牙歇亲自投单"与"应听本商亲自协同保歇开明货物,赴关投单"相对照便知,"牙歇"就是"保歇",即保家。张泰交所言不假,这可从《北新关志》记载中得到印证。如雍正《北新关志》言:

牙歇之弊。附近奸民,居联水次,交通船户。凡商货到关,辄先知会。邀请商人,甜言诳诱,包揽代报,恣改货物轻重、梁头阔狭。妄称使费,重收克取,欺公济私,莫此为甚。更有一等,强兜接客,一商到家,指使分运,指使夹带。商嗜小利,听其愚弄。⑥

① (清)吴中孚:《商贾便览》卷八《天下水陆路程》,乾隆五十七年刻本,第4—5页。
② 孙意诚:《乍浦过塘行》,《平湖文史资料》第2辑,1989年,第31页。
③ (清)吴中孚:《商贾便览》卷一《江湖必读原书》,第1页。
④ 《福建省例》之"户口例·立法稽查脚夫事宜",(台北)大通书局1987年版。
⑤ (清)张泰交:《受祜堂集》卷九《抚浙下·严禁关役》,第502—504页。
⑥ (清)雍正《北新关志》卷六《利弊》,第2页。

这种"牙歇"在崇祯《北新关志》中被称为"包头":"包头揽纳之弊。附近奸民，居近水次，交通船户。凡商货到关，先通知会。邀请商人，诓诱包揽，恣改货物轻重、梁头阔狭。妄称加耗使费，骗银克减。关通内外，莫可致诘。"① 据上述材料，牙歇之弊、包头之弊的内容几乎相同，这说明在税关从事包揽的核心力量是"牙歇"，而这里"牙歇"应是对店户、过塘主人、船埠头等各类牙行的泛称，因为"恣改货物轻重"是店户之弊，而改"梁头阔狭"是埠头之弊，"指使分运，指使夹带"则是过塘主人之弊，而这里统称为"牙歇"。

实际上，不管是过塘主人还是店户，在嘉靖初期时都叫铺户。史称："又山东临清、杭州北新二关皆兼收税，宜令人各以实报，照例征银给帖，不得投托铺户。"② 从该史料来看，当时包揽北新关关税的是铺户，这种铺户，应该就是后来的店户、过塘主人、船埠头之类。

四　结语

歇家、铺户、牙行，皆可泛指中介群体，但它们又有各自的概念边界：如歇家，必须具有提供住宿服务的功能，否则不能叫歇家；而铺户虽然概念外延非常宽广，但必须具有开设店面这一特征，否则不能叫铺户；至于牙行则必须有"说合"这一特征，否则不能叫牙行。不过具体到税关，因其服务的需要，这些原本可以分称的经营方式，而逐渐综合起来，他们不仅开设店面，而且还提供住宿、贮存服务，而在纳税过关的烦琐过程中，有许多环节需要不断地"说合"，如代客雇夫、贸易、雇船及代客办理纳税手续等，皆需"说合"。因服务环节众多，牵涉到方方面面，故其经营具有多样性，致使他们逐渐具有互相包含的特征，于是人们可以从不同侧面来称呼，或称歇家、或称铺户、或称牙行，等等；加之政府常常利用他们来管理关务，于是又可从执行政府职能方面来称呼，如"相识""保家""保商"等，到近代则改称"保税行""税行"，等等。但剥开这些称呼的外衣，言及具体包揽人时，则多指掌控贸易、运输、贮存、搬运、兑换、住

---

① （明）崇祯《北新关志》卷一〇《利弊》，第2页。
② 《明世宗实录》卷一一三，嘉靖九年五月乙卯，第2694页。

宿等环节的各类经营群体，诸如店户、船埠头、过塘主人、银铺、歇家等。总之在税关中，"歇家"实际身份常常是兼营客店的牙行、船埠头、过塘主人、银铺等人员的总称或泛称。铺户、牙行亦如歇家一样，是对上述人员的总称或泛称。因此在税关中，可把包揽归总于歇家（保家），或牙行，或铺户，或包头，等等。

商人过关形式多种多样，但不管以哪种形式过关，皆逃不过掌控贸易、运输、搬运、贮存、兑换、住宿等环节的各类坐商群体。且这些群体对货物数量及等级、船只的大小皆了如指掌，加上钱银兑换及倾泻官银亦掌握在他们手里，故税关离开他们便无从有效地丈量、清点货物和估算税额，甚至稽查也变得异常困难；至于商人在关纳税所必需的兑换与倾泻，也会因此而陷入困境。正因为中间代纳群体处于各类市场的关键环节，在明清缺乏现代管理税关理念以及相关的专门技术人员的情况下，税关管理者必须充分利用他们的市场身份与技术为己所用，否则就会出现效率低下等诸多困难，从而导致商人裹足不前或改道偷运。故一般而言，明清税关管理的链条是，官吏通过对掌控关市贸易、运输、搬运、贮存、兑换、住宿等群体的监管与规范，并确定各类经营体的数量，如店户几家、埠头几家等，使之垄断经营来控制商货的流通路径，从而达到官控坐商、坐商控行商的目的。于是掌控关市的贸易、运输、搬运、贮存、兑换、住宿等各类经营的坐商，就成为连接行商与税关官吏之间的中间点，税关官吏便是利用这个中间点来征收商税、使费、杂费并让他们来提供公共费用，因此，只要剥离烦琐的文本陈述，就会发现中间代纳群体才是税关运行的真正核心所在。

正因如此，关役多是从掌控贸易、运输、贮存、搬运、兑换、住宿等环节的各类经营群体中金选出来的。如单书，多由歇家、铺户等担任，在扬州、芜湖等关"包揽写单"的是歇家；[①] 在杭州北新关写单的曾是店歇，史称："凡商税书写税单……旧志系关前各店户书单，今奉命归并巡抚，禁革关前店歇，凡一切书写税单，则设大单厂书"；[②] 在浒墅关，写单的则为

---

① （清）康熙《浒墅关志》卷九《员役》，第4页。
② （清）雍正《北新关志》卷九《法制》，第2页。

铺家，如在明万历年间，浒墅关设有"写单铺家十九名"。① 开写报单，是保家、铺户、牙行的一个核心职能，也是他们包揽关税的前提条件，因此在明清两代，在禁革包揽时，首先便是禁革他们开写报单。如万历年间，陈敬宇曾"革牙侩报单，听商自输"，② 清初曾禁革"关役包揽报单"，推行"商人亲报亲填制度"。③ 不仅单书，丈量手、买办等等也皆由他们担任，如各关曾"裁去铺户，招募丈量手十名"。④ 显然，原先铺户担当了丈量的任务。在杭州南新关，例由牙行充当"量木行人"。⑤ 至于稽查人员，前已详述，多由保家（歇家）、牙行、铺户担当。最能反映问题实质的是保家、铺户等拥有诸如递数、写单、丈量、稽查、估税、保收税银、总收各类使费和杂费等几乎所有关役的职能，这种情况的出现，只有两种可能：一是保家或铺户，自始至终参与了税关的管理和征收；二是大多数关役是从他们中挑选出来的，故许多关役职能亦累积于其身。由于关役来自中间群体，所以一切禁革中间包揽的措施，最后都会成为具文，毫无效果可言，乾隆以后，便干脆把他们改称"税行"，恢复了明代的中间代理制度。

另外，我们要特别注意的是，明清两代政府都曾利用实力雄厚的商人或商团来为政府办理事务，这些绝不是单一的经营体，都是集多种经营于一身，又由于他们是政府与民间之间的中间连接体，具有民间与准衙门的双重特征，故从不同角度来看，其身份会出现变更。如刘河镇服务外商的牙行，其在做中介贸易时便叫"牙行"；其代政府收税时便叫"税行"；当其充当"保税人"时便叫"保税行"；当其服务外国商人时又可改称为"洋行"；若其还从事雇写船只的服务，又可叫"保载行"。⑥ 这些提供多重服务且能控制市场的商人，往往在政府需要的时候，还会成为其他事务的协办人，如上海的保载行（税行）就成为组织当时漕运的一支中间力量，

① （清）康熙《浒墅关志》卷九《员役·明》，第6页。

② （明）熊明遇：《文直行书诗文》文选卷一四《奉直大夫南雄太守丞敬宇陈公墓志铭》，《四库禁毁书丛刊》集部第106册，第514页。

③ （清）官修《大清会典则例》卷四八《户部·关税下》，清文渊阁《四库全书》第624册，第514页。

④ （清）康熙《浒墅关志》卷九《员役》，第3页。

⑤ （明）杨时乔：《两浙南关榷事书·牙书》，第346—347页。

⑥ （清）道光《刘河镇记略》第五卷《盛衰》，《中国地方志集成》乡镇志专辑第9册，江苏古籍出版社1992年版，第370页；道光《刘河镇记略》卷九《街巷》，第442—445页。

且拥有众多的职能，这与明代歇家介入政府各种事务的性质几乎一致①。因此，从这一点来看，广东十三行仅仅是明代税关歇家的扩大版而已。

---

① 参见胡铁球《明清保歇制度初探——以县域"保歇"为中心》，《社会科学》2011 年第 6 期；《明代仓场中的歇家职能及其演化——以南京仓场为例》，《史学月刊》2012 年第 2 期。

16世纪澳门海上贸易新见中文史料二题

汤开建　周孝雷[*]

嘉靖三十三年（1554年），葡萄牙人协助广东政府剿灭海盗何亚八集团，海道副使汪柏遂与葡萄牙船长莱奥内尔·索萨（Leonel de Sousa）达成口头协议，允许葡人在广州及其附近岛屿展开贸易。[①]自此，葡人开始进入澳门。嘉靖三十六年（1557年）由于葡人再次帮助广东政府剪除盘踞香山地区的"阿妈贼"，广东官绅遂允准葡人"侨寓濠镜"，澳门港正式开埠。[②]澳门开埠以后，迅速取代了原来葡萄牙人及东南亚商人在上川岛与浪白滘等地的国际贸易点，遂成为葡日贸易航线"果阿—马六甲—长崎"的中枢贸易转口站。《明史》称"番人既筑城，聚海外杂番，广通贸易，至万余人"[③]，可见当时的澳门不仅是葡人贸易船舶的中转站，也是东南亚国家商人（"杂番"）来华贸易的据点，而且通过这一贸易，使澳门成为"至万余人"的葡萄牙海外殖民帝国中最为繁盛的一个贸易港口。

关于16世纪澳门海上贸易问题，东西方学者论著甚多，东西方文献资料公布亦不少。我们在澳门回归之前，即对澳门海上贸易的有关中文文献进行过整理和研究。但随着珍藏于中国各大图书馆的古籍珍本善本的刊印和出版，过去很多见不到的文献一一披露，其中还有多种文献刊载有早期澳门的历史资料，极为珍贵。余拟将近年所见有关16世纪澳门海上贸易的新见中文史料公布三则，并就此展开研究，以求正于方家。

---

[*]　汤开建，澳门大学历史系教授；周孝雷，暨南大学历史地理研究中心研究生。

[①]　汤开建：《明代澳门史论稿》上卷，黑龙江教育出版社2012年版，第126—134页。
[②]　汤开建：《委黎多〈报效始末疏〉笺证》，广东人民出版社2004年版，第49—59页。
[③]　张廷玉：《明史》卷三二五《外国六·佛郎机传》，中华书局1977年版，第8433页。

一 郭应聘《总督条约》中的"治澳措施"

郭应聘（1520—1586 年）字君宝，号华溪。福建莆田人。嘉靖二十九年（1550 年）进士。历官户部主事、广西布政使、广西巡抚、两广总督，后擢南京兵部尚书。郭应聘自万历十一年正月（1583 年）由广西巡抚升两广总督①，万历十一年十一月迁南京都察院右都御史，总督一职由原刑部左侍郎吴文华接任②，万历十二年正月升南京兵部尚书。据《明神宗实录》，郭应聘出任两广总督的时间为万历十一年正月至十一月，自万历八年起便担任广西巡抚③，三年的巡抚经历使郭应聘对两广地区的形势有了较为深入的了解。故在其升任总督之后，即颁布了以整肃治安法纪为中心的《总督条约》，包括"稽核吏治""申饬将领""清理军伍""整饬兵防""化道顽民""抚戢遗党""时给兵食""申严法纪""严禁接济""清查白役""谨守城池""严防库狱" 12 条细则，其中第 9 款是专门针对管制澳门的一项条例。其文为：

一严禁接济。夫澳夷泛海而来，本以商贩为事，民利其货以贸迁，官资其税以充饷，初无不可者。数十年间，来者愈多，而回者愈少，即今外有楼船，岸有坚室，而东洋商贩，亦杂其中，全无分别。四方盗贼，诱略男妇，多归于彼。至有与小民争竞细，故致伤性命者。究其所由，皆内地奸究引诱交通所致也。访闻番货到澳，经纪人等揽行把持，不令告官纳税，不俟开市，明文串同棍徒，私自赊取或骗唐客货物抵换，十倍觅利。迨货物卖尽，方以牙尖坏木抵充关税，了一故事而已。甚至货物尽骗，逃躲不还，大启争端，致生衅窦。无籍之徒，亡命之辈，皆以澳为趋。至造屋僦居，不可胜数。往来接济，肩摩踵错，不啻大市。近且唆诱夷人，告请省

---

① 《明神宗实录》卷一三二，万历十一年正月丁丑条，（台）"中央研究院"历史语言所编，1962 年校印本，第 2463 页。

② 《明神宗实录》卷一四三，万历十一年十一月辛丑条，第 2673 页；卷一四三，万历十一年十一月甲辰条，第 2675 页。

③ 《明神宗实录》卷一〇四，万历八年九月辛未条，第 2673 页。

郊陈地，以造寺宇。习唐书之谋者，是其渐岂可长哉。今夷人固未易驱徙，而交通接济之辈，皆我中国之人也。纵而不治，将来之患，大有可虞者矣。闻此辈在省则赁有大房，在澳则造有行店。设使先治此辈，禁革交通，澳中房屋悉令拆毁，船只不许通行。各番人货物经纳饷后方许买卖。先期而犯者，申明货物入官，人坐通番之罪。确然行之，不少假贷货尽，事毕，寸帆片板，肩担背负，足迹不许到澳，彼番人久留无益，不得不为随船往来之计矣。庶其潜移默制之一机乎。文到日，巡海道严行守备，备倭及府州县掌印、捕盗、巡捕、守海等官兵，将前项奸徒设法缉捕，照依律例，从重惩究，获功员役，从重给赏。各夷日用米菜，不得一概禁绝，有失柔来之道。其诸番投税、抽税、发票、禁御一应事，宜开造书册，呈送查阅。①

　　澳门开埠以后，针对澳门葡人的管制问题，存在着多种不同的意见。而且在对澳门的实际管制中，确实存在着非常多的问题。如葡萄牙人对明朝政府的态度、葡萄牙人海上武装对广东海防的威胁、葡萄牙人在澳门的种种不法活动等等，都成为明朝政府如何管制澳门的核心问题。开埠之初，由于葡人居澳的问题在明朝朝野士大夫中并未达成共识，是保存澳葡还是驱逐澳葡，两种意见争持不下。所以明朝政府及两广总督对于如何管制澳门问题，并没有制定一个约有章法的条例和章程。大多是头痛医头，脚痛医脚。从两广总督吴桂芳开始，基本上制订了对澳门葡萄牙人以防范为主的保守策略，这一策略是以军事防御为主，而不在于行政的管制。霍与暇虽然提出了管理澳门的策略，但无具体管制措施。②

　　万历十年（1582年），陈瑞出任两广总督以后，在葡萄牙人的重金贿赂下，陈瑞对澳门葡萄牙人承诺"殖民地一切均可照旧"，③ 即代表明朝廷正式承认广东政府批准的葡人"侨寓濠镜"具有合法性。④ 自此，澳门的地

　　① （明）郭应聘：《郭襄靖公遗集》卷一五《督抚条约》，《续修四库全书》本集部1349册，第350—351页。
　　② 汤开建：《明代澳门史论稿》上卷，黑龙江教育出版社2012年版，第243—252页。
　　③ ［意］利玛窦：《利玛窦书信集》（上），罗渔译，光启出版社1986年版，第118—119页。
　　④ （明）韩霖：《守圉全书》卷三，委黎多《报销始末疏》，（台）"中央研究院"傅斯年图书馆善本室藏明崇祯九年刊本。

位大大巩固。① 据利玛窦回忆录记载，1582 年罗明坚与澳门王室大法官本涅拉（Matias Panela）去肇庆觐见两广总督陈瑞时，陈瑞曾私下给他们银两，要求他们在澳门采购货物。② 可见即便是陈瑞个人，也曾私下与澳人贸易，从这一事例，可以看出作为管制澳门的最高领导者，两广总督陈瑞竟然托澳门人下澳购买物品，本来就无章法条例管理的澳门，两广总督带头与澳人私相贸易，可以反映在他治理时期的澳门管制应该是大为放松。这就是为什么郭应聘上任后，便将澳门的接济问题在其《总督条约》中予以申饬的原因。郭应聘《总督条约》的出台，正是对陈瑞及陈瑞以前的广东政府政策的修正与改变。

郭应聘《总督条约》的颁布，要求"转行督属大小文武衙门，一体遵照"，同时"该司仍备呈巡按衙门知会，及动支官银刊示明楷，徧发张挂，印刷书册，分给遵守"，③ 可见此条令在颁布之后即得到广泛传播，上至官吏、下至百姓，均得以传达。关于此事，在西文数据中亦有记载。万历十一年，利玛窦、罗明坚二位神父在香山县城内看到了新任总督郭应聘所贴的告示：

到香山时，神父们发现所有城门上都贴有新总督郭应聘颁布的通告，通告上说了很多有利于本省统治的事，这和每位新官上任所说的话一样。神父们看到，通告上还讲到了澳门和在那里居住的外国人，说据悉他们做了很多坏事，这都要归罪于那些住在澳门、为他们当翻译的中国人，正是他们教唆这些外国人胡作非为。尤其是有人告发这些翻译劝说外国僧人学习中国的语言文字，让他们在本省广州申请土地修建寓所和教堂，让外国人进入中国腹地，对国家的安全非常有害。通告中还告这些翻译，如不立刻停止上述活动，将严惩不贷。④

---

① 汤开建：《明代澳门史论稿》（上卷），《明朝野士人对澳门葡人的态度、策略及流变》，第 225—254 页。

② ［意］利玛窦：《耶稣会与天主教进入中国史》，文铮译，［意］梅欧金校，商务印书馆 2014 年版，第 88 页。

③ （明）郭应聘：《郭襄靖公遗集》卷一五《督抚条约》，第 345—346 页。

④ ［意］利玛窦：《耶稣会与天主教进入中国史》，文铮译，［意］梅欧金校，商务印书馆 2014 年版，第 92 页。

以上内容出自利玛窦的回忆录，从所记录的内容来看，与前文所引郭应聘的《总督条约》中"严禁接济"条的内容十分相似，互为印证。故知郭应聘的《总督条约》在当时的广东社会已经颁布实行。在《总督条约》中，郭应聘首先针对夷人居澳提出了自己的观点："夫澳夷泛海而来，本以商贩为事，民利其货以贸迁，官资其税以充饷，初无不可者。"这就是说，在郭应聘看来，澳夷泛海而来，在澳门从事正当贸易，于官于民均能获利，故起初并无太大问题。但几十年间，问题渐渐显现，并愈演愈烈：

数十年间，来者愈多，而回者愈少，即今外有楼船，岸有坚室，而东洋商贩，亦杂其中，全无分别。四方盗贼，诱略男妇，多归于彼。至有与小民争竞细，故致伤性命者。究其所由，皆内地奸宄引诱交通所致也。

澳门开埠二十余年来，问题逐渐浮现：第一个问题，就是澳门外国人口增殖极为迅速，而且是"来者愈多，而回者愈少"。据葡文史料，1555年，在浪白滘住冬的葡萄牙人共有400人，及5名弥撒神父；1557年，葡商从浪白滘迁入澳门以后，当时大概有500—600名葡萄牙人；到1562年时，在澳门的葡商则达到800人，当然，这些人都是指已婚者。[①] 由于这些葡商的家属及仆役"举国而来，扶老携幼，更相接踵"，再加上进入澳门的葡商越来越多，因此到嘉靖后期，"夷众殆万人矣"。[②] 吴桂芳亦言"况非我族类，不下万人，据澳为家"，[③] 叶权又言"乃今数千夷团聚一澳，雄然巨镇"，[④] 可见此时居澳葡人逐渐成尾大不掉之势。

第二个问题，郭应聘称澳门葡人"外有楼船，岸有坚室"，可见此时澳门早已打破了以往搭棚居住、出洋而撤的泊口贸易旧制，开始在澳门建造固定的居室，正如庞尚鹏所言"近数年来，始入濠镜澳筑室，以便交易，

① 龙思泰：《早期澳门史》，吴义雄等译，东方出版社1999年版，第13页；Manuel Teixeira, Primórdios de Macao, Instituto Cultural de Macau, 1990, p.12。

② （明）庞尚鹏：《百可亭摘稿》卷一《抚处濠镜澳夷疏》，《四库全书存目丛书》集部129册，第131页。

③ （明）陈子龙辑：《明经世文编》卷三四二《吴司马奏议》卷一《议阻澳夷进贡疏》，中华书局1962年版，第3669页。

④ （明）叶权、王临亨、李中馥：《贤博篇》附《游岭南记》，中华书局1987年版，第44页。

不逾年多至数百区，今殆千区以上……今筑室又不其几许"，① 俞大猷亦称
"商夷用强梗法，盖屋成村，澳官姑息，已非一日"，② 《明史》甚至称：
"至筑室建城，雄踞海畔，若一国然，将吏不肖者反视为外府矣。"③ 这里的
"楼船"实质上就是指的葡萄牙的武装战船，16 世纪进入澳门的葡萄牙大
黑船都是配备有火力威猛的佛郎机大铜铳，船"置铳三十余管……大者一
千余斤，中者五百斤，小者一百五十斤"。④ 岸上有葡萄牙人长期居住的坚
固住所，而海港内却驰骋着葡萄牙人的利炮坚船，这种潜在的军事上的威
胁，对广东政府来说是不言而喻的。

第三个问题，此时的澳门城中"东洋商贩，亦杂其中，全无分别"。这
就是说，此时的澳门城内，不仅有葡萄牙商人，还有日本商人与葡人杂居，
而且"全无分别"。万历四十一年时，王以宁称："濠镜澳夷来自佛郎机诸
国，从未有狡倭杂处期间者，有之，自万历二十年始。"⑤ 王以宁认为，日
本人进入澳门应是在万历二十年（1592 年）以后。但是据郭应聘的《总督
条约》所显示的信息来看，至少在万历十一年（1583 年）澳门已经出现了
日本商人杂处于葡人之中。故郭氏的记载，将中文文献中关于日本商人进
入澳门定居的时间又提前至 1583 年。由于国人对嘉隆时期的倭乱记忆犹
新，广东政府自然格外注意倭人的动向。进入澳门的日本人如果跟葡萄牙
人勾结起来，构衅于海上，这种潜在的威胁，对于两广总督来说也是不得
不考虑的。

第四个问题，即郭应聘指出的"四方盗贼，诱略男妇"，许多内地人口
被诱拐至澳门。关于拐卖人口一事，文献中屡见不鲜，在郭应聘之前，陈
吾德即言"岁略卖男妇何啻千百，海滨居民，痛入骨髓"，⑥ 稍后的霍与暇
亦曰"番夷市易将毕，每于沿海大掠童男童女而去，游鱼州人时亦拐略人

① （明）庞尚鹏：《百可亭摘稿》卷一《抚处濠镜澳夷疏》，第 131 页。
② （明）俞大猷：《正气堂全集》卷一五《论商夷不得恃功恣横》，福建人民出版社 1990 年版，
第 383 页。
③ （清）张廷玉：《明史》卷三二五《外国六·佛郎机传》，中华书局 1977 年版，第 8432—8433 页。
④ （明）黄训：《名臣经济录》卷四三《兵部·职方》下，《奏陈愚见以弥边患事》，清文渊阁
《四库全书》本，第 2 页。
⑤ （明）王以宁：《东粤疏草》卷七《条陈海防书》，《四库禁毁书丛刊》史部 69 册，第 316 页。
⑥ （明）陈吾德：《谢山楼存稿》卷一《条陈东粤疏》，《四库全书存目丛书》集部 138 册，第 424 页。

口卖之，多得厚利"。① 可见掠卖内地人口到澳门，是澳门开埠以后葡萄牙人所干的种种不法活动中重要的一项，而到郭应聘出任两广总督时，这一问题并未得到解决。

对于以上四个问题，郭应聘将其产生的原因归纳为"皆内地奸宄引诱交通所致也"。可见，内地商人的接济与走私，是导致以上问题产生的最主要的原因。

澳门开埠初期，内地华人对澳门葡人的接济就已经出现，霍与暇《上潘大巡广州事宜》一文对澳门开埠初期的接济问题做过详细的记载：

广东隔海不五里而近乡名游鱼洲，其民专驾多橹船只，接济番货。每番船一到，则通同濠畔街，外省富商搬瓷器、丝绵、私钱、火药违禁等物，满载而去，满载而还，追星趁月，习以为常，官兵无感谁何？比抽分官到，则番船中之货无几矣。……大约番船每岁乘南风而来，七八月到澳，此其常也。当道诚能于五月间，先委定广州廉能官员，遇夷船一到，即刻赴澳抽分，不许时刻违艰，务使番船到港，不俟申覆都台而抽分之官已定；番货在船，未及交通私贩而抽分之事已完，所谓迅雷不及掩耳。此当预者一也。于六月间，先责令广州府出告示，召告给澳票商人，一一先行给与，候抽分官下澳，各商亲身同往，毋得留难，以设该房贿弊，此当预者二也。抽分早则利多入官，澳票先则人皆官货，私通接济之弊不禁而自止矣。②

可知在澳门开埠初期，接济私贩主要出自广州与澳门之间的"游鱼洲"等岛屿的商人和居民，每当番船一到，便"私通接济"，同时还伙同外省富商参与走私。接济的最大危害就是，当外国船只进入澳门以后，中国政府的抽税工作还没有开始，这些下澳接济的奸商们就已经垄断和把持了外国货物的贸易。他们将贸易活动进行得差不多的时候，才向中国政府纳税抽分。所以外国货物进入澳门贸易的利润全被这些下澳接济的奸商们获得，而中国政府所得甚少。郭应聘在《总督条约》对接济商的描述则是另一番景象："无藉之徒，亡命之辈，皆以澳为趋。至造屋僦居，不可胜数。往来

---

① （明）霍与暇：《霍勉斋集》卷一二《上潘大巡广州事宜》，清咸丰七年霍有光重刻本。
② 同上。

接济，肩摩踵错，不啻大市。"澳门开埠之后，由于澳门地区缺少米菜等生活必需品，故许多内地的"无藉之徒，亡命之辈"，纷纷铤而走险，携货物赴澳从事走私贸易。不仅如此，有的还"造屋僦居"，以至于在澳门的内地走私商人"摩肩接踵，不啻大市"，其猖獗可见一斑。这种内地赴澳走私的行为，同样为政府税收带来了极大的损害，同时影响当地的治安。可见，从霍与瑕至郭应聘的十几年间，接济商人的势力越来越大，接济现象更是日趋严重。《总督条约》将"严禁接济"列入治理广东所亟待解决的几个问题之中，表明自郭应聘起，接济问题已经成为影响澳门管理的一个关键因素。面对愈演愈烈的接济问题，郭应聘甚为担忧："今夷人固未易驱徙，而交通接济之辈，皆我中国之人也。纵而不治，将来之患，大有可虞者矣。"

葡萄牙人以及海外诸番入居澳门，本已成为影响广东治理的重大隐患。而为澳夷提供居澳所需的日常补给之徒，又"皆我中国之人"。接济一事若姑息放任，将来必"大有可虞"。为此，郭应聘针对接济问题提出了一套治理办法，其中包括：①由于接济商人"在省则赁有大房，在澳则造有行店"，因此要将接济者在澳的住所全部拆除，阻断他们在粤澳的水陆交通。②澳商货物，需经官员抽分后方可买卖。对于违禁者，还要承担相应的处罚："先期而犯者，申明货物入官，人坐通番之罪。确然行之，不少假贷货尽。事毕，寸帆片板，肩担背负，足迹不许到澳。"③自此条例下达之时，各级巡海官吏严行守备，加强巡视，以杜绝货物接济与走私。对于抓获的接济商人，"从重惩究"，同时奖励有功员弁。④在严禁接济的同时，澳夷的日常生活补给"不得一概禁绝，有失柔来之道"，但要以合法的方式购买。⑤澳夷的一切商业及军事防御活动，如"投税、抽税、发票、禁御"等事务，都应"开造书册，呈送查阅"，以加强对澳人的管理与监视。以上反映了当时明朝政府针对接济澳夷的问题所做出一系列的规避与处罚措施，这是自澳门开埠以来，明朝政府为治理澳门所做出的第一份正式的管制条例，具有独特的历史意义。

虽然郭应聘《总督条约》的主要内容是讲严禁接济，但是这一段文字中所揭示的更为重要的学术价值则是：至少在万历时期开始，澳门已经出现了垄断粤澳贸易的"行店"与"行商"。这些"行店"或"行商"，当即为清代出现的"十三行"的前身。最早见于文献的"十三行"一词是屈大均的《广州竹枝词》："洋船争出是官商，十字门开向二洋，五丝八丝广缎好，银钱堆满十三行。"① 据考证屈大均此时作于康熙二十三年（1684 年）广东粤海关设关后。这就是说，"十三行"最早出现的时间应在康熙二十三年之前。此说与梁廷枏《粤海关志》相合：

　　国朝设关之初，番舶入市者仅二十余柁。至则劳以牛酒，令牙行主之，沿明之习，命曰"十三行"。舶长曰"大班"。次曰"二班"，得居停"十三行"，余悉守舶，仍明代怀远驿旁建屋居番人制也。乾隆初年，洋行有二十家，而会城有"海南行"。至二十五年，洋商立"公行"，转办夷船货税，谓之"外洋行"，别设"本港行"，专管暹罗贡使及贸易纳饷之事，又该"海南行"为"福潮行"。输报本省潮州及福建民人诸货税，是为"外洋行"与本港、福潮分办之始。②

　　梁廷枏是目前对"十三行"认识最清楚的学者，他又是清中期的人，在他生活的年代，"十三行"尚存，应该说他对"十三行"的解释应是比较准确的，那就是说"清代十三行"的设置是在清朝设立粤海关之初，即公元 1684 年到 1685 年，但是据梁廷枏的说法，"沿明之习，命曰'十三行'"。这句话应该怎样理解？这里的"明之习"应该是指"至则劳以牛酒，令牙行主之"，就是由牙行来主持当时的对外贸易，这就是明代的习惯。这个"习"不是指明代就有十三行，这一点应该认识清楚。

　　明代明确有十三行记录的并不是中文数据，而是西文数据。裴化行《天主教十六世纪在华传教志》载：

　　中国人与葡萄牙人的商业关系越来越融洽：在广州一月内就有超过 40000 里佛尔（livres）的胡椒售出，购买前往日本交易的商品利润达到 100000 杜卡托（ducats）。商业的利润被十三家来自 Canton 广州、徽州及泉

---

　　① （清）屈大均：《广东新语》卷一五《货语·纱缎》，中华书局 1983 年版，第 427 页。

　　② （清）梁廷枏纂：《粤海关志》卷二五《行商》，袁钟仁校注，广东人民出版社 2001 年版，第 491 页。

州的商户垄断。这些商户不顾大众情感，一味迎合外国人。也是在上世纪最后时期，由于广州当局自始至终都无法摆脱海盗陈新老的侵扰，遂请求葡萄牙人进行协助：或许是由于这次的鼎力相助，这些葡萄牙人开始慢慢进入以前被封锁的地方；而至如今，他们已经进入了以下岛屿：Hiatchoan, Sancian, Lampacao……虽然这些葡萄牙人会遇到很多阻碍，但是看到已经得到的高额利益，仍然不顾一切，与中国人进行这些不当买卖。频繁的交易往来使得中国人逐渐消除以往的偏见。[1]

据裴化行这条资料，好像在明嘉靖年间，确实出现了原籍是广州、徽州、泉州十三家商行，梁嘉彬《广东十三行考》亦是赞同是说。[2] 裴化行数据来自何处？据裴化行自己称，他的资料是来自张德昌的《明朝沿海贸易》一文。[3] 查张德昌的原文，他亦未引出明代十三行原始文献。张德昌为现代人，很难证明上述文字为明代广东十三行的原型，故裴化行所言也不能证明明代出现了十三行。

尽管明代出现十三行一事有待商榷，但郭应聘在《总督条约》中明确指出此时垄断粤澳贸易的牙商已经出现："访闻番货到澳，经纪人等揽行把持。"这里的"行"，当即为"牙行"，"揽行把持"，即这些经纪商建立专门的商行垄断来澳的外国货物。梁廷柟言"番舶入市""令牙行主之"，梁氏所言的"牙行"，当即郭氏所言之"行"。这种"牙行"，已明确见于明代澳门的海外贸易之中。《总督条约》提到的"经纪人"，即是明代粤澳贸易中牙商的代理人或承包商。

明代的牙行分官牙和私牙，明初就出现政府规定："不许有官牙私牙。"[4]

---

① HenriBernard, s. j. , Aux portes de la Chine : Les Missionnaires du Seizième Siècle, 1514 – 1588, Tientsin, Hautes Etudes, 1933, p. 66. 本书未采用常见的萧浚华的译本（［法］裴化行：《天主教十六世纪在华传教志》，萧浚华译，商务印书馆1936年版），而是直接从原文译出。

② 梁嘉彬：《广东十三行考》，广东人民出版社1999年版。

③ Henri Bernard, s. j. , Aux portes de la Chine : Les Missionnaires du Seizième Siècle, 1514 – 1588, Tientsin, Hautes Etudes, 1933, p. 66 注53, Chang Teh ch' ang. , Maritime Trade at Canton during the Ming dynasty, Chinese Social and Political Review, 1933, t. 17, p. 264 sq. 张德昌：《明朝沿海贸易》，《中国社会及政治述评》第一七卷, 1933 年, 第264—266页。

④ （明）王圻：《续文献通考》卷二二《征榷考》，《续修四库全书》子部185册，第344页。

郑若曾《筹海图编》载："官设牙行，与民贸易，谓之互市。"① 这就是所谓的"官牙"。嘉靖八年"禁沿海居民毋得私充牙行"，这就是所谓的"私牙"。《总督条约》中的"经纪人"，应属早期粤澳交易中的"私牙"。澳门开埠以后，官牙与私牙同时在澳门出现，刘承范《利玛传》云：

> 夫香山澳距广州三百里而遥。旧为占城、暹罗、贞腊诸番朝贡舣舟之所，海滨弹丸地耳。第明珠、大贝、犀象、齿角之类，航海而来，自朝献抽分外，襟与牙人互市，而中国豪商大贾，亦挟奇货以往，迩来不下数十万人矣。②

这里的"牙人互市"就是指主持澳门海外贸易的"行商"。蔡汝贤《东夷图说》亦称："（佛郎机）构木为居，设舶为市，牙侩交易，搦指节以示。数千金贸易，不立文字，指天为约，卒无敢负。"③ 毕方济《毕方济奏折》称："广东澳商，受廛贸易，纳税已经一百年，久为忠顺赤子，偶因牙侩争端，阻遏上省贸易。"④ 此处的"牙侩"亦即主持澳门贸易的行商。

在《总督条约》中，郭应聘还为我们提供了一条十分珍贵的牙商数据，对我们认识清代"十三行"的起源及明代牙行的性质及运作方法有较大的帮助："此辈（经纪人）在省赁有大房，在澳则造有行店。"明代澳门与广州的贸易，分为"上省"与"下澳"两种形式。在粤澳关系正常的时候，往往是葡人上省贸易，而由牙行经纪人引导，如《日本一鉴》："岁乙卯，佛郎机夷人诱引倭夷，来市广东海上，周鸾等使倭扮作佛郎机，同市广东卖麻街，迟久乃去。"⑤ 而在粤澳关系紧张的时候，则由广州牙行的商人下澳贸易，如《谢山楼存稿》："夷人只于澳上交盘，不许引类径到省内。"⑥

---

① （清）郑若曾：《筹海图编》卷一二下《经略》四，中华书局 2007 年版，第 852 页。
② 刘后清主修：《刘氏族谱》，民国甲寅本翻刻本，2009 年，第 143 页。
③ （明）蔡汝贤：《东夷图说》之《佛郎机》，《四库全书存目丛书》史部 255 册，齐鲁书社 1997 年版，第 429 页。
④ ［比］钟鸣旦、［荷］杜鼎克等编：《徐家汇藏书楼明清天主教文献》第 2 册，毕方济《毕方济奏折》，辅仁大学神学院，1996 年，第 914 页。
⑤ （明）郑舜功：《日本一鉴·穷河话海》卷六《海市》，民国二十八年影印本。
⑥ （明）陈吾德：《谢山楼存稿》卷一《条陈东粤疏》，《四库全书存目丛书》集部 138 册，第 424 页。

这两种形式在明代的粤澳贸易中交替出现。在郭应聘《总督条约》中，介绍经纪人在澳门"造有行店"，而在广州则"赁有大房"，非常清楚地指明了活跃在粤澳两地，而又垄断澳门番货贸易的商行性质，这个经纪人所造的行店实质上就是"牙行"。

澳门开埠初期，牙商垄断了粤澳贸易，由于缺乏管理，牙商从事不法之事者甚多，偷税漏税、骗人财物者甚多。黄佐（嘉靖）《广东通志》记载："其番商私赍货物入为易市者，舟至水次，悉封籍之，抽其十二，乃听贸易。然闽广奸民，往往有椎髻耳环效番衣服声音，入其舶中，导之为奸，因缘钞暴，傍海甚苦之。"① 此处所谓"奸民"，大概也都是指的这些主持澳门海外贸易的"行商"。这些行商往往与市舶司的官员勾结，隐匿逃税，分赃获利。至郭应聘时期，已愈演愈烈："（牙商）不令告官纳税，不俟开市，明文串同棍徒，私自赊取或骗唐客货物抵换，十倍觅利。迨货物卖尽，方以牙尖坏木抵充关税，了一故事而已。"郭应聘在此揭露了牙商的种种恶行：货物到澳之后，"不令告官纳税"，躲避抽分；在抽分官员抵澳之前，伙同当地"棍徒"，赊取或者诱骗华商抵换夷货，从中牟利十倍有余；待夷船货物散尽，抽分官无法验货计费，此时牙商往往以"牙尖坏木"来抵充关税。其实，在郭应聘担任总督之前，即有人注意到了牙商垄断贸易的危害，对此霍与瑕还曾建议道：

> 大约番船每岁乘南风而来，七八月到澳，此其常也。当道诚能于五月间，先委定广州廉能官员，遇夷船一到，即刻赴澳抽分，不许时刻违限，务使番船到港，不俟申覆都台而抽分之官已定；番货在船，未及交通私贩而抽分之事已完，所谓迅雷不及掩耳。此当预者一也。于六月间，先责令广州府出告示，昭告给澳票商人，一一先行给与，候抽分官下澳，各商亲身同往，毋得留难，以设该房贿窜。此当预者二也。抽分早则利多入官，澳票先则人皆官货，斯通接济之弊不禁而自止矣。②

可惜的是，霍与瑕的建议未能充分实行。高汝栻《皇明续纪三朝法传

---

① （明）黄佐：嘉靖《广东通志》卷六六《外志三·番夷》，广东省地方志办公室誊印，第1722页。
② （明）霍与瑕：《霍勉斋集》卷一二《上潘大巡广州事宜》，清咸丰七年霍有光重刻本。

全录》载:

> （天启四年）吏科给事陈熙昌奏：又有华人接济爪牙，彼尚未悉中国虚实，即或不逞，犹得以汉法从事也。乃垄断之徒，肩摩毂击，杂还澳中。谓无可结夷心，得夷利，则夷言、夷服、习夷教，几于夷夏一家。多方引诱，代为经营，令于住房外，据地以为疆，租民以取息，每岁所入，不下二三千金。夷无斗、无尺、无秤，则与之较轻重、挈长短。夷不识字，不谙文义，则与之延师训子，甚且插籍纳监，以窃中国衣冠。①

此处的"垄断之徒""代为经营"即是说这些行商不仅代理葡萄牙人经营商业贸易，而且还垄断了澳门的商业贸易。颜俊彦《盟水斋存牍·澳夷接济议》云：

> 何谓窝家？市舶官之设，所司止衡量物价贵贱多少报税足饷而已。接济之事，原非其所应问也。乃近有不肖司官，借拿接济之名，一日而破数百人之家，致激控部院，冤惨彻天。夫非接济而指为接济，则其以接济为生涯者，不得不依为城社，而诸揽为之线索，衙役为之爪牙，在该司锯为垄断，在群奸视为营窟，纵横狼藉，人人侧目，非窝家而何？……市司无权则不能擅作威福；不能擅作威福则奸商棍揽亦不得虚张声势，依为城社。如是而接济之窝家除矣。②

崇祯四年八月二十四日《兵部尚书熊明遇等为澳关宜分里外之界以香山严出入防事题行稿》云：

> 其初，不过以互市来我濠镜，中国利其岁输涓滴，可以充饷，暂许栖息，彼亦无能祸福于我。乃奸商揽棍，饵其重利，代其交易，凭托有年，

---

① （明）高汝栻：《皇明续纪三朝法传全录》卷一三，《续修四库全书》史部 357 册，上海古籍出版社 2002 年版，第 829 页。

② （明）颜俊彦：《盟水斋存牍》公移一卷《澳夷接济议》，中国政法大学出版社 2002 年版，第 319 页。

交结日固，甚且争相奔走，惟恐不得其当。渐至从中挑拨，藐视官司，而此么么丑类，隐然为粤腹心之疾矣。查澳关之设，所以禁其内入，惟互市之船经香山县，原立有抽盘科，凡省城酒米船之下澳与澳中香料船之到省，岁有常额，必该县官亲验抽盘，不许夹带盐铁硝黄等项私货。立法之始，为虑良周。今甲科县官，往往避膻，不欲与身其间，而一以事权委之市舶，市舶相沿陋规，每船出入，以船之大小为率，有免盘常例，视所报正税不啻倍迁蓗。其海道衙门，使费称是，而船中任其携带违禁货物，累累不可算数。更有冒名饷船，私自出入游弈，把哨甲壮人役托言拿接济而实身为接济者，又比比而是，不可致诘。总之，以输饷为名，以市舶为窟，省会之区，纵横如沸，公家一年仅得其二万金之饷，而金钱四布，徒饱积揽奸胥之腹。番哨听其冲突，夷鬼听其掠夺，地方听其蹂践，子女听其拐诱，岂不亦大为失计，大为寒心者哉！①

非常明显，明代的这些所谓"行商"，往往打着国家允许的合法幌子主持澳门的海外贸易，但干的却是偷税漏税、走私违禁的非法勾当，所以在明代的文献中，他们均被称之为"奸""蠹""揽""棍"，与清代的官办行商不可同日而语。

二 刘承范《利玛传》中的"澳门之行"

自郭应聘之后，两广总督继任者吴文华与吴善基本上延续了郭应聘的治澳政策，在这段时期内，粤澳关系平稳发展。万历十六年（1588 年），刘继文出任两广总督时，粤澳关系再起波澜，这与当时的海防形势有着密切关系。刘继文，南直隶灵璧县人，嘉靖四十一年（1562 年）进士，历官万安知县、浙江参政、江西布政使、四川布政使，② 万历十六年（1588

---

① 中国第一历史档案馆、暨南大学古籍研究所合编：《明清时期澳门问题档案文献汇编》第一册，第七号档，《兵部尚书熊明遇等为澳关宜分里外之界与香山严出入防事题行稿》，人民出版社 1999 年版，第 12 页。

② （清）贡震：乾隆《灵璧县志》卷三《人物》，清乾隆刻本，第 20 页。

年），刘继文出任两广总督。^① 万历十七年（1589 年），原就抚海盗首领李茂、陈德乐盘踞珠池，威胁琼、雷二府，此时的匪势，已到了"擒亦反，不擒亦反"的危急境地，^② 刘继文遂派李栋、杨友贵等人一举平定。而此时的澳门，由于往来诸番众多，刘继文担心夷人作乱，便密谋对澳门进行军事行动，铲除澳夷。但在做最终的决定之前，刘继文首先派遣韶州同知刘承范赴澳，调查澳夷情况，以此决定最后的行动。

刘承范，湖北监利人，万历十一年（1583 年）任淅川知县，^③ 万历十四年（1586 年）升任普安知州^④，万历十七年（1589 年）刘承范迁韶州同知^⑤。在担任韶州同知之时，深得总督刘继文器重。刘承范虽仅为韶州同知，但却担任重大军务的差遣。刘继文在密谋对澳发动军事行动之时，刘承范就作为密使赴澳门调查澳夷之真实情况，以决定广东政府针对管理澳夷之政策走向。此次调查的结果以及之后总督颁布的条例，基本上奠定了明政今后的治澳政策。

以上这段历史的记载，赖刘承范《利玛传》保留至今。《利玛传》出自湖北监利承泽堂民国甲寅本《刘氏族谱》，该传记录了利玛窦入华初期在广东肇庆、韶州两地的活动，是近年来所发现的内容最丰富、史迹记录最全面的利玛窦中文原典数据之一。而《利玛传》对此段时期粤澳关系的记录同样堪称独家，现录文如下：

越两月，连阳事竣，复诣端境，盖以制府檄余谈兵务也。会间密语，曰："近惠潮道报称，合浦大盗陈某者，连年勾引琉球诸国，劫掠禁地，杀人于货，大为边患。又香山澳旧为诸番朝贡舣舟之所，迩来法制渐弛，闻诸夷不奉正朔者，亦往^⑥假朝贡为名，贸迁其间，包藏祸心，渐不可长。本

---

① （清）屠英：道光《肇庆府志》一二《职官》，光绪二年重刊本，第 19 页。

② （清）马呈图：宣统《高要县志》卷二三《金石》，《岭南平寇碑》，民国二十七年重刊本，第 26 页。

③ （清）徐光第：咸丰《淅川厅志》卷三《职官》，（台）成文出版社 1976 年版，第 329 页。

④ （明）江东之：万历《贵州通志》卷九《普安州》；卷二二《艺文志》，《日本藏中国罕见地方志丛刊》本，第 181、535 页。

⑤ （清）额哲克：同治《韶州府志》卷四《职官志》，（台）成文出版社 1966 年版，第 71 页。

⑥ 民国甲寅本《刘氏族谱》之《利玛传》原文作"往"字的异体字，2009 年刘氏族谱翻刻本录文为"遣"，当误。

院欲肃将天威，提楼舡之师，首平大盗，旋日一鼓歼之。第闻海南欧罗巴国，有二僧潜住我境，密尔军门，倘一泄漏，事体未便。该厅当以本院指召而谕之：'韶州有南华寺，为六祖说法之所，中有曹溪，水味甚甘，与西天无异，盍往居之？是一花五叶之后，又德积余芳也。'即彼当年有建塔之费，本院当倍偿之。"余"唯唯"。出。是日诏僧，语之故，余尚未启口，辄曰："大夫所谕，得非军门欲搜香山澳乎？此不预吾事，吾何敢泄。第皇明御世，如天覆地载，异域远人，招之尚恐其不来，今欲逐之，则越裳白雉，不当献周庭矣。"余曰："汝何以知之？岂军门将吏有私于汝者乎！"曰："小僧舫海越都，走数万里，岂人间念头尚不能前知乎？但欲我移居南华固所愿也。"及语以建塔偿金，乃曰："军门用兵，无非欲加官荫子耳。和尚视中国四夷如一人，即此幻身究亦成空耳，须金何为？但人命至重，一观兵不无波及，大人若承望风旨而行之，恐有鬼神司祸福者。"予闻其言，大骇。次早谒军门密请曰："台下曾以兵事询将吏乎？"曰："此事甚大，即府道亦未及询，直以该厅慎密，故厚讬之。"云云。

居数日，予有香山之行，声言查盘军饷，实是则物色澳夷也。香山尹徐君迎而问曰："大人此行，岂军门令观兵乎？"余曰："惟查饷耳。"徐曰："饷以饷兵，而特委大人，固知军门指矣。"次日，余偕徐尹，亲诣澳中，则见诸番皆鸟言卉服。即所称操万赀者，多文身断髪，绝无他技。询之皆中国之人，勾引而来，利其所有耳。徐尹曰："职矢以百口，保其无他，且军门军饷，取给广州者，每岁不下三十余万，皆自榷税中来也。倘必欲加兵诸夷，必疑畏而不至，则此饷何从取足？又朝贡诸番，假令借口而绝中国，九重之上，将有辞于此举矣。窃以为寝之便。"余于是大书一联于澳门曰："帝德配天，万里梯航输上国；臣心如水，一泓星月照灵台。"

徐尹深嘉之，而授诸梓。乃取该县印，结连回呈以上。其略曰：

伏睹皇明祖训，有以四方诸夷，皆隔山限海，彼既不为中国患，而我轻兵以伐，不祥也。大哉王言，其万世御夷之高抬贵手乎？职至愚，不知海防至计，昨祗承宪令，躬诣香山，窃于议澳夷者，有慨于中焉：夫香山澳距广州三百里而遥，旧为占城、暹罗、贞腊、诸番朝贡舣舟之所，海滨弹丸地耳。第明珠、大贝、犀象、齿角之类，航海而来，自朝献抽分外，襟与牙人互市①，而中国豪商大贾，亦挟奇货以往，迩来不下数十万人矣。顷当事者，睹澳夷日聚，或酿意外之虞？欲提楼舡之卒，驱之海上，岂非为东粤计深远哉！顾东南岛，惟日本鸷悍，祖宗朝尝绝之。而占城诸国，世修朝贡。尝询之浮海之民，及商于澳门者，咸谓诸夷，素奉佛教，贸易毫发不敢欺绐。彼酋长皆家累万金，重自爱惜。乃楼舡将军，谓拥旗提鼓，以靖海岛，可大得志。诸褊裨之仕，慕诸夷珍宝山积，大创即可囊而归之。事虽未行，而先声已播，且有乘此诈吓者。不知诸夷念此至熟矣。假令一旦出师，彼且漂海而逝，我军望洋而返，意必恣意杀戮，伪上首级，海上益骚然矣。无乃为东粤生灵祸乎？近代为患者，莫如边虏。我皇上俯从互市之请，二十年来垂橐卧鼓，以享太平之福。视往岁兴兵之费，所省什伯，此其尤大彰明较著者也。独奈何使款顺之夷，望之而惊且走哉？是明珠、大贝，不饰朝夕，犀象、齿角不充玩好也。请膀之通衢，照常抽分，听彼贸易，以安诸夷向化之心。毋弦虚声，自相疑骇，而沿海弋舡，仍严为防守，斯备其在我以制之之道也。倘必以倭奴视诸夷，而曰"吾且为郭钦，为江统"，无论仰背祖训，即视皇上互市之意异矣。云云。

时万历庚寅春莫也。奉军门刘批据议，酌古准今，信为驭夷长策，即将批词及申文警语，悬之香山、澳门港口泊舟紧要处可也。②

上文所称"知府"，实时任两广总督的刘继文。刘继文所称"合浦大盗陈某者，连年勾引琉球诸国，劫掠禁地，杀人于货，大为边患"，这一段材料可以与（嘉庆）《增城县志》中的《重修何仙姑庙碑记》相印证："岁乙丑春移镇端州，时澳酋李茂，陈德乐啸聚海上，乌合至千余次，一时未集舟师，虑怀叵测。"③（同治）《番禺县志》亦称万历十七年（1589 年）时，"澳酋叛抚，猖狂无忌，请兵征讨"。④ 可知，万历十七年时，广澳海上寇盗

---

① 2009 年翻刻民国甲寅本《刘氏族谱》之《利玛传》，原文作"自朝献抽分，外襟与牙人互市"，此处标点疑误，"外"字上读，"襟"字作副词"连带"解。

② 刘后清主修：《刘氏族谱》，刘氏族谱编纂委员会，民国甲寅本翻刻本，2009 年，第 142—144 页。

③ （清）熊学源：嘉庆《增城县志》卷一九《金石录》，刘继文《重修何仙姑庙碑》，（台）成文出版社 1974 年版，第 1625—1626 页。

④ （清）李福泰：同治《番禺县志》卷三一《金石》四，刘继文《关武安王祭文》，广东人民出版社 1998 年版，第 544—545 页。

频生，形势十分紧张，而出任两广总督的刘继文对这一海警十分重视，并由此而关注澳门葡人之动向。与此同时，刘继文还秘密为驱赶澳夷的军事行动做准备，万历十七年，刘继文曾派按察使徐用俭赴澳门驱赶华商：

> 广去城百余里，濒海有澳，夷人据其地，商贾杂居，颇为患。督抚下令逐商，孤夷党。诸商遮先生车泣曰：商与夷为市数千人，金钱不下数十万，安得旦夕离澳，此数千人将赴海死。先生令曰：买货物者期三月，贸易者期二月，到期俱逐，商大悦。及迁，遮道泣送者千人。问之澳商，悉罢遣之。①

就是刘继文准备对澳门发动军事行动的前奏，即先将进入澳门的华商驱逐出澳，孤立澳门夷商的势力，以便一举歼之，万历十七年担任广东按察使的徐用俭来澳门就是执行这一命令。值得注意的是，文中记录的"商与夷为市数千人，金钱不下数十万"，反映了当时内地商人入澳贸易的规模，达数千人之众，贸易额达金钱数十万。华商在澳门的势力日益滋长，这也是刘继文发动对澳战争的顾虑之一，故派遣徐用俭先行驱逐，以扫清障碍。

针对驱澳一事，刘继文对韶州同知刘承范密语曰："香山澳旧为诸番朝贡舣舟之所，迩来法制渐弛，闻诸夷不奉正朔，亦往往假朝贡之名，贸迁其间，包藏祸心，渐不可长。本院欲肃将天威，提楼舡之师，首平大盗，旋日，一鼓歼之。"刘继文的这一番话，虽然是与刘承范两人之间的私人谈话，但可以反映两点：①葡人居澳后并不守中国之法，政府对其管治亦渐松弛；②刘继文本人对居澳葡人的主张是"一鼓歼之"。他担心其军事行动被潜居肇庆的西僧泄露，所以想把他们从肇庆迁往韶州居住，并承诺赔偿西僧在肇庆建塔之费，于是召韶州同知刘承范秘密商量，并命刘承范通知利玛窦等人。关于此事，当时人李日华书亦有记载："利玛窦乃香山澳主所遣，以侦探中朝者，为近日有扫除香山澳之议故也，澳中有寺，玛窦为寺

---

① （明）罗大纮：《紫原文集》卷一〇《南太常卿徐贞学先生学行述》，《四库禁毁书丛刊》集部140册，第80页。

中僧。"① 可见，在当时明朝官员的眼中，利玛窦就是澳门葡人派来的"间谍"。澳门耶稣会院长佛兰西斯科·卡布拉尔（P. Cabrale）致范礼安神父的信函中曾提到中国人对传教士的猜忌："看来无论如何，肇庆的神父们也不该向葡萄牙人求哀矜，原因是，中国人是好猜忌的，只要神父们与葡萄牙人瓜葛愈少、愈分离，则愈能对传教事务保障安全。为此，希望神父下令，少与葡萄牙人来往为妙，要使神父们都变成中国人，才能免除中国人的猜忌。"② 利玛窦本人也有类似的记录："肇庆人日甚一日地担心葡萄牙人来这里与神父们住在一起，因为他们看到神父们与澳门联系频繁，而且与大批官员关系密切。"③ 此次密探之后，刘继文便派遣刘承范下澳去调查澳门葡人的真实情况，以便他做出对澳门葡人居留的决定。万历十八年（1590年）春，刘承范奉命到澳门进行了一番调查。

据《利玛传》称，与刘承范同往香山查饷者为"香山尹徐君"，查（乾隆）《香山县志》，涂文奎，万历十六年（1588年）任香山知县。④ 而此期间，并无徐姓者为香山令。余疑此处"徐君"当为"涂君"之讹，如是，则与刘承范同往香山者当为香山县令涂文奎。

刘承范奉刘继文之命，打着去香山"查盘军饷"之名，实则是"物色澳夷"，也就是要刘承范下澳去调查澳门葡萄牙人的真实情况，遂有刘承范与香山县令涂文奎澳门之行事，此不见于现存中西文献，为《利玛传》独家所载。这是一段极为重要的澳门历史资料，它描绘了一幅当时澳门社会的生动画面：刘承范至澳后，见到当时澳门葡萄牙人多是"操万赀"的海上贸易商人，此记载可与《东夷图说》关于早期澳门商人身家富庶记录"其国民多富饶，巨室一家有至数百斛，犀角、象牙、珠贝、香品，蓄贮无算"⑤ 相印证。另外，刘承范描绘澳门葡萄牙人样貌时，称其人"文身断发"。关于早期来华葡人的样貌特征，文献记载甚多，但互有亦同。如蔡汝

---

① （明）李日华：《味水轩日记》卷一，万历三十七年九月七日条，《续修四库全书》本，第30页。

② ［意］利玛窦：《利玛窦书信集》之《卡布拉尔神父致范礼安神父书》，1584年12月5日于澳门，光启出版社1986年版，第471页。

③ ［意］利玛窦：《耶稣会与天主教进入中国史》，文铮译，梅欧金校，商务印书馆2014年版，第106页。

④ （清）暴煜：乾隆《香山县志》卷四《职官》，《中山文献丛刊》本，第306页。

⑤ （明）蔡汝贤：《东夷图说》之《佛郎机》，《四库全书存目丛书》本，齐鲁书社1997年版。

贤《东夷图说》："国人髡首，贵者戴冠，贱者顶笠……薙髭须，貌类中国"①，业权《贤博编》："其人白皙洁净，髭髪多髯，鼻隆隆起，眉长而低，眼正碧……"② 以上记载均提到葡人"断发"的习惯，但是关于"文身"一事，未见于其他文献，为《利玛传》所独载，这也为早期葡人的相貌特征提供了一条独家材料。另外，这些澳门葡人每年通过海上贸易给广东政府提供"每岁不下三十余万"的税饷。关于广东政府于澳门葡人得饷三十万，同时代的文献亦有记录。王临亨《粤剑编》称："余驻省时，见有三舟至，舟各赍白金三十万投税司纳税，听其入城与百姓交易。"③ 鉴于广东地方政府出于财政方面的考虑，刘承范认为，不应该对澳门葡人采取军事行动，如对澳门用兵，澳夷"必疑畏而不至，则此饷何从取足"。

刘承范赴澳视察澳夷，其报告中的内容展示了此时澳门繁荣的贸易景象。首先，刘承范回顾了澳门开埠之前的历史，"夫香山澳距广州三百里而遥，旧为占城、暹罗、贞腊、诸番朝贡舣舟之所，海滨弹丸地耳"，可见香山在开埠之前，多为东南诸番"朝贡舣舟之所"，这一内容在第一部《香山县志》中亦有记录。在其卷一《风土》中，提到了与澳门相关的岛屿有浪白、大吉山、小吉山、九澳山，水道则有十字门，并称"其民皆岛夷也"。④岛夷，一般为中国人对海外诸国人之泛称。这就是说，在嘉靖二十七年（1548 年）前，澳门地区的氹仔岛、路环岛及十字门地区已有外国贸易商人在此停泊或临时居住。这与刘承范的记载相吻合。刘承范至澳后，看到的又是一番繁华的贸易景象；"第明珠、大贝、犀象、齿角之类，航海而来，自朝献抽分外，襟与牙人互市，而中国豪商大贾，亦挟奇货以徙，迩来不下数十万人矣。"可知葡人与中国贸易，其货物多"明珠、大贝、犀象、齿角"等西洋奇器，此类商品在早期的文献中亦有记载，如正德十六年（1521 年）葡萄牙使团抵达广州时，被当地官员逮捕，其货物清单中包括："大黄 20 公担，锦缎 1500 匹或 1600 匹，丝巾 4000 条，麝香粉 45 公

① 同上。
② （明）叶权、王临亨、李中馥：《贤博篇》附《游岭南记》，中华书局 1987 年版，第 44 页。
③ （明）王临亨：《粤剑编》卷三《志外夷》，中华书局 1984 年版，第 91 页。
④ （明）邓迁：嘉靖《香山县志》卷一《风土》一，明嘉靖二十七年刻本，第 11 页。

斤，麝香 3000 多囊……木香、香木、沉香、龟甲、胡椒和其他杂物。"① 蔡汝贤《东夷图说》曰："其产有犀象、珊瑚、眼镜、锁袱、天鹅绒、锁哈刺、苏合、番段之属。"② 此时粤澳之间的贸易，既有葡人"上省"亦有牙商"下澳"，即前文所称"自朝献抽分外，襟与牙人互市，而中国豪商大贾，亦挟奇货以徙"。刘承范在此处对澳门描述中，提到了"迩来不下数十万人"这一人口数据。关于澳门开埠以来的人口，庞尚鹏称"殆万人矣"；③ 王以宁称澳门葡人"数万余人"，在澳倭人亦"不下二三千人"；④ 罗大纮亦称"聚居近万人，佣贩贾客倍之"。⑤ 唯《粤剑编》所载不同："今据澳中者，闻可万家，已十万余众矣。"⑥ 此说与《利玛传》相近。余以为，刘承范所记录的内容并非只是澳门当时的居住人口，还应包括来往澳门的流动人口。迩来不下数十万人，即指先后居住及来往澳门的夷人，已达数十万人次矣。

　　刘承范的调查结论获得了香山知县涂文奎的支持，两人联名向两广总督刘继文回呈方略，请求两广总督出版告示，让澳门葡人"照常抽分，听彼贸易，以安诸夷向化之心"，而明朝兵备则应"沿海弋船，仍严为防守，斯备其在我以制之之道也"。刘承范的建议获得刘继文的批准，"酌古准今，信为夷长策，即将批词及申文警语，悬之香山、澳门港口泊舟紧要处可也"。万历十七年，两广总督刘继文变歼灭澳夷之方策为"以安诸夷向化之心"的经营策略，这一方针大政赖刘承范之《利玛传》得以保存。（光绪）《荆州府志》称，刘承范"在韶州条议香山澳事宜，洞中机要，上官重之"。⑦ （康熙）《监利县志》称，刘承范"在韶州，条议香山澳事宜，招携怀远，欢声动地，督台推重"。⑧ 所谓"条议香山澳事宜"，即指此也。这

　　① 金国平：《西方澳门史料选萃（15—16）世纪》，广东人民出版社 2005 年版，第 82 页。

　　② （明）蔡汝贤：《东夷图说》之《佛郎机》，《四库全书存目丛书》本，齐鲁书社 1997 年版。

　　③ （明）庞尚鹏：《百可亭摘稿》卷一《抚处濠镜澳夷疏》，《四库全书存目丛书》集部 129 册，第 131 页。

　　④ （明）王以宁：《东粤疏草》卷一《请蠲税疏》，《四库禁毁书丛刊》，史部 69 册，第 195 页。

　　⑤ 罗大纮：《紫原文集》卷一〇《南太常卿徐贞学先生行述》，《四库禁毁书丛刊》，集部 140 册，第 80 页。

　　⑥ （明）王临亨：《粤剑编》卷三《志外夷》，中华书局 1984 年版，第 90 页。

　　⑦ （清）倪文蔚：光绪《荆州府志》卷五〇《人物志》，（台）成文出版社 1970 年版，第 627 页。

　　⑧ （清）郭徽祚：康熙《监利县志》卷九《人物传》，康熙四十一年刻本，第 28 页。

里还必须要指出的是，刘承范去澳门事应发生在万历十七年（1589 年）的上半年，但他与香山县令涂文奎联名向两广总督刘继文的报告书则是完成在"万历庚寅（1590 年）春莫"，而这一段话应该是刘承范记录其万历十七年事时插入的内容。

自刘承范视察澳门，一时间粤澳相安无事，但随着万历十九年（1591 年）开始的日本侵朝战争，倭寇问题再一次成为明朝各级政府的首要关心问题。从当时抓获的倭寇供词中，透露出许多对澳门葡人不利的证据：

通事杨惠来已出各贼供称，俱系个岛夷，自（万历）十九年陆续投入关白部下，至今驾船入犯遭风漂流……因而就擒。及译出夷贼三十四人各有岛，分系戈里、安南、西洋、大趾、小趾、大佛郎机、小佛郎机等国……据所译报，实与该道府所审无异、虽各夷额顶有髮，比之倭形稍别，而所供原系各岛夷投兵关白，听其开洋窥探之情，历有可据。臣不意狡倭阳为请贡，而阴形窥伺，以图内犯。①

由于不少葡萄牙人"投入关白部下"，更为震惊的是澳门葡萄牙人也向日本人提供明朝的军事情报，与日本人勾结，企图"内犯"。在这种形势下，明朝士大夫对居澳葡人的去留问题再次引发了一场争论："然广人终以濠镜澳为忧，目为心腹之疾。或欲毁其巢庐，或欲徙之南澳，或欲移之浪白、三洲，或欲设官以治之，以其番舶所聚也。"② 这一次争论，有人提出要拆毁澳门葡人的居所，有人提出要将葡人迁往南澳岛，有人提出要将葡人迁至浪白滘、三洲（上川）岛，也有人提出要加强对澳门的管制。时任两广总督刘继文，由于在此前派遣刘承范刚刚完成对澳门葡人情况的调查，他对澳门葡人现状心中是有数的。所以针对上述多种意见，他则采取了"设官以治之"之策，亦即加强对澳门的管制，而摒弃毁庐、驱逐等建议，并于万历十九年（1591 年）十一月上疏《备陈防倭条议》，其中谈到对澳

① （明）朱吾弼、李云鹄等辑：《皇明留台奏议》卷一五《议兵船获倭疏》，万历三十年刻本，苏州图书馆藏，第 69 页。

② （明）谢杰：《虔台倭纂》下卷《倭议》一，北京图书馆古籍珍本丛刊影印本。

门管制的加强:

　　至澳夷内集,恐虞不测,合于澳门外建抽盘厂于香山大埔、雍陌地方。泛至,以同知驻扎新安,通判驻扎雍陌。泛毕方回。仍将倭奴入犯情节晓谕澳夷,令其擒斩自入献,重加赏赉。①

　　继刘继文之后,历任两广总督基本上沿袭了刘继文时代治理澳门设官治澳的基调,张鸣冈时期以"毋生事,毋弛防"为基本原则的治澳政策正式确立,更是在这种基本思路指导下的产物。可以说,刘继文奠定了明代治澳的基本政策走向,而刘承范出访澳门所获得的情报,正是支持刘继文确立治澳政策的最主要的诱因。

---

① 《明神宗实录》卷二四二,万历十九年十一月壬午条,(台)"中央研究院"历史语言所编,1962 年校印本,第 4520 页。

梅菉镇早期历史与明末清初粤西海上贸易活动

吴　滔*

广东吴川梅菉，又有"梅禄""梅簏""梅陆"等别称，地滨南海，介电白水东港和广州湾（今湛江港附近）之间，旧时外洋货物多在此集散，内连东、西两江，溯江而上，又可通化州、信宜、高州、北流等地，交通便利，商业兴旺，晚清以来向有"小佛山"之号。光绪间，番禺人梁兆瑬和本地人黄炉相继编撰了《梅菉志》和《梅菉赋注》二书①，较为系统地整理了当地的历史文献，并对市镇的起源和市镇历史提供了一套自己的解释体系。其中，《梅菉志》原八卷，现虽仅存五卷，但比较重要的《事纪》《金石》两卷却基本保留了下来，里面收录有大量不同时代的碑铭，尤其是部分康熙朝之前的碑记，这将有助于我们探索市镇的早期历史。

一

"开疆土三百余年"乃黄炉《梅菉赋注》开篇之语，注曰："是明万历年间开。"②将梅菉镇的历史从光绪朝前推三百年的主要证据，来自万历间薛藩所撰《重建北方真武玄天上帝庙记》和陈堂所撰《创建永寿庵记》。这两篇碑记在《梅菉志》卷四《金石》中均有收录。其中《重建北方真武

---

* 吴滔，中山大学历史系教授。

① 按：《梅菉赋》中的夹注远远超过了正文，这些文字详细记载了梅菉镇的方物与历史，类似志书体裁，如倪俊明主编的《广东省立中山图书馆藏稀见方志丛刊》（国家图书馆出版社 2011 年版）将之著录为《梅菉赋志》，但据《梅菉志》卷四《金石》所收之吴登瀛的《大山塘记》后之按语称："碑原立于大山塘，后因修基，将此碑藏于基下，今据黄炉《梅菉赋注》钞录，俟异时，发掘出土之质证焉。"则著录为《梅菉赋注》或更妥帖。

② （清）黄炉：《梅菉赋注》，国家图书馆出版社 2011 年版，第 1 页。

玄天上帝庙记》撰于万历壬辰（1592 年），内有"高州古源地，在中国之南，三水绕城，有铜鱼浮梁白马诸胜。自西南綦布而下，有梅禄之墟，圹琅平饶，各方商贾辐辏，坐肆列市迁有无，废举转货"① 之语，《创建永寿庵记》撰于万历三十二年（1604 年），比前者晚了 12 年，记中亦载"其龙滘墟，则在上博乡，去〔茂名〕城南百四十里而遥，去梅绿一里，故又称梅绿圩"②。据此推论出梅菉墟至少形成于万历年间似乎就变得顺理成章，唯一需要进一步解释的仅仅是龙滘墟与梅禄墟之间的关系问题。"迁移说"于是应运而生，以光绪《梅菉志》中的观点最具代表性：

梅菉墟，岭西一大都会也。考《长寿寺碑记》：墟旧在今梅菉墟东北一里许，曰梅菉头。案：今无长寿寺，惟陈堂《永寿庵记》云："其龙滘墟则在上博乡，去城南百四十里而遥，去梅绿一里，故又称梅绿墟。"与此文略同，当即引此文而略为窜易也。第云长寿，或当时之异名矣。明天启间，乃迁龙滘。龙滘，今日市场也。《吴川县志·杂录》引《岭南杂记》。案：薛藩《上帝庙记》云："自西南綦布而下有梅禄之墟。"此碑立于万历壬辰，已先于陈堂。陈堂碑万历甲辰立，同在永寿庵。可知梅菉墟之名实在万历前，其再迁龙滘亦在万历间，而不在天启间矣。③

梅菉墟，初设梅菉头，万历间乃设龙滘墟。陈堂《永寿庵碑记》今仍称梅菉，而夕称龙滘，是复其初也。志云：原名龙滘，是未详颠末耳。④

此说结合陈堂和薛藩两碑记，对梅菉、龙滘地名异称的问题做出考证，进而提出梅菉墟本在今墟东北一里许之梅菉头，后市场迁龙滘，渐夺其名而改称"梅菉"。除此而外，《梅菉志》的作者梁兆棻还对之前的天启迁龙滘说加以了辨析。针对光绪《吴川县志》和光绪《茂名县志》皆主"天启迁移说"，⑤ 梁兆棻的主要目的显然是为了指明至迟在万历间已有"梅禄"

① （清）光绪《梅菉志》卷四《金石》，吴川市方志办公室影印，2010 年。
② 同上。
③ （清）光绪《梅菉志》卷一《地理·沿革》。
④ （清）光绪《梅菉志》卷二《建置·墟市》。
⑤ （清）光绪《吴川县志》卷一〇《纪述·杂录》、光绪《茂名县志补遗订讹·建置志·墟市》，清光绪十四年刊本。

之名。至于迁墟龙滘之前市场的情况，他并未深究。而已经难觅踪迹的长寿寺则使所谓《长寿寺碑记》碑文的真伪问题变得扑朔迷离。崇祯乙亥（1635 年）由卢兆龙所撰《梅禄墟永寿庵永远香灯碑记》一向被前人所忽略，其中的一些信息对我们了解梅禄墟早期的历史或不无裨益：

> 夫高郡梅禄墟……一小都会，俗异以淳，黄岭烟开，绿波风淡。明珠产于上流，宝香生于迩境，泉刀贝布瑽瑁犀象，靡不罗集。日出则银堆倦雾，海市屯零云；夜则洪涛发声，蛮螺引酌。旅客之群而乐于斯者，盖亦有年。人之庆也，神其相之。自隆万间海氛播其幻泡，各有雷沙之警，唯是墟之砥柱义勇，不迁锦棚，圣三火，鼓而胜之。……茅店鸡声不改，人烟辐辏如新，彼深藏良贾，倚顿业商，获安堵焉。①

从中可见，梅禄墟在隆万之前似已开创，且具一定规模。后遭海寇骚扰，地方颇为不靖，幸亏墟内组织"义勇"击退寇盗，墟市才重获新生。卢兆龙生活的年代距离隆万间不足 70 年，其所言应比较可信，由此或可将梅菉的历史从万历朝再向前推。万历《雷州府志》中载："高雷之交，有地名曰梅禄，商民辐辏，鱼米之地，贼所垂涎。"② 《天下郡国利病书》引冒起宗《宁川所山海图说》亦曰："县之侧有墟曰梅禄，生齿盈万，米谷鱼盐板木器具等皆丘聚于此。漳人驾白艚春来秋去，以货易米，动以千百计。故此墟之当（富）庶，甲于西岭。宜乎盗贼之垂涎而岁图入犯也。"③ 两则材料虽未指明"盗贼"入犯时间，但却揭示出明后期梅菉所经常面临之局势，多少增添了以上故事的真实性。另外，万历《高州府志》称："海防公署，旧在梅禄地方，万历三十年，移建于此（县治——引者注）。"④ 清初人杜臻也回溯："万历间，议设海防同知，驻梅菉。"⑤ 表明万历三十年（1602 年）前高州府曾在梅禄置海防同知。在这时候设立海防公署，应与

---

① （清）光绪《梅菉志》卷四《金石》。
② （明）万历《雷州府志》卷十三《兵防志二》，明万历四十二年刻本。
③ （明）顾炎武：《天下郡国利病书》原第二十八册，《广东中》引冒起宗《宁川所山海图说》，上海科学技术文献出版社 2002 年版，第 2336 页。
④ （明）万历《高州府志》卷一《公署·吴川》，书目文献出版社 1991 年版，第 19 页。
⑤ （清）杜臻：《闽粤巡视纪略》卷中，清康熙三十八年刻本。

治安上的考虑有着不小干系。后不知何故，海防同知被废。

万历时期，明王朝往全国各地派矿监税使，搜括天下财富，广东省定额商税增至 20 万两。为完成税额，或在地方增加关卡税，或在墟镇收取墟税，"小民几不聊生"。吴川县本只有靠近县城的限门一地征收关税，此时过梅菉亦得加收，造成实际上的"倍抽"。[①] 两地"岁约税银四千二百两，内除抵补议革监税银一千二百五十二两解布政司，又抽议补增派等银二千三百六十三两四钱七厘充饷"[②]。一时，"吴川小邑耳，年收税饷万千计，遂为六邑最"[③]，成为高州府属缴税最多的县份。除了限门、梅菉两地，万历年间，闽、广商船还云集于芷，当地"创铺户百千间，舟岁至数百艘，贩谷米，通洋货"[④]，繁荣程度不埒梅菉。

梅菉墟地跨吴川、茂名两县，"一分属吴川，二分属茂名"[⑤]。然就课税而言，吴川辖地的缴纳比例一直居于茂名辖地之上，"在茂名取动用十之二，吴川取动用十之七八"，概因"茂远而吴近也"。[⑥] 吴川境内的铺脚村，因界连梅菉，也未能幸免，该村"从来年举乡正讲明圣谕以励风化暨被火枝应答官府，无承买本县动用物件。"至万历四十五年（1617 年），"弊改本村轮流供办，并无发只票，着该村买司，随后领价，三分不能及一。中间不敷价银，悉系该办赔贴，积算数两。樵釜贫艰之民苦于营赍，甚至典鬻妻孥，骨肉化离"，令村民叫苦不迭。之所以如此，是因吴川城中借口"人家稀微，无市廛，故动用尽取之铺脚村"。而铺脚村也急于撇清其与梅菉墟之间的关系，宣称该村"虽有民居，而贸易之商不与焉。既名为乡村，以其为□也，货物皆在墟市，以应初犹给价，相沿日久，以为真铺行也，并价不给矣。……梅菉大墟，庶铺脚之民其有□乎？"[⑦] 至清代，梅菉已

① （明）王以宁：《纠刻有司疏》，《东粤疏草》卷一，转引自李龙潜《明清时期广东墟市的盛衰、营运和租税的征收——明清广东墟市研究之二》，《暨南史学》，2005 年。
② （明）万历《高州府志》卷三《食货》，书目文献出版社 1991 年版，第 48 页。
③ （明）陈舜系：《乱离见闻录》卷上，李龙潜等点校《明清广东稀见笔记七种》，广东人民出版社 2010 年版。
④ 同上。
⑤ （清）光绪《梅菉志》卷四《金石》，《（天启七年）吴川县铺脚村告准革弊立碑缘繇序》。
⑥ 同上。
⑦ 同上。

"无铺脚之名"，只留明德政碑在赤水司署前①，可能是由于梅菉镇迅速拓展，已将铺脚变成其街市的一部分，"铺脚"作为地名的意义逐渐泯灭。如果换一种角度，这一现象也可理解为，早期的梅菉墟或是由几个不同的聚落所构成，龙滘、铺脚甚至包括梅菉头等地界吴川、茂名两县的小聚落均在其列②，至清中叶以后，随着梅菉发展成"周环六里"③的规模，渐只留下"梅菉"一名，由于时代久远，后人越发搞不清几个地名之间的关系，为追求一致性，于是发明出市场"迁移说"。

伴随着聚落的演变发展过程，地名的含义往往随之而改变。早在明末，已有人对梅菉地名的来源做过诠释："说者曰：大将军梅楼船驻节之地，越岭则为梅岭，抵陆则为梅陆。又曰：高力士置园亭于海上，多植梅，则为梅麓。或曰：皆不然，四方十五国之人，托处聚庐，货征贵贱，若梅之调鼎而禄斯昌，此墟之萃美而称名乎？"④ 梅菉之所以别名众多，背后均对应于不同的地名解释。晚清时期，《梅菉志》的作者梁兆礜企图将多元的地名故事置于时间序列中："本梅姓、陆姓创始，故曰梅陆墟，又更为梅录，近又更录为菉为麓。"⑤ 显然未明其中奥妙。

反映梅菉早期历史的几块重要碑记，作者均来自广府：《重建北方真武玄天上帝庙记》的撰者题为"赐进士第行人司行人钦赐一品服色持节宣谕朝鲜国王顺德薛藩"，《创建永寿庵记》的作者为"赐进士奉政大夫光禄寺少卿前南京湖广道监察御史奉勅巡按直隶南海陈堂"，《梅禄墟永寿庵永远香灯碑记》的撰者则题作"赐进士第中顺大夫太常寺少卿前文林郎礼刑吏科都给事中两奉钦差册封湖藩广郡卢兆龙"。前两个碑记的书写者卢云书与陈大猷也分别来自顺德和南海，是薛藩和陈堂的同乡。⑥ 这种现象绝非巧合，从中可以推见，广府人在梅菉墟早期历史中曾经异常活跃。《吴川县铺脚村告准革弊立碑缘繇序》中"铺脚村连界梅菉，闽粤杂居"之语，亦可

① （清）光绪《梅菉志》卷一《地理·乡都》。
② 按：天启元年《万寿宫碑记》（光绪《梅菉志》卷四《金石》）中有"高州府茂名县梅菉墟龙滘创建万寿宫碑记，其众信乐善资财芳名开列于左"字样，或可印证龙滘被梅菉墟所包含。
③ （清）黄炉：《梅菉赋注》，第2页。
④ （清）卢兆龙：《梅禄墟永寿庵永远香灯碑记》，光绪《梅菉志》卷四《金石》。
⑤ （清）光绪《梅菉志》卷一《地理·沿革》。
⑥ （清）光绪《梅菉志》卷四《金石》。

印证明末梅菉墟附近曾聚集了大批外来人口。福建人的踪迹同样不难觅见，上文引《宁川所山海图说》中所云"漳人驾白艚春来秋去，以货易米，动以千百计"，说的就是这种情况。有学者指出，从明中叶起，福建漳泉等地的商人逐渐取得了广东海上贸易的控制权。[①] 不过，从梅菉的案例看来，事实远非如此简单，广府商人在当地的活动似乎也相当频繁。

二

由于材料限制，我们无法对明末梅菉墟的社会组织与空间格局有一个较为清晰的印象，但是，通过梅菉墟内几个庙宇修建及运作的一些线索，或可断断续续拼凑出一些梅禄早期历史的片段。

首先是万历间永寿庵的建立。永寿庵原址本为北帝真武庙，"市中有丘隆起，曰龙脊，上有庙，曰玄天真武"，由于日久失修，颓圮于时。万历二十年（1592 年），梅菉"化居诸商聚族而咨"，仍旧址修复。[②] 万历己亥（1599 年），僧人真神在真武庙左购地一区，"建观音大士阁于上"，[③] 将之改造成佛寺，颜曰"永寿庵"，取"上以祝圣朝之承永寿，下以保民生之永寿，与夫翊商贾之永寿"之意，[④] 并增建关圣帝庙。[⑤] 此时正值梅菉乱后不久，增祀观音、关帝有着不同一般的象征意义："欲怀慈航，则崇大士，以超苦海望承平，则祀上帝，以靖妖氛祈奠安境宇，则奉关圣帝君伽蓝诸菩萨，以威灵远镇。"北帝神在当地人的心目中更成为保境安民、抵御外寇的守护神，正如卢兆龙所说："籍神以衔兹土，合辅同功，讵可忘欤？"[⑥] 至清代，关帝庙变得越发重要，逐渐取代了北帝庙的地位，关帝庙前既是重要的墟市所在，也是广府人活动的重要场所。[⑦] 创设永寿庵，留给后世的另一大遗产在于，形成了一种合股经营的传统。其时，由善士萧于藩等三十六

① 徐晓望：《论明代福建商人的海洋开拓》，《福建师范大学学报》2009 年第 1 期。
② （清）薛藩：《重建北方真武玄天上帝庙记》，光绪《梅菉志》卷四《金石》。
③ （清）陈堂：《创建永寿庵记》，光绪《梅菉志》卷四《金石》。
④ （清）卢兆龙：《梅禄墟永寿庵永远香灯碑记》，光绪《梅菉志》卷四《金石》。
⑤ 尹源进：《重修慈阁圣帝殿碑志》，光绪《梅菉志》卷四《金石》。
⑥ （清）卢兆龙：《梅禄墟永寿庵永远香灯碑记》，光绪《梅菉志》卷四《金石》。
⑦ （清）光绪《梅菉志》卷二《建置·祠庙》。

人，"各捐资五两，互襄其事，置铺屋四间，岁获租而供应焉"。① 这种运营方式，深刻地影响着清代梅菉民间社会组织的构成方式。

除了永寿庵，位于西华街俗称"大庙"的龙滘祖庙，也宣称建于明万历间。与梅菉头的梅菉祖庙专祀更具本土色彩的地方神康王不同，该庙崇祀天后，一直与外来客商关系紧密。且非常巧合的是，直至乾隆初，该庙所置铺户，均以五班轮值的方式管理运作，"以供祀事"，历"百有余年"而不改②，也基本上属于合股经营。位于漳州街的天后庙，同样号称建于明代，因俗称"新庙"，或较龙滘祖庙略晚，相传昔年庙工将竣，神期迫，由福州载神像，一夕至芷。古联故有"五更漳水通梅水"之句。③ 龙滘祖庙的创制时间或许还有诸多值得推敲之处，但考虑到明末梅菉一带已闽粤杂居的实际情况及有关天后新庙的历史记载，乾隆时人的追溯自有其可立足之理由。与天后新庙同在漳州街的万寿庵，创建年代基本可以确定是天启元年（1621 年）④，其位置恰好在天后宫后。⑤ 从庙宇建立前、后方位布置的一般规律看，万寿庵存在着比天后庙更晚建设的可能性。而由广东潮州府澄海县商人林德香建造的大钟一口，重达五百斤，钟上铸有"奉酬在于娘娘圣庙座前供用，祈求水陆平安。……崇祯壬午腊月之吉亲迎佛山更铸宏新"等字样，一直供奉在漳州街天后庙，或可透露天后新庙的开创年代应不晚于启祯年间。由此可进一步断定，龙滘祖庙当不迟于这个时间。

另外一座可能建于明万历间的庙宇是位于水口渡附近的三官堂，"系吴阳乡荐历官司理郡左长孺吴公"所创，此地"三江风帆，舟车累累，无论行客游人，即宦辙往来，亦皆信宿于此，真孔道也"。⑥ 水口渡地理位置非常特殊，既是清代梅菉对外交通的主要码头，也是粤海关外口所在。

随着梅菉的地位越来越重要，"明季时以梅菉市镇之地，奸宄易生，乡老□浩石呈请道府"，将原在水东赤水港的赤水巡检司署移至梅菉。⑦ 此后

---

① （清）卢兆龙：《梅禄墟永寿庵永远香灯碑记》，光绪《梅菉志》卷四《金石》。
② （清）孔绍：《祖庙五班碑志》，光绪《梅菉志》卷二《建置·祠庙》。
③ （清）光绪《梅菉志》卷二《建置·祠庙》。
④ 《万寿宫碑记》，光绪《梅菉志》卷四《金石》。
⑤ （清）光绪《梅菉志》卷二《建置·寺观》。
⑥ （清）倪桢：《香灯埇碑》，光绪《梅菉志》卷四《金石》。
⑦ （清）康熙《茂名县志》卷一《公署三》，清康熙三十八年刻本。

赤水司作为官方的派驻机构，一直长驻梅菉，直至清末，也基本未发生改变。

入清以后，经历近四十年的兵燹，使得梅菉镇遭受到非常严重的破坏。仅顺治四年（1647 年）至顺治十二年（1655 年）八年时间内，墟镇就四度归清，四度复明，战祸之烈，难以言表。顺治四年六月初九日，梅菉商民杀了新王朝官方代表——赤水司巡检，"复沿门催赶，不出者焚其屋，即以通清兵论诛之"，十二日，清兵大破梅菉；五年八月，明林察兵掠芷、梅菉；十年八月，平藩标下副总陈武、参将李之珍发兵入梅菉。①

康熙初年，清廷在东南沿海实施迁界。"吴川自限口天妃庙起，横至坡头、博立，其硇洲及南三都俱为界外。"次年，再迁界，"自白沙横过尖山，抵石门，以平泽江为界，米容、枚陈、平城、下尚在界内，计迁去三百五十三村，二次共迁五百八十六村，男妇数万口"②。曾盛极一时的芷也"迁为界外，田地丘墟，十死其九"③。梅菉位于吴川北四都，不在迁界之列，故元气渐复。康熙十三四年间，魏礼曾路过此地，撰《海南道中》诗云："匝月载起行，间日及梅录。富丽甲下粤，舟车凑若辐。"④ 从中可见当日墟市之繁华。康熙十六年的《重修慈阁圣帝殿碑志》亦称："吾粤之有高凉，其附郭为茂名邑，隶斯邑而距百余里，为梅禄镇，其形势襟山带河，其程为雷廉琼肇之孔道，故百货攸聚，而人文辐辏。"⑤

然而，好景不长，三藩之乱接踵而至。康熙十四年（1675 年）6 月，吴三桂差人送谕帖并信威将军印与高州总兵祖泽清，祖泽清叛。之后，祖泽清数度反复，旋顺旋叛，至十九年（1680 年）方才告一段落，每一次兵乱梅菉都成为重点蹂躏的对象。马雄、谢昌等也多次劫掠梅菉，特别是康熙十七年（1678 年）谢昌为报父仇追杀祖泽清的那一次最为惨烈，他率兵"乘势劫掠，梅菉为之一空"⑥。其间，魏礼再过梅菉，看到的景色已面目全

---

① （清）光绪《梅菉志》卷三《事纪》。

② （明）陈舜系：《乱离见闻录》卷下，林雄主编、李龙潜点校《明清广东稀见笔记十种》，广东人民出版社 2010 年版，第 34—35 页。

③ （明）陈舜系：《乱离见闻录》卷上，第 5 页。

④ （清）光绪《吴川县志》卷一〇《纪述·杂录》，清光绪十四年刻本。

⑤ （清）尹源进：《重修慈阁圣帝殿碑志》，光绪《梅菉志》卷四《金石》。

⑥ （明）陈舜系：《乱离见闻录》卷下，第 46 页；光绪《梅菉志》卷三《事纪》。

非，其《归途》诗云："如火一梅菉，旋过辄已非。市留宿卖肉，人有坐支颐。隋得几年盛，秦为万世期。秋风来淅沥，败叶满天飞。归意失艰险，缘途别卖舸。贼艚依暮发，客路任天过。露滴须眉湿，风吹夜水波。中宵只静对，翻得月光多。"①

明清鼎革之际的冲击，并未使梅菉的衰退期维持太久。或许是"竞争对手"限门、芷等地饱受迁界荼毒的缘故，梅菉虽几经劫掠，但每一次重建的速度都不会花太长时间。经历顺治四年冲击的赤水巡检司，很快于顺治六年（1653 年）得以恢复，"高之彦以乡约所为巡检司署，刘兆麟另建乡约所"②。在某种程度上，梅菉甚至比明末获得了更多的"优待"，原须缴纳的梅禄、限门二税饷银肆千贰百两，"因禁海无征，详奉题蠲"，梅禄除了缴纳铺租银和南畔秧地租外，只需交塘驳陆税银捌佰肆拾两即可过关。③ 这一局面一直维持到清中叶。梅菉能饱经沧桑而不衰，商业税额的减免不能不说是其中的一个重要原因。

战乱固然会令百姓流离失所，但同时也引发了无限商机。康熙十三年（1674 年）至十六年（1677 提），一批聚集在梅菉的广府商人开始为筹修永寿庵暨关帝庙而奔走，即使在三藩之乱期间，也没中断。有碑记为证：

庙貌历久而圮，瞻礼佛光，是宜醵金以葺吾庙。广属乡亲客斯土者萧卢林、张纯德等欣然首事，复咨住持海贤以广其缘，故凡旅居，各随□力，共襄厥美于星，鸠工庀材，卜吉而从事焉。虽规模广狭，不越前制。而殿宇楼阁，栋庑垣牗，咸与维新，佛菩萨宝像栽栽焕然，盖著其庄肃，盖在事诸子沐神贶之高厚。故有此举也，工肇于甲寅季夏，竣于本年仲冬。……

康熙十六年岁次丁巳仲秋吉旦缘首萧卢林、张纯德、持僧海贤、徒寂诚、寂享、寂法等仝立序④。

---

① （清）光绪《吴川县志》卷一〇《纪述·杂录》。
② （清）康熙《茂名县志》卷一《公署三》。
③ （清）康熙《高州府志》卷三《食货志·附载》。
④ （清）尹源进：《重修慈阁圣帝殿碑志》，光绪《梅菉志》卷四《金石》。

像萧卢林、张纯德这样的广府客商，身逢乱世而不忘修葺神庙，没有雄厚的经济实力绝对不行。对此，黄炉的《梅菉赋注》透露出一些有用的信息：

> 羊城会馆始自国初，广府人来梅为商，创业在南畔街。
> 广货行，儒林坊，□□年建会馆，敬天后圣母，祀萧卢林公三姓，是广府人初来梅菉为商之始。①

从中可见，晚清时期的羊城会馆除了敬祀天后外，还配祀萧卢林等三姓，表明了清初以降广府人来梅经商的某种延续性。而南畔街、广货行等均在武庙（即关帝庙）附近，自明末以来就是广州人活动之地，广州商人将其创业的开端定在清初，颇值得玩味。有资料显示，广州商人在建立会馆时，曾顺便将会馆附近"前后左右"之地全都买下，后来随着梅菉商业逐渐发达，"土人日繁，有需铺贸易者，有需地居住者，赁以建造，亦有房屋，均向馆内承批，订以输租"。②萧卢林等作为草创者，其名号自然同时具有象征产权的深刻含义，从而被供奉，并视为创业之祖。入清以后，福建商人的身影似乎逐渐销声匿迹，形成广州商人一家独大的格局。这背后的原因，诚如科大卫所说："相对于在乡村获得入住权要面临的种种限制，城镇接受一个外来者要容易得多。"③只要政策允许，外省人在当地入籍的动力，比不受科举考试等地域因素影响的本省人要大得多。在晚明，吴川巨族吴、林、陈、李几家，皆号称由闽迁粤。在梅菉颇有影响力的三柏李姓也号称祖籍为漳州龙溪县小榄村，他们将定居的历史追溯到宋元之际，说是祖先"宋末为吴邑宰，登高于文翁岭，知下有吉穴，心慕焉。任满由船归闽，三遭风阻，遂卜居治西之乡，曰傍潭。手植三柏，曰此柏若茂，吾后必兴"④。后来，其中一支因"避海寇开基梅菉"，定居大庙后。⑤虽然

---

①（清）黄炉：《梅菉赋注》，第27、第45页。

②（清）《簿序》，黄炉：《梅菉赋注》，第28页。

③ David Faure, "What Made Foshan a Town? the Evolution of Rural – urban Identities in Ming – Qing China", *Late Imperial China*, Vol. 11, No. 2, December 1990, pp. 1 – 31.

④（明）陈舜系：《乱离见闻录》卷上，第4页。

⑤（清）黄炉：《梅菉赋注》，第40页。

有关三柏李氏的祖先传说尚有值得推敲之处，然而，在清代该姓在梅菉具有相当的话语权则是不争的事实。清末捐金倡建梅菉社仓的李高梓即出自该族。① 镇里的另一大姓卓氏，也有着"原籍福州府侯官县，明初先祖来粤为官，后解组归途中受阻从而入籍"的类似传说。② 我们已无从判定以上入籍故事的真伪，但从这些传说的背后找寻那些曾在明代盛极一时的福建商人的踪迹，或不失为一种适当的操作路径。

康熙十九年（1680 年），海寇洗大鼻劫梅菉，掠人索赎金。③ 此乃清初梅菉所遭受的最后一次劫难。是岁，孙环佩捐俸重建赤水巡检司之"大堂、三四大门、仪门、内署、书房，共六间"④。其时，适逢万寿庵大修，"真武元天上帝、三宝大士□□罗汉"等像皆得重塑。⑤ 具有强烈广府色彩的金花庙也在康熙间被引进，"梅菉商贸多广州流寓，庙之建由此"⑥。至康熙五十年（1711 年），浙僧通文隐居梅峰寺（即三官堂），诸檀越慕名踊跃捐资，三十七人结会祝厘，"既营寺，复置田，以供香灯，以赡僧徒，以御宾客"⑦。两年后，茂名知县孙士杰建观澜书院。⑧ 伴随着这些官署庙宇的修葺，梅菉镇也进入全面重建阶段。

三

以上通过《梅菉志》《梅菉赋注》及其相关文献的爬梳，我们大致可以勾勒出明中叶以来梅菉市场演变的基本脉络。虽然梅菉墟兴起的具体时间已难以追溯，但通过一些蛛丝马迹似乎可以发现，当地市场的发育与明嘉靖以后东南沿海高度发展的商品货币经济及海上贸易活动不无关联，可将之置于明中叶以后华南沿海及其腹地更广大的区域中对市场整合和人群

① （清）光绪《梅菉志》卷六《人物》。
② （清）黄炉：《梅菉赋注》，第 5 页。
③ （清）光绪《梅菉志》卷六《人物》。
④ （清）康熙《茂名县志》卷一《公署三》。
⑤ （清）梁招焘：《重建万寿大士》，光绪《梅菉志》卷四《金石》。
⑥ （清）光绪《梅菉志》卷二《建置·祠庙》。
⑦ （清）郑际泰：《梅峰寺三元香灯会田碑记》，光绪《梅菉志》卷四《金石》。
⑧ （清）光绪《茂名县志》卷三《经政志·学校》，清光绪刻本。

迁移等相关进程加以全面审视。有资料显示，隆庆之前梅菉附近已有不少商人聚集，而在明末清初从"倭乱"到"三藩之乱"这一较长的历史时段里，当地既遭受到地方动乱和改朝换代的深刻影响，也迎来了难得的发展机遇。三藩之乱后，梅菉镇的繁华景象更胜前朝，逐渐成为岭西一大都会，地方社会的权力结构亦自此发生了重大变化，持续了一百年左右的地方动乱不复活跃。

锁国时期中日两国对外贸易中的输入品结构

——以广州、长崎为对象

刘　钦　张晓刚[*]

  17、18 世纪之交的东亚世界，"锁国"构成了历史发展的基本脉络。处于"明清鼎革"政治变局下的中国并没有因为政权交替而使国家政策有革命性变更，"闭关锁国"一以贯之于明、清两朝。同时期的日本，德川幕府为维护封建统治，亦颁布"锁国令"，实行"闭关锁国"的发展模式。因此，与同时期世界其他地区相比，东亚国家的历史发展在表面上呈现出某种固化趋势。然而，来自政治层面的内部压力并非完全作用于经济的外向发展。此一时期，中、日两国在海外贸易方面并非无所作为。明末清初的广州虽历经重大政治波动而仍能保持完全或有限的对外开放，并形成"一口通商"之贸易格局。德川时代的长崎，幕府颁布宽永"锁国令"，唯存长崎一港维系日本与外界的通商联系。因此，对广州、长崎港口贸易商品结构进行考察无疑对分析锁国时期中、日两国海域贸易状况有极大的借鉴价值。鉴于此，笔者拟对两港口对外贸易输入品进行梳理，并在此基础之上加以比较分析，以期对该课题的深入开展做有益探讨。

  *　刘钦，吉林大学东北亚研究院博士研究生，大连大学东北亚研究院客座研究员；张晓刚，大连大学东北亚研究院院长、教授。

  本文系国家社会科学基金一般项目（12BSS016）与辽宁省社会科学界联合会一般项目（2014 lslktz-ilsx－06）的阶段性成果。

一　广州港口对外贸易输入品结构

广州为中国古代对外贸易发展的重要港口城市，自早期秦汉时的"岭南贸易"至中古唐宋期的"南洋贸易"，基本上是以广州地区为主要历史舞台的。至明末清初，广州虽历经重大政治波动，然仍能保持较强连续性的对外交流，且伴随着世界范围内的新航路开辟，其贸易对象不断扩大、贸易量及额度不断增加、贸易商品种类不断丰富。总体上看，此一时期广州对外贸易的大宗输入品为贵重金属（主要指白银）、香料，主要输入品为米粮。从具体输入品结构上看，则可考察如下。

1. 贵重金属

这里所指的贵重金属为银、铜，而其中以银最为重要。自我国中古唐宋时期以来，随着商业的发展，钱、钞开始并行成为货品交换的媒介，且由于流通领域中铜钱额的不断减少，纸币作为国内通用货币的地位日益增加。然而，至明前期，在纸币流通领域中，政府往往由于财政困难而增加发行量，以致价值剧跌陷入通货膨胀之局面。明太宗朝都察院左都御使陈瑛言："此岁钞法不通，皆缘朝廷出钞太多，收敛无法，以致物重钞轻。"① 可见由于明廷出钞过多，出现"钞法不通""物重钞轻"之局面。另据全汉升先生统计，"大明宝钞"在其发行120年后，就每贯宝钞与铜钱兑换的比率来说，价值下跌到不及原来的千分之一；就每两银子兑换宝钞的比率来说，价值下跌到不及原来的万分之一。② 纸币如此贬值使百姓蒙受巨大损失，人们为维持正常生计，纷纷开始使用具有稳定货币价值的白银。洪武十三年三月"杭州诸郡商贾，不论货物贵贱，一以金银定价"③，宣德六年

---

① 《明太宗实录》卷三三，永乐二年七月庚寅，（台）"中央研究院"历史语言研究所，1962年，第589页。另《明史》卷八一《食货五》（中华书局2013年版，第1963页）有同样记载。

② 全汉升：《宋明间白银购买力的变动及其原因》，《中国经济史研究》（下），（台）稻乡出版社1991年版，第588页。

③ 《明太祖实录》卷二五一，洪武三十三年三月甲子，（台）"中央研究院"历史语言研究所，1962年，第3632页。

七月"比者民间交易，惟用金银，钞滞不行"①，洪熙元年正月"时钞法不通，民间交易，率用金、银、布帛"②。与此同时，明廷也下诏停造新钞，并于正统元年规定，在长江以南大部分交通不便之地，其所征之田赋由米、麦折成银两，称为"金花银"。由此，政府"弛用银之禁、朝野率皆用银"③，白银开始普遍使用起来。④ 至明中后期，伴随着商品经济的发达，大规模的商业经营开始出现，"富室之称雄者，江南则推新安，江北则山右。新安大贾，鱼盐为业，藏镪有至百万者，其他二三十万，则中贾耳。山右或盐或丝、或转贩、或窖粟，其富甚于新安"⑤。如此大规模的商人集团及商业经营推动了交易量的增大，而白银作为具有较大价值的货币其需求量也不断增加。然终明一代政府银产额及银课收入却极为有限，无法供应本国需求，生当明时的黄宗羲敏锐观察到"至今日而赋税市易，银乃单行，以为天下大害……则银力已竭"⑥，可见缺银形势十分严重。至清初，商品经济持续发展，而银缺问题仍无法解决，顾炎武在其《钱粮记》中说到，关中"岁甚登，谷甚多，而民且相率卖其妻子，何以故？则有谷而无银也"⑦。由此可见，明中后期至清初，白银短缺现象严重，而商品经济的发展又使白银需求量激增，如此供求间的矛盾促使政府或私人自海外大量输入白银，而广州作为此一时期重要的对外贸易港口，成为白银流入的重要渠道。

明清时期海外白银流入盖有三种途径：一为葡萄牙人占据澳门后，派遣商船在澳门与长崎间进行贸易往来，而自长崎输出的大量白银又经澳门流入中国；二为西班牙人占据菲律宾后，将大量美洲白银运至菲岛，后经对华贸易大部分流入中国；三为18世纪西方国家（主要是英、法）来华贸易，运载大量白银以购得中国的茶叶、生丝等物品。而此三种途径除日本

---

① 《明宣宗实录》卷一九，宣德元年七月癸巳，（台）"中央研究院"历史语言研究所，1962年，第493页。

② （清）嵇璜：《续文献通考》卷一〇《钱币考》，"洪熙元年正月"条，清文渊阁《四库全书》本。

③ （清）张廷玉等：《明史》卷八一《食货五》，中华书局2013年版，第1964页。

④ 关于明中后期白银的普遍使用，参见全汉升《中国经济史研究》（下，第594页）所引明人靳学颜的统计。

⑤ （明）谢肇淛：《五杂俎》卷之四，上海书店出版社2001年版，第74页。

⑥ （明）黄宗羲：《明夷待访录》卷一《财计一》，浙江古籍出版社2001年版，第37页。

⑦ （明）顾炎武：《亭林文集》卷一《钱粮论上》，中华书局1983年版，第17页。

白银外均经广州港口流入中国。首先来考察经菲律宾流入的美洲白银，明万历三十一年（1603 年），李廷机言："少时当见海禁甚严，及倭讧后，始弛禁，民得明往。"即明万历年间海禁始弛，百姓得以下海通商，"而所通乃吕宋诸番，每以贱恶什物，贸其银钱，满载而归，往往致富"。① 另据傅元言："东洋则吕宋，其夷佛郎机也。其国有银山，夷人铸作银钱独盛。中国人若往贩……吕宋，则单得其银钱。"② 又据张燮记载："东洋吕宋，地无他产，夷人悉用银钱易货。故归船自银钱外，无他携来，即有货亦无几。"③ 由此可见，明中后期东洋通商多至吕宋，而贸易输入品除白银外"即有货亦无几"。至清初及中叶，经吕宋流入的美洲白银仍不断增加。康熙二十二年六月，中书舍人郑德潇言："吕宋者，南海之外国也……闽、广人数贸易其地……惟有大小银钱，亦佛郎机酋从其祖家干系腊载以来用也。"④ 即闽、广商人多至吕宋交易西班牙载运的美洲白银。又陈伦炯言："东南洋诸番，惟吕宋最盛，因大西洋干丝腊是班□番舶运银到此交易，丝、绸、布帛，百货尽消"，⑤ 即贸易方式以丝、绸、布帛等换取白银。另据屈大均记载："闽粤多从番船而来，番有吕宋者，在闽海南，产银，其行银如中国行钱。西洋诸番银多转输其中，以通商。故闽、粤人多贾吕宋银至广州。"⑥ 可见闽、粤商人多将吕宋白银运至广州。而白银流入广州后又以商品贸易的形式转运国内各地，"商贾所得银皆以易货，度梅岭者不以银捆载而北也。故东粤之银，出梅岭者十而三四。今也关税繁多，诸货之至吴、越、京都者，往往利微，折资本，商贾多运银而出"。⑦ 可见经广州流入的美洲白银以货

① （明）陈子龙等辑：《皇明经世文编》卷四百六十，李廷机《李文节公文集》，《报徐石楼》《海禁》，《续修四库全书》第 1662 册，上海古籍出版社 2002 年版，第 196 页。

② （明）顾炎武：《天下郡国利病书》卷二六《福建》，"崇祯十二年三月给事中傅元请开洋禁疏"，《续修四库全书》第 597 册，上海古籍出版社 2002 年版，第 259 页。

③ （明）张燮：《东西洋考》卷七《饷税考》，《中外交通史籍丛刊》本，中华书局 1981 年版，第 132 页。

④ （清）江日升：《台湾外纪》卷一〇，康熙癸亥六月至十二月，众文图书公司 1979 年版，第 424—425 页。

⑤ （清）陈伦炯撰：《海国闻见录》上卷《东南洋记》，石门马俊良重订，蛟川林秉璐校字，乾隆癸丑年刻本，哈佛大学和汉图书馆馆藏古籍，第 14—15 页。

⑥ （清）屈大均：《广东新语》卷一五《货语》《银》，《清代史料笔记丛刊》本，中华书局 1985 年版，第 409 页。

⑦ 同上。

品交易的形式流通至"吴、越、京都"之地，并对当时社会经济发展产生重要影响。此外，西方文献对此一时期美洲白银流入菲岛后转运中国的情况亦有详细记载①，据全汉升对"明、清间美洲白银每年经菲输华数额"的统计可以看出，在 1633 年及以前，每年约有 2000000 比索的西班牙银圆输入中国；而 1633—1792 年，每年有 3000000—4000000 比索的输入额。② 即自明末至清初白银输入额增长了近一倍，由此可见此一时期中菲白银贸易之繁盛。

至 18 世纪前后，中西贸易迅速发展，构成了海外白银流入的又一重要渠道。而在中西贸易往来的过程中，尤以英国扮演重要角色，经广州输出之茶叶、生丝成为其主要贸易商品。在 1711—1717 年，东印度公司由中国运往英国的茶叶不过 1376171 磅，而 1748—1757 年却增加至 29321585 磅。③ 即在 18 世纪前半期茶叶输出量增加了近 1.5 倍。另乾隆二十四年李侍尧奏折言："外洋各国夷船到粤，贩运出口货物，均以生丝为重，每年贩买湖丝并丝缎等货自二十万斤至三十二三万斤不等。"④ 可见茶叶、生丝系为西方各国最主要的贸易商品。然而当中国对西方诸国出口贸易日益扩大之时，欧洲各国输华商品却迟迟打不开销路，只能以大量白银支付货价。"1702 年英国东印度公司两艘商船输入毛呢、铅及其他货物共值银 73657 两，另额外输入白银 150000 两"，⑤ 故输入白银是货物价值的 2 倍。又"1730 年东印度公司派五艘商船赴广州贸易，运入白银 582112 两，货物则值 13712 两"，⑥ 故输入货物价值不及白银的 1%。且"在 18 世纪的中国对外贸易中，有很长一段时间，中国出口价值的 2/3 以上由外商以银圆来支付"⑦。

① 参见 E. H. Blair, J. A. Roberson, "The Philippine Island 1493 – 1898", Cleveland, 1903 中 "Letter to Felip II（June 17, 1586）", "Letter from Portugal to Felipe II（1590）"等条。另，全汉升《明清间美洲白银的输入中国》有详细统计，此不赘述。

② 参见全汉升《明清间美洲白银的输入中国》一文中表二"明清间美洲白银每年经菲输华数额"，《中国经济史论丛》，中华书局 2012 年版，第 510 页。

③ Balkrishua, Commerical Relations between India and England（1601 – 1757），London, 1924, p. 195.

④ 李侍尧：《奏请将本年洋商已买丝货准其出口折》，故宫博物院，《史料旬刊》1930 年第 15 期。

⑤ H. B. Morse, "The Chronicles of the East India Company Trading to China 1635 – 1834", Vol. I, p. 196.

⑥ Ibid., p. 200.

⑦ S. R. Wagel. "Finance in China", North China Daily News & Hearald Limited, 1914, p. 97.

另据 H. B. Morse 的记载可以推算出，在 1771—1789 年的 19 个年份中，除去 4 个年份的记载缺失①，其余 15 年西方各国共计运至广州 7814 箱白银②，按每箱 4000 比索来计算，共输入白银 31256000 比索。③ 又据 H. B. Morse 估计，"在 1700—1830 年的 130 年中，仅广州一个港口，净输入白银约为九千万英镑至一万万英镑左右"④，由此可见 18 世纪西方国家输入广州白银之巨。

综上所述，白银在明清社会经济发展中占有重要地位，而当时国内产银量甚少，以致大量白银的使用依赖于海外进口，故经吕宋输入的美洲白银及 18 世纪西方国家对华贸易所输入的白银成为海外白银流入的重要来源，同时也构成了广州港口对外贸易中的大宗输入品。

2. 香料

这里所指的香料主要包括：胡椒、苏木、肉豆蔻等，而广义上的香料还包括乳香、沉香、安息香、檀香、丁香、木香、降真香、麝香木、生香、龙涎香等。⑤ 明清时期我国香料大量自东南亚地区进口，且在朝贡贸易的形式下经广州港口输入内地。⑥ 而香料输入除种类丰富外，其来源国家亦十分广泛，几乎遍及东南亚地区，"西洋交易，多用广货易回胡椒等物，其贵细者往往满舶，若暹罗产苏木，地闷产檀香，其余香货各国皆有之"⑦，即"西洋"诸国多以胡椒、苏木、檀香等"香货"交易"广货"从事香料贸易。此外，巨大的输入量也使香料成为广州港口对外贸易输入品中的大宗商品。早在洪武七年，明廷所积"三佛齐胡椒已至四十余万"且"今在仓椒又有百万余数"。⑧ 而至洪武十一年，彭亨贡胡椒两千斤、苏木四千斤及

---

① 1773 年、1775 年、1784 年、1785 年记载缺失。

② 西方各国包括英、荷、法、丹、瑞、奥、普等国，但不同年份国家仍有不同。另 7814 箱散见于 H. B. Morse, "The Chronicles of the East India Company Trading to China 1635 – 1834", Vol Ⅱ、Ⅴ 各页。

③ 参见 H. B. Morse, "The Chronicles of the East India Company Trading to China 1635 – 1834", Vol Ⅱ, p. 135。

④ H. B. Morse, "The International Realations of the Chinese Empire", Vol. Ⅰ, NewYork, 1910, p. 202.

⑤ （宋）赵汝适《诸蕃志》卷下《志物》中关于各种香料及产地的记载。

⑥ （明）申时行等纂《大明会典》卷一五〇，《朝贡一》《朝贡二》中关于朝贡国家的记载。

⑦ （明）顾炎武：《天下郡国利病书》第三三册《交趾西南夷》，《续修四库全书》第 597 册，上海古籍出版社 2002 年版，第 588 页下栏。

⑧ 《明太祖文集》卷七，清文渊阁《四库全书》本。

檀、乳、脑诸香料等①；洪武十五年，爪哇贡胡椒七万五千斤；② 洪武二十年，真腊贡香料六十万斤，又暹罗贡胡椒一万斤、苏木十万斤；③ 洪武二十三年，暹罗贡苏木、胡椒、降真等十七万一千八百八十斤④。即仅洪武朝东南亚朝贡国进贡香料达九十六万二千八百八十斤，由此可见输入量之大。另以明廷内需为例，正统初年，内务府供用库岁用香蜡计三万斤；⑤ 弘治元年增至八万五千斤，弘治十六年至十一万斤，后又添买九万余斤；⑥ 嘉靖二十九年，供用库移文户部"趣征内用香品：沉香七千斤、大柱降真香六万斤、沉速香一万二千斤、速香三万斤、海添香一万斤、黄速香三万斤……及行广东催解，毋得迟缓"。⑦ 此仅明供用库所征之香料，至明中后期动辄至二十余万斤，尤可见数量之大。而如此数目庞大的香料，政府为方便管理并加以控制，规定"凡进苏木、胡椒、香蜡、药材等物万数以上者，船至福建、广东等处，所在布政司随即会同都司按察司官格视物货，封堵完密听候，先将番使起送赴京，呈报数目。"⑧ 另将一部分香料贮于南京，"凡福建、广东等布政司解到番国所贡硫磺、苏木、胡椒、番锡等物，俱本部送南京内府广积等库收贮"。⑨ 此外，胡椒、苏木等香料"充溢库市"，⑩ 朝廷亦用之作为百官的赏赐。如武官中"旗军、校尉、将军、力士"，文官中"监生、生员、吏典、知印"等皆赏"胡椒一斤、苏木二斤"；其他杂役如

---

① 《明太祖实录》卷一二一，洪武十一年十二月丁未，（台）"中央研究院"历史语言研究所，1962 年，第 1964 页。

② 《明太祖实录》卷一四一，洪武十五年正月乙未，（台）"中央研究院"历史语言研究所，1962 年，第 2225 页。

③ 《明太祖实录》卷一八三，洪武二十年七月乙巳，第 2761 页。

④ 《明太祖实录》卷二〇一，洪武二十三年四月甲辰，第 3008 页。

⑤ 《明孝宗实录》卷一九八，弘治十六年四月丁未，（台）"中央研究院"历史语言研究所，1962 年，第 3664 页。

⑥ 同上。

⑦ 《明世宗实录》卷三六一，嘉靖二十九年六月辛酉，（台）"中央研究院"历史语言研究所，1962 年，第 6448 页。

⑧ 《正德明会典》（万历重刊）卷一《礼部五十五》，中华书局 1989 年版，第 585 页。

⑨ （明）刘斯洁：《太仓考》卷一五〇《礼部六十四》，北京图书出版社 1999 年版，第 42 页。

⑩ （明）严从简撰：《殊域周咨录》卷九《南蛮》《佛郎机》，余思黎点校，《中外交通史籍丛刊》本，中华书局 2000 年版，第 324 页。

"坊厢百姓、僧道、匠人、乐工、厨子"等则赏"胡椒一斤、苏木一斤"。① 另作为俸禄折支，如永乐至成化间，"京官之俸，春夏折钞，秋冬则苏木胡椒，五品以上折支十之七，以下则十之六"，② 此尤可证明香料输入量之大。至清初及中叶，经广州输入之东南亚香料仍不断增加。"佛柔属国有丁机奴、单咀、彭亨……土产胡椒之美，甲于他番"，且"雍正七年后，皆通市不绝"。③ 又据西人 R. M. Martin 记载："暹罗与中国间的帆船贸易——据说（每年）在五、六、七月大约有七八十只帆船自暹罗启程，载着米、糖、苏木、槟榔等物，每船载重约 300 吨。"④ 至乾隆二十二年广州一口通商之时，限于行商入口的货物就包括：乌木、豆蔻、檀香、苏木、胡椒等香料。⑤ 由此可见，明清时期自东南亚输入之香料构成了广州港口大宗贸易输入品。

自 15 世纪以来，伴随着地理大发现的进程，西方早期资本主义国家开辟了沟通世界"新""旧"地区间的新航线，中西之交流与互动在随后的几个世纪内急速发展。而以港口城市为媒介的贸易往来又构成了早期中西交流的重要方式，葡萄牙、荷兰、英国等西方国家纷至东南亚、南亚地区运载香料并转销广州，从而形成了明清间香料输入的又一重要途径。葡萄牙作为"地理大发现"的先驱，最先涉足亚洲，他们"以澳门为基地，独占中国市场达七八十年"⑥，并"以载重二百、六百乃至八百吨的商船驶到广州……从印度运来琥珀、珊瑚、檀香、白银、贵金属等等，以及大量的胡椒"⑦。在 16 世纪早期，据一位葡萄牙商船的意大利船员描述："船舶往那里⑧（广州）载来香料……每年从苏门答腊运来胡椒大约六万坎塔罗，从

---

① （明）王世贞：《弇山堂别集》卷七六《赏赉考上》，魏连科点校，中华书局 1983 年版，第 1456 页。

② （明）黄瑜：《双槐岁钞》卷九《京官折俸》，中华书局 1999 年版，第 184 页。另，广州当地官员以苏木、胡椒折支更是常见，"广东都、布、按三司文武官员……其余卫所……"见黄佐《广东通志》（明嘉靖本）卷六六《外志三·番夷》。

③ （清）嵇璜、刘庸等：《清朝通典》卷九八《边防二·南序略》，商务印书馆 1935 年版，典 2379 下栏。

④ R. M. Martin, "China, Political, Commercial and Social", Vol Ⅱ, p. 138.

⑤ John Phipps, "Pratical Treatise on the China and Eastern Trade", p. 148.

⑥ Andrew Ljungstedt, "An Historical Sketch of the Portuguese Settlements in China: and of the Roman Catholic Church and Mission in China", p. 82 – 84.

⑦ Ibid. .

⑧ 原文为"船舶从那里载来香料"，据作者注，似为"船舶往那里载来香料"之误。

科钦和马利巴里，仅胡椒一项就运来一万五千坎塔罗至二万坎塔罗，每坎塔罗价值一万五千甚至二万达卡。用同样方式运来的还有生姜、肉豆蔻干皮、肉豆蔻、乳香、芦荟……"[①] 可见香料输入量之大。另据林次崖记载："佛郎机之来，皆以其地胡椒、苏木、象牙、苏油、沉速檀乳诸香，与边民交易，其价尤平，其日用饮食之资于吾民，如米、面、猪、鸡之数，其价皆倍于常，故边民乐与为市。"[②] 即沿海"边民"多以"倍常价"之"米、面、猪、鸡"交易"尤平价"之"胡椒、苏木"等香料，以致"边民乐与为市"，进而推动香料贸易的发展。至 17 世纪荷兰人介入亚洲香料贸易，并趋于垄断，"他们所到之地都紧紧地掌握着绝对的控制。为了达到这个目的，他们曾和葡萄牙人作战，并且到处妨碍英国人。当他们获得海外领地时，他们建立起绝对的垄断。他们决定了最适于控制香料生产的地方——例如安波伊纳专种丁香，万打专种豆蔻，特而纳特专种蜡梅——并且无情地破坏马六甲其他岛屿一切别的树木，从而把这些口岸的贸易据为己有"[③]。与此同时，荷兰人通过其在各海外领地建立的商馆控制了整个亚洲地区的香料贸易，这些商馆分布在锡兰、波斯、士回德及巴达维亚等地。而其中以巴达维亚最为重要，他们以"胡椒、槟榔、燕窝、海参、蜂蜡、沙藤等物供应中国市场的需求"[④]。据庄国土先生统计，"在 18 世纪 30 年代后期，荷兰人每年在广州销售约 50 万荷磅；在 40 年代，每年在广州销售胡椒达150 万—200 万荷磅；在 50 年代的某些年份，胡椒销售额高达 300 万荷磅。300 万荷磅胡椒约值 180000 两，相当于荷人在广州购买的茶叶价值。"[⑤] 此外，至 18 世纪以来，英国东印度公司亦着手亚洲香料贸易，"1738 年'威尔士王子'号提前三个月到马辰，装载了 3112 担胡椒前往中国销售；[⑥]'沃尔波'号也装载 1943 担胡椒至广州"，"1770 年 3 艘东印度公司的船只载着

① 张天泽：《中葡早期通商史》，姚楠、钱江译，中华书局 1988 年版，第 39—40 页。

② （明）林希元：《林次崖先生文集》卷五《与翁见愚别驾书》，清治燕堂刻本。

③ H. B. Morse, "The Chronicles of the East India Company Trading to China 1635 – 1834", Vol. Ⅰ, p. 14.

④ B. P. P, Report from the Select Committee of the Lords on Foreign Trade, Trade with the East Indies and China, 1821, p. 295, Evidence by J. T. Robarts, Esq.

⑤ 庄国土：《16—18 世纪白银流入中国数量估计》，《中国钱币》1995 年第 3 期。

⑥ ［英］马士：《东印度公司对华贸易编年史 1635—1834 年》（一），区宗华译，中山大学出版社 1991 年版，第 260、264 页。

980 吨胡椒从明古连出发前往广州。第二年，又有 3 艘东印度公司的商船作同样的航行……1807 年，运到广州的明古连胡椒价值为 92868 两白银。"①因此，诚如佛兰克所说，东南亚作为"世界上最大的香料市场，其中大部分香料都销往中国"，②而如此大规模的香料也构成了广州对外贸易中的大宗输入品。

3. 米粮

通过对上述输入品的梳理可以看出，白银、香料作为广州港口大宗贸易输入品具有普遍性需求，即两商品在全国范围内的流通及消费领域普遍存在。与之相比，锁国时期海外"洋米"的输入则带有浓厚的地域性色彩，即由于闽、粤两省"民食不足"而寻求大米的海外进口，以致不论从输入动因、流通领域还是消费主体方面来看均带有明显的地域因素，并表现出"东米不足、西米济之，西米不足、洋米济之"的特点。

锁国时期海外"洋米"输入之地系指东南亚地区，且尤以暹罗为要，而至少到明中期大规模的粮食进口开始出现。至清初，大米之需求量不断增加，且以闽、粤两省最为急切。然而清前期米价并非十分稳定，不特如此，"自康熙经雍正以至乾隆年间，中国米粮价格有越来越上涨的趋势"。③乾隆十三年，湖南巡抚杨锡绂"陈明米贵之由疏"言："臣生长乡村，世勤耕作，见康熙年间稻穀登场之时，每石不过二三钱，雍正年间则需四五钱，无复二三钱之价。今则必需五六钱，无复三四钱之价。"④后至乾隆五十八年，洪亮吉言："闻五十年以前，吾祖若父之时，米之以升计者，钱不过六七，布之以丈计者，钱不过三四十……今则不然……昔之以升计者，钱又须三四十矣；昔之以丈计者，钱又须一二百矣。"⑤由此可见，自康熙前期

---

① 散见于《东印度公司对华贸易编年史 1635—1834 年》第二卷，第 327、432 页；第三卷，第 50 页；第五卷，第 571、578、591、604 页。

② ［德］贡德·佛兰克：《白银资本——重视经济全球化中的东方》，刘北成译，中央编译出版社 2008 年版，第 147 页。

③ 参见全汉升《美洲白银与十八世纪中国物价革命的关系》一文中对康熙至乾隆年间米价上涨的论述及统计。

④ （清）贺长龄辑：《皇朝经世文编》卷三九。另参考《清史稿》卷三〇八《杨锡绂传》，中华书局 1977 年版，第 10586 页。

⑤ （清）洪亮吉：《卷施阁文甲集》卷第一《生计篇第七》，刘德权点校，《洪亮吉集》（第一册），中华书局 2001 年版，第 16 页。

至乾隆晚期米价上涨之大。与此同时，沿海兵民贩米出海更加剧了米价的上涨，早在康熙七年，清廷即"禁沿海兵民贩米出海市利"；① 至康熙四十七年，都察院金都御使劳之辨言："江浙米价腾贵，皆由内地之米为奸商贩往外洋之故"，令"禁商贩米出洋"②；再至乾隆十三年，"偷运麦豆杂粮出洋者，照偷运米谷之例科段"③，即禁止包括米谷在内的麦豆杂粮等其他粮食的贩出。

在上述米价渐贵的大背景下，闽、粤两省表现得尤为严重。乾隆七年，暹罗国船户薛世隆称："本年内地各洋船到暹，咸称闽粤两省米价昂贵"；④又乾隆十七年"前经降旨，（米）万石以上免其货税十分之五，五千石以上免其货税十分之三"，分析其原因乃是"闽粤米价昂贵，以示招徕之意"。⑤除此之外，两省特殊的自然、人口、农业地理条件，即"地狭人稠、山多田少"，更使米粮仓储成为其亟须解决之难题。乾隆二年，广东巡抚王暮奏"粤东地广人稠，山多田少，仓储最为急务"⑥；乾隆八年，福建巡抚周学健奏"闽省地方，环山滨海，地狭人稠……第一要务无如筹画民食仓储一事。"⑦ 由此可见，"山多田少""地狭人稠"另加"生齿日增"以致"本地所产不敷食用"⑧，粮食短缺，米价腾贵。按照定例，为解决闽、粤两省粮食短缺，可"邻省接济"，即"于米贱省份购买"。然而"盖缘闽省与腹内各省运道不通，惟海洋一路可以转运，无论风信靡常，采买挽运，必经年累月，不能克期而至。且涉历洋面，冲礁触险，每有损失，即或白计购运，而盘耗脚价，所费不赀。是以本年采买运回江广米石，合计脚价，每

① （清）席裕福纂：《皇朝政典类纂》卷一八八，《近代中国史料丛刊》续编第八十八辑，（台）文海出版社1966年版。
② （清）张廷玉：《皇朝文献通考》卷三三《市籴考》，清文渊阁《四库全书》本。
③ （清）《光绪大清会典事例》卷二三九，清文渊阁《四库全书》本。
④ 林京志选编：《乾隆年间由泰国进口大米史料选》，"福州将军沈之仁请免征暹罗贩米商船货税奏折"，《历史档案》1985年第3期。
⑤ 《高宗纯皇帝实录》（六）卷四二四，乾隆十七年十月下，《清实录》（第十四册），中华书局1986年版，第554—555页。
⑥ 《高宗纯皇帝实录》（一）卷五四，乾隆二年闰九月下，《清实录》（第九册），第900页。
⑦ 林京志选编：《乾隆年间由泰国进口大米史料选》，"福州巡抚周学健请定例分别免征外国贩米商船货税奏折"，《历史档案》1985年第3期。
⑧ （清）张廷玉：《皇朝文献统考》卷三三《市籴考》，清文渊阁《四库全书》本。

石至一两五六钱，与本地米价不甚相远。外省购运，实属艰难。"① 可见由于交通不便，"邻省接济"往往"所费不赀"，从外省购运米粮，十分艰难。而除邻省购米外，往日闽省之台湾"产米甚多，足够内地各郡接济"，② 但自乾隆初年以来"台地商民日增，就食者众，所产米谷丰年尚有多余，稍歉即忧不足。"③ 可见台湾尚自顾不暇，更无力接济其他。

通过以上考察可以看出，在清初尤其进入乾隆年间以来，闽、粤两省粮食短缺问题十分严重，而通过传统的购粮途径仍无法解决实际存在的困难，故寻求并扩大米粮的海外进口变得尤为迫切。而在当时"南洋凡三十余国，大抵土旷人稀，各有余米，如暹罗、柬埔寨、港口、旧港、安南、佛柔、六昆、丁家奴等八、九国余米尤多"。④ 这就为海外洋米之输入提供了客观可能。此外，"暹罗流寓，闽、粤人皆有之，而粤为多，约居土人六分之一。有由海道往者，有由钦州之王光十万山穿越南境而往者。其地土广人稀，而田极肥沃，易于耕获，故趋之者众也。"⑤ 即在当时一部分⑥闽、粤之人"望海谋生"，通过海道及陆路至"暹罗流寓"从事农耕，这在主观上推动了暹罗大米的输入。因此，从康熙初年至乾隆中后期，清廷着力经营与暹罗间大米贸易，并在"朝贡贸易"体制下将其定例化。康熙六年，"议准：暹罗贡道由广东"，⑦ 即规定暹罗与清朝朝贡贸易经广州港口进行。康熙六十一年，奉旨"朕闻暹罗国米甚丰足，价亦甚贱，若于福建、广东、宁波三处，各运米十万石，来此贸易，于地方有益。此三十万石米，乃为公前来，不必收税……该国米用内地斗量，每石价值二三钱，今议定载米到，每石给价五钱。除为公运三十万石，不收税外，其带来米粮货物，任

---

① 林京志选编：《乾隆年间由泰国进口大米史料选》，"福州巡抚周学健请定例分别免征外国贩米商船货税奏折"，《历史档案》1985 年第 3 期。

② 同上。

③ 同上。

④ 林京志选编：《乾隆年间由泰国进口大米史料选》，"礼部侍郎李清植为请定例鼓励国内外商人贩米来闽粤粜卖奏折"，《历史档案》1985 年第 3 期。

⑤ （清）徐继畬：《瀛环志略》卷一《亚细亚》《南洋滨海各国》，上海书店出版社 2001 年版，第 24 页。

⑥ 此谓一部分系以过半，《鹿洲初集》卷三载："闽、广人稠地狭，田园不足于耕，望海谋生，十居五六"；又乾隆朝《东华续录》载，乾隆二十三年，"粤省地狭人稠，沿海居民，大半藉洋船谋生，不独洋行二十六家而已。"

⑦ （清）《光绪大清会典事例》卷五〇二，清文渊阁《四库全书》本。

从贸易，照例收税。"① 即在福建、广东、宁波三处各运米十万石作为定例，并以高出该国米价二三钱之价格购买，另规定其额外运来之物，任从贸易，但照例收税。至雍正二年，清廷"令且暂停运米，俟有需米之时，降旨遵行"，② 即暂停运米之定例。但仅过两年，贸易重新恢复，且"所运之米，不必上税，永着为例"③。至雍正六年又降旨"米谷不必上税，着为例。"④ 后以乾隆八年为始，其贸易政策又有新的变化，"嗣后凡遇外洋货船来闽、粤等省贸易，带米一万石以上者，免其船货税银十分之五；五千石以上者免十分之三"⑤。即来闽、粤等省贸易之外洋船，带米一万石以上免其船所交货税的十分之五，五千石以上免十分之三。而除上述清廷以定例规定与暹罗间进行大米贸易外，政府亦鼓励内地商人自暹罗买米运回出售。乾隆六年，广东巡抚王安国"密谕署理粤海关监督印务粮道朱叔权，于内港洋船出口之时，劝谕各商贩籴米谷入口发卖。"⑥ 至乾隆七年，因"钦奉恩旨免征米豆税银"，故"商民尤为踊跃，每一洋船回棹各带米二、三千石不等。计自六月至今（八月），进口米二万三千余石。"⑦ 即仅乾隆七年六月至八月间，私商共运回暹罗大米二万三千余石。至乾隆十二年二月，大学士等议覆："……自乾隆九年以来，买米造船运回者，源源接济，较该国商人自来者尤便。但无牌照可凭，稽查未为严密，且恐守口兵役，借端索作，致阻商民急公之念。应请给牌照，以便关津查验。"⑧ 即为方便商民自外洋运回大米，应给予牌照。后至乾隆二十三年，据布政使德福详报"南洋回棹各船，计共运回洋米六万九千九百余石"。⑨ 除此之外，政府亦对自备资本赴暹罗的内地商民予以实质性奖励，规定"凡内地商民自备资本，领照

---

① （清）《光绪大清会典事例》卷五一〇。

② 同上。

③ 同上。

④ （清）张廷玉：《皇朝文献通考》卷三三《市籴考》，清文渊阁《四库全书》本。

⑤ 同上。

⑥ 林京志选编：《乾隆年间由泰国进口大米史料选》，"广东巡抚王安国为粤米价昂贵准由暹罗等处进口大米发卖奏折"，《历史档案》1985 年第 3 期。

⑦ 同上。

⑧ （清）《高宗纯皇帝实录》（四）卷二八五，乾隆十二年二月下，《清实录》（第十二册），第713—714 页。

⑨ 林京志选编：《乾隆年间由泰国进口大米史料选》，"闽浙总督杨廷璋请照例给予贩米商人陈芳炳优叙奏折"，《历史档案》1985 年第 3 期。

赴暹罗等国运米回闽粜济，数至二千石以上者，按数分别生监、民人，请赏给职衔顶戴。"① 即对自备资本之商民给予职衔顶戴的奖励。

综上所述，康雍乾时期，尤其是雍正、乾隆年间，清朝与暹罗间大米贸易十分繁盛。暹罗米粮的大批量进口，有效缓解了 18 世纪以来中国东南沿海（尤其闽、粤两省）严重的粮食危机，平抑了市场上高昂的米价，起到了"佐耕耘不足、贫富均有裨益"的效果，并对当时社会经济稳定发展起到了极大作用。乾隆七年二月，两广总督庆复奏覆"仍准各国船只来粤贸易"言："粤省每年洋船进口，米价顿平，于民食不无小补"。② 同年八月，在广东"计自六月至今（八月），进口米二万三千石……是以近日省城米价渐次平减。"③ 另时人阮元《西洋米船初到》一诗云："田少粤民多，价贵在稻谷。西洋米颇贱，曷不运连舳？"并注"以后凡米贵，洋米即大集，故水旱皆不饥"。④ 由此可见，海外"洋米"之输入确实对闽、粤等东南沿海地区的米价平稳起到了积极作用，而广州作为"朝贡贸易"下"洋米"输入之规定"贡道"，自然而然使大米成为其港口贸易下的大宗输入品。

二　长崎港口对外贸易输入品结构

长崎为近世日本对外贸易的重要港口城市，自战国时代西南诸大名与欧洲国家的西洋贸易至德川幕府建立伊始的对外通商交流，基本上是以长崎港口为主要历史舞台的。至宽永十八年（1641 年），幕府将平户荷兰商馆迁至出岛，锁国体制随即完成，长崎也形成"一口通商"之贸易格局。总体来看，锁国后长崎对外贸易仅限中、荷两国，其大宗输入品为生丝及织物类商品；主要输入品为荒物、砂糖等。从具体输入品结构上看，则可

① 林京志选编：《乾隆年间由泰国进口大米史料选》，"闽浙总督杨廷璋请照例给予贩米商人陈芳炳优叙奏折"，《历史档案》1985 年第 3 期。
② 中国第一历史档案馆、暨南大学古籍研究所合编：《明清时期澳门问题档案文献汇编》第 1 册，"署两广总督庆复奏覆仍准各国船只来粤贸易折"（乾隆七年二月初三日），人民出版社 1999 年版，第 190 页。
③ 林京志选编：《乾隆年间由泰国进口大米史料选》，"广东巡抚王安国为粤米价昂贵准由暹罗等处进口大米发卖奏折"，《历史档案》1985 年第 3 期。
④ （清）阮元：《揅经室续集》卷六《甲申西洋米船初到》，邓经元点校，中华书局 1993 年版，第 1100—1101 页。

对主要品目考察如下。

1. 生丝

锁国时期的日本，尤其在德川幕府前期，无论从海外商品输入规模还是国内市场供给状况来看，生丝都构成了长崎港口大宗贸易输入品。而作为早期之生丝贸易，如果不考虑当时与明朝不稳定的"朝贡"关系①，那么葡萄牙人几乎垄断了这一市场。在 16 世纪后半期至 17 世纪初的长时段内，葡萄牙商船每年大约带来 12 万—30 万斤的生丝。他们以澳门为贸易基地，收购来自中国、东南亚、南亚地区优质的白丝。在 1570 年前后，"甚至专门成立了'阿尔玛桑'的对日生丝贸易组织，澳门当局自不必多说，甚至连市民的个人生活都与'阿尔玛桑'的成败暨对日贸易的成败息息相关。"② 另据当时西班牙商人阿比拉·希隆估计，"在 1615 年前后，葡萄牙每年对日生丝输出约至 36 万—42 万斤。"③ 又据岩生成一先生统计，在 17 世纪 30 年代其输入量达 36 万—48 万斤。④ 即进入 17 世纪早期，葡萄牙商船保持年均 30 万—40 万斤不等的高输入量。此外，日本国内对生丝的需求及喜好更明显地解释了葡萄牙人远赴重洋来日贸易的动因，阿比拉·希隆在其《日本王国记》中作了恰当的描述，现移录如下：

　　日本人是非常喜好华丽的民族。无论吃穿，都很讲究清洁、华美，而且举止极为端庄……之所以如此，是 24 年前丰臣秀吉阁下平定、征服这个王国以来，人们比过去任何时代都更加追求华丽，以致现在已俨然形成从中国、马尼拉贩来的全部生丝亦不能满足他们需求的现状……而且在这个王国的年年岁岁，大约消耗掉 3000—3500 匹（30 万至 35 万斤）生丝，有时甚至更多。⑤

---

① 15 世纪后期甚至到 16 世纪初，日本与明朝贸易关系极不稳定，其公贸易的比率仅为每 10 年 1 次。
② ［日］高濑弘一郎：《マカオニ長崎問屋貿易の総取引量·生系価格》，《社会经济史学》，1982 年，第 48 卷，第 1 号。
③ 同上。
④ ［日］岩生成一：《近世日支貿易に関する数量的考察》，《史学杂志》1953 年第 62 卷第 11 期。
⑤ ［西班牙］阿比拉·希隆：《日本王国记》，［日］佐久间正译，《大航海时代丛书》（第 11 册），［日］岩波书店 1965 年版，第 66—67 页。

由此可见，日本人对华丽的喜好、对生丝的渴求也促使了葡日生丝贸易的稳步发展，而"供不应求的现状"更说明生丝贸易之繁盛。然而，葡萄牙人在从事生丝贸易的同时，却热衷于天主教的传播，这严重影响到日本固有的神国观念，危及幕府的统治。至17世纪30年代，幕府颁布一系列"禁教令"与"锁国令"，宽永十年（1633年）规定："告发耶稣教教士者，应予以褒赏……如发现有耶稣教蔓延之处，汝二人应即前往戒谕；如有发现传播耶稣教之'南蛮人'或其他邪言惑众者，应即押解至大村藩之牢狱。"① 宽永十一年（1634年）又规定："禁止耶稣教教士进入日本。"② 至宽永十二年（1635年），幕府在重申"宽永十年禁令"的基础上又增加处理"南蛮人"子孙的规定。③ 由此，伴随着传教活动的取缔，锁国体制的完成，葡萄牙对日生丝贸易也宣告终结。

继葡萄牙人之后，唐船及荷兰东印度公司商船占据对日生丝贸易之主导。关于唐船对日生丝贸易，古已有之，且在"朝贡贸易"体系下依"定制"稳步发展。然"宁波争贡"事件以来，原有稳定的朝贡关系被打破，生丝往来亦受此影响几近断绝。而最迟至17世纪中期，即"明清鼎革"之际，唐船对日生丝贸易重新恢复。此一时期，往返于长崎与中国大陆、台湾间的唐船主要包括三种类型：一为清朝官府派船，即清内务府商人船、盐商船、办铜官商船及办铜额商船；二为藩王船，即清初三藩中平南王尚可喜、靖南王耿仲明所派之船；三为台湾郑氏控制下的商船。上述唐船，或出于国家意志（清官府商船）或出于一己之利（藩王船、郑氏商船）载大量生丝前往长崎，从而推动了17世纪中后期中、日生丝贸易的发展。表1列举了此一时期唐船生丝输入量，从中可以看出，至17世纪中期，尤其在1650—1660年10年间，唐船生丝输入量呈现每5年约5万斤的增长量，且在1650—1665年的15年间，生丝输入量每5年平均约达15万斤。需要注意的是，在这些载运生丝的唐船中，"其中大部分为国姓爷所有"，即台湾郑氏控制下的商船。以1654年11月至1655年9月入港的唐船为例，"此

① 张荫桐选译：《1600—1914年的日本》，《世界史资料丛刊》初集本，生活·读书·新知三联书店1957年版，第10—11页。
② 同上书，第11—12页。
③ 同上书，第12—13页。

间入港的中国商船为 57 艘，其中安海船 41 艘，大部分为国姓爷所有……正如日本商馆日记所附的详细清单所显示的那样，上述各帆船运载十四万零一百斤生丝外，还运来大量的丝织品及其他货物，这些几乎都结在国姓爷账上"。① 可见此一时期郑氏商船对日贸易分量之重。此外，唐船所载生丝主要有两大来源，一为国内之南京及浙、闽、粤三省，江户儒者西川如见在其《增补华夷通商考》中考察到"南京省② 土产白丝、绫子、纱绫、五丝……""浙江省土产白丝、绫子……""福建省土产白丝、绫子、纱绫、八丝、五丝……""广东省土产白丝、黄丝、五丝、七丝、八丝、绫子、纱绫"，③ 赴日唐船绝大部分自上述地区采购生丝销往长崎。另一重要来源为东南亚诸地区，"在江户时代唐船多样的输入品中，除中国内地商品外，从东南亚所购之货物构成了其中重要部分"。④ 以 1652 年 11 月至 1653 年 11 月入港唐船所携生丝为例，"在这一年中，唐船输入生丝共 139870 斤，其中中国生丝 88150 斤、广南黄丝 21020 斤、东京生丝 30700 斤"，⑤ 即有东南亚（广南、东京地区）所输入的生丝占到生丝总输入量的 37%，可见其比例之重。综上可见，中国大陆及东南亚诸地区所产之生丝为 17 世纪中后期唐船对日生丝贸易的发展提供了重要保障。然而，贞享以降，幕府颁布长崎贸易限制令，规定唐船贸易额不得超过白银六千贯，这严重制约了生丝贸易的发展，以致元禄、宝永、正德年间生丝输入量骤减。此后，由于幕府海外贸易思想的转变及清中期丝价腾贵，长崎唐船生丝贸易渐趋衰落。

与唐船贸易发展几乎处于同时，荷兰东印度公司商船亦着力经营对日生丝贸易，且在与葡萄牙人的商业竞争中逐渐占据优势。上述葡萄牙对日生丝贸易因天主教传播而逐渐衰落，然分析其另一要因则为 17 世纪中期以来葡、荷两国在东亚海域商业竞争所致。荷兰人于 1624 年占据台湾，此后

---

　　① 《荷兰东印度公司报告》，转引自 [日] 岩生成一：《近世日支贸易に关する数量的考察》，《史学杂志》1953 年第 62 卷第 11 期。

　　② 此处记载有误，明代实行两京制，1368 年太祖朱元璋定都南京，皇城以外归应天府管辖，应天府以外则属南直隶；1421 年明成祖朱棣迁都北京，归辖顺天府，顺天府以外则属北直隶；至清顺治二年（1645 年）废南京国都，设江宁省，后康熙初归江南府。

　　③ [日] 西川如见：《增补华夷通商考》，学梁轩、甘节堂合刻，[日] 早稻田大学图书馆藏。

　　④ [日] 村上直次郎译，《长崎荷兰商馆日记》（第三辑），[日] 岩波书店 1958 年版，第 248 页。

　　⑤ 依据《长崎荷兰商馆日记》（第三辑）第 248—251 页有关内容统计。

表1　　　　　　　　　17 世纪中后期唐船生丝输入量表

年份	输入量（斤）	典据	年份	输入量（斤）	典据
安庆三年（1650 年）	108120	[日] 岩生成一：《近世日支贸易に関する数量の考察》一文统计	元禄元年（1688 年）	40520	[日] 山胁悌二郎：《長崎の唐人貿易》，第 229 页
明历元年（1655 年）	140137		元禄十年（1697 年）	45671	依据《糸割符宿老覚書》算出（载自：山胁悌二郎《近世日中貿易史の研究》附录，第 194—218 页）
万治元年（1660 年）	198780		元禄十一年（1698 年）	11618	同上
宽文五年（1665 年）	162236		宝永六年（1709 年）	40800	[日] 山胁悌二郎：《長崎の唐人貿易》，第 229 页

即以之为贸易基地，将中国的生丝、绢织物、瓷器销往日本和欧洲，并从日本运来白银、东南亚运来香料以换取中国商品。这其中，生丝占有举足轻重的地位，在正常贸易年份下，荷兰商船几乎全部经广州购入华丝销往日本，而在畅销年份"如非增添买价将不能购得充分应付日本所需要的数量"。① 且台湾位于"澳门—长崎"贸易中心线上，荷兰人以台湾为中转贸易基地的结果，使原由葡萄牙人经营的澳门中转贸易迅速衰落。即在 1636年，"当葡船输日华丝锐减到 250 担的时候，荷船输日华丝却激增至 1421担。在此后几年，当前者每年输日华丝量为二三百担时，荷船却多至一千二三百担。"② 至 1639 年，葡萄牙商船禁止进入长崎后，荷兰商人已完全垄断了东亚海域生丝中转贸易。此外，荷兰商船在输入华丝的同时，亦由其在巴达维亚城之商馆采购东南亚生丝运销日本，以 1638 年来航行荷兰商船为例（见表2），共有 11 艘荷兰商船来航长崎，输入生丝总量为 317229 斤，总价值为 1567135 荷盾，即丁银 5498 贯 408 匁余。③ 而此年份荷兰商船共输

① 《巴达维亚城日记》（二），台湾省文献委员会印行，1989 年，第 389 页。
② William Lytle Schurz, *The Manila Galleon*, NewYork, 1939, p. 169.
③ 丁银 10 匁等于 2.85 荷盾。"匁"（又称"文目"）为银的单位值，江户时代银为日常货币，而关于其比率，在 1700 年前后，以江户及幕府直辖地的标准计算，"小判"即 1 两黄金合 60 匁（文目）银子。参见 [美] 苏珊·B. 韩利：《近世日本的日常生活——暗藏的物质文化宝藏》，张键译，生活·读书·新知三联书店 2010 年版，第 66 页；[美] 苏珊·B. 韩利、[日] 山村耕造：《日本前工业化时代经济与人口的变化，1600—1868》，[美] 普林斯顿大学出版社 1977 年版，第 118—125 页。

入价值3580856荷盾（丁银12564贯408匁余）之货物，生丝占到总价值的
43.76%。[①] 而关于生丝输入的具体数量和来源地，通过表2可以看出，所
输入的中国生丝（白丝、黄丝、捻丝、绒头丝）为214409斤，占总量的
67.57%；所输入的东南亚（东京、交趾）生丝为55284斤，占总量的
17.42%；输入的波斯生丝为47536斤，占总量的14.98%。即其主要来源
区为中国，而东南亚、南亚亦占有相当比重。此外，这一年荷船输入生丝
的总量317229斤值得关注，山胁悌二郎先生曾统计正保年间（1644—1647
年）荷船生丝输入量平均在20万斤以上[②]，而在此时间段以前或之后荷船
生丝的输入量均曾超过30万斤，若横向与唐船相比其生丝输入量亦超出
5万—10万不等，此可见长崎生丝贸易中荷船所占比例之重。然而，同样由
于贞享贸易令的颁布，荷船贸易额不得超过白银三千贯，再加上幕府抑制白
银海外流失的一系列贸易政策，荷兰对日生丝贸易也逐渐衰落。综上所述，
长崎贸易时期，葡、中、荷三国相继运载巨额生丝赴日贸易，这不仅推动了
17世纪东亚区域贸易的发展，也使生丝成为长崎对外贸易的大宗输入品。

表2　　　　　　　　　　　1638年来航荷船生丝输入一览表

生丝类别	数量（斤）	输入价（荷盾）	产地
白丝	142194	706691	中国
黄丝	64302	284492	中国
撚（捻）丝	1701	11683	中国
ポイル丝（绒头丝）	6212	36779	中国
节丝	3346	377	トンキン（东京）
クイナム丝	589	2208	交趾
トンキン丝	51349	164073	トンキン（东京）
ペルシア丝	47536	360834	ペルシア（波斯）
总数	317229	1567135	

注：本表依据［日］行武和博《近世日蘭貿易数量的取引实态——17世纪前期オランダ商館作成
会計帳簿の解読・分析》一文制成。

---

① ［日］行武和博：《近世日蘭貿易の数量的取引实态——17世纪前期オランダ商館 "会計帳薄"
の解読・分析》，［日］《社会经济史学》2007年第72卷第6期。
② ［日］山胁悌二郎：《長崎の唐人貿易》，［日］吉川弘文館1996年版，第25页。

2. 织物类

江户锁国时代，织物类商品构成了长崎港口对外贸易中的又一大宗输入品。这里所指的织物类包括：绢织物（丝织品）、棉织物、毛织物及麻织物。而绢织物又包括缯子、缎子、纶子、纱、纱绫、绅（绸）等丝织品，是输入的织物类商品中最主要的品目。太田胜也先生曾统计，"在输入的织物类商品中，绢织物占有压倒性比重，即平均占到全体织物类的63%；而在绢织物中，白纱绫又以平均65400斤的输入量占据多数。"① 此可见其所占比重之大。此外，棉织物包括更绫、Cangan 布（カンがン布）、几内亚木棉（ギニア木绵）等，亦在输入的织物类商品中占有相当比重。另毛织物主要指呢绒，而麻织物则指中国产的麻布。② 在17世纪初，葡萄牙人控制东亚贸易的时代，他们以澳门为根据地，在载运生丝的同时亦将其在中国、东南亚地区采购之绢织物运销日本，开启对日织物贸易之先河。其对日生丝贸易组织"阿尔玛桑"，同样将作为丝织品的绢织物视为与生丝同等重要的销售商品。此外，日本人对绢织物的喜爱及需求亦如同其对生丝的渴望，这也在很大程度上推动了葡、日绢织物贸易的发展。上引阿比拉·希隆在其《日本王国记》中描述日本人对生丝的喜好，而其对绢织物同样推崇备至：

除此生丝之外，还有素地的或经过刺绣的天鹅绒，素地的波纹皱、缎子及薄罗纱等各式服料和数以千计的绸缎运来，并全部年年被销售一空、消费殆尽。不论男女，且无论少女、未婚的姑娘，亦或年龄已逾五旬的老妇，人人皆穿着各种色彩的衣裳。③

由此可见，除生丝外，日本人亦对绢织物如"纱、绫、绸缎"等有极大的需求，且无论男女老少"人人皆穿之"，以致绢织物"年年被销售一空、消费殆尽"。然而，葡萄牙人在从事生丝贸易的同时，却热衷于天主教

---

① ［日］太田胜也：《長崎貿易》，［日］同成社，2000年，第262页。
② 参考［日］太田胜也《長崎貿易》中第七章贸易品及行武和博《近世日蘭貿易の数量的取引実態——17世紀前期オランダ商館"会計帳薄"の解读·分析》一文中的分类。
③ ［西班牙］阿比拉·希隆：《日本王国记》，［日］佐久間正译，《大航海時代叢書》（第11册），［日］岩波书店1965年版，第67页。

的传播，致使幕府颁布一系列"禁教令"与"锁国令"，驱除在日葡萄牙人，葡、日贸易遂逐渐衰败。而自 17 世纪以来，葡、荷两国在东亚海域的商业竞争以及 1624 年荷兰人对台湾的占领，最终使葡萄牙人淡出东亚海域贸易，葡、日间绢织物贸易即宣告结束。同时，我们应当看出，在贞享时代以前，长崎对外贸易中"织物类"商品的输入是较为有限的。甚至到享保时代，长崎对外贸易中生丝的输入量仍占有极高比重。然而"享保以后，以绫子、纱绫、缎子、锦、绸等为主的各类绢织物的输入与日俱增，并逐渐超过生丝的输入额"①。诚然，织物类输入品的激增及生丝输入额的下降与幕府"贞享贸易令"的颁布有密切的关系。然而，在笔者看来，唐船及荷兰东印度公司商船对日贸易的兴起，以及两者对日输出品的转变是织物类贸易繁盛的根本原因。即进入 17 世纪后，在中、荷两国对日贸易发展的大背景下，两国针对"贞享贸易令"对生丝贸易额的限制，积极做出调整，转而谋求如纱、绫、绸缎等织物类商品的输出，进而推动了织物类商品的繁荣。其中唐船输入以绢织物为主兼有麻布，而荷船在运载绢织物的同时亦推动 Cangan 布、呢绒等棉织物、麻织物的输出。

首先，我们来看唐船织物品贸易。在赴日唐船的织物类输入品中，绢织物占有极大比重，其主要来源地区亦如上述生丝，主要分布在南京及闽、浙、粤三省。西川如见《增补华夷通商考》记载生丝来源地的同时，亦指出："南京省土产绫子、纱绫、锦……浙江省土产绉纱、绫子……福建省土产绉纱、绫子、纱绫、绢绸、闪缎……广东省土产闪缎、绫子、绉纱、纱绫……"② 由此可见，上述诸地区的绢织物生产为唐船对日贸易提供了重要保障。此外，伴随着明清社会经济的发展，棉纺织业高度发达，棉织物一度畅销日本，成为长崎港口又一重要的织物类输入品。明万历年间姚士麟曾说道："大抵日本所须，皆产自中国……松之棉布，尤为彼国所重。"③ 另

① 任鸿章：《近世日本と日中贸易》，[日] 六兴出版株式会社，1988 年，第 294 页。
② [日] 西川如见：《增补华夷通商考》，"南京省、浙江省、福建省"诸条，[日] 宝永六年（1709 年）刊本。
③ （明）姚士麟：《见只编》（卷上）（丛书集成初编），王云五主编，商务印书馆 1936 年版，第 50—51 页。

西川如见将"南京省之棉布、丝棉布、缫棉布，浙江省之金丝布、葛布，福建省之畦布、线布、葛布"① 视为重要的织物类输入品，由此可见棉织物在输入的织物类商品中亦占有相当比重。此外，由"福州船、安海船、漳州船运载之麻织物在长崎唐船贸易中亦占有小部分比重"。② 关于具体的织物品输入量，我们以宽永十八年（1641 年）赴日唐船为例。在这一年，共有 97 艘唐船驶入长崎，但依据《长崎荷兰商馆日志》记载，仅有 29 艘船留有完整记录（见表 3），从中可以看出，在宽永十八年唐船输入长崎的织物类商品中，绢织物以压倒性的比例占据输入总量的 63.54%，而绢织物中白纱绫又以 30.42% 的比例占据多数。次于绢织物的为麻织物，占到总输入量的 26.33%，而棉织物占输入量的 10.12%。由此可以看出，绢织物占织物品输入的大部分，而麻织物、棉织物亦占有相当比重。此外，若将其横向与其他输入品目比较，以输入额为计算标准，则 333075 斤织物品占到唐船输入品总价值的 42.76%。③ 此可见织物类商品在总输入品价值中所占比例之大。

表3　　　　　　宽永十八年（1641 年）29 艘唐船织物品输入量

类别	品名	数量（斤）	品名	数量（斤）	品名	数量（斤）
绢织物	白纱绫	64400	紬	5500	无地纱绫	360
	赤缩缅	28700	ビロード	3043	生は	350
	白缩（缩）缅（缅）	28350	北绢（绢）	1700	纱（纱）	100
	綸（纶）子	21865	フーフェロン	1300	模様入り繍子（繍）	80
	白綸（纶）子	13550	绢（绢）奥嶋	1100	は	50
	缎（缎）子	11051	繍（繍）子	765	金襴	30
	纱（纱）绫（绫）	10903	赤纱绫（纱绫）	700	黑繍（繍）子	30
	各种綸（纶）子	10000	トンキン綸（纶）子	500	生繍（繍）子	18
	上缩（缩）缅（缅）	7200				

---

① ［日］西川如见：《增补华夷通商考》，"南京省、浙江省、福建省"诸条。
② ［日］太田胜也：《长崎贸易》，［日］同成社，2000 年，第 263 页。
③ 依据 ［日］山胁悌二郎《长崎の唐人贸易》中宽永十八年唐船输入品所统计。

续表

类别	品名	数量（斤）	品名	数量（斤）	品名	数量（斤）
小计	211645 斤					
棉织物	赤更纱（纱）	19490	白と生のカンガン	4800	更纱（纱）	780
	カンガン	6390	生カンガン	1950	奥嶋	300
小计	33710 斤					
麻织物	麻布	66550	生麻布	19170	白麻布	2000
小计	87720 斤					
合计	333075 斤					

注：本表依据［日］村上直次郎译，《长崎荷兰商馆日志》（第三辑）所制；另参见［日］太田胜也《长崎贸易》，第258—259 页。

与唐船贸易发展几乎处于同时，荷兰东印度公司商船亦着力经营对日织物品贸易，且在与葡萄牙人的竞争中逐渐取得优势。此外，荷兰人依靠其在台湾、巴达维亚等地建立的商馆维持并扩大这种经营，并以中转贸易的形式将中国、东南亚、南亚、欧洲等地区的织物类商品运销日本。以 17 世纪前半期为例，在 1624 年，荷商甘布士自日本寄予巴达维亚城总督书言："以半呢料二百匹，包括红色一百匹、黑色五十匹、其他色彩五十匹与日本人，收定金一千帑卡。"[1] 1625 年 6 月，"士希布船 zier ickjec 号由巴城驶往日本，所载货品为各种呢料五十匹等"。[2] 1627 年 5 月，"士希布船夫列把 De Vrede 号，载运绢丝、呢绒及其他货品合计二十二万八千二百十四古丁又十七士德回尔又六白林克，由巴城开往日本"。[3] 1634 年 6 月，"夫雷德船 De Saen 号自巴城开往日本，总督及印度参事会将价值十一万五千二百七十九古丁二士德回尔二白林克之优良荷兰布疋及印度商品由该船运载"。[4] 1636 年 4 月，"士希布船欧地哇德号自巴城开出，运载各种织品类五十一捆、红呢料一箱，至柬埔寨采购鹿皮后将货物销往日本"。[5] 即在 17

① 《巴达维亚城日记》（一），台湾省文献委员会印行，1990 年，第 23 页。
② 同上书，第 50—51 页。
③ 同上书，第 60 页。
④ 同上书，第 130 页。
⑤ 同上书，第 156—157 页。

世纪前半期，荷船即开始利用其在亚洲各地之商馆运载织物类商品销往日本。而至 17 世纪中期后，其织物品运载量不断增加。在 1661 年 1 月至 10 月间，"在长崎入港的 33 艘荷船中，运载的丝织品总计 274273 匹、暹罗丝织品 2610 匹、麻布 50129 匹、漂白麻布 3316 匹、Guinea 麻布 84 匹、棉布 468 匹"，① 此可见织物品输入量之大。另外，关于荷船具体的织物品输入量及其比例，我们以宽永十五年（1638 年）为例，这一年共有 11 艘商船驶入长崎（见表4）。在该年荷船输入长崎的织物类商品中，绢织物同样以压倒性的比例占据输入总量的 79.16%。次于绢织物的为麻织物，占到总输入量的 7.88%。而毛织物占输入量的 7.09%，棉织物仅占 5.86%。由此可以看出，绢织物占到总量的绝大部分，而麻织物、棉织物及毛织物则占较小比重。此外，若将其横向与其他输入品目比较，以输入额为计算标准，则 352609 斤织物品占到荷船输入品总价值的 47.47%。② 此可见织物类商品在总输入品价值中所占比例之大。

表4 宽永十五年（1638 年）11 艘荷船织物类输入品一览

类别	数量（斤）	输入价（荷盾）	品目
绢织物	226667	1345513	縐子、緞子、綸子、纱、纱綾、紬、北絹等
棉织物	40174	99689	更纱、ギニア木綿、カンガン布等
毛织物	1708	120519	大羅纱、ベイ羅纱、羅背板等
麻织物	84060	133990	麻布、kennippenlijinwaten，中国产
总计	352609	1699711	

注：本表依据［日］行武和博《近世日蘭貿易数量的取引実態——17 世纪前期オランダ商館作成会計帳簿の解読・分析》一文制成。

　　综上所述，长崎贸易时期，葡萄牙人开启对日织物品贸易之先河，并运载大量织物类商品行销日本。然而，伴随着葡、日间贸易的衰落，唐船及荷兰东印度公司商船占据对日织物品贸易之主导，他们或从本国出发或以中转贸易的形式将大量织物品运至长崎，由此构成了长崎港口大宗贸易

---

　　① 《巴达维亚城日记》（三），台湾省文献委员会印行，1990 年，第 258—259 页。
　　② ［日］行武和博：《近世日蘭貿易の数量的取引実態——17 世纪前期オランダ商館"会計帳薄"の解読・分析》，［日］《社会経済史学》2007 年第 72 卷第 6 期。

输入品。

3. 荒物类

所谓"荒物"系指杂货类商品，即对非大宗输入品的统称。狭义上的荒物包括皮革类、染料、涂料、香料等，而广义上的荒物又包括作为食物类输入品的砂糖。进入 17 世纪，在中、荷两国对日贸易繁荣的大背景下，荒物类商品作为一般输入品也取得了长足发展。这种发展表现在两个方面：

其一，输入的荒物类商品种类不断增加，以宽永十八（1641 年）年为例，在这一年，长崎港口所输入的荒物类商品种类达到最高值。通过表 5 可以看出，宽永十八年长崎港口输入的荒物类商品共计十大类，这些商品涉及服饰（皮革类、染料类、涂料类）、食品（砂糖类）、日用（香料类、陶器类）等社会生活各个领域。此外，所输入的皮革类商品又包括鲛皮、鹿皮、大鹿皮、牛皮、虎皮；染料类包括シャム蘇木、紅木、粗紅木、蘇木、紫染料、赤染料；涂料类包括漆、カンボジア漆、トンキン漆；香料类包括沈香、白檀、麝香、伽羅、龍脳；砂糖类包括白砂糖、氷砂糖、黒砂糖；金属类包括水银、錫、中国錫、白鑞；陶瓷类包括陶磁の小盃、陶瓷の茶碗、茶碗、陶器；角类包括水牛の角、犀角；油类包括鯨油、油；杂货类包括丸団扇、括り紐、カポック。即输入的十大类荒物品中又包括 37 种品目的商品。由此可见，无论在商品类别上，还是在诸类别商品所包含的品目方面，荒物品输入均极为丰富，并构成了长崎港口对外贸易中的重要输入品。

表 5　　　　　　　　宽永十八年（1641 年）长崎荒物类商品输入品目

种类	品目	种类	品目
皮革类	鮫皮、鹿皮、大鹿皮、牛皮、虎皮	金属	水银、锡、中国锡、白鑞
染料	シャム蘇木、紅木、粗紅木、蘇木、紫染料、赤染料	陶瓷	陶磁の小盃、陶磁の茶碗、茶碗、陶器
涂料	漆、カンボジア漆、トンキン漆	角	水牛の角、犀角
香料	沈香、白檀、麝香、伽羅、龙脑	油	鯨油、油
砂糖	白砂糖、氷砂糖、黒砂糖	杂货	括り紐、丸団扇、カポック

注：本表依据〔日〕村上直次郎译《长崎荷兰商馆日志》（第三辑）所制；另参见太田胜也《长崎贸易》，第 259—260 页。

其二，即荒物类商品输入量及输入额不断增加。自 17 世纪以来，唐船及荷兰东印度公司商船占据对日贸易之主导，而两者在推动生丝、织物品等大宗贸易的同时，亦将荒物类商品作为其重要贸易货品，这其中尤以皮革类、砂糖最为显著。进入 17 世纪后，荷兰商船逐渐控制东亚海域贸易，并依靠其在巴达维亚、台湾等地之商馆，大量运载东南亚、南亚地区的皮革行销日本。1626 年 11 月，"自由市民所有之也哈多船哈林克 Den Maing 号载米及椰子油自暹罗抵达巴城，据商人 Van Hasel 托该船带来通知云：士希布船古罗林坚号载鹿皮四万六千张、苏坊木三十万斤、藤、金瓜、肉豆蔻等货于 7 月 1 日开往日本。"[①] 1634 年 5 月，"商务员 Toost Schoutew 离开暹罗以前，为续行日本贸易，订立了供给鹿皮、鲛皮及苏坊木等相当数量之契约……为运销日本特准备鹿皮十六万张、鲛皮二万张、苏坊木四十万斤、铅七万斤……"[②] 同年 7 月，又有"士希布船海德哇宾凡地夫德号开往日本，其船货有：鹿皮 71700 张、鲛皮 9700 张、苏坊木 400000 斤、暹罗铅 30000 斤……"[③] 至 1636 年 7 月，据荷属东印度公司驻暹罗商馆报告，"商船拉洛布号及老德歪克号运载鹿皮 103480 张、鲛皮 17960 张、苏坊木 365000 斤、柬埔寨肉豆蔻 160000 斤……前往日本"。[④] 由此可见，进入 17 世纪后，荷属东印度公司商船利用其在东南亚、南亚各地之商馆，将以鹿皮、鲛皮为主的皮革类商品大量运销日本。此外，关于荷船皮革类商品具体输入量及输入额，可以宽永十五年（1638 年）为例，这一年共有 11 艘商船驶入长崎。通过表 6 可以看出，宽永十五年荷船共输入动物类皮革 340777 张、总价值 168870 荷盾。虽然其总价值无法与生丝及织物类商品相比，仅占全部输入品的 4.72%，[⑤] 但若横向与其他商品比较，则皮革类商品构成了来航荷船的第三大输入品。其中鹿皮 276217 张，占皮革类商品的 81.05%；鲛皮 488775 张，占 14.31%；鞣皮 4462 张，占 1.3%；牛皮 723 张，占 0.21%；鸟皮 10600 张，占 3.11%。即鹿皮、鲛皮是为皮革类输入

---

① 《巴达维亚城日记》（一），台湾省文献委员会印行，1990 年，第 58 页。

② 同上书，第 121 页。

③ 同上书，第 141—142 页。

④ 《巴达维亚城日记》（一），台湾省文献委员会印行，1990 年，第 183 页。

⑤ ［日］行武和博：《近世日蘭貿易の数量的取引実態——17 世紀前期オランダ商館"会計帳薄"の解読·分析》，［日］《社会経済史学》，2007 年第 72 巻第 6 期。

品中的大宗品目，而皮革品也构成了荷、日贸易的重要商品。此外，唐船亦运载皮革类商品销往日本，但总体看来，其数量有限。"宽永十八年（1641 年），97 艘唐船输入皮革品 52950 张（鹿皮 41550 张）；正德元年（1711 年）输入 85821 张（鹿皮 67607 张）。"① 可见，如此众多之唐船所输入的皮革品，不到荷兰商船的 1/4，而其中仍以鹿皮占据多数。

表6　　　　　宽永十五年（1638 年）11 艘荷船皮革类输入品一览

类别	数量（张）	输入价（荷盾）	来源区
鹿皮	276217	131509	シャム、カンボヅア、台湾産
鲛皮	48775	31814	シャム、カンボヅア産等
鞣皮	4462	3575	シャム、コロマンデル産
牛皮	723	358	カンボヅア産
鸟皮	10600	1614	カンボヅア産
总计	340777	168870	

注：本表依据［日］行武和博《近世日蘭貿易数量的取引実態——17 世紀前期オランダ商館作成"会計帳簿"の解読・分析》一文制成。

除皮革外，砂糖构成了长崎港口又一重要荒物类输入品。伴随着荷兰东印度公司对日贸易的展开，荷船开始大量自东南亚、南亚及中国东南沿海地区载运砂糖赴日贸易。1634 年 3 月，"台湾派遣之也哈多船白丹号抵达巴城，运载冰糖及棒砂糖前往日本"。② 同年 7 月，"士希布船海德哇宾尔凡地夫德号载……红砂糖 5000 斤、槟榔子 10000 斤前往日本"。③ 至 1636 年 1 月，"在广南之古罗丁布吕克号商船，欲采购红糖四、五十万斤于下次开船之时运往日本"。④ 同年 3 月，据巴城商馆馆长报告"在赤嵌（台湾）之地，由中国农民交与公司输送日本之砂糖一万两千零四十二斤、黑砂糖十一万零四百六十一斤，其栽培益盛，明年预期生产白砂糖三、四十万斤，

① ［日］山胁悌二郎：《長崎の唐人貿易》，［日］吉川弘文館，1996 年，第 244 页。
② 《巴达维亚城日记》（一），台湾省文献委员会印行，1990 年，第 111 页。
③ 同上书，第 141—142 页。
④ 同上书，第 153 页。

上列数量将年年增加。"① 由此可见，进入 17 世纪后，荷属东印度公司商船利用其在东南亚、南亚各地之商馆，将砂糖大量运销日本。此外，唐船亦从事对日砂糖贸易，并"成为自 17 世纪一直延续至幕末的稳定贸易输入品"。②"在宽永十四年（1637 年）至天和三年（1683 年）间，唐船的砂糖输入量在200 万—300万斤左右，其中宽永十八年（1641 年）5726500 斤的输入量达到最高值"，至"正德元年（1711 年），砂糖的输入量仍保持4475490 斤的较高值"。③ 由此可见，自 17 世纪以来，一直延续至 18 世纪初，砂糖是为长崎唐船输入品中的重要商品。此外，关于唐船砂糖的具体输入量及价格，可以正德元年（1711 年）为例，这一年共有 54 艘唐船驶入长崎。通过表7 可以看出，正德元年 54 艘唐船共输入砂糖 4475490 斤。其中白砂糖 1727270 斤，占总量的 38.59%，黑砂糖 2636770 斤，占 58.91%，此两类为输入砂糖中的主要品目。此外，冰砂糖 111300 斤，占总量的2.48%，切砂糖 140 斤，仅占 0.003%。

表7　　　　　　　正德元年（1711 年）54 艘唐船砂糖输入品一览

品目	数量（斤）	单价
白砂糖	1727270	1 匁 2256
冰砂糖	111300	5 分 8
黑砂糖	2636770	—
切砂糖	140	—
总计	4475490	—

注：本表依据 ［日］山胁悌二郎《近世日中贸易史の研究》"正德元年（1711 年）输入品目及数量表""1711 年唐船输入品单价表"所制。

总之，长崎贸易时期，在中、荷两国对日贸易繁荣的大背景下，荒物类商品无论从输入量、输入额还是输入种类来说，均有长足的发展。其中尤以皮革、砂糖最为显著，由此也构成了长崎港口对外贸易中的重要输入品。

---

① 《巴达维亚城日记》（一），台湾省文献委员会印行，1990 年，第 179 页。
② ［日］山胁悌二郎：《長崎の唐人貿易》，吉川弘文馆，1996 年，第 238 页；另参考山胁悌二郎《近世日中贸易史の研究》，吉川弘文馆，1960 年，第 130 页。
③ ［日］岩生成一：《近世日支贸易に関する数量的考察》，《史学杂志》，1953 年第 62 卷第 11 期。

三 比较研究视角下的两港口输入品结构分析

17、18 世纪之交的广州、长崎，在共同的"锁国"政治背景及"一口通商"之贸易格局下，两港口在对外贸易方面有极强的可比性。就输入品结构来看，两者存在较多不同之处及相似方面。笔者在对广州、长崎对外贸易输入品进行结构梳理后认为，有以下三个方面值得关注。

1. 两港口对外贸易输入品等级存在较大差异

这里所指的输入品等级的差异系指输入品价值大、小的区别，即加工产品与初级产品的差异。加工产品在生产过程中由于有效劳动所创造出的附加值而在贸易进口时价值较大，一国在进口此类商品时需付出同等或高于其价值之货物与货币；初级产品则在生产过程中未经加工或经粗加工进口价值较小，一国在进口此类商品时仅需付出同等价值之货物与货币。通过上文对两港口输入品结构的考察可以看出，广州港口主要贸易输入品为贵重金属、香料及大米，除贵重金属为稳定国内社会经济发展之必需品外，其他均为未经加工或经粗加工的初级农副产品，故而所进口货物价值不大、产品等级较低。而长崎主要贸易输入品为生丝、织物品及荒物类商品，除荒物品外，其他均为手工精加工产品，故而进口价值较大、产品等级较高。因此，两港口在输入品等级方面存在较大差异。

上述输入品等级方面的差异，其形成原因十分复杂。既有传统因素的影响，也有当时社会环境因素的影响；既有政治因素，也有经济因素。而择其要者，则不外乎社会经济发展的影响。明清时期我国江南及东南沿海地区社会经济迅速发展，手工业与传统农业生产相结合推动了商品经济的繁荣。此外，"富室之称雄者，江南则推新安，江北则山右。新安大贾，鱼盐为业，藏镪有至百万者，其他二三十万，则中贾耳。山右或盐或丝、或转贩、或窖粟，其富甚于新安。"[①] 即大规模商人集团的出现更推动了市场经济的发展。然有明一代，政府银课收入及银产额却极为有限，因此，欲维持市场经济的发展，推动商品经济的繁荣，海外白银的输入就变得极为

---

① 谢肇淛：《五杂俎》卷四，上海书店出版社 2001 年版，第 74 页。

迫切。在这一背景下，白银成为广州港口对外贸易中的大宗输入品，并对推动明清社会经济的发展起到至关重要的作用。因此，在明清社会经济发展的背景下，手工业生产高度发达，手工业产品流通于国内市场并行销海外，有力地维持了市镇商品供求的平衡。与此同时，在农村社会中，自给自足的农副产品亦有效维持着农村的生产与生活。因此，农业与手工业相结合下的商品经济的发达，成为抵制海外商品输入的强大力量。质言之，即明清社会经济的发展使国内各阶层生产、生活所需的消费品已达到饱和，除白银外的海外商品的输入已变得无足轻重。这也正是马克思所谓"在以小农经济和家庭手工业为核心的当前中国社会经济结构中，根本谈不上大宗进口外国货"的原因。[①] 而同时期的日本，国内社会经济发展相对滞后。以纺织业为例，17世纪中后期至18世纪初的日本国内纺织业发展缓慢，衣料等纺织品的使用主要依赖于中国的进口，宽永十八年（1641年），"97艘唐船共输出37万3479斤的纺织品"，[②] 并在随后的半个世纪内逐年增加。而幕府为支付如此大量的高级加工品不得不输出巨额贵重金属，至18世纪中后期，幕府财政出现危机，大量白银流失海外，这才以此为契机推动国内纺织业发展。此外，山胁悌二郎在分析正德四年（1714年）唐船输入品及日本商品在大阪市场的数量及银额时也注意到，"日本国内生产多属粗放类商品，日、中两国产业发达程度存在本质的差异"。[③] 即由于当时日本国内社会经济发展相对滞后，不得不大量进口棉纺织品及生丝制品以满足其国内需求。因此，从对外贸易输入品结构上看，两港口输入品等级存在较大差异；而从其根本原因上分析，则是此一时期中、日两国社会经济发展水平的巨大差异。

2. 两港口对外贸易输入品来源地区存在较大差异

这里所指的输入品来源地区的差异系指输入品来源地范围大与小的区别，而在考察广州、长崎对外贸易输入品来源地区的同时，两港口商品直接输入对象亦值得关注。在对外贸易史的研究中，商品直接输入对象与商品实际来源地区存在明显差异，而商品直接输入对象的多与寡又构成了商品

---

①　《马克思恩格斯全集》第一、二卷，人民出版社2005年版，第605页。

②　［日］山胁悌二郎：《长崎の唐人贸易》，吉川弘文馆，1996年，第231页。

③　［日］山胁悌二郎：《近世日中贸易史の研究》，吉川弘文馆，1960年，第142页。

实际来源地区大与小的基础。17、18 世纪之交的广州,虽历经"闭关锁国"及"明清鼎革"的政治变局,但其商品直接输入对象较前一时期有所增加,输入品来源范围亦伴随着直接贸易国的转销而进一步扩大。而同时期的长崎,在幕府"禁教令"与"锁国令"的作用下,其直接贸易对象仅限中、荷两国,输入品来源地区非但没有扩大,反较前一时期有所缩小。通过表 8 可以看出,广州港口主要贸易输入品来源地区,在东南亚、南亚等传统贸易市场的基础上又增加了欧洲、美洲新兴贸易市场,输入品来源地区较大;而长崎主要输入品来源地区,均局限于亚洲,输入品来源范围较小。因此,两港口对外贸易输入品来源范围存在较大差异。

表 8		17—18 世纪广州、长崎主要输入品情况	
港口	主要输入品	直接输入对象	主要来源地区
广州	贵重金属(白银)	葡萄牙、西班牙、英国、法国等	美洲、东南亚、南亚
	香料	泰国、柬埔寨、葡萄牙、荷兰、英国、法国等	东南亚、南亚、欧洲
	大米	泰国、柬埔寨等	东南亚、南亚
长崎	生丝	葡萄牙(后中断)、中国、荷兰	东亚(中国)、东南亚
	织物品	葡萄牙(后中断)、中国、荷兰	东亚(中国)、东南亚
	荒物品	中国、荷兰	东亚(中国)、东南亚

注:本表依据上文广州、长崎对外贸易输入品结构所制。

上述输入品来源范围的差异,其形成原因亦十分复杂。但"闭关锁国"体制下的政治影响是其主要的形成因素。17、18 世纪之交的广州、长崎,"锁国"构成了两港口对外贸易发展的共同政治背景,而此背景影响下的两港口具体贸易状况却有明显差异。明中晚期的广州,政府虽厉行"海禁",但仍允许朝贡国按规定"贡道"来贡贸易,并规定广州为东南亚、南亚诸国贡使的入境口岸。至清初,藩王尚氏控制下的广州贸易进一步发展,并以走私贸易的形式保持着与东南亚、南亚地区的贸易往来。至 17 世纪初,在"西力东渐"的大背景下,广州亦成为西方国家来华贸易的重要商业据点。因此,此一时期广州港口对外贸易输入品对象较多,其输入品来源区亦十分广阔。而同时期的长崎,幕府颁布宽永"锁国令",禁止葡萄牙、西班牙、英国来日贸易,将长崎港口贸易对象仅限中、荷两国,以致其贸易对象较前期明显减少，输入品来源范围亦有所缩小。由此可见，"锁国体制"对广州、长崎产生的不同政治影响构成了此一时期两港口输入品来源范围的差异。

3. 白银及生丝作为两港口最主要的贸易输入品均对两国社会经济发展起到重要推动作用

通过上文对两港口输入品结构的考察可以看出，白银以其大输入量、宽阔的国内市场流通范围成为广州港口重要的贸易商品。而输入日本之生丝及丝织品，也以其巨额输入量及广泛的国内需求成为长崎港口最主要的贸易输入品。而此两者在作为各自港口最主要输入品的同时，亦对中、日两国社会经济的发展起到重要推动作用。

明清时期，我国"银缺"问题十分严重，白银作为通用货币在流通领域中明显不足，而"至今日而赋税市易，银乃单行……夫银力已竭"，[1] 更表明白银在"赋税""市易"各领域需求量之大。此外，明中后期以来，伴随着纸币的严重贬值，政府开始"弛用银之禁"以致"朝野率皆用银"，即白银开始普遍使用起来。然而，明清两代有限的银课收入及银产额无法供应国内社会经济的发展，海外白银的输入变得尤为重要。因此，在"经菲岛输入之美洲白银"与"18世纪西方国家输华白银"两条途径下，大量海外白银经广州港口流入中国，并在极大程度上推动了国内社会经济的发展。明中后期，"机户出资、织工出力"[2] 形式的商品经济雇佣关系已经形成；至清前期，手工业生产渐趋细密化，其产品也逐渐多样化。由此可见，海外白银的大量输入为明清社会经济的发展提供了重要保证。同样，经长崎港口输入之生丝，亦对日本近世社会经济的发展起到重要推动作用。前引宽永年间唐船运载大量生丝销往日本，这在导致白银流失海外的同时，亦推动了国内社会经济的发展。至宝历五年（1755年），"京都32间问屋的和产纺织品达88万2055斤"；[3] 后至"文化元年（1804年），唐船输入

---

① （明）黄宗羲：《明夷待访录》卷一《财计一》，中华书局1981年版，第37页。
② （明）《明神宗实录》卷三六一，"万历二十九年七月丁未"条，（台）"中央研究院"历史语言研究所，1962年，第6741页。
③ ［日］山胁悌二郎：《长崎の唐人贸易》，吉川弘文馆，1996年，第235页。

的纺织品仅为 1 万 4366 斤",[1] "这与此一时期日本国内纺织业发展有极为密切的联系"。[2] 此外,阿比拉·希隆在其《日本王国记》中称,日本人能将质地极优的生丝"加工得非常完美,并以出色的技巧织成素绢,继而裁剪成为衣料。然后,再将剪下的料片与原来的衣料整理在一起,进行缝制……总之,衣物便这样绚丽地制成了。"[3] 由此可见,经长崎输入的海外生丝为江户丝织业及棉纺织业的发展提供了重要保证,而此时手工业的发展又极大地推动了近世日本社会经济的发展。综上可以看出,白银及生丝作为两港口最主要的贸易输入品,其在大量流入的同时,亦对两国社会经济发展起到重要推动作用。

---

① [日] 山胁悌二郎:《长崎の唐人贸易》,吉川弘文馆,1996 年,第 234 页。
② 同上书,第 235 页。
③ [西班牙] 阿比拉·希隆:《日本王国记》,[日] 佐久间正译,《大航海时代丛书》(第 11 册),[日] 岩波书店 1965 年版,第 67 页。

清前期（1684—1784年）东南沿海与台湾的贸易往来

王兴文　陈　清[*]

一　厦门港的开放及两岸经济概况

（一）厦门港的开放

康熙二十二年（1683年），郑克爽降清，康熙完成统一大业，继而开放海禁、发展两岸经济就成为迫在眉睫的头等大事。九月，康熙在福建总督姚启圣疏请"开垦广东等省沿海荒地事宜"奏折中指出："今台湾降附，海贼荡平，该省近海地方应行事件自当酌量陆续实行。"[①]次年，朝廷诏开海禁，允许沿海各省与台湾进行商贸往来。"今海外平定，台湾、澎湖设立官兵驻扎，直隶、山东、江南、浙江、福建、广东各省海禁处分之例，应尽行停止。"[②]开放东部沿海的海禁，并先后设立了闽、粤、江、浙四处海关，管理对外贸易事务。闽海关在沿海一带设有南台、厦门、泉州、安海、铜山等20处税口，而厦门作为六大口岸之一，在闽海关中具有举足轻重的作用。

在对台方面，清廷将台湾设成一府三县，即台湾府，诸罗、凤山、台湾三县，鉴于福建的地缘、业缘、血缘等优势，将台湾隶属福建省管辖。

---

[*]　王兴文，温州大学人文学院教授；陈清，温州大学人文学院研究生。

[①]　中国第一历史档案馆：《康熙起居注》第二册，中华书局1984年版，第1066页。

[②]　孔昭明：《清圣祖实录选辑》，康熙二十三年，《台湾文献史料丛刊》第4辑，（台）大通书局1984年版，第134页。

同时为了加强对台贸易的管理，在康熙二十三年（1684 年）至乾隆四十九年（1784 年）整整 100 年间，清廷对台湾实行的是福建厦门到台湾凤山县安平镇鹿耳门的单口对渡贸易，规定凡是大陆和台湾的商贸往来，必须要经过厦门和鹿耳门的对渡来完成。"至于台湾、厦门各省本省往来之船，虽新例各用兵船护送，其贪时之迅速者，俱从各处直走外洋，不由厦门出入。应饬行本省并咨明各省，凡往台湾之船，必令到厦门盘验，一体护送，由澎而台；其从台湾回者，亦令盘验护送，由澎到厦。"① 从这里可以看出，这一时期从内地到台湾的商贸船只，官方指定的唯一路线是由厦门到鹿耳门，无论是福建省还是其他省份向台湾运输商品都必须先到厦门盘验过关，然后用兵船护送到澎湖，再到台湾，返航的时候亦是如此。朝廷之所以选择厦门和鹿耳门对渡，首先是因为鹿耳门乃台湾咽喉之地，地理位置十分重要。"而惟鹿耳门为用武必争之地者，以入港即可以夺安平而抗府治也。夺安平则舟楫皆在港内，所以断其出海之路，抗府治则足以号令南北二路，而绝依附之门。故一入鹿耳门，而台湾之全势举矣！"② 对于清廷而言，控制了鹿耳门就能够控制台湾。其次，鹿耳门港口是台湾最原始的海港之一，与厦门隔海相望，厦门与鹿耳门通航历史悠久。郑成功收复台湾以后，漳、泉地区人们纷纷迁入台湾，开发台湾，由于血缘和业缘关系，台湾与福建联系十分紧密，由厦门到鹿耳门则成为当时闽台的主要航道。

（二）两岸经济概况

清代郑成功收复台湾以后，闽人大量迁往台湾，在为台提供丰富劳动力的同时，也带去了大量的资金和技术，这为开发台湾奠定了良好的劳动力保障和经济基础。台湾属于热带亚热带气候，冬无严寒，夏无酷暑，雨量充沛，物产丰富，品种繁多。台湾水稻一年三熟，产量非常高，因此，台湾的粮食"不但本郡足食，并可资赡内地"。③ 台湾蔗糖、落花生产量也非常高，因此有"糖为最，油次之"的说法。④ 其他瓜果，"柿、佛手、柑

---

① 张本政：《清实录台湾史资料专辑》，福建人民出版社 1993 年版，第 82 页。
② （清）黄叔璥：《台海使槎录》卷一《台湾文献史料丛刊》第 2 辑，第 6 页。
③ 同上书，第 51 页。
④ （清）李元春：《台湾志略》卷一《台湾文献史料丛刊》第 2 辑，第 36 页。

皆肥大。波罗蜜，天波罗也；黄梨，地波罗也。甘蔗、龙眼，多为美。椰子、桄榔，少而珍。荔枝，台地无之；邑独种，近皆成林，不美减内地。"①具有热带风味的瓜果品种繁多，一点也不逊于内地。但由于开发较晚，此时台湾手工业非常落后，日常生活用品几乎都来源于内地。

清前期，东南沿海地区的市场网络已具雏形，各省份之间贸易联系非常紧密。江南地区自唐宋时期就成为全国的经济重心，手工业发达，丝织品、棉产品种类繁多，生丝、棉花产量极高，闽粤地区丝织业、棉织品的原料几乎全靠江南供给。"福州青袜乌言贾，腰下千金过百滩。看花人到花满屋，船板平铺装载足。"②就是当时闽商大量收购太仓棉的真实写照。泉州的倭缎、漳州的漳缎、漳纱等，其原料都是来自江南地区，"丝则取诸浙西，苎则取之江右，棉则取之上海"。③不仅福建如此，广州亦然，《广州府志》载："粤缎质密而其色鲜华，光辉润泽，然必吴蚕之丝所织，若本土之丝则黯无光，色亦不显，止可行于粤境，远贾所不取。"④与此同时，闽粤地区也有大量原料和农副产品补给江南地区，"凡福之绸丝，漳之纱绢，泉之蓝，福延之铁，福漳之桔，福兴之荔枝，泉漳之糖，顺昌之纸，无日不走分水岭及浦城小关，下吴越如流水"。⑤清代《乍浦志》有载："自闽、广来者则有松、杉、楠、靛青、兰、茉莉、桔、柚、佛手、柑、龙眼、荔枝、橄榄、糖，自浙东来者则有竹、木炭、铁、鱼、盐，出港物品以布匹、丝绸为大宗。"⑥因此这一时期，整个东南沿海市场具有很强的互动性，各省份之间互通有无，共同发展。但这一时期，东南各省由于手工业快速发展，农业结构发生改变，经济作物种植面积大量增加，水稻种植面积减少，这一现象在江南地区尤为明显。在人口不断增加的情况下，粮食完全供不应求，同时江南人喜食甜，但本地基本不产糖，单靠闽粤地区的糖无法满足江南人日常所需，因此，清初东南沿海虽手工业发达，但粮食、糖类无

---

①（清）李元春：《台湾志略》卷一，《台湾文献史料丛刊》第 2 辑，第 37 页。

②（清）吴伟业：《吴梅村全集》卷一〇，上海古籍出版社 1990 年版。

③（清）李伟钰：光绪《漳州府志》卷四八，上海书店出版社 2000 年版。

④（清）史澄：乾隆《广州府志》卷一六，（台）成文出版社 1966 年版。

⑤（清）王世懋：《闽部疏》，《丛书集成初编》第 3161 册，中华书局 1985 年版，第 12 页。

⑥（清）宋景关：乾隆《乍浦志》卷一，《中国地方志集成》乡镇志专辑，上海书店出版社 1992 年版。

法满足人们日常所需，仍需从台湾调运补给。

二　两岸之间的对渡贸易

（一）两岸贸易运输通道

从内地向台湾运送货物的商人从厦门港出发，航行约 18 小时到达澎湖岛，再航行大约 7 小时到达鹿耳门，时速按每小时 60 里计算，从厦门港到鹿耳门大约需要一到两天，行程共计 720 里。对于这段航程，黄叔璥在《台海使槎录》中有粗略记载："厦门至彭湖，水程七更；彭湖至鹿耳门，水程五更，志约六十里为一更……更也者，一日一夜定为十更。"① 李元春在《台湾志略》中则对这段路程有更为详细的记载：

> 凡往内地之舟，皆于黎明时出鹿耳门放洋（舟人捩舵扬帆出海曰"放洋"。鹿耳门港南北有二礁，植标以记，不敢逼犯；质明见标，舟乃可行）。清明后南风始发，从鹿耳门外径去。白露后北风渐盛，必至隙仔港口（在鹿耳门外之北），方可开驾（舟行务上依风，故南风放洋从南，北风放洋从北，若误落下风，针路便失）。约行百里，望见东西吉屿，经二屿便抵澎湖，大约后午可到。南风宜泊水埯澳，北风宜泊网澳、内堑、外堑等澳；余详前澳屿内。自澎往厦，悉以黄昏为期，越宿而内地之山隐现目前。此就顺风而言。若南风柔若，风不胜帆，常一二日夜方抵澎湖。至厦门则更缓。又若北风凛冽，帆不胜风，折帆驾驶，登岸亦稍迟焉。②

综合以上材料，我们可以了解到，鹿耳门港口南北有二礁，并标有南北标记，这主要是因为从台湾到厦门的线路分为南北两个方向。台湾海峡属南亚热带、北热带季风气候，夏秋盛行西南风，冬春盛行东北风。船由台湾开往厦门，需与风向相结合：清明过后，盛行西南风，则从鹿耳门南礁径直前行，航行约一百里，到达东西吉屿，澎湖岛附近，船驶进水埯澳

---

① （清）黄叔璥：《台海使槎录》卷一《台湾文献史料丛刊》第 2 辑，第 15 页。
② （清）李元春：《台湾志略》卷一《台湾文献史料丛刊》第 2 辑，第 15 页。

暂作停顿，之后再驶往厦门；白露过后，盛行东北风，则从鹿耳门向北礁出发，到隙仔港口，行驶 100 里左右，到达东西吉屿，澎湖岛附近，船驶进网澳或内、外堑暂作休整，之后驶向厦门。行驶途中，风速大小会直接影响行程时间。

（二）两岸贸易商品

到了清代，东南沿海造船技术业已成熟，特别是浙江与福建地区，不仅商船种类多，而且规模大。在沿海各省商船中，厦门的商船规模最大，"洋船，即商船之大者。船用三桅，桅用番木。其大者，可载万余石；小者，亦数千石"①。当时万余石相当于今天约 700 吨，可见厦船航载量之大。在厦门商船中，最突出的就是厦门富商对台贸易专门建造的"横洋船"，"横洋船者，由厦门对渡台湾鹿耳门，涉黑水洋，黑水南北流甚险，船则东西横渡，故谓之横洋。船身梁头二丈以上，往来贸易，配运台谷，以充内地兵糈"②。横洋船承载量非常大，也用来载糖运至内地，因此又称"糖船"。对渡贸易开通以后，两岸商船"舳舻相望，络绎于途"，厦门港盛极一时，"厦岛乃南、北、台、澎船只往来贸易之所"③。"厦门商船对渡台湾鹿耳门，向来千余号。"④ 这一时期，两岸贸易空前繁荣。

在郑成功收复台湾之前，台湾作为殖民地，饱受荷兰殖民者欺压，赋税沉重，手工业极不发达，收复以后，台湾手工制造业基础太差，日用百货几乎全靠内地供应，《续修台湾县志》有载："百货皆取资于内地，男有耕而女无织。"最常见的货物如江南地区的丝绸，泉州、漳州的棉布，漳州药材，德化瓷器，永春葛麻，广州的西洋布等，"兰俗夏尚青丝，冬用绵绸，皆取之江浙。其来自粤东者惟西洋布，雪白则为衣为裤，女子宜之；元青则为裘为褂，男子宜之。其来自漳、泉者有池布、眉布、井布、金绒布"⑤。"兰中惟出稻谷，次则白苎，其余食货百物多取于漳、泉，其漳、泉

---

① （清）周凯：道光《厦门志》卷五《台湾文献史料丛刊》第 2 辑，第 17 页。
② 同上书，第 166 页。
③ 福建师范大学图书馆：《福建沿海航务档案》，抄本，第 121 页。
④ （清）周凯：道光《厦门志》卷五《台湾文献史料丛刊》第 2 辑，第 178 页。
⑤ （清）陈淑均纂，李祺生续纂：《噶玛兰厅志》卷五，清咸丰二年刊本。

来货，饮食则干果、麦、豆，杂具则瓷器、金楮名轻货船。"① 这一时期，台湾输入货物主要以日用百货为主。关于清前期东南沿海省份向台湾输出的商品，清人黄叔璥在《台海使槎录》中有详细记载：

> 海船多漳泉商贾。贸易于漳州则载丝绒、漳纱、纸料、烟、布、草席、砖瓦、小杉料、鼎铛、雨伞、柑、柚、青果、橘饼、柿饼；泉州则载瓷器、纸张；兴化则载杉板、砖瓦；福州则载大小杉料、干笋、香菇；建宁则载茶，回时载米、麦、菽、豆、黑白糖饧、番薯、鹿肉，售于厦门诸海口，或载糖、靛、鱼翅至上海；小艇拨运姑苏行市，船回则载布匹、纱缎、绵、冷暖帽子、牛油、金腿、包酒、惠泉酒；至浙江则载绫罗、绵绸、绉纱、湖帕、绒线；宁波则载棉花、草席。商旅辐辏，器物流通，实有资于内地。②

从材料中可以看出，在东南沿海各省与台贸易中，闽商最为活跃，与台湾商贸联系最紧密，在输往台湾的商品中，丝绸、棉布、纱线、砖瓦、纸张、瓷器等生活用品为大宗。

这一时期，台湾向内地输出的商品中主要以农副产品及土特产为主。台湾属于新开发地区，沃野千里，土地肥沃，粮食产量极高，加之开辟初期人口稀少，所产粮食大量富余，因此多运往内地，于是台湾成了"内地第一大粮仓"。其实台湾"其种植者稻粟而外，更有栽种糖蔗、番薯、芝麻、落花生、绿豆等项"。③ "糖为最，油次之。糖出于蔗；油出于落花生，其渣粕且厚值。商船贾贩，以是二者为重利。"④ 所以在清前期粮食、砂糖、油是台湾输入内地的大宗货物。

康熙、雍正年间，台湾的糖很受内地百姓欢迎，销路非常好。"三县每岁所出蔗糖约六十万篓，每篓一百七、八十斤；乌糖百斤价银八、九钱，白糖百斤价银一两三、四钱。全台仰望资生，四方奔趋图息，莫此为甚。

---

① （清）陈淑均纂，李祺生续纂：《噶玛兰厅志》卷五。
② （清）黄叔璥：《台海使槎录》卷二《台湾文献史料丛刊》第2辑，第47—48页。
③ （清）德福：《闽政领要》，福建师范大学图书馆抄本。
④ （清）李元春：《台湾志略》卷一，《台湾文献史料丛刊》第2辑，第36页。

糖斤未出，客人先行定价；糖一入手，即便装载。每篓到苏，船价二钱有零。"① 乾隆年间，台湾与漳州、泉州等地的贸易达到鼎盛时期，仅粮食一项，数额就非常大，"福、漳、泉三府民食仰之，商运常百万，江浙、天津亦至焉"。② 而且每遇灾荒之年，清政府便从台湾调运粮食接济内地，"台湾米石，除本地食用外，如有赢余，不特运往本省漳、泉各郡，在所不禁，即邻近之江、浙各省，偶值米价昂贵，该商等运往贩卖，藉以平减时价，亦所时有。且以此地之有余，补彼处之不足"③。乾隆四十六年（1781 年），"前督臣杨景素以浙省杭、嘉等属米价昂贵，奏准将闽省近海各县仓谷，先行招商买运，赴浙粜卖，一面于台湾府仓拨运归补"。④ 从蔗糖和粮食的运输规模就能反映出清前期台湾向内地商品输出情况，同时也可以看出这一时期，内地与台湾的商品贸易具有很强的互补性。

清代前期，厦门海关的税收在闽海关中占有重要的地位，"按闽海关钱粮，厦口居其过半，年征银十万五千余两正额，盈余归通关核算"⑤。过半的贸易税额折射出这一时期两岸贸易数额之大，景象之繁荣。

三　结语

台湾在古代即是中国神圣不可分割的一部分，早在三国时期，大陆就与台湾建立联系，到了宋代，大陆与台湾经济联系日趋密切，发展至元代，朝廷设澎湖巡检司，台湾正式归属中央政府，清代康熙开海以后，大陆与台湾联系更加紧密，很快成为大陆市场的一个重要组成部分。清初大陆与台湾的对渡贸易建立以后，两岸贸易往来进入空前繁荣阶段，这对两岸经济发展产生了积极的影响。

首先，清初台湾与东南沿海各省的商贸关系，是一种互通有无、互利互惠、共同发展的贸易关系。两岸对渡贸易的形成，优化了中国东南沿海

① 黄叔璥：《台海使槎录》卷一《台湾文献史料丛刊》第 2 辑，第 21 页。
② （清）陈捷先、阎崇年：《清代台湾》，九州出版社 2009 年版。
③ 张本政：《清实录台湾史料专辑》，福建人民出版社 1993 年版，第 861 页。
④ 同上书，第 260 页。
⑤ （清）周凯：道光《厦门志》卷七，《台湾文献史料丛刊》第 2 辑，第 195 页。

和台湾地区的人力资源和自然资源，密切了各省与两岸的经济联系，加快了全国市场一体化进程。台湾地方经济逐渐融入全国经济体系，成为全国经济链条上不可或缺的重要环节。

其次，福建是与台湾联系最紧密的省份，江南是全国经济重心，同时也是粮、糖需求量最大地区，台湾进入沿海贸易以后，形成了稳固且十分有利的贸易关系。台湾将粮、糖从厦门运至江南主要港口，又将从江南买到的棉花、棉布、生丝等运到福建销售，再从福建将沿海的手工业品、土特产等运到台湾。台湾在与东南沿海的贸易中，不仅充分发挥了粮、糖产量高的优势，而且在江南与闽粤转运贸易中获利，从而避开单一贸易模式，降低贸易风险，增加盈利机会，促进了台湾经济发展。内地生活用品的输入，大大改善和丰富了台湾人民的生活，同时也充实了台湾的商业资本，促进台湾经济稳定持续繁荣。

最后，厦门与鹿耳门的对渡贸易，更加促进了闽台关系的发展。厦门港成为内地与台经济贸易往来的中转站，促进了厦门的繁荣与发展，同时也使福建商人在这次有利契机中迅速发展起来，以更加积极的姿态参与到沿海贸易活动中，在沿海贸易往来中发挥了重要作用，更加有利于福建商业资本的积累和经济繁荣发展。

总之，清统一台湾以后，两岸之间的贸易，既促进了台湾的经济开发，使台湾成为这一时期中国贸易往来最活跃最发达的地区之一，同时又强化了两岸的经济联系，加快了全国市场一体化的进程，对于两岸关系的发展有着不可低估的历史作用。

宗教利益至上：传教史视野下的
"安菲特利特号"首航中国若干问题考察

伍玉西　张若兰[*]

　　1698 年 11 月 2 日，一艘名叫"安菲特利特号"（*Amphitrite*）的法国商船泊于广州黄埔，揭开了法国对华直接贸易的序幕。关于这一事件的研究，法国学者伯希和（Paul Pelliot）在 1928 年和 1929 年的《学者通报》（*Journal des Savants*）上发表了长文《法中关系的开始——"安菲特利特号"首航中国记》（L'Origine des Relations de la France avec la Chine. Le Premier Voyage de l'Amphitrite en Chine），对事件的缘起、船上人员、船载物品以及在中国的贸易情况进行了较系统的考察。国内的研究论文有耿昇的《从法国安菲特利特号船远航中国看 17—18 世纪的海上丝绸之路》（阎纯德主编《汉学研究》第 4 集，中华书局 2000 年版），也是从中西贸易的角度进行研究。由于事件的缘起、法国船在中国所受到的待遇、船的性质、法国公司在广州的贸易等方面都与法国耶稣会对华传教有着极为密切的关系，所以本文尝试从传教史的视角，以《法国使团首航中国日志：1698—1700》（*A Journal of the First French Embassy to China*，1698 – 1700，以下简称《日

---

　　* 伍玉西，韩山师范学院历史学系副教授；张若兰，韩山师范学院外语系教授。

　　① 1859 年，英国学者萨克斯·班尼斯特（Saxe Bannister）自称根据一部在伦敦发现的未刊稿本而编译了此书。伯希和认为，该手稿出自一个叫弗郎热（F. Froger）的人。关于此事的原始记载，作者所能见到的，除了此书之外还有：当事人法国耶稣会士白晋（Joachim Bouvet）于 1699 年 11 月 30 日写给法国国王忏悔师拉雪兹（François d'Aix de Lachaize）神父的书信；法国耶稣会士马若瑟（de Prémare）在 1700 年 11 月 1 日在江西抚州写的书信；法国耶稣会士洪若翰（Jean de Fontaney）于 1703 年 2 月 15 日在舟山写的书信；意大利画师聂云龙（Giovanni Ghirardini）的回忆录《1698 年随"安菲特利特号"首航中国记》（*Relations du Voyage Fait à la Chine sur le Vaisseau l'Amphitrite, en l'Année* 1698）。然作者遍查清代前中期中文史籍文献，竟无关于此事的片言只语。

志》)①为主要资料来源,对"安菲特利特号"首航中国的若干问题进行新的探讨。

一 "安菲特利特号"航行中国的缘起

15 世纪后期,伊比利亚人开始了海外扩张,罗马教廷与他们联手,掀起了基督教历史上新一轮传教运动。根据西葡 1494 年《托尔德西拉斯条约》,教皇子午线以东的广大"东印度"地区是葡萄牙人的势力范围,这里的传教士接受葡萄牙国王的"保护",他们东来传教必须得到葡王批准,宣誓效忠葡王,并且必须到里斯本乘坐葡萄牙的船只。①

葡萄牙"保教权"下的耶稣会最先于 1552 年开展对华传教,在利玛窦(Matteo Ricci)等人的努力下,该会在华传教取得很大成功,并于 1623 年建立了独立的耶稣会中国副会省。17 世纪后,随着葡萄牙帝国衰势的渐现,葡萄牙的远东"保教权"受到了严重挑战。1622 年,罗马教廷建立传信部,开始插手中国教务。稍后,处于西班牙"保教权"下的多明我会、方济各会传教士从菲律宾来到中国,建立了传教基地。1659 年,罗马教廷实行宗座代牧制,直接向中国派遣主教。至此,天主教中国传教区内的传教组织关系已是错综复杂。

1676—1680 年任耶稣会中国副省会长的南怀仁(Ferdinand Verbiest)深感"以独受葡萄牙保护,其力容有未足",②乃于 1677 年和 1678 年两次向耶稣会总会长及各省会长写信,呼吁同会传教士来华传教。1684 年,柏应理(Philippe Couplet)受南怀仁之托到法国招募传教士。此时法国科学院正为派往印度、中国的科考人员发愁,于是"人们把目光转向了耶稣会士们",因为"他们的天职就是前往他们认为在拯救灵魂方面能取得最多成果的任何地方"。③洪若翰(Jean de Fontaney)、白晋(Joachim Bouvet)、刘应

---

① 教皇授予了西班牙、葡萄牙两国在新发现的土地上享有"保教权",两国国王全权负责那里居民的宗教生活,为传教士提供传教经费和运输上的便利,保护教会。

② [法] 费赖之:《在华耶稣会士列传及书目》(上),冯承钧译,中华书局 1995 年版,第 348 页。

③ [法] 杜赫德编:《耶稣会士中国书简集》(I),郑德弟、吕一民、沈坚译,大象出版社 2005 年版,第 251 页。

（Claude de Visdelou）、李明（Le Comte）、张诚（Jean – François Gerbillon）、塔夏尔（Guy Tachard）这六位博学的法国耶稣会士以"国王的数学家"身份被派往中国。法国国王路易十四（Louis XIV）也想借传教士来扩张法国在东方的势力，因此对法国耶稣会士开展对华传教给予了大力支持，他"施展外交手段，为传教团的最后成行打通关节"。① 1685 年 3 月 3 日，洪若翰一行在法国西北部的布雷斯特港（Brest）搭乘路易十四为护送一个赴暹罗的使团而租用的"飞鸟号"（Oiseau）三桅船东来，除塔夏尔被暹罗国王挽留外，其余 5 人于 1687 年 7 月抵达宁波，随后进入北京。法国耶稣会士避开了葡萄牙的"保教权"，接受法国国王"保护"，这样就在中国形成了一个新的耶稣会传教团体，他们与处于葡萄牙"保教权"下的耶稣会分庭抗礼。虽然同为耶稣会，但由于受不同的国王"保护"，这两个在华传教组织矛盾重重。

法国耶稣会士在为清宫服务的过程中表现十分出色，博得了康熙皇帝的器重。1693 年 6 月，康熙派白晋返欧招募更多具有科学素养的传教士来华。白晋带着康熙送给路易十四的珍贵礼物，在众多护卫的簇拥下离开北京，于次年 1 月 10 日在澳门登上一艘英国船，经过长时间的海上航行，晚至 1697 年 3 月才回到布雷斯特港。② 路易十四很支持白晋的招募工作，还回赠给了康熙皇帝一册装订华丽的版画集。白晋很快招募到了 13 名愿意来华的法国耶稣会士，但他们东来的船只却成了问题。由于"保教权"之争，法国耶稣会士不可能搭乘葡萄牙的商船来华。法国方面，虽然早在 1660 年创设了"航行中国东京交趾支那及其附近诸岛之公司"，为此而建造了一艘商船，但未来得及出航贸易就遭遇暴风沉没，公司也很快倒闭。③ 1664 年，法国又成立了东印度公司，获得了在 50 年内从事从好望角东部到麦哲伦海峡，包括东印度全境和南海区域的贸易垄断权。④ 不过，法国的对华贸易却迟迟没有开展起来。白晋曾劝说东印度公司派船来华，但公司的"先生们

---

① 李晟文：《明清时期法国耶稣会士来华初探》，《世界宗教研究》1999 年第 2 期。

② ［德］柯兰霓：《耶稣会士白晋的生平与著作》，李岩译，大象出版社 2009 年版，第 26 页。

③ 张雁深：《中法外交关系史考》，史哲研究社，1950 年，第 5、8 页。

④ 康波：《法国东印度公司与中法贸易》，《学习与探索》2009 年第 6 期。

并没有被他说服，也没有往中国派商贸考察团"。① 白晋还极力游说路易十四派遣御船运送传教士，但由于白晋的钦差身份无法得到确认，而路易十四的大臣们更是担心法国国王的御船在中国将被视为贡船，他的这种努力也归于失败。不过，他还是说服了一位叫儒尔丹（Jourdan de Groussey）的商人。儒尔丹在白晋的巧言劝说下，决定开展对华贸易。1698 年 1 月，儒尔丹与法国东印度公司达成协议，以所售商品利润的 5% 支付给公司为条件，从它那里获得了两次派船往中国贸易的授权，但中途不得贸易。② 为此，儒尔丹组建了自己的中国商贸公司，并向法国政府购买了一艘名叫"安菲特利特号"的快速三桅帆船，把它派往中国。

白晋与儒尔丹中国公司建立起合作关系，安排 13 名法国耶稣会士中的 8 名与他本人一起随"安菲特利特号"东来。此前，另 5 人已被他安排随一支前往东印度群岛的法国舰队同行。1698 年 3 月 6 日，"安菲特利特号"从法国西部港口拉罗舍尔（La Rochelle）起锚，要抵达本次航行的目的地——中国沿海港口宁波。据《日志》记载，该船装备 30 门炮，载有 500 吨货物。船上有 150 名船员，船长为罗克（de La Roque）骑士，包括首席大班（第一商务经理）贝纳克（M. de Benac）在内的 15 名儒尔丹中国公司人员，2 名法国东印度公司代表，包括白晋在内的 9 名法国耶稣会士，以及意大利画师聂云龙（Giovanni Ghirardini）等。③ 当船在好望角停靠时，适遇搭乘另一艘船来华的那 5 名耶稣会士，白晋邀请其中 2 人同行。至此，船上共有 11 名法国耶稣会传教士，这批传教士后来为中法文化交流做出了重大贡献。

二　法国船在中国得到的优待

由于"安菲特利特号"在横穿印度洋时偏离预定航线，且沿途耽搁太多时间，所以当到达西沙群岛水域时，已是这年的 9 月底了。28 日，白晋

---

① ［德］柯兰霓：《耶稣会士白晋的生平与著作》，李岩译，大象出版社 2009 年版，第 27 页。

② 康波：《法国东印度公司与中法贸易》，《学习与探索》2009 年第 6 期。

③ S. Bannister , *A Journal of the First French Embassy to China*, 1698 – 1700, London：Thomas Cautley Newby , 1859, pp. 1 – 2.

与船长罗克、公司首席大班贝纳克等人进行了私下会晤，白晋指出，在季风结束前到达宁波已不可能，广州离此较近，应该驶往广州。①白晋的建议被采纳，他们在 10 月 5 日到达广东台山的上川岛。

在上川岛逗留期间（10 月 5—13 日），白晋偶遇一位他相识的军官，这位军官把他带到上川岛对面的广海城。广海历史悠久，明清时期是海防重镇，清初以水师中军游击守备驻之。② 城内设有县丞署，所以当时广海最大的官员应为游击，白晋后来在信中提到的广海"主官"应为广东水师中军驻广海的游击。此时广海驻军不足 1000 人，"主要负责台山沿海及上川、下川的防务"，但不负有接待过往商旅的职责。③ 白晋向"当地主官"说明了自己的钦差身份，要求给法国船派出引水，而自己要尽可能快地赶到广州，好向皇帝报告他回来的消息。④ 这位"主官"不敢怠慢钦差，立即给"安菲特利特号"派出了广海最好的引水，同时派出 4 位轿夫和 10 多名部下从陆路把白晋护送到了广州。"安菲特利特号"到达澳门后，受到欧洲人和中国官方的欢迎。10 月 26 日，白晋在 4 艘全副武装的中国帆船护卫下从广州来到澳门，他要亲自把"安菲特利特号"带到广州，以免沿途关口的敲诈和勒索。

粤海关初期，"凡外舶须先由粤关监督躬自或遣人自省城下澳盘验，然后始得引入省城"。⑤ 由于有"钦差"白晋随船而行，法国船的这个程序也省了，粤海关监督只派出了内河引水，没有在澳门对船只进行盘验。⑥ 28日，船只驶离澳门，31 日泊于虎门。虎门口是粤海关省城大关下属的一个挂号口，"由监督及奉旨兼管关务的督抚分派家人带同书役进行管理"，负

---

① S. Bannister，*A Journal of the First French Embassy to China*，1698－1700，London：Thomas Cautley Newby，1859，p. 86.

② 段木干主编：《中外地名大辞典》第 6—7 册，"广海寨"条，人文出版社 1981 年版，第 4643 页。

③ 张运华：《广海古镇》，载谭国渠、胡百龙、黄伟江主编《台山历史文化集》第 9 编，中国华侨出版社 2007 年版，第 7—8 页。

④ ［法］杜赫德编：《耶稣会士中国书简集》（Ⅰ），郑德弟、吕一民、沈坚译，大象出版社 2005年版，第 145 页。

⑤ 梁嘉彬：《广东十三行考》，广东人民出版社 2009 年版，第 73 页。

⑥ 此时的粤海关监督为黑申，系满洲镶红旗人，雍正七年（1729 年）袭三等子爵，后因犯事而被削（赵尔巽：《清史稿》卷一七一《诸臣封爵世表四》，中华书局 1974 年版），他曾于 1698—1699 年任粤海关监督一年。

责商船货物的报关登记，填写税单，但不负责收税。① 这些监督或督抚的家奴们依仗主子权势，平时贪赃枉法、为所欲为惯了，自然不把白晋这样的外国人放在眼里。虎门炮台和附近中国船只上的大小官员都上"安菲特利特号"问候白晋，但虎门海关胥役头目却对白晋说，任何过境船只都得交纳"规礼"。白晋听后，既惊且怒，他拿出"钦差"的威风，把这胥役狠狠地教训了一番，然后加以鞭笞。②

在过了澳门、虎门两处海关后，白晋于31日晚带着耶稣会士利圣学（Charles de Broissia）和画师聂云龙乘中国官船先行去了广州，聂云龙在一封私人信件中描述了他一路的见闻：

当我们的小船靠岸时，人们山呼"万岁"，然后鸣九响礼炮，向（白晋）神父致意，礼炮声在四周久久回响。小船被两盏大灯笼照得通亮，灯笼上用汉字写着"钦差"的字样。每当我们经过要塞和军队驻地时，人们都鸣三响礼炮致意。③

11月2日，"安菲特利特号"到达黄埔港，在离黄埔村1/4里格（约1.2公里）的地方下碇。4日，白晋着一身钦差官服来到黄埔，亲自安排起船上人员的住地问题。他和船长罗克在附近的村子为船员找了一间非常合适的房子，④ 又租了一座庙用于安置船上的8位病人，同时要求法国人严守中国礼仪。在这一切都安排妥帖后，白晋乃于5日下午带着随船而来的全体耶稣会士前往广州，他们身着法衣，像中国人一样剃了发。当他们出发时，"安菲特利特号"鸣7响礼炮欢送，附近的一艘英国船鸣5响，黄埔海关也鸣了3响。⑤

---

① 李金明：《清代粤海关的设置与关税征收》，《中国社会经济史研究》1995年第4期。

② S. Bannister, *A Journal of the First French Embassy to China*, 1698 – 1700, London：Thomas Cautley Newby，1859, pp. 115 – 116.

③ Giovanni Ghirardini, *Relations du Voyage Fait à la Chine sur le Vaisseau l'Amphitrite, en l'Année* 1698, Paris, 1700, pp. 54 – 55.

④ 此时清政府对外商约束还不是很严，来粤商人可以租民房居住。白晋为船上人员租居的房子位于锚地南边，距锚地不到1.2公里的一个叫Cangteng – tchuen（疑为仓头村）的村庄里。

⑤ S. Bannister, *A Journal of the First French Embassy to China*, 1698 – 1700, London：Thomas Cautley Newby，1859, p. 123.

　　由于白晋身负皇差，又是康熙的"家里人"①，因此他所到之处，地方各级官员对他毕恭毕敬，不敢有丝毫的怠慢，他也就借此机会为法国公司谋取商业利益。当他从广海走陆路提前到广州后，"用了三天时间接待和拜会省里主要官员"②，为法国船争取了下列优惠：粤海关监督给"安菲特利特号"派出了内河引水；保证该船在通过任何一地的海关时不会受到检查；免去该船的一切税银。③

　　自 1685 年粤海关建立后，外国商船在广州口岸需交纳的税种有"船钞""货税"和"礼银"。"船钞"即通过丈量船只而需交纳的吨位税，"货税"即货物税，"礼银"是外国商船在办理进出港口及其他事务时向中国官、吏交纳的小费。雍正四年（1726 年）之前，"礼银"不属于国家税收，是各口的私索。④"安菲特利特号"被免了多少税银？这很难做出准确估算，但有一些相关原始记载可供参考。白晋在书信中说，巡抚和其他官员免除了船上所有货物的税银，"大约值一万埃居"。⑤ 他所提到的是该船的"货税"，10000 埃居约合 6000 两纹银。⑥《日志》中记载，法国人根据一艘阿拉伯船所交"船钞"的数量，估算"安菲特利特号"被免了 12000—15000 两纹银的"船钞"。⑦实际上不需要这么多。粤海关原征西洋一等船"船钞"3500 两，1698 年后改按东洋船标准征收，为 1400 两，实际缴纳数为 1120 两。⑧ 至于"礼银"，数量不会很大。所以，法国人被免的"船钞""货税"和"礼银"总额至少有 7120 两，这是笔不小的数目。

---

　　① ［意］马国贤：《清廷十三年——马国贤在华回忆录》，李天纲译，上海古籍出版社 2004 年版，第 100 页。

　　② ［法］杜赫德编：《耶稣会士中国书简集》（Ⅰ），郑德弟、吕一民、沈坚译，大象出版社 2005 年版，第 145 页。

　　③ S. Bannister, *A Journal of the First French Embassy to China*, 1698 – 1700, London：Thomas Cautley Newby , 1859, p. 109.

　　④ 梁嘉彬：《广东十三行考》，广东人民出版社 2009 年版，第 77、91 页。

　　⑤ ［法］杜赫德编：《耶稣会士中国书简集》（Ⅰ），郑德弟、吕一民、沈坚译，大象出版社 2005 年版，第 146 页。

　　⑥ 法国耶稣会士利国安（Laureati）神父于 1714 年 6 月 26 日写于福建的信中说："一两白银相当于我们 5 利弗尔的价值"［《耶稣会士中国书简集》（Ⅱ），大象出版社 2005 年版，第 118 页］。1 埃居 = 3 利弗尔，所以 1 埃居 = 0.6 两中国纹银，10000 埃居折合约 6000 两纹银。

　　⑦ S. Bannister, *A Journal of the First French Embassy to China*, 1698 – 1700, London：Thomas Cautley Newby , 1859, p. 141.

　　⑧ 李金明：《清代粤海关的设置与关税征收》，《中国社会经济史研究》1995 年第 4 期。

粤海关设立之初，为招徕外国商船，有减税之举，但非常态，亦不能全免，作为商船的"安菲特利特号"享受了全免税银的特殊待遇，这应完全归功于白晋的努力。白晋此举意在投桃报李，为法国公司争取商业利益，以此来回报本国商人对其传教事业的支持，并换取他们的继续支持。时任粤海关监督黑申不明究竟，对白晋的超常之举甚是"迷惑不解"。①

三　法国船的性质问题

"安菲特利特号"本是商船，这在 1698 年 2 月 8 日路易十四发布的有关该船驶往中国问题的敕令中做了明确规定，敕令云：

要按照英国人和荷兰人的做法一样，宣称他（指罗克船长）指挥的船不是国王御船，而是一艘普通的商船，以便当今后时机成熟国王向中国派遣御船时，这次航行不会对它造成消极影响。②

但是，当 1698 年 10 月 31 日"安菲特利特号"泊虎门时，船长罗克正式宣布：从此后他们要对外公开宣称"安菲特利特号"归属法国国王，是国王的御船，谁有不遵就以违抗国王御旨论处。③ 为了不出纰漏，他在法国人内部统一了口径，甚至让儒尔丹公司的三位随船大班做了书面保证。罗克是船长，本无权做出这样的决定，但由于儒尔丹对整个航程的最高决策权没有明确规定，加之公司首席大班贝纳克性情乖戾，不受人喜爱，在与罗克的争执中总是处于下风，因此罗克实际上控制了这艘船。当船泊澳门时，"一些居心不良的人"放出话来说，"安菲特利特号"是私家船，白晋对此很是不满。④在白晋的授意之下，罗克做出了以上决定，宣布该船为御船。

改称商船为御船，白晋用意何在？这从罗克船长后来的一次声明中可

---

① S. Bannister, *A Journal of the First French Embassy to China*, 1698 – 1700, London: Thomas Cautley Newby, 1859, p. 109.

② Paul Pelliot, "L' Origine des Relations de la France avec la Chine. Le Premier Voyage de l' Amphitrite en Chine", *Journal des Savants*, 1929, p. 117.

③ S. Bannister, *A Journal of the First French Embassy to China*, 1698 – 1700, London: Thomas Cautley Newby, 1859, p. 116.

④ Ibid. .

以看得很清楚。1699 年 2 月 5 日，罗克与白晋一起来到广东巡抚衙门听旨。在这种庄重的场合里，罗克宣称："安菲特利特号"是一艘法国战舰，自己是一名军官，法国国王派遣他护送白晋神父返回中国。①对于在持有强烈华夷之辨的中华帝国传播上帝福音的传教士来说，让中国人相信，西方是一个文明的世界，传教士在这个文明中享有崇高的地位，这比受到中国皇帝的器重显得更为重要。意大利耶稣会士利玛窦在与中国士人的交往过程中，总是借机吹嘘传教士在西方社会中的重要性②，耶稣会士罗明坚（Michel Ruggieri）还特意演了一出抬高自我的把戏。③ 白晋把自己顺路搭乘的商船说成是法国国王专门用于护送自己来中国的御船，也是出于同样的动机。

除了这种抬高自我的用意之外，白晋改商船为御船还意在为送礼创造条件。在法国时，白晋曾向儒尔丹许诺，"通过向皇帝和权贵们进献礼物，可以在宁波或者广州建立一个常设机构，并使船上装载的货物得以免税"④。他提出这样的建议并不排除他为公司谋利的意图，但更多的是在为自己盘算。他想通过掌控送礼过程，借助公司的财物结识更多的官场朋友，博得康熙皇帝的进一步信任，进而为自己以及整个法国耶稣会在中国争得更大的活动空间。儒尔丹既不了解中国情况，又没摸透白晋的心思，因此采纳了他的建议，给中国皇帝、皇子们以及广东的一些官员准备了礼物。

在那时中国人的观念中，来华的外国船要么是商船，要么是贡船，二者必居其一，没有所谓的御船。既然法国人声称"安菲特利特号"是法国国王派来的，而且给中国皇帝准备了"贡品"，广东官府自然将其视为贡船了。他们免除了法国船的全部税银，把船长当成贡使，让他住进广州的

---

① Paul Pelliot, "L'Origine des Relations de la France avec la Chine. Le Premier Voyage de l'Amphitrite en Chine", *Journal des Savants*, 1929, p. 265.

② ［意］利玛窦、［比］金尼阁：《利玛窦中国札记》，何高济、王遵仲、李申译，中华书局 1983 年版，第 381 页。

③ 1580 年 12 月，罗明坚来到广州，在江边用 11 只船搭起一个浮在水面上的看台，让那些身着华丽服装、佩戴珍贵宝石的葡萄牙商人跪在他的面前，聆听他的教诲，以此来向中国人显示传教士在西方人中的地位。参见［法］裴化行《天主教十六世纪在华传教志》，萧濬华译，商务印书馆 1936 年版，第 187 页。

④ Paul Pelliot, "L'Origine des Relations de la France avec la Chine. Le Premier Voyage de l'Amphitrite en Chine", *Journal des Savants*, 1929, p. 263.

"公馆"，把公司的大班们视为随贡船而来的商人。① 问题是，白晋设计的是御船方案，既要使"安菲特利特号"具有官方性质，享受免税的优惠，又要防止它沦为贡船。白晋很清楚，要做到后者，需要注意两点：第一，不能使送给中国皇帝的礼物成为政治性的贡品；第二，不能使代表法方的使节成为贡使。为达此目标，白晋可谓费尽了心机。

当船近中国海岸时，船上人员启封了儒尔丹公司的第五个"锦囊"。② 结果发现，公司早已安排贝纳克作为使节上北京给皇宫奉献礼物，并且要船上人员准备好给北京的信件。儒尔丹在此事上事先没有咨询过白晋。白晋在得知"锦囊"的内容后傻眼了，公司正按贡船的模式在运作，这与国王路易十四要求的法国人"在交往的礼节和方式上要捍卫法国尊严"的精神大相背离。③ 为此，白晋指出，"事情必须得到纠正"，贝纳克不能去北京，公司送礼和船上货物销售等事务也应由他来安排。④虽然船上的"管理会"（Council)⑤ 否决了他的提议，但他并没有放弃对送礼之事的操控。船泊黄埔后，白晋亲自拜会了两广总督，将公司预备好的礼物送给他，又安排了公司的大班们给广东巡抚、广东粮驿道、粤海关监督送礼，还与公司首席大班贝纳克争夺那批送往北京皇宫礼物的控制权。

康熙得到白晋返回中国的消息后，非常高兴，立即派出了包括法国耶稣会士刘应在内的三位钦差前往广州，迎接白晋等人。1699 年 1 月 26 日，三位钦差到达广州，带来圣旨：皇帝同意免除"安菲特利特号"的"计量税"和"锚地税"，允许随船到来的商人依其所请在广州购置房屋、设立商行；赞赏广东地方官员对法国人的优待，希望今后继续给予他们礼遇。新来的 11 名耶稣会士，希望留 5 名去北京皇宫服务，其他人可到中国各地去

---

① ［法］杜赫德编：《耶稣会士中国书简集》（Ⅰ），郑德弟、吕一民、沈坚译，大象出版社 2005 年版，第 298 页。"公馆"即为建于明代的怀远驿。

② 在船只起航前，儒尔丹中国公司为整个航程制作了一系列"锦囊"，要求到达各指定地点时按顺序开启，船上人员须遵照锦囊指令行事。

③ Paul Pelliot, "L' Origine des Relations de la France avec la Chine. Le Premier Voyage de l' Amphitrite en Chine", *Journal des Savants*, 1929, p. 117.

④ S. Bannister, *A Journal of the First French Embassy to China*, 1698 - 1700, London：Thomas Cautley Newby, 1859, p. 87、112.

⑤ 船只驶离拉舍尔港不久，为解决航行过程中发生的争执，船上人员成立了管理会，耶稣会士有两票表决权。

自由传教。① 至于送给皇宫的礼物，圣旨中只字未提。1月27日，作为三钦差之一的刘应向公司大班们私下透露，中国皇帝已同意接受他们献上的"方物"，但不能公开进行，皇帝"已密令官员们以他们的名义接受"。② 康熙在法国人既无表文又无贡使进京的情况下，变个花样接受了法国人"方物"，他这种不合体制的做法完全是恩宠白晋的结果，可谓特人之事特办。

2月5日，在广东巡抚衙门宣读中国皇帝免除法国船税银的圣旨，船长罗克代表法方听旨。中国方面虽将罗克视为贡使，但在外交礼仪上却表现出了难得的"开明"，允许罗克按西方礼仪行礼。罗克面向北方，站着听旨，然后脱帽躬身，行法国式的屈膝礼表示谢恩。③ 无论中方如何看待法国船，但在白晋看来，这样的结果已经很满意了，"安菲特利特号"避免沦为贡船。

2月25日，白晋等法国耶稣会士随同运送礼物的庞大船队离开广州，随后在扬州以北不远的运河旁晋见了正在南巡中的康熙。法国人的礼物运到扬州后，白晋等人在那里进行了展出，他在信中这样写道：

我们一到那里就把礼物整理得井井有条，见过礼物的几名朝中大臣赞不绝口，还说在宫中从未见过如此稀罕珍贵之物。皇帝希望仔细欣赏，命人逐件拿给他看；由于他对各类工艺品都很内行，因此所做的评价比任何人都更高明。不过最感兴趣的是法国王宫的图画，尤其是国王肖像，皇帝目不转睛地注视着它，仿佛这幅色彩自然鲜艳的肖像在他眼前活生生地再现了他听我们说过的我们尊严的君主的一切奇迹。④

这就是白晋所要的效果。他不仅通过改商船为御船而抬高了自己，而且借公司的财物博得了中国皇帝的欢心。可以说，他预先设计的目标基本上都实现了。

---

① ［法］杜赫德编：《耶稣会士中国书简集》（Ⅰ），郑德弟、吕一民、沈坚译，大象出版社2005年版，第146页。

② S. Bannister, *A Journal of the First French Embassy to China*, 1698 – 1700, London：Thomas Cautley Newby，1859，pp. 134 – 135.

③ ［法］杜赫德编：《耶稣会士中国书简集》（Ⅰ），郑德弟、吕一民、沈坚译，大象出版社2005年版，第147页。

④ 同上书，第148页。

四 法国公司在广州贸易遇到的麻烦

1698 年 12 月 12 日，法国人将货物报关。15 日，粤海关签发"部票"，准许卸船。从 16 日开始，货物陆续运往公司设在十三行的货栈。次年 1 月 20 日，粤海关开出贸易许可，准许法国人开仓贸易。但在随后的日子里，法国人在广州的贸易却极为不顺。

首先是贸易性质纠结不清。法国公司来粤贸易时，清政府开海贸易已有十余年，商舶贸易畅通，贡舶贸易继续进行，商舶、贡舶各有其运作规程和习惯，"因贡而来者，税应免则免之；专以市而来者，货应征则征之，此海外诸番所以畏怀也。今入贡各国入贡舶门，来市各国入市舶门"①。由于"安菲特利特号"是四不像的御船，中国官员无惯例与成法可循，处事拘谨。在粤海关开出贸易许可后，中国商人以为法国船满载白银而来，货物从四面八方涌来，法国人本以为在半月内就能置齐回程货物。然而，好景不长，康熙派出的三位钦差于 1 月 26 日到达广州，粤海关官员不知道皇帝是如何看待法国船的，所以暂时封仓。②当忙完了接、送钦差，时间已到了 2 月 25 日，直到 3 月 2 日，公司大班们才着手清理公司的存货。也就是说，整整一个多月的时间，粤海关没让法国人开展贸易活动。而法国方面，法国人自恃是御船，对海关胥役、书办等不使"礼银"，因此在办事过程中麻烦不断。他们很快认识到，"最好遵守中国的惯例，缴纳税款甚至是进行贿赂，就像英国人和荷兰人所做的那样"。③无奈之下，公司大班们只得给粤海关监督黑申单独送了 600 两现银，而在此之前，他们已经给粤海关送了价值 300 两的物品。这样他们就在粤海关重复送礼，既送礼给海关衙门，又送礼给监督个人。此外，御船也让公司大班们陷入尴尬的处境，他们被视为随贡船而来的商人，得不到中国方面的尊重，办事处处受到掣肘。

---

① ［清］梁廷枬：《粤海关志（校注本）》"凡例"，袁钟仁校注，广东人民出版社 2002 年版，第 2 页。

② S. Bannister, *A Journal of the First French Embassy to China*, 1698 – 1700, London：Thomas Cautley Newby , 1859, pp. 133 – 134.

③ Paul Pelliot, "L' Origine des Relations de la France avec la Chine. Le Premier Voyage de l' Amphitrite en Chine", *Journal des Savants*, 1929, p. 267.

其次是货物销售不畅。19 世纪之前，欧美各国输入中国的商品"以银圆为最多，其次是毛织品和棉花"。① 其中，以银圆最受中国人欢迎。法国人带来广州的货物有油画、法国宫廷人物肖像画、玻璃、毛纺织品（呢绒），尤以玻璃为大宗。② 他们为什么会带来大量的玻璃？这除了玻璃能压舱之外，还与白晋的建议有关。白晋曾非常肯定地向儒尔丹保证，中国是玻璃销售的"极好市场"，甚至向他"建议在广州城建立一家玻璃制造厂"，因此随船来了 8 位制作玻璃镜的工匠。③ 然而，玻璃在中国的市场是极其有限的。其他货物也难逃厄运，画作自不待言，呢绒同样不受中国人欢迎，来广州贸易的各国公司大班要绞尽脑汁才能勉强销售。"安菲特利特号"带来 500 吨这样的滞销货，够法国人忙活的了，他们不知其因，以为是中国人在"故意拖延时间，以等待东北季风，到那时，公司大班们因急于起航而失去耐心，只得廉价抛售货物。"④

最后是中国商人长时间拖欠公司货款。自 1685 年粤海关设立至 1720 年公行制度建立，广州对外贸易操于"王商""总督商人""将军商人""抚院商人"之手，"其他私家商人竟无一敢擅与之交易者"。⑤ 在此次中法贸易中，两位中国私商因在粤海关监督发出贸易许可之前卖给了贝纳克两匹丝而被送进了监狱。⑥ 儒尔丹中国公司同样只能与这些官商进行贸易，他们选择了"总督商人"和"粮道"。白晋在广东停留期间结交的高官主要有两广总督、广东巡抚、广东粮驿道和粤海关监督。他因公务来往最多的是广东巡抚，私交较深的是两广总督和广东粮驿道。法国人选择"总督商人"和"粮道"作为贸易对象，不能说跟白晋没有关系，至少受到了他的影响。

清设两广总督，负责两广军务，兼管广东政务。查时任两广总督为石

---

① 黄启臣：《清代前期海外贸易的发展》，《历史研究》1986 年第 4 期。

② Tr. By S. Bannister, *A Journal of the First French Embassy to China*, 1698 – 1700, London：Thomas Cautley Newby , 1859, p. 131.

③ Paul Pelliot, "L'Origine des Relations de la France avec la Chine. Le Premier Voyage de l'Amphitrite en Chine", *Journal des Savants*, 1929, p. 258.

④ Tr. By S. Bannister, *A Journal of the First French Embassy to China*, 1698 – 1700, London：Thomas Cautley Newby , 1859, p. 142.

⑤ 梁嘉彬：《广东十三行考》，广东人民出版社 2009 年版，第 75 页。

⑥ S. Bannister, *A Journal of the First French Embassy to China*, 1698 –1700, London：Thomas Cautley Newby , 1859, p. 133.

琳（？—1702 年）①，虽算不上清廉，却是个能员，对传教士也很友好。白晋在信中说，他跟这位总督"很熟"。② 1698 年 11 月 17 日，白晋拜会了石琳，把公司预备的礼物送给他。石琳爽快地接受了，还回赠了白晋一大堆更值钱的物品。③这足以说明，白晋与石琳的交往很深。"总督商人"代表两广总督，有总督做后台。马士在《东印度公司对华贸易编年史》中提到，在与同期来华的英船"麦士里菲尔德号"（Macelesfield）贸易的中国商人中，有一位叫施美亚（Shemea）的"总督商人"，"他可算是广州最大的商人"。④ 与法国人贸易的"总督商人"，可能就是石琳。

康熙十六年（1677 年），广东设督粮道，康熙三十二年（1693 年）改设粮驿道。据雍正《广东通志》记载，直隶举人张天觉于康熙三十一年（1692 年）开始任广东督粮道，接替者在四十四年（1705 年）才上任。⑤因此，白晋在广州期间交结的广东粮驿道应为张天觉。张天觉是一个亦官亦商的角色，他既从事国内贸易，又参与对外贸易。对于英船"麦士里菲尔德号"，他"颇思染指其间"，只是未能成功插足。⑥ 对于法国船"安菲特利特号"就不一样了，因为他"是白晋神父的好朋友"，⑦ 与法国人关系密切，理所当然与法国人进行起贸易。与两广总督、广东巡抚、广州将军经商由代理人出面不同，张天觉是以"粮道"（the Leangtao）而不是所谓的"粮道商人"（the merchant of the Leangtao）的身份出现，说明他本人直接经商。

白晋的这些中国好友并没有给法国人带来好运。由于法国人没有带足

---

① 赵尔巽：《清史稿》卷二七六《石琳传》，中华书局 1974 年版。

② ［法］杜赫德编：《耶稣会士中国书简集》（Ⅰ），郑德弟、吕一民、沈坚译，大象出版社 2005 年版，第 145—146 页。

③ S. Bannister, *A Journal of the First French Embassy to China*, 1698－1700, London：Thomas Cautley Newby , 1859, p. 125.

④ ［美］马士：《东印度公司对华贸易编年史》第 1、2 卷，区宗华译，中山大学出版社 1991 年版，第 86、100 页。

⑤ ［清］郝玉麟：雍正《广东通志》卷二十九《职官志四》，《文渊阁四库全书》第 563 册，台湾商务印书馆 1986 年版。

⑥ 梁嘉彬：《广东十三行考》，广东人民出版社 2009 年版，第 75—76 页。

⑦ S. Bannister, *A Journal of the First French Embassy to China*, 1698－1700, London：Thomas Cautley Newby , 1859, p. 125、139.

现银，采取了用来程货物的销售所得来购买回程货物的贸易方式。① 但"总督商人"和"粮道"长时间拖欠儒尔丹公司货款，"总督商人"直到 1699 年 12 月 24 日才付清拖欠的最后 5000 两银子，"粮道"更是乘机占法国人的便宜，在法国船即将离开时用 50 吨白铜来抵债，并以每担 5 两的价格折算给法国人，而时价却只有 3.5 两左右。② 这样的拖欠使法国人的生意大受影响。1699 年 12 月中旬，一艘西班牙船泊于澳门，带来了 50 万西班牙银圆，"准备投资生、熟丝"。③ 丝价因此天天看涨，中国方面又一再催促法国人离开。在"总督商人"付清了那笔货款后，公司大班们使出浑身解数来购买回程货物，直到 1700 年 1 月 20 日晚，最后一批货物才运到大船之上。

以上各种不利因素凑在一起，"安菲特利特号"滞留广州竟达 15 个月之久，而一般商船只需 3 个月。儒尔丹公司在广州贸易过程中之所以遇到这些麻烦事，主要是因为法国商人缺乏对华贸易经验，不得不依赖在华已有多年的传教士白晋。但白晋毕竟不是商人，不懂经商之道，而且在考虑问题时又往往从宗教利益出发。他改商船为御船，与广东地方高官交往都蕴含了明显的传教动机。劝说公司带来大量玻璃表面看来与传教似乎没有多少关系，但联系到后来公司 2 名玻璃镜工匠逃往北京皇宫事件，④ 他的这种建议不能说没有传教用意。因此，白晋在宗教利益最大化的前提下，一方面给公司谋取了利益，另一方面又损害了公司的利益。

---

① 法国公司带来了多少银圆，不得其详，但综合各种资料可以推断，他们带来的白银不多。如 1699 年 5 月 14 日的《日志》说："如果没有大量现银，就不要造访中国。"同年 12 月 24 日，"总督商人"偿还了拖欠公司的 5000 两白银债务，公司大班们在这月的 31 日购买了 4 船货物。参见 S. Bannister, *A Journal of the First French Embassy to China*, 1698 - 1700, London: Thomas Cautley Newby , 1859, p. 141、150.

② S. Bannister, *A Journal of the First French Embassy to China*, 1698 - 1700, London: Thomas Cautley Newby , 1859, pp. 149 - 150. 当时的一担为 100 斤，约相当于现在的 60.479 公斤，50 吨应为 826.7 担，所以，张天觉拖欠法国人的货款为 4133.5 两纹银。

③ ［美］马士：《东印度公司对华贸易编年史》第 1、2 卷，区宗华译，中山大学出版社 1991 年版，第 93 页。

④ 1699 年 10 月，洪若翰来到广州。他为了讨好康熙，要求儒尔丹公司派出两名工匠去北京皇宫服务，遭到贝纳克的断然拒绝。但洪若翰并不死心，在他策动下，公司的两名工匠从法国人的住所内逃跑，最后去了北京皇宫。

五 结语

在中国方面的一再催促下，"安菲特利特号"于 1700 年 1 月 26 日起程返航。洪若翰作为康熙的代表，带着康熙回赠给路易十四的珍贵礼物随船返法。8 月 3 日，"安菲特利特号"回到法国圣·路易斯港（St. Louis），船上带回的中国商品如丝、瓷、画、漆器等在欧洲市场大受欢迎，盈利颇多。1701 年 3 月 7 日，"安菲特利特号"再航中国，洪若翰带来了在欧洲新招募的 9 名耶稣会士。此后，法国商船直航中国成为常态，"整个 18 世纪，差不多每年都有一艘乃至数艘法国船满载中国的商品到达西方"。[①] 因此，"安菲特利特号"首航中国开创了中法直接贸易关系，推动了中法两个大国间政治、文化往来，意义重大。

总结这次法中交往，不难发现，法国耶稣会士白晋在其中起到了关键性的作用。他不仅促成了法国商船来华贸易，而且几乎包办了法方与中方最初的交涉事宜，还擅自把商船改为御船。一般情况下，传教士不会如此深地涉足商业事务，只是由于"安菲特利特号"首航中国的情况特殊，白晋才越俎代庖干了很多分外之事。由于法国耶稣会来华较晚，根基不稳，又受到葡萄牙"保教权"下的耶稣会的排挤，因此他们在中国选择了走上层路线，采取为宫廷提供优质服务和取悦康熙的策略来换取中国上层对他们的支持。白晋充分利用康熙遣他返欧招募传教士的机会，尽可能地交结上层社会，最大限度地为法国耶稣会在中国传教创造有利条件。

在大航海时代西欧人的海外扩张过程中，传教士与商人本是互为奥援的。传教士为商人提供宗教与文化上的服务，协助他们开展贸易，商人则为传教士提供交通上的便利与传教经费上的赞助。然而，双方的利益诉求终究不同，"为了灵魂得救"的传教士从骨子里瞧不起那些唯利是图的商人，他们为了自身的宗教利益有时会不惜损害商人的利益。可以说，法国商船"安菲特利特号"首航中国的奇特经历是大航海时代天主教传教士

---

① 鲜于浩、田永秀：《近代中法关系史稿》，西南交通大学出版社 2003 年版，第 61 页。

与商人之间微妙关系的真实写照，是传教士宗教利益至上原则的生动注解。

（本研究受广州大学"广州十三行研究中心"资助。感谢华东师范大学出版社六点分社的高建红博士为本文的法文资料提供译文。）

略论晚清时期制约宁波港贸易发展的主要因素

陈建彬*

宁波是鸦片战争后清政府被迫开放的首批五个通商口岸之一。在正式开埠后，宁波港的贸易发展缓慢而曲折波动，在全国对外贸易体系中所处的地位呈不断下降之势，最终在很大程度上成为上海港的辅助性口岸。有关晚清时期的宁波港及其贸易演变的一般情况，学术界已有不少探讨。①本文在此基础上，着重就此时期制约宁波港贸易发展的主要因素做较系统的考察与分析。

一　晚清时期宁波港贸易发展概况

清道光二十二年（1842 年），清政府被迫与英国签订《南京条约》，同意宁波与上海、广州、福州、厦门作为通商口岸，允许列强"赴各该口贸易，无论与何商交易，均听其便"。②至道光二十四年（1844 年）元月，宁波正式开埠，成为近代浙江第一个开放的贸易口岸。

不过，宁波开埠后，在相当长一段时期里，其贸易规模并没有像西方列强所设想的那样获得迅速扩大，而是发展异常缓慢，某种程度上甚至可

＊　陈建彬，浙江师范大学人文学院历史系研究生。

①　学界已有的相关研究，主要有郑绍昌《近代宁波港口贸易的变化及其原因》（《浙江学刊》1983年第 1 期）和《宁波港史》（人民交通出版社 1989 年版）；周镛兵《宁波对外经济贸易的几个历史阶段》（《宁波大学学报》教育科学版 1984 年 1 期）；曹屯裕《宁波、上海港的历史轨迹与现代发展趋势》（《学术月刊》1994 年第 9 期）；王列辉《港口城市与区域发展—上海、宁波两港比较的视野》（《郑州大学学报》哲学社会科学版 2006 年第 6 期）和《近代宁波港腹地的变迁》（《中国经济史研究》2008 年第 10 期）等。

②　宁波市社会科学界联合会、中国第一历史档案馆编：《浙江鸦片战争史料（下册）》，宁波出版社1997 年版，第 453 页。

以说处于停滞状态。根据海关统计资料，经由宁波港的中英贸易额，在开埠当年有 111034 英镑，次年即减为 27893 英镑，降幅达 3/4；道光二十六年（1846 年）进一步降至 11137 英镑，又较前一年减少 60%；道光二十七年（1147 年）略有增长，回升至 12408 英镑，仍仅为开埠当年的 1/10。① 就宁波口岸的进出口贸易总额而言，开埠当年一度达到 50 万元，次年即大幅缩减为 128723 元，道光二十六年又减至 43000 元。此后几年，则一直停留于 5 万元左右。② 时任英国驻宁波领事的索里汪（G. G. Sulivan）在给英国驻华公使和商务监督的报告中，谈到道光二十八年（1848 年）上半年宁波港的对外贸易情况：

　　这港口至本年 6 月 30 日为止这半年中的贸易，实在微不足道，因此我想没有必要向阁下提供一份正式统计报告。这期间进口货物只有 17 匹本色布，出口货物则只有 3 担人参和 300 担檀香木。③

　　开埠初期任英国驻华公使和商务监督兼香港总督的德庇时（John Francis Davis）在提到宁波港贸易情况时，也极为失望地说："原先以为，由于贸易转向宁波可以从中得到一些好处，但事实上转向宁波的贸易极小，什么好处也没有得到。"④ 在当时的英国人看来，"宁波的对外贸易似乎是不会繁荣起来的"。⑤

　　这种状况到 19 世纪 50 年代仍未有明显改观。有关文献提到，当时的宁波"虽系海口"，但"商贩不甚流通"，由于"无利可图，船伙往来甚稀"，"查道光三十年夷货税册，仅收税银一百一十余两"。⑥ 当时的《香港公报》也指出：

---

①　德庇时：《战时与缔和后的中国太平天国史译丛》（第 2 辑），中华书局 1983 年版，第 239 页。
②　这里所列的宁波口岸进出口贸易总额，是根据姚贤镐《中国近代对外贸易史资料》（第 2 册，中华书局 1962 年版，第 565 页）、德庇时《战时与缔和后的中国》（《太平天国史译丛》第 2 辑，中华书局 1983 年版，第 239 页）有关资料统计得出，其计量单位为"西班牙元"。按当时货币换算率，1 西班牙元 = 4.615 英镑。
③　姚贤镐编：《中国近代对外贸易史资料第 1 册》，中华书局 1962 年版，第 623 页。
④　德庇时：《战时与缔和后的中国太平天国史译丛》（第 2 辑），中华书局 1983 年版，第 259 页。
⑤　姚贤镐编：《中国近代对外贸易史资料第 1 册》，中华书局 1962 年版，第 619 页。
⑥　文庆等纂：《筹办夷务始末·咸丰朝》（第一册），上海古籍出版社 2008 年版，第 155 页。

　　宁波的贸易发展似乎至今还是很缓慢。它 1855 年通过英国商船所做进口贸易额仅约 231618 美元，出口仅为 398328 美元。进口的主要商品是糖，为 79545 美元；出口的主要商品是大米，为 205409 美元，出口货物主要来源于宁波沿海及海峡地区。①

　　从 19 世纪 60 年代起，宁波港的口岸贸易进入曲折波动的发展期。从其进出口贸易总额来看（见表 1），大致可以分为四个阶段：一是 19 世纪年代中期至 70 年代初期呈现较快发展。贸易总额开始突破 1000 万海关两，由同治四年（1865 年）的 11271090 海关两增至十一年（1872 年）的 17909297 两，前后 8 年增长 58.9%。二是 19 世纪 70 年代中期至 80 年代初期，贸易规模呈不断萎缩之势。到光绪九年（1883 年），贸易总额已降至 10917950 海关两，仅相当于同治十一年的 61%，还不及同治四年的规模。三是 19 世纪 80 年代中期至 20 世纪初为曲折波动中的缓慢回升。到光绪二十八年（1902 年），贸易总额升至 19359264 海关两，超越了同治十一年的水平。四是 20 世纪初期以后为停滞期。光绪二十九年（1903 年），宁波港的贸易总额突破 2000 万海关两，达到 22240093 海关两。此后数年间，一直在此上下波动，最高年份的总额为 26643123 海关两，最低年份总额为 18917359 海关两。

　　需要指出的是，尽管从 19 世纪 60 年代中期至清末的半个世纪，宁波港对外贸易经历曲折发展，整体规模有较大的扩展，其进出口贸易总额由同治四年的 11271090 海关两增至宣统三年（1911 年）的 22220554，增长了近 1 倍，但就其在全国对外贸易中所处的地位而言，却呈不断下降之势。据不完全统计，自光绪二十七年（1901 年）至宣统三年，宁波港贸易额在全国各埠贸易总额中所占的比重由 2.5% 降至 1.96%。② 实际上，由于诸多因素的制约，清末的宁波港在很大程度上已由原来的独立口岸转变为上海的转

---

① 杭州海关编译：《近代浙江通商口岸经济社会概况——浙海关、瓯海关、杭州关贸易报告集成》，浙江人民出版社 2002 年版，第 95 页。
② 中国人民政治协商会议宁波市委员会文史资料研究委员会编：《宁波文史资料》（第 2 辑），1984 年，第 13 页。

运口岸和支线港。

| 表1 | | | | 晚清时期宁波港年度进出口贸易总额① | | | | | （单位：海关两） |

年份	贸易总额	年份	贸易总额	年份	贸易总额	年份	贸易总额
1865	11271090	1877	12451653	1889	12674040	1901	16963455
1866	12586162	1878	12650602	1890	13069415	1902	19359264
1867	12563514	1879	12936369	1891	12872304	1903	22240093
1868	12599436	1880	12384330	1892	13815742	1904	21297412
1869	14283725	1881	13269020	1893	15478004	1905	19163630
1870	14614033	1882	11670726	1894	14599757	1906	18917359
1871	16014094	1883	10917950	1895	16525955	1907	24860843
1872	17909297	1884	11422389	1896	17123444	1908	26643123
1873	15339312	1885	12481088	1897	16042136	1909	22294198
1874	14860030	1886	13248307	1898	14544368	1910	23596065
1875	12846315	1887	10965532	1899	16365432	1911	22220554
1876	12804421	1888	13158825	1900	15227380		

二　区位条件对宁波港贸易的限制

对于沿海港口来说，区位条件至关重要。优越的区位条件，不仅为港口提供了广阔的发展空间，而且有利于吸引大量的商人、资本和货物流通，促进口岸贸易的兴盛。反之，则会严重制约港口的发展。就晚清时期的宁波港而言，其最大的区位劣势就是邻近上海港。从表面上看，毗邻上海港的区位格局，有利于宁波港获得共同发展的优势。但实际上，在晚清国门初开的环境下，上海港的快速发展挤压了宁波港构建自身贸易体系的空间，导致贸易的分流，最终成为上海的附属口岸。

---

①　本表据《浙海关贸易报告（1864—1911）》（《近代浙江通商口岸经济社会概况——浙海关、瓯海关、杭州关贸易报告集成》，浙江人民出版社2002年版）有关数据整理。

上海港位于中国东部海岸线的中段，是南北海上航线的中心。同时，上海又位于长江三角洲平原，地势平坦，水陆交通便利，更有黄金水道长江之利，借此可以连接近 1/3 的中国，有很强的市场吸引力。因此，开埠之后，上海港迅速在各通商口岸中脱颖而出。不要说宁波等口岸，就是作为传统对外贸易主要口岸的广州，也很快被全面超越。咸丰二年（1852年），由上海港出口英国的货值已相当于广州港的 1.7 倍；次年，上海港从英国进口货值也超过广州，占了全国进口货值的 59.7%；至咸丰五年（1855 年），经上海港从英国进口的货值已占全国总值的 87.8%，相当于同期广州港的 6.8 倍。① 进一步来看，茶和丝是当时两大出口货物，从道光二十五年（1845 年）到咸丰四年（1854 年），安徽、江西、福建、浙江等地所产茶叶经由上海口岸的输出量增长了 13.6 倍，江苏苏州和浙江杭嘉湖等地所产丝在上海的出口额增长了 9 倍多。其中，上海港的茶叶出口量，道光二十六年（1846 年）只占全国出口量的 1/7，咸丰二年（1852 年）超过了一半，次年更达到近 70%。生丝的出口量，道光二十五年上海港和广州港各占一半，至 19 世纪 50 年代中期则几乎全部集中于上海港。② 到同治六年（1867 年），包括丝茶在内的出口总额，上海一口就达到 3600 多万海关两，差不多相当于广州的四倍。③ 进口方面也是如此。由英国进口的粗哔叽货值，道光二十四年（1844 年）广州港是上海港的 3 倍多，咸丰五年上海港已反超广州港 1 倍多，至同治二年（1863 年）更是全部集中于上海港。④事实上，经过开埠后 20 多年的迅猛发展，至 19 世纪 60 年代，上海已成为全国最大的对外贸易口岸。

相比之下，位于浙东东北角的宁波港受到西北面四明山和东南面天台山的阻隔，平原面积狭小，河流流域面积不广，货物运输不便，"虽有经济人才优势，也不得不拱手送于上海"。⑤ 一方面，外国商人为了追求利润，纷纷离开宁波，前往上海投资。道光二十六年（1846 年），英国

---

① 茅伯科：《上海港史》，人民交通出版社 1990 年版，第 138 页。
② 汪敬虞：《十九世纪西方资本主义对中国的经济侵略》，人民出版社 1983 年版，第 69 页。
③ 姚贤镐编：《中国近代对外贸易史资料第 3 册》，中华书局 1962 年版，第 1615—1616 页。
④ 汪敬虞：《十九世纪西方资本主义对中国的经济侵略》，人民出版社 1983 年版，第 70 页。
⑤ 王家范：《从苏州到上海：区域研究的视界》，《档案与史学》2000 年第 5 期，第 35—37 页。

驻宁波领事罗伯聃在给英国驻华公使和商务监督兼香港总督德庇时的报告中提到：

> 上海把一切东西都吸引到他那儿去了。本年 9 月宁波唯一的商人麦肯齐先生就离开宁波前往上海去参加他兄弟的事业……他的东家发现在上海的商业情况要好一些，他们当然要到最能获利的地方去销售和订购货物。①

外商纷纷转至上海，使得宁波港的洋行数量不断减少。同治十年（1871 年），宁波港开埠已有近 20 年，但所驻的洋人只有区区 81 人，商行11 家。② 此后还在不断减少。浙海关贸易报告显示，在光绪八年（1882 年）至十七年（1891 年）的 10 年间，宁波的洋人和商行数量大幅下降。光绪八年时在宁波经营的 10 家洋行先后全部退出，新开设的洋行大多也没有维持多久即告停业。到光绪十七年底，宁波只剩下两家洋行，即瓦德曼洋行和库尔赞洋行尚在勉强维持营业。③ 另据宣统三年（1911 年）的统计，当时在宁波的英国人约有 140 人，除了 10 人外，其余都是传教士，也只有 1 家英国公司在宁波经营。④ 与此形成鲜明对比的是，同治四年（1865 年），上海已有 88 家外商商号，其中 11 家银行，13 家中间商，13 家代理商，14 家商店，21 家杂项行业的店铺，3 处船厂和 3 家与修理船舶有关系的大型铁铺，租界地内有 2500 名外国人和 12 万中国人。⑤ 到"一战"前夕，上海的洋行更是多达 1145 家。⑥

另外，宁波本地商人也因无利可图，纷纷转往上海港进行贸易。正如当时有人在报纸上发文所指出的：

① 姚贤镐编：《中国近代对外贸易史资料》（第一册），中华书局 1962 年版，第 620 页。

② 杭州海关编译：《近代浙江通商口岸经济社会概况——浙海关、瓯海关、杭州关贸易报告集成》，浙江人民出版社 2002 年版，第 135 页。

③ 同上书，第 24 页。

④ 陈梅龙：《宁波英国领事贸易报告选译》，景消波译，《档案与史学》2001 年第 4 期，第 3—9 页。

⑤ 聂宝璋：《中国近代航运史资料》（第一辑），中国社会科学出版社 2002 年版，第 140 页。

⑥ 张仲礼主编：《近代上海城市研究》，上海人民出版社 1990 年版，第 128 页。

自上海发达，交通日便，外人云集，宁波之商业，遂移至上海，故向以宁波为根据地以从事外国贸易之宁波商，亦渐次移至上海。①

伴随中外商人前往上海，宁波港直接对外贸易的发展空间受到很大的限制。同治九年（1870 年）至光绪二十五年（1899 年）的海关统计资料显示，宁波港的直接进口货值，最高年份也只占其进口总值的1/4，一般年份基本上在5%左右徘徊。出口方面更是如此，其直接出口外洋的土货值几乎从未超过出口总值的1%，而且绝大部分直接出口的目的地是香港。② 与此同时，宁波港经由上海港的转口贸易日趋活跃，其进出口货物"多由上海转致，直接与外人往来者绝少，故是港者徒为货物之出入所而已，以其距上海匪远，且华商之殖货于上海者半为宁波帮，故能由沪而遥握此市之权"。③ 如浙北杭嘉湖地区所产的生丝和浙东绍兴地区所产的平水茶，在上海港开埠之前全部经由宁波港直接出口，上海港开埠之后则大部分转运到上海再行出口。"浙江的丝，不管政治区域上的疆界，总是采取方便的水路运往上海这个丝的天然市场；茶经山区到宁波后，仍然留在中国人手里，外国人只能在他运到上海后并经行帮的准许才能得到。"④ "迄五口通商以后，平茶出口咸由宁波而趋上海矣。"⑤ 又如绍兴进口的锡，"向来由香港运至宁波，再运绍兴"，后来"改由沪杭运绍，较为迅速"。⑥ 光绪二十一年（1895 年），由上海港转运来的洋货占宁波港进口总值的99%；光绪三十年（1904 年），经由上海港出口的土货占了宁波港出口总值的97%。⑦ 光绪二十八年（1902 年）至宣统三年（1911 年）的 10 年间，上海港约有1/10 的进口洋货是转往宁波港的，而宁波港出口的生丝、茶叶、棉花等大宗土货也主要转运到上海港再行出口。宣统三年，"宁波棉约八成是经由上海运往

① 杨荫杭：《上海商帮贸易之大势》，《商务官报》1906 年 12 月，第 2—6 页。
② 这里的统计数据，是根据中国第二历史档案馆、中国海关总署办公厅编《中国旧海关史料》，京华出版社 2002 年版第 4—18、20、22—25、27、29 册有关记载整理所得。
③ ［日］胜都国臣：《中国商业地理》下卷，霍颖西译，广智书局 1913 年版，第 78 页。
④ ［美］马士：《中华帝国对外关系史》（第 1 卷），张汇文译，商务印书馆 1963 年版，第 405 页。
⑤ 国民政府建设委员会经济调查所编：《浙江之平水茶》，1937 年，第 2 页。
⑥ 杭州海关编译：《近代浙江通商口岸经济社会概况——浙海关、瓯海关、杭州关贸易报告集成》，浙江人民出版社 2002 年版，第 333 页。
⑦ 复旦大学历史地理研究中心：《港口—腹地和中国现代化进程》，齐鲁出版社 2005 年版，第 118 页。

日本"。①

可以说，特定的区位格局，使得宁波港逐渐成为上海对外贸易体系的组成部分，丧失了原有独立贸易港的地位。正如 19 世纪后期有人所指出的：

> 宁波密迩上海，上海既日有发展，所有往来腹地之货物，自以出入沪埠较为便利。追至咸丰初叶，洋商始从事转口货物运输，所用船只，初为小号快帆船及划船，继为美国式江轮，但此项洋船，仅系运输沪甬两埠之货物，与直接对外贸易有别，至直接对外贸易，自彼时迄今，从未有之。②

三　交通状况对宁波港贸易的制约

港口的兴衰与其所依托的交通体系有着直接的关系。晚清时期，以机械动力的轮运为标志，近代新式交通开始兴起，对沿海港口发展产生多方面的影响。

在正式开埠后，宁波港的海上轮运发展相对滞后。就沿海轮运而言，直到同治元年（1862 年），才由美国旗昌公司开辟沪甬线。同治八年（1869 年）和十二年（1873 年），英国太古公司和中国轮船招商局也加入这条航线。此后，又有轮船公司相继开辟宁波至温州、黄岩、衡山、宁海、普陀、三北、穿山、龙山、嵊山、沥港等地的轮运航线。但是这些轮运航线主要集中于宁波周边沿海地区，与北方和南方其他港口之间几乎没有直接的航线联系。更重要的是，宁波港的航运公司均是上海洋行开辟的分公司，并没有形成自己独立的沿海轮运体系。就远洋轮运而言，宁波港同样缺乏国际航线的开拓：

---

① 杭州海关编译：《近代浙江通商口岸经济社会概况——浙海关、瓯海关、杭州关贸易报告集成》，浙江人民出版社 2002 年版，第 62 页。

② 姚贤镐编：《中国近代对外贸易史资料》（第一册），中华书局 1962 年版，第 618 页。

宁波和世界其他地方的交通，在 10 年中（指 1882—1901 年——引者注）很少变化。和外国交通根本不存在，偶尔有一艘轮船从日本装了煤来，从香港装了杂货，这就是整个直接交通。①

与此形成鲜明对比的是上海港，自 19 世纪 60 年代起，其远洋轮运业日益发达，先后开辟了与英国利物浦、美国旧金山，以及日本、澳大利亚、印度、俄罗斯等国家和地区的众多远洋航线，形成了颇为密集和完整的国际轮运体系。

海上轮运业发展的滞缓，进一步推动了宁波港贸易活动向上海港转移。光绪三十一年（1905 年），英国驻宁波领事在贸易报告中明确指出：

上海充当了宁波所有其他货物的分配中心。这是由于某些商品，如煤油，从这条道上运输比较方便，而有些商品，如丝织品，当地商人更愿意到上海这一较大的市场上去收购，因为在那里他们有更大的选择余地。②

由此，宁波港成为上海港的附属，被纳入到后者的贸易体系当中，其部分进出口货值也列入江海关的贸易统计当中。同治八年（1869 年）的浙海关贸易报告中一再提到："宁波海关出口运外国者除棉花一项运日本外，其他出口货物均已统计在江海关中"；③ "宁波与山东芝罘、直隶天津之直接贸易甚少，所有芝罘、天津与宁波之进出口贸易均列入江海关之贸易统计中"。④

宁波港的内河轮运发展也比较缓慢。光绪二十一年（1895 年），永安商轮局首辟宁波至余姚航线。二十五年（1899 年），美益利记宁绍商轮公司又开辟宁波至绍兴的内河航线，后来永裕祥小轮局、镇海轮船局、利涉商轮公司、通济商轮公司、通裕小轮局、利运公司、安宁商轮局等相继加

---

① 杭州海关编译：《近代浙江通商口岸经济社会概况——浙海关、瓯海关、杭州关贸易报告集成》，浙江人民出版社 2002 年版，第 17 页。

② 陈梅龙：《宁波英国领事贸易报告选译》，景消波译，《档案与史学》2001 年第 4 期，第 3—9 页。

③ 杭州海关编译：《近代浙江通商口岸经济社会概况——浙海关、瓯海关、杭州关贸易报告集成》，浙江人民出版社 2002 年版，第 121 页。

④ 同上书，第 125 页。

入到这一航线。到宣统三年（1911 年），已有以宁波为中心的内河轮运已增至 5 条。[①] 但这些航线主要局限于宁波本地及邻近地区，并未形成跨地区的轮运网络。与此同时，以杭州港为中心的跨地区轮运航线有 11 条，上海、苏州的许多轮船公司也开辟了诸多通往杭州、嘉兴、湖州等地的航线。据不完全统计，至清末，上海、苏州、常州等地的内河轮船公司所开通的至浙江和上海地区的航线多达 36 条。[②]

　　由于宁波港的内河轮运以本地为主，很少有跨地区航线，台州、温州等地的货物就很难通过便捷的内河轮运运往宁波港，浙江内地以及安徽、江西等地与宁波港的货运联系只能通过传统的浙东运河。但通浙东运河"不是水位太高、桥洞太低、船只不能通过，就是水位太浅不能载舟"，[③] 而且运河上河坝甚多，每到一处河坝，货物必须卸船通过陆运运到另一处河坝再装船出运，费时费力。更重要的是，从浙江内地、安徽徽州、江西广信等地运往宁波港的货物都必须经过杭州。杭州港"处于本省之大动脉钱塘江之口，又是大运河之终端，又处于安徽、上海之间，作为一个商品集散地乃是天然之最佳选择"。[④] 随着以杭州港为中心的杭嘉湖地区与上海港之间的内河轮运日益发达，大部分货物便直接改往杭州港和上海港进出口。"安徽、江西与杭州及杭州通往沿江城镇的江干，与省内之金华、衢州、严州以及绍兴之间交通运输日益频繁"；[⑤] 自杭州境内，"以至钱塘江南绍兴、严州、衢州、金华、徽州之货物，无论或出或入，莫不经此"。[⑥] 绍兴毗邻宁波，却因交通局限而改由向杭州港和上海港直接进货。如绍兴所需的锡原来由香港运至宁波入关，后来改为由上海或杭州输入，反而更为便捷。其所需的糖及其他进口货物也一样，原来均由宁波港输入，后来沪、杭输入者"日见繁多"。[⑦] 由此，宁波港的贸易发展大受制约，直接进出口的货

---

　　① 郑绍昌：《宁波港史》，人民交通出版社 1989 年版，第 216—217 页。

　　② 童隆福主编：《浙江近代航运史》（古近代部分），人民交通出版社 1993 年版，第 272 页。

　　③ 杭州海关编译：《近代浙江通商口岸经济社会概况——浙海关、瓯海关、杭州关贸易报告集成》，浙江人民出版社 2002 年版，第 67 页。

　　④ 同上书，第 295 页。

　　⑤ 同上书，第 732 页。

　　⑥ ［日］胜部国臣：《中国商业地理》下卷，霍颖西译，广智书局 1913 年版，第 69 页。

　　⑦ 杭州海关编译：《近代浙江通商口岸经济社会概况——浙海关、瓯海关、杭州关贸易报告集成》，浙江人民出版社 2002 年版，第 350 页。

物大量减少。不妨再以当时进口洋货的大宗鸦片为例（见表2）。光绪二十二年（1896年）9月，根据中日《马关条约》，杭州正式开埠。次年，杭州港开始输入鸦片，宁波港的鸦片输入量因此分流，呈逐年减少之势。杭州开埠当年为5001担，至宣统元年（1909年）降至936担，前后减少了4/5之多。与此同时，杭州港的输入量持续上升。光绪三十年（1904年）达到最高量2487担，此后虽有所下降，至宣统元年仍达有1034担，超过宁波港的输入规模。

表2 1896—1911年宁波和杭州港输入鸦片规模① （单位：担）

年份	宁波港	杭州港	年份	宁波港	杭州港
1896	5001	0	1903	2207	2227
1897	3811	980	1904	2209	2487
1898	3584	992	1905	1814	2099
1899	3393	1957	1906	1408	1603
1900	2559	1797	1907	1458	1683
1901	2359	1852	1908	1323	1198
1902	2025	1870	1909	936	1034

四 腹地环境与宁波港贸易

腹地因素在很大程度上决定了沿海港口的发展空间与水平。晚清时期宁波港贸易的发展与演变，便深受腹地环境的影响。这当中，较为突出的是腹地的区域范围、市场格局和社会秩序的变动所带来的各种冲击。

整体而言，自正式开埠后，宁波港的腹地范围呈不断缩小之势。根据有关学者的研究，宁波港的腹地，开埠前包括了浙江全境、安徽南部、江西西部乃至长江流域以北的部分地区，而开埠后，首先受到上海港的挤压。

① 本表据杭州海关编译《近代浙江通商口岸经济社会概况——浙海关瓯海关杭州关贸易报告集成》（浙江人民出版社2002年版，第727—771页）、郑绍昌《宁波港史》（人民交通出版社1989年版，第202—203页）有关数据统计编制。

同治八年（1869 年）浙海关的贸易报告提到："从福州进来宁波者有橄榄、橘子、纸张和蜜饯，共计达 14000 银两。而从宁波都是经由上海而并无直接运至福州者。"① 到 19 世纪 70 年代中期，宁波港腹地已缩至浙江省内的宁波、绍兴、杭州、严州、金华、衢州、台州、温州、处州，以及安徽的徽州、江西的广信等地区。光绪三年（1877 年）温州正式开埠后，宁波港的腹地进一步缩小，主要局限于宁波、绍兴、严州、金华、衢州、徽州、广信、处州的大部和台州的北部地区。及至光绪二十二年（1896 年）杭州正式开埠，浙西地区的严州、金华、衢州、处州和安徽徽州及江西广信等地区又转为杭州港腹地。到 20 世纪初，宁波港腹地仅限于宁波和台州地区，而绍兴地区成为与杭州港的混合腹地。② 港口贸易的发展需要腹地的支撑，由于宁波港腹地范围不断缩小，港口贸易也受到很大影响。在正式开埠前的道光二十二年（1842 年）夏季，各地来宁波贸易的商船一次就达 40 余艘。但在开埠后，赴宁波港贸易的商号和商船数量逐年减少。道光三十年（1850 年），宁波的南北号商行只剩下了 20 多户，共有木帆船 100 余艘。至咸丰三年（1853 年），宁波"航海贸易之人，大半歇业；前赴南北各洋货船，为数极少"。③

　　考虑到运输成本，商人往往会选择路程相对较短或者运费相对便宜的商路，这必然导致腹地商品出口市场布局的变化，进而影响港口贸易的发展。就晚清时期宁波港的腹地市场影响而言，徽州茶出口市场布局的变化就是一个典型的例子。

　　在 19 世纪 60 年代中期前，徽州茶主要经由杭州从上海港出口。从同治五年（1866 年）起，杭州开始征收海塘捐，过境茶叶每担需缴纳 1 海关两的捐税。徽茶由徽州经杭州至上海出口，平均每担所需费用，包括运费和安徽洋庄落地税、杭州皇家丝厂税、杭州海塘捐、出口税等名目繁多的捐税，合计升至 6.65 海关两。与此同时，由徽州经宁波港转至上海港出口，

---

　　① 杭州海关编译：《近代浙江通商口岸经济社会概况——浙海关、瓯海关、杭州关贸易报告集成》，浙江人民出版社 2002 年版，第 125 页。

　　② 王列辉：《近代宁波港腹地的变迁》，《中国经济史研究》2008 年第 1 期，第 45—51 页。

　　③ 郑绍昌：《宁波港史》，人民交通出版社 1989 年版，第 154—155 页。

平均每担的运费和各项捐税合计为 5.65 海关两，低于经由杭州线路的需用。① 于是，徽州茶出口路线变为徽州—义桥—百官—宁波—上海。同治六年（1867 年）浙海关的贸易报告指出："徽州茶经宁波者与年俱增，看来已经成为本口出口贸易的重要组成部分。"② 浙海关的贸易统计数据显示，同治四年（1865 年），经由宁波港的茶叶出口量仅 13105 担，同治六年猛增至 115268 担，到同治十一年（1872 年），更增至 176780 担，相当于同治四年的 13.5 倍。不过，随着光绪二十二年（1896 年）杭州开埠并废除海塘捐，经由宁波港出口的费用优势消失，徽州茶又重新恢复经由杭州往上海港出口的原有线路。光绪二十三年（1897 年），亦即杭州开埠的第二年，浙海关的贸易报告便提到："这些茶叶在宁波完全失去了市场以后，就只有经杭州去上海了，目前在宁波之茶商仅二三人。"③ 经由宁波港出口的徽茶，光绪二十一年（1895 年）尚有 90380 担；至光绪二十五年（1899 年），已剧降至区区 299 担。④ 进入 20 世纪初，徽茶已完全停止由宁波港出口。光绪二十七年（1901 年）的浙海关贸易报告感叹地说："想到杭州开关，徽州茶叶已全部在宁波绝迹，这桩年值 200 万银两货值之交易从此落空。"⑤徽州茶一度在宁波港的土货出口中占了很大比重，其出口量减少乃至完全停止，直接导致了宁波港贸易规模的收缩。前文表 1 列举的晚清时期宁波港历年贸易额，其中光绪二十三年至二十七年进出口总额的回落，主要就是因为作为土货出口大宗的徽茶贸易的衰落与停止。

腹地社会秩序的稳定与否对于港口贸易的发展有着重大的影响。如果腹地社会动荡，其货物、资本和商人会大量向外地转移，工商业、农业等社会经济无法正常发展，民众生活困难，市场需求低落，既制约港口输出商品的货源，又影响港口输入商品的销售。就晚清时期的宁波港而言，由于腹地范围的日益缩小，有限的腹地区域一旦陷入动荡之中，对口岸贸易的影响更为明显和突出。这在太平天国运动前后的社会波动中，表现得尤

---

① 杭州海关编译：《近代浙江通商口岸经济社会概况——浙海关、瓯海关、杭州关贸易报告集成》，浙江人民出版社 2002 年版，第 165—166 页。

② 同上书，第 105 页。

③ 同上书，第 297 页。

④ 同上书，第 44 页。

⑤ 同上书，第 305—306 页。

为突出。

咸丰三年（1853年）春，太平军攻克南京，并以此为中心，同清军展开激烈争战。作为宁波港核心腹地的浙江，绝大部分地区先后卷入其中，社会遭到严重破坏。左宗棠曾感叹道："两浙为贼渊薮……遍地贼氛，占地数千百里，贼众数十万，近则裹胁益众，为数愈增"，"计被祸之烈，实为各省所无"。① 战乱之余，人口锐减。全省在籍人口，道光三十年（1850年）有30026719人，到同治五年（1866年）仅剩下6377592人，前后减少幅度高达78.8%。② 在大规模的战乱环境下，宁波港和腹地的经济联系处于中断状态，而失去了腹地的支持，其进出口贸易自然无法正常进行。同时，宁波沿海的海上秩序也完全失控，进一步限制了其港口贸易的正常发展。史称："舟山群岛一带海盗的猖獗，以及葡萄牙人和广东人之间争夺护航权的冲突，使合法的贸易受到了干扰，并因而缩减。"③ 正是在这种情况下，整个19世纪50年代，宁波港的港口贸易始终处于停滞状态。

太平天国运动结束后，浙江各地社会秩序逐渐恢复稳定，宁波港的贸易才开始重新走上正轨。正如前文所提到的，19世纪60年代中期至70年代初期，宁波港的贸易呈较快速度的发展，贸易总额开始突破1000万海关两。进一步来看，从同治四年（1865年）至十一年（1872年），洋货进口额由3947270海关两增至5922646海关两，增长了0.5倍；土货出口额增长更快，由5081457海关两增至10351148海关两，增长了近1倍。与此相联系，宁波港海关税收也呈大幅增长之势，由383725海关两增至803138海关两，增长了1倍多。④

五　政策因素所带来的影响

在影响宁波港贸易发展的诸多因素中，政策因素的作用也不可忽视。

---

① 秦缃业：《平浙纪略》卷一二《庚辛泣杭录》，清光绪元年（1875）刊本。
② 赵世培、郑云山：《浙江通史》（清代卷中），浙江人民出版社2005年版，第189页。
③ 姚贤镐编：《中国近代对外贸易史资料》（第一册），中华书局1962年版，第613—614页。
④ 杭州海关编译：《近代浙江通商口岸经济社会概况——浙海关、瓯海关、杭州关贸易报告集成》，浙江人民出版社2002年版，第877页。

其中，海关政策、工商业政策和金融政策的调整与变化，影响更为明显。

晚清时期，海关设立之后，海关政策一直处于不断变化之中。特别是《辛丑条约》中调整有关海关体系的条文，对宁波港有着特殊的意义。按照《辛丑条约》的规定，距口岸 50 里以内的常关划归相应的海关税务司管理。据此，江东的浙海常关总关、镇海分关及小港和沙头两口均纳入浙海关税务司监管的范围。① 这使得浙海关监管的范围扩大，原本经常关进出口的货物也列入了海关贸易体系之中。因此，宁波港的贸易总额明显扩大。从前文献表 1 所列可以看出，光绪二十七年（1901 年），亦即《辛丑条约》签订的同年，宁波港贸易总额为 16963455 海关两，次年即升至 19359264 海关两，超过了此前最高年份同治十一年的规模。光绪二十九年（1903 年）突破 2000 万海关两，光绪三十四年（1908 年）更是高达 26643123 海关两，成为整个晚清时期宁波港贸易额的最高值。而这种贸易额增长的表面现象，实际上掩盖了宁波港实际贸易规模增长缓慢的事实。

从工商业政策方面来看，从 19 世纪 90 年代中期开始，清政府为了应对出现的危机，开始了政治、经济方面的改革，对民间工商业活动由严格控制转向逐步放宽。甲午战争后，鉴于洋务运动的失败，清政府不得不调整对民族资本主义的控制政策，"谕令各省招商，多设织布、纺绸等局，广为制造"；② 规定"通商省份所有内河，无论华洋均可行驶小轮船，藉以扩充商务，增加税厘"。③ 光绪二十七年，清政府宣布实行新政。二十九年（1903 年），清廷设立商部，倡导官商创办工商企业。随即颁布了一系列工商业规章和奖励实业办法，允许自由发展、奖励兴办工商企业，鼓励组织商会团体。在这种政策措施推动下，宁波地区的民族工商业获得较快发展。据不完全统计，19 世纪 90 年代中期前，宁波的近代民族工商业只有寥寥数家，而光绪二十二年（1896 年）至宣统三年（1911 年）间，新创办的民族工商企业有 38 家，资本额和经营规模也越来越大。其中，光绪三十二年（1906 年）开设的和丰纱厂的资本额高达 150 万元，创宁波近代工商企业之最。其他如通久源面粉厂、通利源榨油厂、禾盛烟公司、禾盛碾米厂、和

---

① 宁波海关志编纂委员会编：《宁波海关志》，浙江科学技术出版社 2000 年版，第 20 页。
② 王方中：《1842—1949 年中国经济史编年记事》，中国人民大学出版社 2014 年版，第 150 页。
③ 王彦威、王亮辑编：《清季外交史料》卷一三〇，民国刊本，第 15 页。

丰电灯厂等,资本额也都在 10 万元以上。① 近代民族工商业的发展,促进了宁波地区经济发展水平的提高,从而推动宁波港贸易的发展。根据海关贸易报告的统计,宁波港的土货出口额,在清政府宣布实施新政的当年为4560928 海关两,次年即增至 7481666 海关两,随后几年又增至 800 万海关两以上。

金融政策主要通过影响金融体系,实现对港口贸易发展的影响。长期以来,钱庄一直在宁波港贸易活动中扮演金融主体的角色。进出口贸易所需的巨额资金,"多仰给于金融界为之调节,而尤以钱庄所供给者为最多"。② 因此,钱庄系统的任何风吹草动,都会直接影响对外贸易的正常进行。五口通商之后,因金融监管失控,宁波地区的钱庄逐渐被大商人所把持,他们进行大量的金融投机,引发所谓的"现水"问题。宁波地区实行过账制度,一般不用现金。但在传统商业结算日,仍用现金结算,当现金缺乏时,只有凭支付凭证向钱庄兑换现金,就产生了"现水"现象。民国《鄞县通志》记载:

现水低时尚与它处之贴现想去不远,一遇时局紧急,则钱庄往往任意垄断,取百金之款有须去现水二十余金者。不特借债度日者受剥削之苦,即存款于钱庄者亦常亏累不堪。③

由于官方命钱庄业订定了呆板洋拆,促使钱庄改变经营策略,遂使现水飞涨,不可收拾。实际上,这是官方将变动不定的日拆与买空卖空的投机行为混为一事而加以禁止,其结果是钱庄主因无利可图,纷纷将洋底汇往上海、汉口等地放款生息,或者买卖上海规元进行金融投机。洋底缺乏推动现水飞升,现水飞升又抬高规元,规元高抬则钱庄业更愿意买卖规元,由此形成恶性循环,最终导致宁波地区的钱庄大多数洋底匮乏,钱庄体系大乱。商人们不得不减少在本地的经营,转而向沪、杭或者其他港口进货,资本大量外流。宁波港的贸易发展仰赖于钱业资本,钱庄体系的混乱和资

---

① 傅璇琮主编:《宁波通史》(清代卷),宁波出版社 2009 年版,第 226—230 页。

② 实业部国际贸易局编纂:《中国实业志·浙江省》第二编《经济概况》,1933 年,一四(壬),第 14 页。

③ 张传保、陈训正等:《民国鄞县通志》(食货志),宁波出版社 2006 年版,第 256 页。

本的外流必然对港口贸易产生重大影响。宁波港贸易总额自光绪二十九年超越 2000 万海关两之后，就再没有重大突破，其中光绪三十一年至三十二年还一度降至 2000 万海关两以下，正如因金融政策导致的钱业混乱有关。

六　结语

综上所述，晚清时期，宁波港的贸易整体处于发展之中，但由于受到区位、交通、腹地、政策等因素的综合制约，其发展速度相对缓慢，波动性也较大。

港口贸易对于晚清时期沿海城市发展有着巨大的推动作用，是引导城市走上近代化道路的重要途径。美国学者罗森堡和小伯泽尔指出："广泛贸易关系是城市化的前提，而城市化又反过来使贸易关系得到发展……贸易的发展与城市化几乎是同一个概念。"① 上海开埠后，迅速实现由传统向近代转型，发展成为国际化的大都市，与其口岸贸易的快速发展有着内在的联系。与此形成鲜明对比的是，宁波作为与上海同时开埠的口岸，就其贸易传统而言，实际上有着远较上海深厚的历史基础，但其开埠后发展，却与上海呈现出很不相同的发展道路与结局。特别是考虑到在上海对外贸易的发展过程中，来自宁波的商人群体——即所谓的"宁波帮"扮演了重要角色，则更是值得人们的深思。

---

① 罗森堡、小伯泽尔：《西方致富之路：工业化国家的经济演变》，周兴宝等译校，生活·读书·新知三联书店 1989 年版，第 88—89 页。

论近代台州黄氏家族经营形态的嬗变——
兼谈江南涉海家族的发展特点与历史命运

杜真江*

引 言

本文所说的近代江南涉海家族，指的是其家族中的主要成员涉足海上经营活动的经商家族，其主要活跃在沿海沿江沿湖一带，以经营盐业，船运业，贸易业，渔业，实业等为主。

近年来，学界已有若干关于近代江南涉海家族发展演变的研究成果。其成果大概可以分为几类，有的是对江南大家族进行整体性描述，使我们从中可以了解一些涉海大家族的基本情况，如吴仁安的《明清时期上海地区的著姓望族》[1]《明清江南望族与社会经济文化》[2]，介绍了明清江南著名的涉海商人、商帮家族；有的研究则比较深入，如易惠莉教授的《从沙船业主到官绅和文化人——近代上海本邑绅商家族史衍变的个案研究》[3]，董惠民教授的《浔商对近代浙北民族企业的开创及社会影响》[4]《浙江丝绸

---

* 杜真江，浙江师范大学人文学院历史系研究生。

① 吴仁安：《明清时期上海地区的著姓望族》，上海人民出版社1997年版。

② 吴仁安：《明清江南望族与社会经济文化》，上海人民出版社2001年版。

③ 易惠莉：《从沙船业主到官绅和文化人——近代上海本邑绅商家族史衍变的个案研究》，《学术月刊》2005年第4期。

④ 董惠民：《浔商对近代浙北民族企业的开创及社会影响》，《安徽师范大学学报》（人文社会科学版）2006年第6期。

名商巨子南浔"四象"》①，着力于从涉海家族兴衰演变的角度来探讨一些问题；有的则是以某个大家族为个案，从较长时段对著名的涉海家族进行专题讨论，如马学强先生的《江南席家：中国一个经商大族的变迁》②。另外，饶玲一的《清代上海郁氏家族的变化及与地方之关系》③着重探讨了涉海家族在地方社会所扮演的绅商角色。这些研究所探讨的问题主要集中在江南涉海家族的兴衰演变、经营活动、文化内涵及其与社会变迁的关系等方面，各有所侧重。

此外，根据相关学者的研究表明，江南涉海家族在应对近代社会变革时，其发展演变大致呈现出两种路径。第一种，以上海沙船商人家族的演变为典型，其以经商支撑家业，获利后，便将资金转移到商业以外的领域——捐纳做官或子弟的科举教育等，不能向近代工商业者转型。试举几例，上海郁氏家族弃儒从商，依靠沙船业起家，逐渐发展成为沪上一大望族，晚清未能抓住上海开埠的机遇，家境日渐衰落，又走上了读书的老路④；19世纪，王氏家族代表人物由沙船业主演变为官绅和文化人，一个商人家族终至消亡；⑤ 朱氏为上海著名沙船家族，由于人口过快增长导致家族财富被子弟的捐输、慈善经营等非经营性支出迅速消耗，这成为其未能向近代工商业者转型的重要因素。⑥ 第二种，清末湖州府南浔镇"四象"（刘家、张家、庞家、顾家）家族抓住上海开埠的契机，以对外贸丝致富，后积极拓展经营范围，或涉足盐业，或兴办实业，转型成为近代工商业者，但在20世纪30年代，由于种种原因，家族又迅速衰落⑦。其共同的特征是，家族的商业经营具有短暂延续性。

以上学者关于江南涉海家族发展演变的研究成果，对于我们理解江南涉海家族的兴衰演变有巨大的帮助与启发。然而，我发现专门从某个家族

① 董惠民：《浙江丝绸名商巨子南浔"四象"》，中国社会科学出版社2008年版。
② 马学强：《江南席家：中国一个经商大族的变迁》，商务印书馆2007年版。
③ 饶玲一：《清代上海郁氏家族的变化及与地方之关系》，《史林》2005年第2期。
④ 同上。
⑤ 易惠莉：《从沙船业主到官绅和文化人——近代上海本邑绅商家族史衍变的个案研究》，《学术月刊》2005年第4期。
⑥ 刘锦：《上海本邑绅商沙船主朱氏家族研究》，《中国社会经济史研究》2012年第3期。
⑦ 董惠民：《浙江丝绸名商巨子南浔"四象"》，中国社会科学出版社2008年版。

经营形态的嬗变看此类家族发展特点的研究成果并不多见。

自 1978 年实施改革开放政策以降，当时处于对台斗争前线的浙、闽、粤等地基本上没有像样的工业基础，但是改革开放政策恰恰在东南沿海取得了空前的成功，这是为什么呢？这些地区的发展在近代是否已露端倪，又具有怎样的独特性？本文就以浙东沿海的台州黄氏家族为切入点探讨以下几个问题：

（1）江南涉海家族经营形态的嬗变与发展特点；

（2）处于近代世界潮流及中国社会嬗变旋涡中的江南地区涉海家族的命运。

本文将主要借助宗谱、地方志等材料，运用个案分析、综合分析等方法，探究台州黄氏家族经营形态的嬗变与兴衰历程，以期窥探近代江南涉海家族的发展特点与历史命运。

晚清以降，中国遭遇了千年未有之变局，江南地区的世家大族也在近代化的浪潮中翻转向前。面对传统社会的不断解体，近代社会的日新月异，各个巨室大族的代表——士绅阶层为了自身的发展，势必做出相应的调整与转变，由此导致各个家族不同的演变轨迹。随着国内重商思潮的兴起，士绅阶层大量投身于工商业领域。而士绅突破传统重农抑商思维的羁绊，投身近代工商业，则意味着中国由前近代农业社会向近代社会转型的幅度与深度愈益深广。江南沿海社会，自古耕读传家、官绅并重，迨至近代遭遇晚清变局之际，大批士绅或弃官从商，或投身实业，纷纷加入兴办实业的浪潮，从而引领了这一社会思潮并推动了近代中国工商业的发展。可以说，"商人取代士绅而成为地方社会的领导阶层，是清末民初社会变革的主要趋势之一。"①

本文所研究的黄家为台州临海县葭沚镇望族，晚清以经营盐业起家，后以武平乱，积功至都斯，又"官儒商"相济，挂帆远航经营木材业，迨至民初，黄家又顺势而为，投身实业，广泛经营，积累起百万家资，成为近代台州著名的工商业家族。

---

① 郑振满：《乡族与国家——多元视野中的闽台传统社会》，上海三联书店 2009 年版，第 316 页。

一　由儒而商：以经营盐业起家

明清以降，江南地区经济活跃，商贾云集。商品经济的发达，提高了商人的社会地位，商贾本人或者子弟既可以通过参加科举登第，也可以放弃举业转而从商。伴随着商品经济的发展，商人或其子弟弃举业而从商者愈益增多，所谓"逐末者多衣冠之族""阀阅之家，不惮为商贾""缙绅士大夫多以货殖为急"者。[①] 苏浙闽等东南沿海地区山多地狭，人多而适宜耕种之地少，耕海而食，梯航经商便成为人们的重要谋生手段。于是，"在儒家思想占主导地位的社会氛围中，形成了儒商并重的风气。"[②] 因此之故，涉海经商的家族在江南沿海一带异常活跃，并在近代相继形成了众多区域商人团体，譬如"徽商""南浔帮""宁波帮"等皆如是。台州葭沚镇一带自来"负山面海，利擅渔盐，居民半多务农服贾"[③]，自古便利用舟楫之便，鱼盐之利，使得该地一度商贾云集，商贸繁盛。

据《葭沚黄氏宗谱》记载，黄氏一族自明成化年间，由台州临海县芙蓉村迁居到黄岩县葭沚村后，继承了祖上耕读的传统，或读书为官，或以武立功，家族日渐兴旺。"厥后以武功见，以文行称，以理学传，以科名著载在志史，灿若日星"，[④]"子子孙孙，绳绳继继，诗体传家，簪缨不绝。"[⑤]其宗规规定，"耕读以务本业"[⑥]，而其家训又说，"子孙只宜耕读为本，或商贾为事，不可为非作歹，流入卑贱，以污先声，戒之慎之"[⑦]。由此可见，其家族对经商并不排斥，儒、商之间并无绝对隔阂。一方面，台州葭沚镇一带负山面水的自然地理环境，耕地本就有限，明清以降，人口的迅速增长，使得人地关系十分紧张，人们为了生计，不得不依靠经商支撑家业。另一方面，清初，台州发生"两庠退学案"，朝廷以"诸生近海，谋且叵

① 吴仁安：《明清江南望族与社会经济文化》，上海人民出版社2001年版，第211页。
② 陈国灿、王涛：《依海兴族：东南沿海传统海商家谱与海洋文化》，《学术月刊》2016年第1期。
③ 项士元：《海门镇志稿》卷3，《书院和学校》，椒江市地方志办公室编印，1988年，第47页。
④ 《葭沚黄氏宗谱》卷1，《源流》。
⑤ 《葭沚黄氏宗谱》卷2，《寿序》，吉甫：《重修家子黄氏宗谱序》。
⑥ 《葭沚黄氏宗谱》，《宗规》。
⑦ 《葭沚黄氏宗谱》，《家训》。

测"为由，令台州停试三科，此后，临海县进士百年绝榜，直到太平天国运动之后才有所改变。① 这让台州科举登第名额变得更加稀缺，而参加科举成本又较高，无数落第书生为了继续学业，转而经商。另外，明中后期开始实行捐纳制度，使得商人得以凭借经济实力跻身士绅阶层，商人的社会地位顺势提升。

清初两浙盐政沿用明末的票引法，实行"专商引岸制"，由官府收购食盐，招商人认运，商人缴纳税课后领取盐引（票），并到指定盐场购盐，再行销到指定地点。由于拥有"引窝"的盐商数量较为固定，他们占据销岸，利用专卖特权，形成寡头垄断，从而谋取暴利。嘉庆十八年（1813 年）以后，为了增加国库收入，改行商收、商运、商销。② 道光以降，清政府进一步降低了盐业准入门槛，一度废除引盐法，实行票盐法，即只要商人缴纳了税课，就可以参与盐业经营。实施新的盐政，意味着盐业的重新洗牌，不少人借此涉足盐业经营。

黄家的第一次转型正是在道光、咸丰年间，由台州黄氏家族中的第十四世黄涟清弃儒从商，经营盐业开始的。黄涟清（1819—1868 年），台州临海县葭沚镇人，字镜泉，"台州临海诰封武显将军，家瑞公次子也……子蒸云举人拣选知县，童夫人出。孙崇威崇韬，女三孙女二"③。黄涟清"幼即岐嶷崭然，露头角，家仅中资，以食指繁"，为了壮大家业，弃儒从商，并积累了可观的财富，"弃读而贾者，数十年，积十余万金。"④ 据后人回忆整理，此时黄家开始经营盐业⑤。由于葭沚镇毗邻台州著名的两大盐场——杜渎盐场与黄岩盐场，黄涟清经营盐业具有天然的优势。显然，黄涟清涉足盐业的经营为其子孙传承其业奠定了一定基础。

---

① 台州地区地方志编纂委员会：《台州地区志》，浙江人民出版社 1995 年版，第 1147 页。
② 浙江省盐业志编纂委员会编：《浙江省盐业志》，中华书局 1996 年版，第 263 页。
③ 《葭沚黄氏宗谱》卷 2，《寿序》，《诰授通议大夫煕东亲翁暨德配诰封淑人黄母蔡淑人六旬双寿序》。
④ 《葭沚黄氏宗谱》卷 2，《墓志铭》，王咏觉：皇清移封武显将军都司衔补用守备黄公墓志铭。
⑤ 周宾贤：《黄楚卿史略》，载政协椒江市委员会文史资料研究委员会《椒江文史资料》（第六辑），椒江市政协文史组，第 71 页。

二　向海延伸：盐业的扩大经营与木帮船业的开拓

黄家工商事业的经营发展与转型肇始于同光年间，主导者为黄涟清次子第十五世黄蒸云。黄蒸云（1847—?），字煦东，光绪元年举人，为人慷慨大气，好结交朋友，在地方上有较高的社会威望。"君性慷慨好资客，光绪纪元，应本省乡试登贤书，所交皆一时豪杰。"① 中举后，"两上春宫礼闱报疲，遂不怀利禄而为善于乡"②。曾两次参加会试不第，就在地方担任乡绅，维护地方社会稳定，"家故雄于资，而好行义举，辄千金而不少惜，临海一邑而翕然诵之。"③ 那么，黄蒸云作为地方士绅，又是怎样扩大其家业的呢？

首先，黄氏家族借道咸年间社会混乱之际，通过协助朝廷平乱，建立军功并趁机进入官场，从而获取丰富的官场人脉关系网，这为其经营工商业提供了有利的政治环境。

晚清以降，清政府陷入了内忧外患的困境。太平天国运动时期，全国民变四起，清政府顾此失彼，腐化不堪的八旗军，已无法进行有效的镇压。于是，两湖及江南等地方士绅为了维护地方社会秩序和自己的利益，纷纷组织或支持地方团练，以期维持朝廷统治及社会秩序，并借镇压民众运动或动乱之机，建立起了卓著军功，从而跻身官僚阶层。故投军成为当时两湖及江南等地方士绅晋升官僚阶层的重要阶石。当时黄氏家族就有族人黄一清"竭家财养死士，练其宗族子弟，自成一军，思欲得当以赴国家之急。"④ 即通过组织地方民团，积极投军参与镇压民变和抗击太平军，建立功勋，并由此晋升到官僚阶层。后黄涟清也积极参与镇压地方民变，"镇祖镜泉公有干才，清咸丰八年间，宁海王夷吾纠党戕邑令扑郡城，公奉省命，与族兄禹渡君率兵平定之，积功至都斯，以弟镜明公贵移赠武显将军"⑤，

---

① 《霞沚黄氏宗谱》卷2，《寿序》，《诰授通议大夫煦东亲翁暨德配诰封淑人黄母蔡淑人六旬双寿序》。
② 同上。
③ 同上。
④ 《霞沚黄氏宗谱》卷2，《行状》，《蓝翎同知衔候补知县象山县学教谕黄公禹渡家传》。
⑤ 《霞沚黄氏宗谱》卷2，《墓志铭》，张载阳：《清封中宪大夫同知衔赏戴花翎候选通判民国大总统给予七等嘉禾章台州军政分府财政部部长黄君墓志铭》。

"赠公以积劳晋蓝翎都斯，昆季中多以武秩显，若镜明总戎尤卓。"① 可见，当时其家族大多成员都是以武立功，并借此晋升官僚阶层。黄涟清的弟弟镜明公，族兄黄一清，侄子黄祥云等皆投身行伍，留名青史。黄家祖辈以武建功，跻身官僚阶层，素有乡望，与当时的士绅家族周家齐名，"家子望族实推周黄"②，后黄蒸云中举，便利用其举人身份，将盐业运销拓展到临海、天台、仙居、永康、武义、缙云等七县。

其次，黄氏家族之所以能够通过贩盐发迹，得益于晚清在台州等地实施"厘盐"政策。

太平天国运动期间，随着太平军相继攻占江南各地，大量盐官、盐商相继逃匿，导致盐业废弛，私盐充斥。③ 同治三年（1864 年），清政府改台州引盐为厘盐，即从原来由盐商买引运销改为盐商承包厘金后归其运销，并在海门设厘局稽征盐税，从而造就了一批盐业包销商人。④ 黄蒸云承包了台州长亭、杜渎、黄岩 3 场厘盐共 3.6 万串，运销台州的临海、宁海、天台、仙居与婺州的永康、武义两县及处州的缙云县等七县。由此，海门成为浙东重要的食盐运销中心。⑤ 据《葭沚黄氏宗谱》记载，黄蒸云利用其举人身份在盐业上兴利除弊，合并盐区，政府盐利得以增加，显示了其卓越的理财能力。"盐课为国帑大宗，浙东盐务如临仙永武缙与宁天两区，向以办理非入厘课告绌，自先生独立并办后，剔毙厘章，部署定而醝利之与今昔成反比例。"⑥ 其在《葭沚黄氏宗谱》序里写道"自承办七属盐务，事集于身，几如猬刺"⑦。而"国帑大宗"非一般平民百姓可以插手，黄蒸云作为地方士绅，参与包销厘盐，不但解决了地方政府的财政问题，而且扩大了家族的盐业经营。

再次，海门港便利的水陆交通，成为黄家经营的实际依托。

随着对外贸易港埠的相继开辟，对外贸易及港埠之间的交通变得更加

① 《葭沚黄氏宗谱》卷 2，《寿序》，王咏霓：《黄母童太恭人六旬寿序》。
② 《葭沚黄氏宗谱》卷 2，《墓志铭》，王咏霓：《皇清移封武显将军都可司衔补用守备黄公墓志铭》。
③ 台州地区地方志编纂委员会：《台州地区志》，浙江人民出版社 1995 年版，第 321 页。
④ 同上。
⑤ 金陈宋：《海门港史》，人民交通出版社 1995 年版，第 112 页。
⑥ 《葭沚黄氏宗谱》卷 2，《寿序》，程桂芬：《恭介同知衔赏戴蓝翎黄老先生大人六旬大庆》。
⑦ 《葭沚黄氏宗谱》卷 2，《序》，黄蒸云：《序》。

便利，经营船运业的家族得以兴起。光绪三年（1877 年），瓯海关成立后，于次年又在海门设分关，这意味着海门进入了近代开埠时代。"清末民初，海门凭借便利的水上交通，海上可通沪、甬、瓯、闽等商埠，内河可通黄岩、临海、温岭、仙居、天台诸县，成了著名的商品集散地。因此商店林立，市场繁荣，俨然成了台州六县的商品进出口基地。"① 黄家依托港口交通运销食盐，以经营盐业起家，其包销的杜渎与黄岩两场厘盐，都是经海门港由内河运临海盐号，再行销各县；后航海经营木材贸易，开设南北货店，投资振市公司，兴办实业，都离不开港口的依托。

复次，黄氏家族的持续壮大得益于"同光中兴"时期较为稳定的政治环境，以及开展"洋务运动"所带来的一股崇商务实风气。

同光时期，涉海贸易呈现出一派欣欣向荣的景象，特别是"帆船贸易，进展之速，洵堪惊人"② 此时，大型木帆船因制造成本低，运量大，继续承担着闽浙沿海南北贸易的作用。清末海门港的海上航运与贸易，主要集中在闽、浙沿海。由于浙江木材短缺，而福建盛产各种木材，尤其是当时浙江沿海造船所用的杉木，因此"木材之用，半取于闽。每岁乡人以海舶载木材出五虎门，由海道运转，遍布于两浙"。③ 当时，闽、浙两地的商民贸易往来，"率取道海上，以贩运米粮、木植为大宗"。④ 显然，由木帆船运销体积大，笨重的木材虽然费时，但运费低廉。黄蒸云从中看到了巨大的市场，开始置备木帆船在闽、苏间进行航海贸易。运到江苏的木材，从初创时的委托代理行销售发展为自设木材行（大同木行，大章木行）进行销售，由此，黄家成为往来闽、苏间做竹木生意的佼佼者。光绪初年，海门港的主要港埠由葭芷外移到海门。"那时，海门港有本地商船 210 艘，其中椒江南岸 160 艘，椒北前所一带 50 余艘。渔船更是多若繁星，海门港区有 220 艘，葭芷有 70 余艘，椒北多达 1200 余艘。从事海上贸易最著名的船商是葭

① 郭建波：《民初台州首富黄楚卿论略》，《台州学院学报》，2002 年第 2 期。
② 班思德：《最近百年中国对外贸易史》，载聂宝璋《中国近代航运史资料》（第一辑，1840—1895，下册），上海人民出版社 1983 年版，第 1257 页。
③ 《安澜会馆碑记》，嘉庆十年（1805）六月立，转引自白斌《渔帮、渔所、渔团——清代浙江海洋渔业中介组织研究》，《海洋史研究》（第三辑）2012 年 5 月，第 187—188 页。
④ 光绪十九（1893 年）年四月谭钟麟等奏，载《光绪朝东华录》，转引自金陈宋《海门港史》，人民交通出版社 1995 年版，第 110 页。

芑人黄蒸云、黄楚卿父子俩，独家拥有大型帆船 8 艘，最大的容量在 5000 担（约 400 吨）以上，最小的也近 2000 担。黄家船队从事闽、浙之间的海上贸易，在福建购入木材，贩运到扬州仙女庙一带出卖。"①

最后，当时东南沿海一带海盗出没频繁，商船或者渔船常遭到海盗劫持勒索。光绪二十五年（1899 年），浙江巡抚廖寿丰上奏："浙江宁波、绍兴、温州、台州与嘉兴府属之乍浦，沿海渔团，办有端绪，以卫海疆"②。光绪十年（1884 年），清政府要求沿海各省举办渔团，浙江省即以大对渔船帮永安公所董事华子清为渔团总董，"稽查渔民，编列保甲，给照收费，以供局中经费开支。"③ 省渔团局委派同知衔黄蒸云办理海门渔团局，遂行渔船编团、给照、护渔、收费各事职责。④《葭沚黄氏宗谱》中记载，"先生乃办沿海渔团，设六压保甲，疲精劳神，经营捍卫，而地方称谧。"⑤，"沿海萑苻出没，渔商被劫者，往往陷盗窟，罹法网太仓。廖公抚浙江，思所以安全之檄员赴台办渔团，举先生为总董。因条陈列其事，禀陈办理之法，抚帅善其意，即照法施行，嗣是以后，渔商出洋谋生，理乃得请于水师逐节巡护，俾无强暴之惧微"⑥。光绪十八年改隶台州府，委知县 1 员驻海门，佐杂 1 员驻椒北杜桥。知府徐承礼严订章程，年解缴藩库银 3000 元。光绪十九年（1893 年），王炳钧在浙江台州创办渔团局，"废司营进出号金，并临海县渔商牌照，旋改商办"⑦。由此可见，黄家的经营正逐步向海延伸，而台州沿海的社会环境，为黄家的涉海经营提供了便利的条件。

同为弃官从商的清末著名实业家张謇曾高度评价黄蒸云，"謇虽愚钝，忝列甲科，屏弃人世所谓高爵大禄，淡无所嗜，与先生略同，而其营商业、

① 金陈宋：《海门港史》，人民交通出版社 1995 年版，第 100 页。
② 《清德宗实录》卷四百三十七，光绪二十五年乙亥春正月丙辰，第 749 页。转引自白斌《渔帮、渔所、渔团——清代浙江海洋渔业中介组织研究》，《海洋史研究》（第三辑）2012 年 5 月，第 185 页。
③ 白斌：《渔帮、渔所、渔团——清代浙江海洋渔业中介组织研究》，《海洋史研究》（第三辑）2012 年 5 月，第 185 页。
④ 陈志超：《椒江市志》，浙江人民出版社 1998 年版，第 440 页。
⑤ 《葭沚黄氏宗谱》卷 2，《寿序》，《诰授通议大夫煦东亲翁暨德配诰封淑人黄母蔡淑人六旬双寿序》。
⑥ 《葭沚黄氏宗谱》卷 2，《寿序》，张謇：《恭祝诰授中宪大夫煦东黄老先生暨德配诰封恭人蔡母黄恭人六秩双庆寿序》）。
⑦ 项士元：《海门镇志稿》卷 3，《机关团体》，椒江市地方志办公室编印，1988 年，第 33 页。

提创学务、设公司于海上推广渔人之利,实不逮先生远甚。"①

总之,举人黄蒸云凭借士绅地位,在扩大了家族的盐业经营的同时,又依托海门港口优势,开拓了木材的南北航海贸易,并办理地方渔团局,给黄氏家族带来了巨大的转变。其经营的盐业和木材业为家业的兴盛奠定了基础,也为后来其子黄楚卿创办一系列实业打下了坚实的基础。由此可见,晚清以降,士绅下海经商已是时代潮流,他们作为地方的精英,具有敏锐的时代嗅觉。同时反映了科举体制的式微,"或告以乡里安危之所系,地方利奖之所在,更瞠目不知所答,毋怪乎近世以来,皆鄙薄科举,条陈废弃焉"②,实务之学的逐渐兴盛。

三 海陆互动:承继祖业,投身实业

晚清以降,国内外形势发生了巨大的变化。一方面,"内忧外患"导致清政府的财政紧张,传统的苛捐杂税难以填补这个巨大的缺口,而通过不断征收厘金商税,能够有效缓解财政压力,故而工商业得到晚清政府的格外重视。地方士绅纷纷从商,黄涟清率先经营盐业,其子黄蒸云弃官从商,包销盐务运销,经营航海贸易。甲午战败,宣告了清政府"洋务运动"的失败,民族自尊心大大受损,有识之士大力倡导"实业救国",黄楚卿顺势在海门兴办实业。另一方面,清王朝在经历太平天国运动和甲午战败等一系列冲击后,江南沿海地区受到"欧风美雨"的直接侵袭,传统产业遭到了新的生产经营方式的无情冲击,地方士绅为了自身的发展,不得不开始尝试学习欧美的生产经营方式。此外,海门港地处通商口岸宁波、上海与温州之间,不仅外商常在此进行转口贸易,往来甬、温、沪地区的商人也将海门作为中转站。"查海门近年以来,市面渐兴,轮舶帆船,日渐增多,凡由内地转赴甬台温沪,均以海门为航行冲道,而商贾运货,亦以此为起卸要区。更因地界甬温之间,由甬赴温,由温返沪,往来海道,均经海

---

① 《葭沚黄氏宗谱》卷2,《寿序》,张謇:《恭祝诰授中宪大夫煦东黄老先生暨德配诰封恭人蔡母黄恭人六秩双庆寿序》。

② 同上。

门。"① 光绪二十一年（1895年）后，清政府逐步解除了对华商经营内河航运的禁令。海门随之设立了轮埠，便利的海上交通和内河航运，使得海门商贸日渐繁盛，成为台州乃至浙东地区的物资集散地、商贸中心。

黄蒸云的长子第十六世黄崇威（1873—1931年），字楚卿，在甲午战后进入商界。一方面，承继祖业，包销盐运"乃席先人余荫，合台属临宁天仙，处属永武缙组设七邑运盐公司"②，并把经销点扩展到36个；扩大木帮船业，"君家商于海，建巨艇悬帆往来苏闽间，运输木植，历年久至扩张之于闽福州、于苏通州，各置木号馆，南北枢纽，业务益繁盛。"③，成为当地最大的船商。另一方面，顺势投身"实业救国"的浪潮，在海门兴办实业，积极向近代工商业者转型。

黄楚卿在清末新政中，支持新政，宣统元年（1909年）曾任浙江省咨议局议员，辛亥革命时，他积极参与台州"光复"事业。当时，张连胜在临海杨镇毅游说下响应孙中山革命，辞去清廷职务，率黄楚卿、卫德标二人至台温两地征募台、温旧部子弟兵1300人编成革命先锋营，自任司令，随苏浙沪军会攻南京。台州光复后，任台州军政分府财政局局长，王德熙曾作《光复记吟》"财政还叨黄氏（按：指葭芷富商黄楚卿，后任军政分府财政科长）认，地方终可保无虞。"④ 民国初年，"军府成，聘君管度支厘金，裁饷源绌，遂改设正用，局续遵省章改定为统捐，又任君长局政，开源节流，量入为出，财务裕如。"⑤。这使他结交军政要人变得更加容易，与曾任台州镇守使的张载阳结为儿女亲家，与曾任浙江巡按使的屈映光是挚友，且与进士出身的杨晨、举人出身的周萍洞等地方名流都有姻亲关系。故其家族在地方上颇有威望，当时即使他违法走私军火、贩卖鸦片、偷运大米出海，地方小吏也不敢过问。在经济上取得巨大成功后，黄楚卿曾被选为两届省议会议员，又跻身政坛。黄家官商互济的经营方式，为其获利

<hr/>

① 项士元：《海门镇志稿》卷1，《岛屿》，椒江市地方志办公室编印，1988年，第12页。
② 《葭沚黄氏宗谱》卷2，《墓志铭》，张载阳：《清封中宪大夫同知衔赏戴花翎候选通判民国大总统给予七等嘉禾章台州军政分府财政部部长黄君墓志铭》。
③ 同上。
④ 朱汝略、奚永宽：《浙东军事史》（上卷），吉林文史出版社2005年版，第355页。
⑤ 《葭沚黄氏宗谱》卷2，《墓志铭》，张载阳：《清封中宪大夫同知衔赏戴花翎候选通判民国大总统给予七等嘉禾章台州军政分府财政部部长黄君墓志铭》。

提供了十分有利的政治环境，也反映了商人的社会地位得到了显著的提升。

民国三年（1914 年），黄楚卿联络杨晨、周萍涧等大绅士，凭借浙江省巡按使（省长）屈映光之力，从天主堂神甫李思聪手中赎回海门港埠地权后，创办海门振市股份有限公司，公司集资 20 万元，其中黄楚卿在公司股份中占 60%，屈映光任董事长。公司名为"振市"，旨在振兴海门的商业。这是台州第一个成立、也是唯一经营房地产兼营轮埠的公司。① 也为海门港日后成为浙江省第三大港奠定了基础，"公司经营码头房地产仓库等业务，新建一号码头，以后连续建二号、三号码头，并开辟振市街，建造市房。从此，振市街一带旅馆、菜馆、商店如雨后春笋，百业兴旺，市面繁荣，为以后海门的发展打下了良好的基础。"②

曾任浙江省长的张载阳对此记述颇详。"先是教焰炽海门沿江涂地为所侵占近十年，君初被选为咨议局议员，已创备买赎回之议，共和建始，君二次被选为省议员，复陈情于巡按使临海文六屈公，允息借省款以援助成功，省会甫闭幕，亟刺装还里门，迭向法教士李思聪据理力争，历时月余，始就范。都计沿江涂地七十亩有奇，签约给价为洋十三万元。由是组公司添轮埠，辟市场，经营十数年，规模极宏伟。过其地者，徘徊瞻眺，金曰，微君力不及此……抗教赎涂，海市成立，辟埔通商，楼船络绎。"③ 可见，黄家的投资方向已经转到了近代工商业。

民国初年，黄楚卿凭借优越的海门港口条件，利用祖上积累的政治、经济等方面的资源优势，在承继祖业的同时，积极兴办新式产业。黄楚卿在海门创办了椒江织布厂、恒利电灯公司、电话公司，还有经销煤油等新兴产业，大大方便了民众生活。黄楚卿之子黄正达忆及此事时说："父亲对于企业，并不满足于原有的范围。他喜欢创办本地没有的企业。如煤油开始销售到海门时，他就经销美国进口煤油，首任'美孚'油行经纪人，在振市街口开设'泰孚'油行。……海门、葭沚没有电话，他就试办'得力风'（电话的音译）。海门没有电灯，他就创办'恒利电灯公司'。从此，

---

① 金陈宋：《海门港史》，人民交通出版社 1995 年版，第 105 页。
② 黄正达：《忆父亲黄楚卿》，政协椒江市委员会文史资料研究委员会：《椒江文史资料》（第六辑）。
③ 《葭沚黄氏宗谱》卷 2，《墓志铭》，张载阳：《清封中宪大夫同知衔赏戴花翎候选通判民国大总统给予七等嘉禾章台州军政分府财政部部长黄君墓志铭》。

公司向海门、葭沚的商店、政府机关单位和学校供电，用灯盏数大增。"①
他的开拓进取，引领了海门工商业的发展，为海门工商业的兴起和城镇的
发展做出了有益的贡献。"海门的繁荣，与陶、黄两家来海门兴办实业有着
直接关系"。② 黄家以传统与近代产业相互交织，多元化发展的经营方式，
很快形成了一个大型的工商企业集团。

清末民初黄家经营创办新旧产业一览

名称	创办时间	创办人（所有者）	注册资本（价值）	备注
盐号	清末民初	黄涟清 黄蒸云 黄楚卿	不详	三代经营，后发展为36处，分布在临海、海门、海游、舟山、鳌江等地，总公司设临海槐梧巷，总经理王少南
航运业	清末民初	黄蒸云 黄楚卿	大型帆船"生、丰、宗、泰、孚、顺、元、通" 8艘	两代经营，1923年造八艘大船，1920年派黄万泰、张云庭出海，坐驻台湾，进行明矾贸易
渔团局	1884年	黄蒸云	不详	行渔船编团、给照、护渔、收费各事职责
织网业公所	1904年	黄蒸云	不详	收入拨充椒江实业学堂经费
当铺	清光绪年间（1904年）	黄蒸云 黄楚卿	不详	（临海的"仁济"、桃渚的"黄益泰"、杜桥的"黄晋泰"、洪家的"黄福泰"、葭沚的"黄裕泰"、海门的"黄元泰"）
酒坊（黄万记）	1911年	黄楚卿	不详	
椒江机器织布厂	1914年	黄楚卿	不详	经理方恭士
轮埠地产公司（振市公司）	1914年	黄楚卿占60%的股份	20万元	台州第一家轮埠兼房地产公司
绸布百货店（大源祥）	1915年	黄楚卿	10万元	缪小甫、林宾甫曾先后任经理，1934年经营不善转让

---

① 黄正达：《忆父亲黄楚卿》，政协椒江市委员会文史资料研究委员会：《椒江文史资料》（第六辑），第85页。

② 周宾贤：《黄楚卿史略》，政协椒江市委员会文史资料研究委员会：《椒江文史资料》（第六辑），第71页。

续表

名称	创办时间	创办人（所有者）	注册资本（价值）	备注
恒利电灯公司	1917 年	该公司股东 11 人（黄楚卿、黄便卿、黄伯明、黄仲鲁、黄正逵、黄正遴等亲属）	10 万元	为台州地区开设最早、规模最大的电厂。1932 年黄楚卿死后，由其弟黄便卿接收
电话公司	民国初年	黄楚卿	不详	
客货两用轮船（永安号）	民国初年	黄楚卿	不详	行驶椒、甬、沪线
煤油行（泰孚）	1919 年	黄楚卿	不详	黄楚卿任经纪人
南北货（大有生）	民国初年	黄楚卿占有一半股份	不详	经理：吴岩叔，后改组"黄泰记"
药店（黄同德）	民国初年	黄楚卿	不详	
碾米厂（豫泰）	不详	黄楚卿	不详	生产、加工米粮
六陈行（黄萃泰）	不详	黄楚卿	不详	销售米粮
咸鲜鱼行（黄元记）	不详 .	黄楚卿	1 万元左右	
木材行（大同、大章）	20 世纪 20 年代	黄楚卿	10 万元左右	分别位于苏北的南通和青龙港，陈辅庭、周宝孚分别任经理
田产		黄楚卿 黄便卿	2000 亩，5 万元左右	
私立东山中学		黄楚卿	5 万元左右	
"黄万记"		黄楚卿		总管处，先后聘曹子明、吴岩叔、许连城、陈舜卿为总经理

资料来源：《椒江工商史》①、《椒江文史资料（第六辑）》②。

---

① 周承训：《椒江工商史》，椒江区地方志编纂委员会，2010 年。
② 政协椒江市委员会文史资料工作委员会：《椒江文史资料》（第六辑），椒江市政协文史组 1988 年版。

由此可见，其产业涵盖了民众日常生活的方方面面，在当地颇具影响力。"在当时，这样规模的企业集团，台州无人能望其项背，它大大繁荣了当地经济，丰富和方便了群众生活，这些为海门以后的发展奠定了良好基础。"① 至此，黄家海陆兼营，拥资百万，家业达到巅峰，黄楚卿被称为"黄百万"，富甲台州。②

四 时代的局限：黄氏等江南涉海家族官商经营模式的挽歌

晚清民初，东南沿海地区得风气之先，江南涉海家族在思想上处于新旧交织的状态，在应对社会变革时，受西方文明影响，积极变革求新，兴办近代产业，一度引领社会潮流，然而，旧的传统观念依然根深蒂固，阻碍了其家族的发展，表现出时代的局限性。

面对近代社会的变革，虽然江南涉海大族大多以努力兴办实业的方式，践行由传统向近代化转型的尝试，但是其经营理念、经营方式依然为传统的经营经验及社会环境所支配。表现为官商互济的经营理念与传统的经营管理方式，即"外洋内儒"，由于官本位观念根深蒂固，从而无法树立起近代化的企业观，且努力培养子女"弃商从文"。由此产生了大量的非经营性支出，比如捐纳，修房，参与地方公益事业等；并且难以适应现代企业的竞争发展，最后造成家族经营转型的不彻底性，从而导致家业的衰败。而黄家应对江南社会近代化的妥协性、不彻底性表现得尤为明显。

民国初年，黄楚卿在积极兴办新式产业的同时，且继承、发扬了父辈的绅商精神。其一，积极参与地方事务，维护地方社会稳定，"弱冠时，法夷扰浙海，君集合海葭志士办乡团，内御匪患，外靖海氛，和议成，荐保候选通判，旋纳资加同知衔赏戴花翎。"③，也可以看出，即便是到了清末，商人也依然跳不出"纳资捐功名"的俗套；其二，捐资筹饷，"弗替民国肇

---

① 郭建波：《民初台州首富黄楚卿论略》，《台州学院学报》2002 年第 2 期。

② 周宾贤：《黄楚卿史略》，政协椒江市委员会文史资料研究委员会：《椒江文史资料》（第六辑），第 71 页。

③ 《葭沚黄氏宗谱》卷 2，《墓志铭》，张载阳：《清封中宪大夫同知衔赏戴花翎候选通判民国大总统给予七等嘉禾章台州军政分府财政部部长黄君墓志铭》。

基，驻台旧日兵队，以欠饷巨屡请散放，均失望，将联合哗变，为地方患，君贞知之，亟夜谒统兵者，迅定期散饷为数，达银三万元。"①；其三，赈济贫民，"民九夏六月，飓风陡发，海潮灌入内地，高丈余，田畴庐墓，漂没不可胜计，北港地势低洼，被灾尤重，饥黎载道，朝夕间便饿殍矣，君密遣忠谨伙友褰裳入山，全村救济，全活无算。"②；其四，创办学校，海门东山上有一处荒芜的古代书院，黄楚卿便以极低的价格"先向官产处购得之，其间有耕种成熟，类似民有者，优其值，并圈入之，辟为别墅，次第设施，厅堂具备，夫亦足以自娱矣。"后政局变动，不得以充作校产，"既而念海门小学林立，莘莘学子每憾升学为难，决然舍去，创办东山私立中学，及今计之，忽忽逾九载，筹垫经费巨万。"③总之，黄家在当地积极承担社会责任，扩大社会影响力的同时，也产生了大量的非经营性支出。

20世纪20年代起，黄家迭遭变故，家产迅速分崩离析。在民国九年（1920年）到民国十二年（1923年），海门连续遭受三次洪潮袭击，分布在沿海沿江一带的黄家商号，房屋、货物几乎冲毁净尽，损失惨重。民国十三年（1924年），浙江政局发生变动，黄家姻亲浙江省长张载阳随卢永祥下野，黄家失去了政治靠山。随后，就有人告发他贩运鸦片入港，漏米出海；沿海商号又遇上火灾、匪灾、同伙勒逼，损失惨重；往日心腹眼看大势已去，乘黄家子女求学在外，家业无人接管，便巧取豪夺，将百万资产变卖折损，消耗殆尽。

黄家由盛而衰迅速陨落的历史命运，表明旧时代封建家长式的经营管理思想，虽然能够发挥一定的作用，但随着时代的进步，已经满足不了现代化企业的管理需求。正如其子所说的，"确实父亲一向办事果断，简直到了独断专行的地步……父亲对企业管理的一套陈旧的办法，必然导致企业走向崩溃。"④而官儒商相济的经营方式，一方面，为其获利提供了十分有利的政治环境；另一方面，不仅要承担相应的社会责任，跟政治进行捆绑，

---

① 《葭沚黄氏宗谱》卷2，《墓志铭》，张载阳：《清封中宪大夫同知衔赏戴花翎候选通判民国大总统给予七等嘉禾章台州军政分府财政部部长黄君墓志铭》。

② 同上。

③ 同上。

④ 黄正达：《忆父亲黄楚卿》，政协椒江市委员会文史资料研究委员会：《椒江文史资料》（第六辑），第88页。

比如筹军饷，捐款赈灾，等等，其经营的独立性将很难得到保证，而且，一旦政治上失势，极易造成家业的崩溃。故随着社会的变迁，其家业的衰败在劫难逃。

五　结语

黄家从耕读传家到经营盐业起家；从地方士绅到以海洋为媒介，挂帆远航进行木材贸易；从继承祖业到海陆互动，兴办近代实业，其兴废更替及嬗变恰恰与中国从前近代帝国向近代民族国家转型大体上吻合。台州黄家经营逐步向海洋的延伸，反映了晚清以降重商主义的兴起，政府对海洋贸易的控制正在逐步减弱，海洋交通发挥着日益重要的作用，以海洋为媒介的贸易正日益兴盛。面对江南社会的大变局，以黄家为代表的江南涉海世家大族已经感受到近代化的趋势，凭借地理区位，以及政治、经济、文化等方面的资源优势，主动出击，在近代化浪潮中占得先机，纷纷转型成为不彻底的近代工商业者，不仅推动家族经营形态的转型与时俱进，而且推动地方工商业的发展与社会的近代化。其家族的经营演变折射出了江南涉海家族的发展具有海陆互动性、家族传承性、区域合作性、近代性等特点。然而，黄家最后因"天灾人祸"，百万家产顷刻之间化为乌有，结合"上海沙船""南浔四象"等家族最后衰败的历史命运，反映了以黄氏家族为代表的江南涉海家族具有时代局限性。

黄家从业儒传家到"不屑乜章句"，从"家仅中资"到"辄千金而不少惜"，从下海经营盐业，到挂帆远航进行木材贸易，再到创办近代实业，其突破了传统商业经营的模式，一步步转型成了近代工商业者。从其家族经营形态演变的整个过程来看，江南涉海家族的发展具有以下几个方面的特点。

第一，多元化发展，海陆互动性。盐业、木帮船业为黄家主业，盐业经过三代人的经营，经销点扩展至 36 个，木帮船业也从初创时的委托代理行销售发展为自设木材行进行销售。其木帆船常年航行闽、苏之间，承担运输货物和贸易的作用，主营木材业，也常调运南北货物资，后来也涉足进出口贸易，往来台湾进行明矾贸易，获利甚丰。海上进行商业运输，陆上设立经销点，良好的海陆互动，大大增加了商业利润。另外，南北货、当铺、药店、六陈行（粮店）、碾米厂、咸鲜鱼行等传统产业都与主业相互依托，形成良好的海陆互动。这种多元化发展的经营模式，反映了其家族具有江南文化中灵活务实、开拓进取的海洋性格，这为其家族规避经营风险，扩大经营规模提供了有力的支撑。

第二，内部合作，以家族为载体的传承性。首先，出海经商所需的货船与资金，非平民百姓所能承担，故而以家产支撑经营活动的发展显得尤为重要。累世经营积累下的家产，为黄家的转型提供了资本支持。通过祖父、父亲辈的经营积累，到黄楚卿时，已是家大业大，富甲一方。江南沿海一带，以拥有船舶的数量作为财富象征成为一种风尚，"民国十二年（1923年）前后，海门港营运于福建与江北的大型帆船近30艘。……本地最大的船商为黄楚卿，独资拥有大型帆船"生、丰、宗、泰、孚、顺、元、通" 8艘，共26400担。"[1] 其次，耳濡目染的经商环境有助于家族经营的可持续性发展。受父亲影响，黄楚卿少年老成，关心致用的实业。"君生而岐嶷，慷慨有大志，不屑屑章句儒生学恒，留心世务，冀广大门闾。"[2] 从小的耳濡目染，让其很早就显露出经商理财的才能。"先祖父煦东公以先严能继志任事，也即渐匕以手创之临宁天仙永武缙七邑盐务暨初办闽苏间之木帮船业，概令为扩大之经营"。[3] 显然，由家族传承而来的灵活、务实精神，为其转型提供了文化支撑。

第三，外部合作，以民族自尊心为黏合剂的区域合作性。自鸦片战争起，我国主权就遭到列强的不断侵犯，地方社会时常遭到外国传教士的侵略干涉，民众时常因利权与外国传教士爆发冲突。迨至民国初年，新政权伊始，台州有识之士大力倡导"收回利权运动"。海门天主教法国传教士李思聪违反规定，套购海门码头土地，开辟轮埠，垄断利权，引发了群众的义愤。"父亲每天看报，对于外国人的侵略行径，极为愤懑"[4]。黄楚卿在浙

---

① 金陈宋：《海门港史》，人民交通出版社1995年版，第130页。
② 《葭沚黄氏宗谱》卷2，《墓志铭》，张载阳：《清封中宪大夫同知衔赏戴花翎候选通判民国大总统给予七等嘉禾章台州军政分府财政部部长黄君墓志铭》）。
③ 《葭沚黄氏宗谱》卷2，《行传》，黄正达：《先严楚卿公传》。
④ 黄正达：《忆父亲黄楚卿》，政协椒江市委员会文史资料研究委员会：《椒江文史资料》（第六辑），第86页。

江巡按使（省长）屈映光的支持下，与李思聪据理力争，与同乡士绅共同出资，收回了轮埠土地产权。民国十一年（1922 年），屈映光撰写《收回海门轮埠碑记》："海门之有地产股份公司自此始，天主教堂之管理台州海岸自此终。是役也，四境闻风，额手称庆，发起诸同人仗义执言，功不可没。股款之募集，市厘之规划，建筑之经营，询谋金同，进行无阻。其中次第实施，得力于黄君楚卿者独多。"① 由此可见，地方商人已在民族自尊心的驱动下，形成了一个利益共同体，牵头合作维护地方利益，俨然一股地方社会的领导力量。进一步说，这种地方认同感，为地方商会的组建，区域的合作，提供了联结的纽带。

第四，经营的近代性。首先，在经营理念和经营方式上表现出较为明显的近代性，颇具近代企业经营管理的雏形。为了方便管理，黄楚卿设立了名为"黄万记"的总管处，先后聘曹子明、吴岩叔、许连城、陈舜卿为总经理。每年年终，召集各企业经理向总经理汇报经营损益情况，总经理再向黄楚卿汇报年度盈亏。黄楚卿详细了解具体问题后，给予经营成绩突出的企业经理分红的奖励；继续鼓励因客观原因导致未能盈利的经理，继续大胆放手干；斥责经营不善造成亏损的企业，撤换严重失职的经理，对严重贪污的经理，更严惩不贷。此外，黄楚卿还允许经理兼带做点自己的生意，"父亲也允许他们自己兼带做点生意，得到一点额外的收益，所以他们大多数置起一定的家产，成为富户"，前期由于他长袖善舞，管理上尚能运筹裕如，但是后期他失势后，就树倒猢狲散，导致了其家业的迅速崩溃。② 其次，不任人唯亲。"如何管理这样庞大的工商企业呢？父亲曾对我们说：'要善于用人，用人不疑，疑人不用。'只要他看中了可以信任的人，就大胆任用他当经理（当时称"老度"）。"③ 从其聘任的经理大多是有能力的海门同乡而非家族成员来看，其家族经营的观念已经淡化，取而代之的是以地方为纽带的区域认同感。

---

① 黄正达：《忆父亲黄楚卿》，政协椒江市委员会文史资料研究委员会：《椒江文史资料》（第六辑），第 87 页。

② 周承训：《椒江工商史》，椒江区地方志编纂委员会 2010 年版，第 138 页。

③ 黄正达：《忆父亲黄楚卿》，政协椒江市委员会文史资料研究委员会：《椒江文史资料》（第六辑），第 85 页。

第五，通过兴办商业学堂，为地方工商业发展储备人才。光绪二十八年（1902年），黄蒸云参与创办葭沚中等实业学堂，"台属负山面海，利擅渔盐，居民半多务农服贾，因民所利，设立农工商实业学堂，洵为目前急务"①。其后，黄蒸云又创办织网业公所，所得利益，拨充椒江实业学堂经费，"以地方之公利，办地方之实业，一转移间，费不外筹，普通实业，次第振兴，实于台州农工商学界大有裨益"②。光绪三十三年（1907年），黄楚卿接管过印山商业学堂。民国十四年（1925年），黄楚卿创办私立东山中学，方便子弟学习近代知识。对此，后人评论说："因海门地方商业日盛，宜办初等商业学堂"，故"设立学堂，研究商业学，差有裨益"，以期"以冀广造人才，发明商学"③。由此可见，黄家顺应了教育近代化的潮流，其经营理念有近代化的转向，这为家族经营形态的转型提供了源源不断的动力。

---

① 项士元：《海门镇志稿》卷3，《书院和学校》，椒江市地方志办公室编印，1988年，第47页。
② 同上。
③ 同上。

海洋社会与文化

海上交通、移民群体与区域社会意识之构建

——唐宋时期中朝海上移民问题研究

冯建勇[*]

前　言

唐宋时期，是中国历史上航海事业一个较为发达的时期。因为熟练地运用了对远洋帆船的安全具有革命性意义的"水密舱"技术，唐朝远洋船队不但轻松地穿越阿拉伯海与波斯湾，而且能够从广州直航红海与东非海岸。其航程之绵长，航区之广阔，已远远超过波斯人、阿拉伯人、印度人、南洋人等擅长航海民族所能达到的水准。迄至宋代，已能建造长达三十余丈的大船，海船可以载五六百至一千人，载重五千料以上。彼时，有很多的海船自北向南航行于黄海、东海、南海一带，远的可以到达印度洋。11、12世纪的时候，中国已经知道把罗盘运用到航海上去，在那茫茫无边的大海中航行，只有掌握了罗盘定向的技术，才不至于迷失方向。[①]

伴随着造船技术与航海经验的进步，中国唐、宋王朝与朝鲜半岛的新罗、高丽王朝之间的交往，很多时候是通过两国之间广阔的海域来进行的。彼时，新罗作为东亚中华秩序和华夷朝贡体系中唐朝的重要藩邦，积极发展与唐朝的亲密关系。在这种背景下，大量的新罗人循海上交通涌入唐境，他们有的在唐短期生活，有的侨居十几年，有的长达几十年，有的甚至终

　＊　冯建勇，中国社会科学院中国边疆研究所研究室副主任、副研究员，浙江师范大学环东海与边疆研究院特聘教授。

　①　向达：《两种海道针经》，中华书局1982年版，第1—2页。

老于唐。在此期间，亦有少量唐人浮海抵达新罗，并留居新罗。降至两宋时期，朝鲜半岛的主人已经变为高丽国统治者。有宋一代，统治者注重与高丽之间的海上贸易，伴随而至的海上移民活动亦有相当的规模。

关于唐宋时期的中朝海上移民问题，目前已经诸多先行研究成果可供参考。① 就研究主旨而言，既有的研究成果主要关注此期海上移民的路线、移民行为、移民动机等诸情形，而对中朝海上移民的内在逻辑，乃至此诸行为、事件对东亚区域社会的构建，以及这些海上移民事件的背后输出方（移民自身）、接纳方（所在国）各自的心理未见专门考察。是以，本文拟围绕唐宋时期的中朝海上移民展开专门论述，除借鉴已有的先行研究成果，对中朝海上移民的交通路线与移民情形做一考察外，还拟将这一课题做深层次的推进，即在仔细梳理唐宋时期中朝海上移民活动一般情形的基础上，进一步围绕以下两个问题展开讨论：其一，考察海上移民活动与"东亚贸易网络与区域社会"之关联问题，无论是唐、罗时代，抑或是宋、丽时代，中朝双方的朝贡、贸易、移民等诸活动，主要是通过海上交通来实现的，中朝之间广阔的海域将双方的历史、文化、制度勾连在一起，并吸引来了同一区域的其他国家的参与，那么，海上移民活动在东亚区域社会意识之形成与区域社会之构建过程中究竟充当了何种角色，这是本文希冀厘清的一个重要问题；其二，探讨移民群体与当地社会的融合与区隔之情形，可以想象，传统王朝国家时期，国与国之间并没有清晰的边界，在这些海上移民的脑海里同样也只是将其视为一个共通的生活圈，从此处迁往彼处，

---

① 相关先行研究可参酌：倪士毅《宋代明州与高丽的贸易及其友好往来》，《杭州大学学报》1982年第2期；金文经《唐代新罗侨民活动》，载林天蔚、黄约瑟主编《古代中韩日关系研究》，香港大学亚洲研究中心，1987年；杨昭全：《北宋、辽时期的朝鲜华侨》，《华侨华人历史研究》1990年第2期；刘希为：《唐代新罗侨民在华活动的考述》，《中国史研究》1993年第3期；陈尚胜：《唐朝的对外开放政策与唐罗关系》，《韩国学论文集》1994年第2期；吴松弟：《唐五代时期朝鲜半岛对中国的移民》，《韩国研究论丛》第一辑，1995年；陈尚胜：《唐代的新罗侨民社区》，《历史研究》1996年第1期；曲金良：《历史时期东亚地区跨海交流的港口网路与移民：以唐朝山东半岛的新罗人口为中心》，（台湾）《海洋文化学刊》2008年第5期；芦敏：《宋人移民高丽述论》，《华侨华人历史研究》2012年第4期；林坚：《朝鲜半岛的中国移民历史考察》，《延边大学学报》（社会科学版）2009年第2期；张学锋：《圆仁〈入唐记〉所见晚唐新罗移民在江苏地域的活动》，《淮阴师范学院学报》（哲学社会科学版）2011年第3期；陈尚胜：《东亚贸易体系形成与封贡体制衰落——以唐后期登州港为中心》，《清华大学学报》（哲学社会科学版）2012年第4期；牟元珪：《高丽时期的中国"投化人"》，《韩国研究论丛》第三辑，1997年。

只是为了寻求一种好的生活，但在此过程中，身处他乡，难免会有种种不适，心灵上的离愁与煎熬更是难以磨灭，既如此，他们在"他乡异土"的心理体验究竟如何？这是本文所要关注的另一个重要问题。

基于上述问题意识，本文的研究框架将做如下安排：首先，考察这一时期中朝海上移民的形态，具体而言，拟对中朝海上交通与移民分布之情形做一梳理；其次，探讨这一时期中朝海上移民空间，重在究清海上移民与贸易网络、区域社会之关系；最后，希冀从"自我"与"他者"的视角出发，试图再现移民群体融入当地社会之一般场景。

一　移民形态：海上交通与移民分布

1. 唐、罗海上交通路线与移民情形

公元5世纪以降，朝鲜半岛的新罗、百济和高句丽三国进入相互兼并时期，史称"三国时代"。公元427年，高句丽迁都平壤，开始向南部的百济和新罗施加军事压力。475年，高句丽大军渡汉江，攻陷百济首都汉山城，迫使百济残余势力迁都到熊津（今公州），并与新罗结盟。551年，百济联合新罗复夺汉江流域，但新罗却将收复的百济故地占为己有。至此，百济和新罗的同盟宣告破裂。随后，高句丽乘机与百济结盟，新罗因以处于北面的高句丽和西面的百济前后夹攻的危险之中。608年，新罗真平王遣僧人圆光修乞师表于隋朝，寻求庇护，并请求隋朝出兵征高句丽，得到隋炀帝的应允。

然而天有不测风云，隋朝旋即覆亡，唐王朝取而代之。基于同样的"远交近攻"战略，真平王于625年派遣使节入唐结好，寻求支持，并向唐太宗提出申诉，声称高句丽王建武故意阻滞贡道，以致新罗不能赴唐朝贡，并且还数度入侵新罗，致使新罗深受其害。稍后，唐王朝派遣朱子奢前往高句丽调解，未果。不久，唐朝与高句丽之间又围绕辽东归属问题而矛盾日益加深，遂使唐王朝决意支持新罗。而与高句丽结盟的百济国，亦未理睬唐朝之劝和，"取（新罗）四十余城，发兵守之，又谋取棠项城，绝贡

道"。① 于此种情形下，唐朝政府在对百济和新罗的外交天平上亦逐渐偏向新罗。不久，在新罗的一再求援下，唐朝遂与新罗结成军事同盟，随即发兵进攻高句丽和百济，并于白江口（今锦江口）迎击进犯新罗的倭军，从而解除了新罗的生存危机，并为新罗统一三国奠定了基础。此后一段时期，即在唐罗联盟消灭百济和高句丽后，双方曾一度围绕如何处置百济和高句丽故地而发生争执，彼此关系恶化，以致兵戎相见。直至735年，唐玄宗同意将贝水（今大同江）以南的高句丽、百济故地划归新罗，唐朝与新罗重归于好。

彼时，随着造船和航海技术的不断提高和发展，中朝海上交通较为频繁。根据有关文献记载，彼时的山东半岛及江淮及明州等沿海地区，前往朝鲜半岛的海上航行路线主要有两条：一曰沿岸逐岛航行；二曰横渡海面航行。所谓沿岸逐岛航行，即唐贞元年间宰相贾耽所记"登州海行入高丽、渤海道"。② 该路线具体行程为："登州东北海行，过大谢岛、龟歆岛、末岛、乌湖岛三百里。北渡乌湖海，至马石山东之都里镇二百里。东傍海壖，过青泥浦、桃花浦、杏花浦、石人汪、橐驼湾、乌骨江八百里。乃南傍海壖，过乌牧岛、贝江口、椒岛，得新罗西北之长口镇。又过秦王石桥、麻田岛、古寺岛、得物岛，千里至鸭渌江唐恩浦口。乃东南陆行，七百里至新罗王城。"③ 根据陈尚胜先生的考证，贾耽记载的唐恩浦口位于鸭绿江口，应有误，作为从唐朝航海往新罗的登陆点的唐恩浦口，应在大阜岛东面的水原与乌山一带的濒海之地。④ 这一海上航线为唐罗海上交通经常使用的传统北线，它从登州出发，横渡渤海海峡，至都里镇（旅顺口）；然后沿海岸东行，至乌骨江（叆河）与鸭绿江合流入海处，改沿朝鲜半岛西海岸南行，经贝江口（大同江口）、古寺岛（江华岛）、得物岛（大阜岛）到唐恩浦口登陆。这条航线从登州折至辽东而转航新罗，极其曲折，但由于逐岛航行和沿海岸航行，相对较为安全。原来，唐代的航海技术主要以地文导向为主，航海者需要通过可视性地理坐标来判断航道，航海者的视界中始终不

---

① （宋）欧阳修等：《新唐书》卷二二〇《东夷》，中华书局1975年版，第6199页。
② （宋）欧阳修等：《新唐书》卷四三下《地理志七下》，第1146页。
③ 同上书，第1147页。
④ 陈尚胜：《唐朝的对外开放政策与唐罗关系》，《韩国学论文集》1994年第2期。

丢失岛屿及近岸山峰，然后依其可视性来航行。① 从地图上可以观察到，由登州出发，沿途有庙岛群岛的许多岛屿可以作为海上地貌标识，且能沿途补给淡水和食物。

至于横渡海面航行线路，则是从登州港出发，经八角、芝罘，再横渡黄海，抵达朝鲜仁川，然后沿朝鲜半岛南下。此一线路相较于前述传统北线，被称为"南道"。对于这一海上交通路线，唐朝文献未见专门记载，唯见诸于彼时一位日本入唐求法僧圆仁的日记当中。根据该日记的记述，圆仁从唐朝回国时，于大中元年（847 年）从赤浦横渡黄海到新罗国熊州海岸，仅用了两日夜的时间。② 新罗至唐，可从汉江口长口镇、南阳湾唐恩浦、清海镇等起航地达山东半岛；也可从灵岩附近经黑山岛横渡海面至江淮沿海，乃至舟山或明州，还有扬州或海州。不言而喻，这条航线比前述传统北线所航里程及时间均节省不少。但是，彼时航海技术及造船技术相对落后，该航线经常受季风之制约，往往不能及时启航，或中途发生海船倾覆、旅商漂着的情形，故而相对危险。

公元 780 年，新罗惠恭王薨，宫廷内部因王位继承问题发生暴乱事件。随后，新罗中央政府失去对地方的掌控，农民起义层出不穷，地方权贵势力得以逐渐坐大，新罗王朝势力由此走向衰落。如果说，在盛世时期新罗国与唐王朝之间的海上交通路线可被视为朝贡、商贸之路，那么，当新罗步入衰败之际，这些海上交通线路则成为新罗国臣民的逃亡之路。至 9 世纪初，新罗西部地区频繁的自然灾害及蜂起的叛乱使得难民数量激增，大量难民不得不逃亡海外。③

此间，许多新罗难民乘船漂至唐朝东部沿海一带，多数聚集在登州港口附近。这些新罗侨民最初以登州为落脚点，开始定居下来；随后有些人或沿海逐流，或向内陆扩散。已有研究表明，当是时，诸多新罗难民漂至

---

① 王赛时：《唐代山东的沿海开发与海上交通》，《东岳论丛》2002 年第 5 期。

② ［日］圆仁：《入唐求法巡礼行记》卷四，顾承甫、何泉达点校，上海古籍出版社 1986 年版，第 202 页；另据圆仁记载，从登州唐阳陶村之南边渡海可直达新罗国，"得好风，两三日得到"。（参酌《入唐求法巡礼行记》卷一，上海古籍出版社 1986 年版，第 46 页。）

③ 据韩国史书记载，在元圣王统治的 787 年、789 年、790 年、796 年、797 年，新罗京都（庆州）及汉山、熊川等州，曾多次发生大面积的饥荒。宪德王统治的 861 年，就因新罗"荒民饥，抵浙东求食者一百七十人"。参酌陈尚胜《唐代的新罗侨民社区》，《历史研究》1996 年第 1 期。

唐朝东部沿海一带，且多数聚集在登州一带。这些新罗侨民最初以登州为落脚点，并开始定居下来；随后有些人或沿海逐流，或向内陆扩散。关于唐朝境内的新罗侨民，中国文献记载不多。征诸相关零散流传之文献，可知新罗侨民在唐朝境内的空间分布范围很广，至少在关内、河南、河北、淮南、剑南、山南、江南道七个道之内，归义、徐、泗、海、登、密、青、淄、莱、金、兖、江、台、楚、扬、池、宣州和京兆、成都府十九个州府，都有新罗人侨居、生活和游历的身影。其中人口数量较为密集的是长安和洛阳两京地区、河北道和河南道包括山东半岛、淮南道沿海诸州的州县和乡镇港口区域，尤其是山东半岛和江淮傍海地区及运河两岸，新罗侨民聚集最多。① 这些地方，分别设有新罗村、新罗院、新罗坊、新罗馆、勾当新罗押衙所等组织或机构。②

圆仁《入唐求法巡礼行记》对居住在登州的新罗人之社会境遇与生活情形做了精彩的描述。根据圆仁的记载，唐朝时期，登州、莱州、密州等地，亦即今山东省沿海地区分布着不少的新罗侨民村落。这其中，登州因位于山东半岛的最东端，距离新罗最近。彼时登州领有文登、牟平、蓬莱、黄县等四县，根据圆仁的记载，唐朝官方——新罗之间海上交通的主要港口，是登州文登县的赤山浦（荣成石岛）、牟平县的乳山浦（今乳山市乳山口）。开成四年（839 年）四月廿六日，圆仁一行到达乳山浦西浦。"未时，新罗人卅余骑马乘驴来，云：'押衙潮水落拟来相看，所以先来候迎。'……不久之间，押衙驾新罗船来。下船登岸，多有娘子。……押衙取状云：'更报州家取处分。'"③ 陈尚胜先生认为从专门迎接圆仁一行的新罗人有三十多人的规模看，乳山浦周围的新罗侨民规模当在百人以上。④ 然则，曲金良先生认为，百人以上这个底数看来是少的，仅骑马乘驴的，而且一起"先来候迎"圆仁的，就有三十多人，按照这些新罗人大多都有家眷来计算，骑马乘驴来的人每家按照一人、有的人家来了两人，也应该有二十多

---

① 详情参酌刘希为《唐代新罗侨民在华社会活动的考述》，《中国史研究》1993 年第 3 期。

② 参酌陈尚胜《唐代的新罗侨民社区》，《历史研究》1996 年第 1 期。

③ ［日］圆仁：《入唐求法巡礼行记》卷二，顾承甫、何泉达点校，上海古籍出版社 1986 年版，第 56—57 页。

④ 陈尚胜：《论唐代山东地区的新罗侨民村落》，《东岳论丛》2001 年第 6 期。

家、近三十家；即使当地 1/3 的新罗人家庭都来了，那么当地居住的新罗人家也应该有近百家，按照古代人家户与口的比例一般为 1 : 5 计算，大约当地新罗人至少有四五百人以上；另外还有"押衙"所驾新罗船上"多有娘子"，这一类"娘子"的数量难以估计。①

综上所述，依据相关史料及圆仁《入唐求法巡礼行记》的记载可以发现，新罗移民入唐，先到赤山浦或乳山浦，于此留住，或者经此地再转至唐境其他地方；彼时移民登州文登县的新罗人数量颇观，除赤山法华院有许多新罗僧人外，邵村浦、乳山西浦、赤山村、刘村等地亦均为新罗人居住的村落。新罗人居住的村落，最初应是唐人居住的自然村落，而后随着新罗人的到来，逐渐形成唐人与新罗人混居的局面，并且在某些村落新罗人的数量已经大大超过了唐人，故名"新罗村"。② 可以这样理解，有唐一代，山东半岛与新罗之间宽阔的海域，一直是唐、罗双方的主要交流通道，除了登州港以外，在山东半岛沿海分布着诸多港口，构成了与新罗之间的诸多航线，这或可解释为何新罗移民侨居山东半岛最多、密度最大的缘故。

此外，从相关文献中还可以观察到，这一时期亦有唐人移民至朝鲜半岛的记载。比如：公元 639 年，高句丽营留王年间，南阳八学士渡海，抵达朝鲜半岛；公元 660 年，唐高宗命左武卫大将军苏定方率军 13 万讨伐百济，新罗王出兵相助，百济灭亡。当时，唐朝的武将李茂跟随唐军浮海入朝，因军功受封为延安伯，留居百济故地，后世将该居住地命名为延安；唐朝末年，福建莆田人林蕴五世孙林八及从福建彭城（今惠安东岭一带）渡海，漂到新罗，定居于江华湾附近的平泽，称为海东林氏。③

总体而言，有唐一代，中朝海上移民活动主要在唐、罗两国之间展开。在唐罗之间的海上移民活动中，唐王朝、新罗国分别扮演了不同的角色，一般情形下，唐王朝为移民接纳方，而新罗国则为移民输出地。追究其根底，乃是缘于唐朝执行"宽进严出"的海上移民输出政策。唐朝政府对于

---

① 曲金良：《历史时期东亚地区跨海交流的港口网路与移民：以唐朝山东半岛的新罗人口为中心》，（台湾）《海洋文化学刊》第 5 期，2008 年 12 月。

② 根据圆仁的记述，唐开成四年至五年，圆氏逗留登州期间参加了几次由新罗人主持的讲经会。彼时，好几百人来参加赤山法花院的讲经会，会后皆散去，说明听经的人居住在赤山法花院附近。参酌圆仁《入唐求法巡礼行记》卷二，顾承甫、何泉达点校，第 72—75 页。

③ 参酌林坚《朝鲜半岛的中国移民历史考察》，《延边大学学报》（社会科学版）2009 年第 2 期。

外国人来华游历，甚至移民，表现出鲜明的怀柔精神。外人入境，像国内商民一样，只要得到政府批准，领持官府出具的公文，即可根据公文上的路线往来。对于移居唐朝的外国人，开元二十五年（737 年）的户籍法规定："诸没落外藩得还，及化外人归朝者，所在州镇给衣食，具状送奏闻。化外人于宽乡附贯安置。"同时依律可以免去 10 年赋税。① 在处理外来侨民在中国的民事纠纷方面，唐朝政府专门立法规定："诸化外人，同类自相犯者，各依本俗法；异类相犯者，以法律论。"② 也就是说，对于相同国家的外国人之间的案件，虽在中国土地上发生，但一般只要不涉及中国的主权，唐朝政府仍尊重当事人所在国的法律制度以及风俗习惯，并根据其俗法断案。而对于不同国家旅唐侨民在中国发生的纠纷，则以唐朝法律断案。相对于外人移民唐朝的宽松，统治者对于国内百姓出国贸易、移民则可谓苛刻。唐朝法律规定："诸私渡关者，徒一年；越渡者，加一等。""诸越度缘边关塞者，徒二年。共化外人私相交易，若取与者，一尺徒二年半，三疋加一等，十五疋加役流。"③ 这势必从制度上堵住了唐人渡海入新罗的大门。

2. 宋、丽海上交通路线与海上移民

公元 9 世纪末，新罗农民起义声势浩大，一些贵族、官僚、武将趁机谋求改朝换代，出现了割据地方的大小群雄，至 10 世纪初年，形成了高丽、后百济与新罗三国鼎立的局面。高丽系由贵族出身的僧侣弓裔创建。891 年，弓裔参加箕宣领导的竹州农民起义军，次年转投北原梁吉，深得信任，令其分兵攻略郡县。901 年弓裔称高丽王，904 年立国号摩震，911 年改国号泰封，其疆域北及平壤，南至尚州。建立后百济的为土豪出身的西南海裨将甄宣。892 年，甄宣起兵袭击西南州县，据武珍州（今全罗道光州）自立，于 900 年称后百济王，都于完山州，据有朝鲜半岛西南地区。经过农民起义打击的新罗国力衰微，偏安于东南一隅。918 年，大地主出身的泰封国大将王建推翻弓裔，自立为王，改国号为高丽，翌年定都开京（今京畿道开城），开创了王氏高丽时代。随后，王建采取结好新罗以与后百济进行正面攻防的战略，并逐步消除割据的群雄。935 年新罗敬顺王归降

① （唐）杜佑：《通典》卷六《食货六》，中华书局 1984 年版，第 33 页。
② （唐）长孙无忌：《唐律疏议》卷六《名例》，商务印书馆 1933 年版，第 37 页。
③ （唐）长孙无忌：《唐律疏议》卷八《卫禁律》，商务印书馆 1933 年版第 124、127 页。

高丽。同年，后百济甄宣父子之间发生争位内讧，王建乘机进攻，于936年灭后百济。至此，新罗旧域统一于高丽王朝。

就在朝鲜半岛经历"统一——分裂割据—再统一"的循环之际，中国内部亦经历了与之类似的政局变动：唐王朝灭亡以降，中国陷入"五代十国"之乱，然后经由赵匡胤发动"陈桥兵变"，建立起了大宋王朝。北宋初期，统治者继承了唐朝注重港航贸易的传统，鼓励商贾广泛迁移交流，尤重航海通商贸易，以此发展国家经济。宽松的社会环境，使得登州古港保持了盛唐时期那种良好的发展态势，成为国家对外交往的重要门户。彼时，登州港作为中国北方地区的出海口，国内航线南到江淮、浙闽，北达辽津；国外航线则主要围绕与高丽之间的交流而展开，从宋太祖建隆三年（962年）至宋神宗熙宁七年（1074年），高丽的使节、学生、僧侣等来华有33批，而宋朝遣使去高丽亦有10批。这一时期，宋、丽之间的民间贸易活动更为频繁。据《续资治通鉴长编》记载，"高丽自国初皆由登州来朝"；《文献通考》亦载，"海中诸国朝贡，皆由登莱"。

北宋中期，北方地区政局动荡。契丹人在北方地区的势力日益强大，对宋朝构成了严重的政治和军事威胁。彼时，高丽国与北宋王朝的海上交通线路，因北方契丹的兴起，传统的北路海上通道已被阻滞，故只能依靠南道来进行，是以《文献通考》记载："至六朝及宋，则多从南道。"至于其具体路线，据《宋史·高丽传》载："（淳化四年，993年）二月，遣秘书丞直史馆陈靖、秘书丞刘式为使，加（高丽王）治检校太师，仍降诏存问军吏耆老。靖等自东牟（登州治所，今山东蓬莱）趣八角海口（在蓬莱东南，位今古现北），得（高丽使白）思柔所乘海船及高丽水工，即登舟自芝冈岛（今山东芝罘岛）顺风泛大海，再宿抵瓮津口登陆，行百六十里抵高丽之境曰海州，又百里至阎州（或今朝鲜延安一带），又四十里至白州（或今朝鲜白川一带），又四十里至其国"。高丽人入宋，则从高丽国礼成江出发，在登州登陆，再转至汴京（今开封）。

然而，前述情形在北宋神宗朝发生了变化。彼时的辽国扩张势力强劲，将北方的大片地区变成了自己的版图，登州因以由北宋东部沿海港口都市变成了北方海疆重镇，与地处辽东半岛的辽国隔海相峙。宋神宗熙宁七年（1074年），高丽向宋朝提出，登州距离辽国边境太近，朝贡的使节容易受到袭击，要求改从明州（今宁波）登陆，这一要求得到了宋神宗的批准。[①]
自此，无论朝贡使节，或是贸易交流，均经明州港入宋，而"登州海行入
高丽、渤海道"这条传统北路海上航线受到冷落，登州港曾经的辉煌就此
成为历史。

北宋统治者选择明州作为宋、丽海上交通的始发港，除了基于辽国政
治、军事压力所迫的考量之外，还与明州本身所处的地理位置密不可分。
明州位于浙江东部东海之滨，甬江、姚江、鄞江三江汇合之处。早在秦汉
时期，它已成为一个重要的对外贸易港口，时称"鄞县"，因有海外贸易而
得名。唐玄宗开元二十六年（738 年）始称明州，当时海外交通已相当发
达。唐穆宗长庆元年（821 年），明州州治迁至三江口，其作为港口城市的
地位逐渐凸显。至北宋时期，由于北方契丹兴起，明州成了高丽与宋海上
交通的唯一通道。彼时，明州开始成为宋王朝对外贸易的四大港口之一，
东与日本，北与高丽，南与阇婆（爪哇一带）、占城（越南）、暹罗（泰
国）、真里富（即真腊，今柬埔寨）、勃泥（加里曼丹北部）、三佛齐（苏
门答腊东南部），西南与大食等国都有贸易往来，成为重要的国际通商口
岸。明州所拥有的优越的地理位置、便利的海上交通，以及四通八达的内
河航道和广阔的腹地，是其他城市所无法比拟的，海外贡舶越洋而来靠泊
定海（镇海）招宝山下甬江口，抵明州内港，再由明州沿杭甬运河至杭州，
过杭州，走江淮运河到洪泽湖，经淮南东路的泗州转汴河，船舶可直达
汴京。

这一时期，明州与高丽来回航行的线路与时间，据《宋史·高丽传》
记载："自明州定海遇便风，三日入洋，又五日抵墨山（《宣和奉使高丽图
经》卷三十五作'黑山'）入其境，自墨山过岛屿，诘曲礁石间，舟行甚
驶，七日至礼成江，江居两山间，束以石峡，湍急而下，所谓急水门，最
为险恶，又三日抵岸，有馆曰碧澜亭，使人由此登陆，崎岖山谷四十余里，
乃其国都云。"当时高丽的国都在开城，由明州航海到礼成江需要七天，再
航行三天抵碧澜亭登陆，步行 40 多里，才能到达开城，总共需要十天左
右。另据徐兢《宣和奉使高丽图经》卷三记载："由明州定海放洋，绝海而

---

① （元）脱脱：《宋史》卷四八七《高丽传》，中华书局 1977 年版，第 14035—14055 页。

北，舟行皆乘夏至后南风，风便不过五日即抵岸焉"。① 又如南宋高宗建炎二年（1128年），国信使杨应诚从高丽乘船回来，九月癸未日自三韩出发，戊子日就到达明州昌国县，航行只有6天。② 据此可知，从明州到高丽的路线为：由定海县出发，越过东海、黄海，沿朝鲜半岛南端西海岸北上，到达礼成江口。高丽人入宋，大体亦遵循这一路线。高丽人抵达明州后，由明州溯姚江、钱塘江，再入运河，北上到达汴京。这一路线均为水路，运载货物比较方便。而高丽人又"便于舟楫，多贵轴重"，所以多取道于此。从此明州成为通往高丽的重要港口，与高丽的贸易关系，也日益频繁起来，不仅商船往来络绎不绝，而且高丽使臣来华朝贡，也在明州登陆。至于航行往返明州、高丽时间的长短，主要因风向而定，如遇顺风，则"历险如夷"；遇黑风，则"舟触礁辄败"。所以来回航行，必须掌握好季候风的特点，这是非常重要的。一般而言，从明州到高丽，多在7—9月，乘西南季风以往；回航以10—11月为宜，乘东北季风而归。

根据相关文献的零散记载，有宋一代，宋、丽之间的海上移民活动呈现出一种明显的单极流动状态，即宋朝主要为输出国，高丽反而成为接纳国，这与唐朝时期的态势相反。彼时，伴随着宋、丽海上交通的拓宽与商业贸易的频繁进行，一些宋人或因由政治避难，或出于寻求更好的生存环境，或出于实现自己的理想与抱负，或为了开拓更好的经商空间，开始经由这一海上交通路线转向高丽国移民。不言而喻，这样一种移民动态，真实地反映了两宋王朝面临的北方军事、政治压力，以及国内糟糕的政治、社会生存环境。再观彼时的高丽，与唐王朝相比，其移民政策亦相对保守，主要体现为：就宋人移民高丽的活动来说，呈现出了明显的精英化趋势，这从宋人移民到高丽的活动，很少见到集团式的迁移可以作为例证。彼时，宋人的移民活动多为分散式的个人行为，少则一人，多则数十人而已，如德宗二年，刘守全等14人以及申流等12人来奔，而以"户""家""村""船"为单位的明确的移民记载几乎没有。在高丽文宗朝以前，依照高丽国对待"投化"的移民之态度，即只接收本国边民"曾被蕃贼所掠、怀土自

① （宋）徐兢：《宣和奉使高丽图经》卷三《封境》，中华书局1985年版，第7页。
② （元）马端临：《文献通考》卷三二五《四裔考二》，中华书局1986年版，第2561页。

来者"及"宋人有才艺者",其他人等概不允入。①尽管彼时在事实上仍有辽、金移民的迁入,可是高丽政府在对待辽、金、宋人移民的态度上却颇有不同:一般而论,高丽并不主动招徕辽、金人投归,但是却千方百计招徕宋人定居。根据文献记载,只要是到达高丽的宋人,高丽朝廷就会"密试其能,诱以禄仕或强留之终身"。②

二　移民空间:东亚贸易网络与东亚区域社会

　　诸多先行研究表明,中国东部沿海有着悠久的海洋文明传统,因生计所需,不少民众"以海为田",很早就有了向海外拓展的经历。在这些流动人群的心目中,国与国之间的界限或许并不那么严密。彼时,闯荡海外的中国人经由海洋,频繁出入日本、越南和暹罗等国,与所在国各色人等展开商业贸易与文化交流,形成了复杂的社会关系网络。然而,传统的国别史研究视野下,学者们大多围绕着相对稳定的地域边界与史料边界,对某一特定区域的历史展开研究。是故,涉及他国者往往被纳入"中外关系史"或"中外文化交流史"的框架中加以探讨,其结果,作为超越民族与国家的区域社会研究之重要性经常有意或无意地被遮蔽了。因此,从全球史之研究视角重新审视跨国区域社会及其相互联系,不以国家为单位,而以活跃在东亚的人群为主体,以相关人群活动的空间为研究对象,或能更好地再现东亚地区历史交流的场景。正是基于此种问题意识,在此拟透过唐宋时期中朝海上移民与海上交通问题的考察,以期对唐、宋王朝与新罗、高丽国之间海上交通的主要海域及沿海地区的社会、人文景观和商况市景获得更为细致的了解,并能够在一定程度上还原彼时整个东亚乃至东西洋贸易的历史场景。

　　根据圆仁法师的记载,彼时新罗民人入唐是伴随着唐、罗双方大力发展海上朝贡贸易、努力进行政治文化交流而进行的。迁往唐王朝的新罗人,主要循着唐、罗之间的海上通道和沿海密密麻麻的港口鱼贯而入。他们比较集中居住的地方是山东半岛及长江流域、京杭大运河、江苏、浙江沿海

---

① ［李朝］郑麟趾等:《高丽史》,《四库全书存目丛书》本,史部第159册,第206页。
② (元)脱脱:《宋史》卷四八七《高丽传》,中华书局1977年版,第14035—14055页。

一带的港湾附近。然则，正如有研究者指出的那样，过往研究大多注重东亚地区历史上那些"著名"的"大港口""大航路"之间的跨海交流状况，这无疑是受现代"港口""航线"概念影响的结果。古代的那些"著名"港口和航线，往往是由一些较小港口和航线"群组"构成的"区域"，只有具体关照这样的"区域"，往往才可以复原东亚地区跨海交流的网络与移民密度的历史时空。①

唐朝中后期，中央政府权威逐渐衰落，地方势力因以兴起；与此同时，隔海相望的新罗国亦经历了同样的历程，随着农民起义的频发，地方权贵势力开始登上历史舞台的中央。这一时期，无论是先前的高句丽淄青镇节度使李正已祖孙三代势力，还是稍后的新罗张保皋势力，都带有鲜明的权贵主导东亚海域贸易的色彩。尤其在张保皋时代，新罗权贵势力在东亚海域贸易中发挥的主导作用愈益凸显。事实上，张保皋正是利用了唐境内新罗侨民这样宝贵的人力资源，依靠登州与罗日两国海上交通的地理优势，建立了一支由新罗人为主体的东亚海洋运输和贸易体系。于唐境之内，张保皋任命崔晕为大唐卖物使，在扬州、楚州一带配备有至少六十余位海洋船员，并在密州、登州等地建有造船厂和修船厂，以海州港、莱州崂山港、登州乳山浦作为从扬州至登州赤山浦之间的中间港站，沿途皆有新罗侨民村落。②

圆仁法师的记述表明，至少在唐朝中后期，登州文登县的赤山法华院是张保皋对唐贸易的网络，亦为其进行对唐外交、商贸的重要场所。彼时，张保皋以赤山浦、赤山法华院作为对唐贸易的重要据点，并以此向四周辐射，将朝鲜半岛的莞岛（清海镇）、山东半岛的赤山村、淮水入海的涟水、内陆大运河要冲楚州（今淮安）、京杭大运河与长江的交汇处扬州、浙江明州（今宁波）、福建的泉州作为基点，连接唐朝、新罗、日本三国的庞大海洋贸易网络因以形成。

唐、罗海上交通、贸易的繁华，在张保皋于 841 年 11 月被政敌杀害以

① 曲金良：《历史时期东亚地区跨海交流的港口网路与移民：以唐朝山东半岛的新罗人口为中心》，（台湾）《海洋文化学刊》第 5 期，2008 年 12 月。
② 详情可参酌［韩］金德洙《张保皋与"东方海上丝绸之路"》，载耿昇等编《登州与海上丝绸之路》，人民出版社 2009 年版，第 135—142 页。

后，受到沉重打击。彼时，张保皋苦心构建起来的东亚海域贸易体系旋即瓦解，然则这种变故对于普通的新罗侨民生活而言，似乎没有太大的影响。

更为重要的是，伴随着唐罗海上交通与海上移民活动的开展，唐王朝先进的文化、政治、制度开始经由这些移民、商贸活动被传播开来，并被新罗统治者所接受。以至于有研究者指出，历史上相当长一段时期，东亚诸国存在不少相近的文化要素，其主要表现为：汉字文化、儒学、律令、佛教以及相关的科技。这其中，汉字是东亚邻国与中国交流得以实现的共通背景，再加上各方频繁的贸易和文化交流，完全可以将东亚视作相互联系的空间单位加以探讨。① 或者可以这样表述，在东亚由中心区与边缘区两部分组成的整体性世界结构中，交通与贸易起了至关重要的作用。原来，海上交通与贸易将这一空间范围内所有国家、民族与地区无间隔地联系起来，从而使东亚形成了共有的思想文化资源。彼时，中国凭借其强大的经济吸引力，将周边国家与地区吸收到东亚世界体系中来，新罗国则表现出博采异域的勇气，自觉地吸收外来文化以充实自己，自主性逐渐增强。

降至两宋时期，至少在立国之初的一段时期内，宋、丽之间的海上交通主要是围绕登州港而开展的。彼时，北宋王朝统治者继承了唐朝注重港航贸易的传统，鼓励商贾广泛迁移交流，重视航海通商贸易。这样一种宽松的社会环境，使得登州古港保持了唐代以来的那种良好的发展态势，成为国家对外交往的重要门户。宋真宗大中祥符七年（1014 年），宋朝廷在登州设置专门用来接待高丽使者的馆驿。这是宋廷于地方专为高丽来使建馆的开始，随后这种方式成为有关各地争相仿效的模板。据文献记载，当时各大重镇和各大市舶司都设有"高丽亭馆"，专用于接待来宋高丽使节。朱彧《萍州可谈》即言："元丰待高丽人最厚，沿路亭传皆名高丽亭。"

然而，北宋立国不久，北方地区政局持续动荡，辽（契丹）、金（女真）先后兴起，对两宋统治构成了相当的压力。面对日益紧张的北方局势，北宋朝廷采用了闭关自守对策。为了防止间谍活动、阻滞北宋朝各种战略物资流入辽国，以及维护北方海疆安全，宋仁宗庆历元年（1041 年）宣布实行"海禁"政策，封闭登州港。海禁政策剥夺了登州古港作为国家对外

---

① 陈奉林：《东亚区域意识的源流、发展及其现代意义》，《世界历史》2007 年第 3 期。

航运基地的资格，使其变成了单一功能的海防军事边塞。既然要守海保疆，就需修筑坚固的海防。庆历二年（1042 年），登州知州郭志高带领蓬莱军民实施了大规模的港口改建工程，在濒海的丹崖山周围建寨栅以防敌侵，在登州古港入海口处筑沙堤以护战船，在港口东西两侧建寨城以安军营。经过精心设计和艰苦施工，一座功能完备的"海防军垒"渐成雏形。以"刀鱼寨"的落成为标志，登州古港的港口性质发生了历史性的转变，自然港变成了人工港，繁华的商贸港口变成了威严的军事重地。

尽管历史的进程对于地理因素往往具有选择性，登州的繁华因由政治、军事之压力日渐衰败，俨然成为明日黄花，然则由于共同的文化纽带与制度信仰，东亚区域社会体系自唐王朝时期已经基本形成，此亦必将成为一个不可逆转的趋势。彼时的东亚区域内已经形成一个相互联系与互动的世界，不同国家加入到这个体系中来，由中心和边缘区构成了一个整体世界。作为这个区域社会的一员，唯有加入到以中国为中心的东亚国际秩序当中，才可能享受到这一区域社会发展的成果。正是在此种情形之下，历史选择了明州作为宋、丽贸易的主要港口，而以宋、丽交流为中心的海上交通与海上移民依然不绝如缕。作为宋代对外贸易的主要港口，《乾道四明图经》记载了彼时明州海外贸易的盛况："南则闽广，东则倭人，北则高句丽，商舶往来，物货丰衍"。在诸国人等的共同参与下，宋人俨然以明州为中心，构建起了一个类似于唐代登州港的东亚区域性贸易网络。北宋末年以来，随着高丽使节频繁往来明州及其规模的不断扩大，时任明州知府楼异倡议建筑高丽使行馆，造神舟巨舶和画舫百艘，以供出使高丽及高丽使者赴宋之用。明州高丽使馆不仅促进了明丽之间海上交通的进一步繁荣与发展，扩大了宋、丽官方的交流，亦使得双方商旅之间的往来合法有序、空前繁荣。

另外一个值得关注的因素是，北宋后期迄至南宋，航海技术得以飞速发展，对航海发展有着重大意义的指南针和隔水舱被广泛应用于近海航行与远洋航行，还出现了一些专门用来记录航海知识的民间文献。宋徽宗宣和五年（1123 年），出使高丽的徐兢在他所写的《宣和奉使高丽图经》一书中，明确指出奉使到高丽的海船上已使用指南针，行船"若晦冥则用指南浮针，以揆南北"。① 说明在北宋末年指南针已广泛应用在航海上。吴自牧《梦粱录》亦有记载：海商船舶进入大洋，"风雨晦冥时，惟凭针盘而行，乃火（伙）长掌之，毫厘不敢差误"。② 在距今 1000 年左右的中世纪的宋代，海舶航行在茫茫大海上，有指南针可以辨别方向；若遇上狂风巨浪，即可垂下船首矴石，使船停止前进；船上置备有布帆和利蓬（即席帆），正风时用布帆，偏风时则用利蓬；特别是在船桅上设置转轴，可以自由起倒，不怕风吹浪打。船舱则分隔为三：前一舱底作为炉灶与水柜安放处，中舱分四室，后舱叫"赓屋"，高一丈余，四壁有窗户，"上施栏楯，采绘华焕而用帘幕增饰，使者官属各以阶序分居之。上有竹篷，平时积叠，遇雨则铺盖周密"。分舱的设计可以避免因一处受损而全舱覆没的危险。造船业的发达和航海技术的进步，使两宋时期中国航行于东海、黄海、渤海的船舶数量空前增多，又比以往任何时代更为安全，这自然会进一步促进宋代明州与高丽海上交通贸易的发展，进而推动双方海上移民活动的流动频率。当然，亦应观察到，尽管这一时期的造船与航海技术有了很大的发展，然则出海活动终究难以预测，遇到大风及巨浪等不可预测的场景，经常会发生船体倾覆、船工及商旅随海漂流的情形。相关文献记载，当时宋、丽双方乃至整个东亚区域社会，均建立起了相对完善的海上救助体系。③ 这更体现了作为一个区域社会应有的互利、合作特质。

综观唐宋时期的东亚区域社会，唐朝国力雄厚强大，热情奔放，对维系东亚国际体系的政策趋于成熟，商品交换与人员往来不断，商品生产和商品交换有所发展，是与东亚各国联系空前密切的时期，各国间的交往开始进入世界舞台。这些因素为区域意识的发展与形成提供了较为充分的物化条件。种种迹象表明，历史发展至此，东亚地区迎来了区域意识发展之时代并非偶然。具体来说，这种区域意识的发生，是在东亚国际形势变化的条件下发生的：最初，中国对周边国家的政治经济影响力空前增强了；接着，周边国家自觉地接受中国政治经济的影响，从而形成了良性互动的关系；迄至两宋时期，尽管王朝国力羸弱，唯缘于对海外财富的追求，有

① （宋）徐兢：《宣和奉使高丽图经》卷三四《半洋焦》，中华书局 1985 年版，第 120 页。
② （宋）吴自牧：《梦粱录》卷一二《江海船舰》，商务印书馆 1939 年版，第 108 页。
③ 详情可参酌倪士毅《宋代明州与高丽的贸易及其友好往来》，《杭州大学学报》1982 年第 2 期。

意向海外交通，广开利源，而作为东亚区域社会的一员，如高丽、日本等国，亦乐于加入这一体系，分享因开放而唾手可得的财富。正是缘于此诸因素，东亚区域意识得以勃兴。

三　移民社会：心理上的融合与区隔

在前近代的东亚区域社会的圈子里，国与国之间的边界意识相对而言比较模糊。大多数时候，无论是唐王朝，抑或是两宋王朝，移民的漂流式生活及迁徙性流通，只要不是直接威胁到本国统治者的统治与权威，一般是允许的，有时候还会予以鼓励，因为这意味着更多的人丁、更多的赋税，以及较为理想化的"中华意识"优越感。与之相对应，新罗、高丽对于海上漂来的唐人或宋人亦持欢迎态度，当然其中的原因是多样的：或者是对个人技艺与天赋的欣赏，或者是对先进文化的仰慕，或者是发端于炫耀自我的"小中华意识"的优越感，又或者兼而有之。不言而喻，没有研究者会否认海上移民活动所带来的历史、经济与文化贡献。正是由于这样一种移民活动的存在，这些移民们确实在一定程度上参与了东亚区域社会体系的结构建构。不管彼时的人们是否意识到了这一点，以移民活动为中心的一个全新的区域公共空间亦因以生成。

通过前述的探讨，我们可以观察到：有唐一代，唐、罗之间的海上移民活动，新罗为输出国，唐王朝为接纳国；两宋时期，宋、丽之间的海上移民情形大致呈逆转的态势，宋王朝为输出国，高丽则成为接纳国。思考从移民输出国到移民输入国之间的转换，有几个因素是值得考虑的：政治、社会环境的变迁；贸易网络、经济中心的转移；文化、制度的吸引力。唐、罗之间的移民活动中，一般情形下，唐朝为接纳国。这类移民的潜在人数较多，他们主要来源于新罗沿海的村落，出身多为这个国家的社会下层，以出售劳动力为主。一般来说，这是一种长期的移民，他们大多会定居唐境。当然，亦有一部分移民为过渡性的迁移，这些移民只是想要积攒一笔财富，这其中包括一些从事唐、罗海上贸易的商旅，另外还有一些参与此诸贸易活动的具体事务执行者。有唐一代，为数众多的新罗人之所以不辞艰险地浮海前往对岸的唐境，乃是这些新罗人坚信并且在实践中印证了到达彼岸他们能够获得更好的生活：对于一部分新罗上层精英来说，抵达唐境并居住于此，可以从中吸纳到梦寐以求的先进文明气息；作为过渡性迁移唐境的新罗商人而言，他们能够通过海上交通及与当地人的贸易中积累所需的财富；而数以万计新罗普通民人移民唐境，从北至南散布于自登州至明州一带的沿海地区，乃是因为他们也能够从唐、罗商旅在中朝海域的沿岸进行的贸易活动中从事与此相关的次级贸易服务活动，以获得足够的生存、生活资源，并用以支撑他们的长期移民愿望，以至于将期限无限延长，最终定居于此。①

当然，并非所有的移民都处于一个社会的边缘地带。降至两宋时期，对于彼时的宋、丽移民关系而言，由于高丽统治者的选择性移民政策，能够进入高丽国定居（长期的或短期性的）大多是一些有特殊技艺或才能的宋人（至少在高丽人看来，这些宋人是有才能的，并能够为高丽统治者所用）。这些辗转宋国、前往高丽的两宋移民群体，深知高丽国颇受传统中国文化的熏陶，双方有共通的文化、制度、文字，熟悉宋丽之间的海上贸易网络，并将这一行为视为他们政治、经济、文化生命的一个转折点。这部分人群的数量不大，然其所具备的专业素质相对较高，从移民的取趣而言，他们与前述新罗移民大体上并无二致：为了获得更多的财富，得到更多的发展机遇，享受更稳定的生活方式，尽管登上大船、跨海移民面临诸多不可预知的艰险，但这仍不能阻止其中一些人对想象中的愿景的憧憬，在他们看来，跨越国境、移民他乡充满着吸引力。

通过对相关文献的梳理可知，两宋时期，官员、贵族、文人、商人各色人等移民高丽的事例屡见不鲜。这一移民群体的一个相同之处值得关注，即他们迁移的时间节点多集中于北宋末年和南宋末年两个时期。何以如此？原来，北宋末年，女真人大举南下，占据中原地区；南宋末年，蒙古人挥师南下，统治中原。不言而喻，目睹"失夷夏之大防"的现状，对于一些

---

① 根据圆仁《入唐求法巡礼行记》的记载，彼时，唐王朝为了接待众多的新罗商人和侨民，在山东、江苏、浙江沿海各州县设立了勾当新罗押衙所，所内并设有通事，从事翻译；这些新罗移民居住的街巷被称之为新罗坊，安置他们的旅店叫新罗馆，各地并设有管理新罗坊的勾当新罗所，其职员、译员均由新罗人充任。见圆仁《入唐求法巡礼行记》卷四，顾承甫、何泉达点校，上海古籍出版社1986年版，第194—195页。

持有传统的"华夷观"官员来说，内心是多么的煎熬。在他们看来，女真人与蒙古人可谓文化落后的蛮夷之族，置于这些蛮夷的统治之下显然难以接受。既然如此，这些官员不得不面临两种选择：要么南渡下江南，要么遁海入高丽。有宋一代的文人多将高丽文化溯源至周武王时期箕子入朝鲜引入的殷商文化①。显而易见，高丽虽属东夷，却与中国有深厚的文化渊源：自商至宋，高丽国所处的朝鲜半岛与中国拥有源远流长的文化传承，这使得高丽成为受汉文化影响最大且最具有"华风"的国度②。这些移民高丽的宋朝官员认为，选择迁入高丽仍然可以保有他们的精神信仰，固守和传承儒家的价值体系。而一部分宋商与文人之所以如此众多地定居和供职于高丽，乃是缘于高丽当时使用汉字，通用汉文，为其定居供职提供了方便。事实上，早在秦末汉初，汉字就传入古代朝鲜，此后朝鲜历代皆使用汉字，用汉字书写文章。汉字、汉文的通用，使得宋商及文人定居高丽和供职，因其擅长汉字汉文而备受青睐，亦较在宋境承受更少的压力，更利于实现其"修得文武艺，卖与帝王家"的人生抱负。事实上，从诸多文献记载来看，这些宋朝的移民，大多数人得到了所希望的生活，他们在高丽获得了较高的礼遇，个人的生活状况亦不比在宋境差池太多。

这一数以千计的移民群体活跃在中朝海域的沿岸，或进行海上贸易活动，或从事与此相关的次级贸易服务活动，或进入国家的官僚阶层、直接服务于统治者。他们当中的很多人都是季节性或商旅性移民，一旦季节过去，或者商业交易结束，他们会定期地回到自己的家乡。这些商贸活动交织而形成的商贸关系网能够让很多的本地人受益，他们因此而投入其中讨生活。就这样，本地人与外地人因此相互交流、交融，购买、学习、吸纳他者的相对优越性的物质、制度、文化、信仰。其结果是，此期中朝海上

① （宋）张耒《柯山集》卷一〇《谢钱穆父惠高丽扇》："千年淳风古箕子"；（宋）程俱《北山集》卷九《送傅舍人国华使高丽二首》有云："旧闻箕子多遗俗"；（宋）沈辽《云巢编》卷七三《游山记》曰："朝鲜之人至于有礼，箕子之教也。"

② 此种观念及文字在宋代文人的诗词、文章中不胜枚举。比如：（宋）苏辙《栾城集》卷八《送林子中安厚卿二学士奉使高丽二首》之一即认为："东夷从古慕中华，万里梯航今一家"；（宋）曾巩《元丰类稿》卷三五《明州拟辞高丽送遗状》有云："窃以高丽在蛮夷中，为通于文学，颇有知识。"（宋）王辟之《渑水燕谈录》卷一〇云："高丽，海外诸夷中最好儒学。"（宋）郭若虚《图画见闻志》卷六《高丽国》亦云："皇朝之盛，遐荒九译来庭者相属于路，惟高丽国，敦尚文雅，渐染华风。"

交通的发展、沿海边境的开放、移民活动的非制度约束性，改变着这一宽阔海域的两岸人民的习俗，并因此成为一种财富的制度性源泉。至少，从圆仁法师的记载中可以观察到，一些长期移居登州的新罗人，已经开始与当地人在文化上相互交融，逐渐接受了登州当地的文化，这从他们在海上祭祀登州诸山神、岛神可以反映出来。① 因久居登州之故，新罗人与登州当地的语言、风俗逐渐融合，"黄昏寅朝二时礼忏且依唐风，自余并依新罗语音"，"贺年之词依唐风也"。②

当然，亦应观察到，伴随着这种移民活动的开展，一些新的要素，如政治地理、日常生活、自然环境亦在相当程度上被重塑。然而，对于大多数移民来说，自身所属的文化特征、群体表象、互济网络与接纳国社会的分隔仍然清晰可见。

前近代时期的移民活动，对于接纳国来说，不太可能拥有像近现代的民族国家那样维护民族纯洁性与文化同质性的忧虑；然则毋庸讳言，它确实在王朝国家处于生死存亡的时刻会抱持这样一种信念，亦即"非我族类，其心必异"，是以当接纳国统治者认为这些移民在国家忠诚方面存有疑问的时候，往往会做出过度反应：统治者会在一国内部强调国家安全的观点，以便让全体臣民相信采取控制移民的政策是合乎情理的，亦非常必要。比如，北宋前期，因鉴于与辽及其后的金的对峙，而高丽又与辽接壤，唯恐宋商到高丽贸易，会与辽发生联系，乃至通敌、资敌，因而一度禁止宋商赴高丽贸易。北宋有关市舶的条法《庆历编敕》和《嘉祐编敕》皆明文规定："客旅于海路商贩者，不得往高丽、新罗及登、莱州界"；宋神宗《熙宁编敕》甚至规定："往北界高丽、新罗并登莱界者各徒二年"。至公元1079 年，宋仁宗实行联丽抗辽政策，通过来商的往返，沟通与高丽之间的联系，并与高丽复交后，始予取消。由此可见，即便海上交通贸易都在禁止之列，海上移民活动更是无从谈起了。至南宋庆元年间，鉴于高丽与金

---

① 当时，圆仁法师搭乘新罗人的船只进入山东半岛海域后，遇到了雷电，船家带领众船工"同共发愿兼解除，祀祠船上的霹雳神，又祭船上住吉大明神，又为本国八幡等大神及海龙王并登州诸山神、岛神等各发誓愿"。参酌圆仁《入唐求法巡礼行记》卷二，顾承甫、何泉达点校，上海古籍出版社 1986年版，第 61—62 页。

② ［日］圆仁：《入唐求法巡礼行记》卷二，顾承甫、何泉达点校，上海古籍出版社 1986年版，第 72 页。

国通好，且就地缘政治而言，如果说，在北宋的时候，高丽使者从登州入宋境，离汴京有较远距离，山河之限甚远；然则到了南宋时期，因偏都临安，此时入宋贸易港口已为明州，而四明距行都限一浙水，统治者甚为恐惧，将高丽人视为金人的间谍，不允许其进入内地，以至于双方"使命遂绝"。① 此种政治态势下，海上移民活动势必难以开展。

我们还观察到，因移民活动而触发的矛盾并非无迹可寻。有时候，经济因素、社会福利、政治机遇会成为移民活动中冲突的起因。对于移民接纳国而言，真正的挑战在于让移民与当地人学会"共同生活"，在于寻求解决办法，可以让每个人（无论是移民，抑或是当地人）拥有共处同一家园的自由。然而，原住民会发现，随着这些海上移民的到来，很多秩序被打乱了，经济上日益窘迫、政治上面临风险、环境上遭到破坏；相对于本地居民而言，外来移民还不得不承担额外的风险，即当所在居住地因某些突发的社会系统性风险时，他们往往首当其冲，面临的惩罚性风险要比原住民大得多。

北宋初期，明州成为通往高丽的重要港口，与高丽的贸易关系日益频繁起来，不仅商船往来络绎不绝，而且高丽使臣来华朝贡，亦在明州登陆。北宋朝廷对高丽使节接待规格颇高，神宗朝尤其"恩礼甚厚"，"朝廷馆遇，燕赍锡予之费以钜万之计"，造成了明州"困于供给"的局面。② 除此以外，徽宗政和七年（1117 年）为了加强与高丽的贸易，明州知府楼异特意设置了高丽司，取名来远局，造两只巨船，百只画舫，专门负责接待高丽使臣，并开垦广德湖为田，每年收租谷以为费用。③ 这一场景引起不少士大夫的反感，以至于钦宗年间御史胡舜陟说："政和以来，人使岁至，淮浙之间苦之。"④ 苏轼亦曾上书指出："高丽人使每一次入贡，朝廷及淮、浙两路赐予、馈送、燕劳之费，约十余万贯，而修饰亭馆，骚动行市，调发人船之费不在焉。除官吏得少馈遗外，并无丝发之利。"⑤ 直到徽宗朝，翟汝文

---

① （元）脱脱：《宋史》卷四八七《高丽传》，中华书局 1977 年版，第 14052 页。

② （宋）曾巩：《元丰类稿》卷三五《明州拟辞高丽送遗状》，商务印书馆 1937 年版，第 378 页。

③ （宋）《宝庆四明志》卷一二《鄞县志·水》，宋刻本。

④ （元）脱脱：《宋史》卷四八七《高丽传》，中华书局 1977 年版，第 14049 页。

⑤ （宋）李焘：《续通鉴长编》卷四八一，"元祐八年二月辛亥"，上海古籍出版社 1985 年版，第 4490 页。

仍有针对礼遇高丽使臣失当的"先诸夏而后外域"之说[1]。而对于明州当地的民户而言，这种亲身的经历可能更为深刻。唐宋以前，明州地处偏远的江南，人口稀少，可谓"土满"；降至唐宋，明州地区的人口不断增加，中唐以后，北方迭经变乱，北方人口大量南迁，宋室南渡后，又有大量的人口进入明州地区，这当然也包括一部分从新罗移民至明州侨居的新罗人；此外，从北宋中期到南宋这一时期正是南方经济发展的兴盛时期，人口自然增长也较快，以至于出现了"人满"之情形。彼时，由于广德湖被垦为良田，原来依靠湖水灌溉的下游农田产量减少甚至失收，造成农户生计断绝，"民户例多流徙"。[2] 于是，在原住民与移民之间，不可避免地播下了若干矛盾的种子，因此在双方的心理认识上愈发觉察到了"自我"与"他者"原本存在一些需要调和的隔膜。同期的高丽国亦存在这种情形，因高丽统治者对宋人移民比较厚待，以致引起了本土官员的非议。[3] 当然，对于移居于高丽的宋人来说，亦承受着一些不可控的风险，如果他们的才能、技艺不能被高丽统治者所欣赏，其命运亦可预卜——他们不得不面临被遣送回宋境的田地。[4]

可以想象，唐、宋时期中朝之间的移民在最初的迁徙活动中所拥有的逻辑只是为了离开能够比在家乡获得更好的生活。在这样一个共有的生活圈里，从此处迁往彼处本身应当无可厚非，对于这些随意泛海漂移的移民来说，国家与国境并不是排他的、专属于某一群体的，跨越藩篱只是有能力者获取财源和更好生活的一种方式。然而，对于移民高丽的宋人来说，或许文化的适应不是问题，但海上交通的遥远不测乃至险象环生，往往会

---

① （宋）翟汝文《忠惠集》附录《翟氏公巽埋铭》（翟汝文字公巽）："鸡林遣使入贡，诏元宵观灯班侍从上，公请对言：春秋王人虽微序诸侯，上圣王之制，先诸夏而后外域。廉陛崇峻则堂皇尊严，轨物凌迟则国威顿损，今岛夷细介，奉琛而至，一旦升法从上，是中国自卑天子近臣，而尊显陪臣之小物，若遂行之，贻辱朝廷有无人之叹。帝矍然曰：非卿不及是也。命如旧制。"

② （清）徐松：《宋会要辑稿》食货七之三七，中华书局 1957 年版，第 4924 页。

③ 高丽光宗朝内议令徐弼尝此讽谏曰："今投化唐人择官而仕，择屋而处，世臣故家，反多失所。臣愚诚，为子孙计，宰相居第非渠所能有也，及臣之存，请取之。臣以禄俸之余，更营小第，庶无后悔。"见金宗瑞《高丽史节要》卷二，韩国亚细亚文化社 1973 年版，第 37—38 页。

④ 《高丽史》卷八《文宗世家》载，文宗二十五年五月戊戌宪司奏："宋人礼宾省注簿周沆，本以文艺见用，今犯赃，请收职田遣还。"制可；同书卷九《文宗世家》记载，文宗三十五年四月壬午礼宾省奏："宋人杨震随商船而来，自称举子，屡试不中，请依所告，遣还本国。"从之。

将这种离愁予以放大，"杳杳三韩国""岛夷之国远且偏""万里远在东海东"，① 是大多数宋人对高丽的第一感受。不管怎样，侨居他乡总会在心灵上有一种漂泊之感，怀念"山东旧布衣"，② 则可理解为一种人之常情。北宋时期，宋商黄忻侨居高丽经年，因悲恋家乡亲人，毅然向高丽王呈请将其长子遣还宋境，故土难离之心境亦可见一斑。③

同样，侨居唐境的新罗移民亦对海东"君子之国"④ 饱含感情：新罗人崔致远侨居唐境，致仕唐朝多年，依然对新罗故土充满了思念之情；⑤ 侨居文登赤山寺院的新罗人每年八月十五日"设馎饨饼食等，作八月十五日之节"，用以纾解"追慕乡国"之苦，⑥ 个中缘由亦可想见。根据圆仁法师的记载，有唐一代，从登州至明州乃至闽地，均有新罗村、新罗院的分布，这些新罗侨民尽管移居唐境且能够与当地人友好相处，但基于共同的习俗、文化、信仰，他们往往聚族而居，与当地居民依然保持着一定的距离和区隔。今江苏省连云港市云台山、孔望山及辖县灌云县伊芦山等丘陵的山脊线上及山腹部，广泛分布着一种石室遗存，石室上筑有圆形土墩加以覆盖。这类遗存，当地俗称"古洞""唐王洞"或"藏军洞"，江苏省考古学界又有"封土石室""石室土墩""土墩石室"等不同称呼。有研究者指出，这些"土墩石室"作为唐代海州的新罗移民墓葬的可能性非常大。原来，"他们并没有因此忘却隔海相望的故土，长期保持着故土的丧葬习俗，生活在大唐的土地上，使用着大唐的器物、货币，最终安眠在与故土几无二致的

---

① （宋）周辉：《清波杂志》卷七，刘挚《送安厚卿二人使高丽》，中华再造善本，国家图书馆出版社 2004 年版。

② 文天祥十七世孙文可尚移居朝鲜半岛。他作诗曰："流落腥尘万事非，圣朝文物梦依稀；江南庾信平生恨，塞北苏郎几日归。三十年来风异响，八千里外月同归；华音已变嬗裘弊，谁识山东旧布衣。"见《小华外史》卷一〇《避地东来诸人·文可尚》下册，第 280 页。

③ 据《高丽史》记载，都纲黄忻状称："臣携儿蒲安、世安来投，而有每年八十二，在本国悲恋不已，请遣还长男蒲安供养。"王曰："越鸟巢南枝，况于人乎？"许之。见《高丽史》，《四库全书存目丛书》本，史部第 159 册，第 168 页。

④ 有唐一代，新罗文化十分昌盛，颇有唐朝风韵，唐政府一直将其称为"君子之国"。

⑤ 崔致远《东风》一诗即曰："知尔新从海外来，晓窗吟坐思难裁。堪怜时复撼书幌，似报故园花欲开。"

⑥ ［日］圆仁：《入唐求法巡礼行记》卷二，顾承甫、何泉达点校，上海古籍出版社 1986 年版，第 67 页。

石室中，这或许就是海州新罗移民的一生"。①

或可这样认为，伴随着这些侨民或移民聚居地的出现，在这个地区的内部亦就形成了一条新的分界线：围绕着是否对于所在国忠诚，围绕着因文化传统、宗教信仰、族群习俗等象征性的族群分界线，就有了"我们"与"他们"的区分。

四　结语

在本文中，我们探讨了唐宋时期中朝海上移民活动的一般情形及其影响。通过考察，可以发现：这一时期的中朝海上交通的开辟及海上移民活动，改变了中朝移民的地理中心：如果说，传统的中朝移民运动一般是"登州入高丽渤海道"；那么，随着海路交通的开展，朝鲜半岛的移民开始横渡黄海、东海，直抵中国东部沿海，自北向南沿着中国境内的沿海港口，从登州迄至泉州，均有新罗移民的分布。随着海上移民活动的次第开展，大量移民从朝鲜半岛侨居中国境内。显然，无论就里程、规模而言，这一路线比原有的移民路线更为便捷，所承载的人口规模亦相对较大。中国境内不同地区的新罗侨民历史遗迹类型不尽相同，山东半岛的新罗侨民历史遗迹主要是新罗村，江苏沿海主要是新罗坊，浙江沿海有新罗屿、新罗山、新罗园等。这种分布的形成与各地区新罗侨民从事的职业有直接关系，新罗商人多聚居在经济、文化发达的城市。居住在山东半岛的新罗侨民多是水手、船工、农民等，他们在沿海村落聚族而居，形成了新罗村。降至两宋时期，海上移民活动仍在持续，但由于宋朝政局的内敛，并且迭遭北方契丹人、金人的打击，一部分宋人（包括避难的权贵、官员、文人，以及一些有赀财的商旅及身怀特殊技艺之宋人）辗转留居高丽。这样一种由宋入丽的单极移民流动状态，与两宋王朝面临的北方军事、政治压力，以及国内糟糕的政治、社会生存环境息息相关。另外，就宋人移民高丽的精英化趋势而言，这与高丽国保守而务实的移民政策有相当的关系。

至于中朝海上移民活动与海上朝贡贸易的关系，一般而言，应当是后

---

① 张学锋：《圆仁〈入唐记〉所见晚唐新罗移民在江苏地域的活动》，《淮阴师范学院学报》（哲学社会科学版）2011 年第 3 期。

者带动前者，亦正是在海上朝贡贸易的基础上，催生了海上移民活动（当然，有时候海上移民不完全是基于海上贸易的因素，比如前文提到的苏定方浮海远征百济，一部分武将就留守朝鲜半岛，并最终定居于此）；但与此同时，海上移民活动确实亦在一定程度上促进了中朝双边海上贸易的发展，同时带动了中国境内东部沿海港口城市及朝鲜半岛王城的繁荣，促进了当地经济、社会、文化的发展。这一时期，最有典型代表意义的两个沿海城市登州、明州的兴衰史，可以作为例证：有唐一代，登州作为海上贸易、交通的转口贸易的发展见证者，成为有名的国际大都市；而明州亦在北宋中期以后至南宋中后期因特殊的地缘政治因素，取代了登州的地位，经济、社会、文化均取得了很大的成就，呈现出一派繁荣之景象。

　　一般研究者认为，前近代的中国社会的发展从来没有受到外界的干扰，然而，如果我们将研究的视角触及边疆地区，许多证据将表明，在帝国的边疆地区以及相邻的国外地区之间存在着频繁的交往关系，这些交往行为为中国社会带来了新的种子，促进了中国与周边地区的交往与融合，形成了富有创新性的共生共荣的核心圈。[①] 从区域社会史研究的视角观察，我们可以看到，在前近代的东亚地区，传统的王朝国家并没有"领土""国境"之类的概念。如果对唐宋时期中朝海上移民活动稍做梳理，即可看到一个被遮蔽的基本事实：唐宋时期，无论是唐罗关系，抑或是宋丽关系，均无法简单套用近代民族国家的模式加以解释；而这种溢出民族国家框架的部分，恰恰是整个东亚地区的基本构成部分。想象一下，唐宋时期以登州、明州为中心的与朝鲜半岛毗连的这一片海域不正是这样一个生活圈吗？它最初因海上交通、海上朝贡贸易与海上移民而兴起，进而形成一个区域文化圈，直至构建为一个区域性的朝贡体制政治圈。对于在这样一个因由海上移民与海上交通而生成的"生活圈"内的人民来说，他们拥有共同的历史、文化、制度经验与认知，这在一定程度上促进了区域社会之构建。正是就此意义而言，即便在近现代，这一场域在被国家边界分割的行政版图上并没有获得可视的形态，但是，它却从未停止自己的生长。这是因为，

---

　　① 参酌［美］濮培德《中国的边界研究视角》，载［美］乔万尼·阿里吉、［日］滨下武志、［美］马克·塞登主编《东亚的复兴：以500年、150年、50年为视角》，社会科学文献出版社2006年版，第63页。

事实上"生活圈"这一想象比传统的民族国家区划更适合于理解该区域共有的历史，亦更适合于协调当前东亚区域社会紧张的现实。

诚然，在对唐宋时期中朝海上移民活动的研究过程中，我们可以观察到一幅东亚区域社会意识构建的画卷，但绝不能因此而忽略在移民双方交往、互动中融合与区隔之形态。通过对这一时期双方政府、地方社会精英、移民社会的心理考察，可以发现：在东亚海域这样一个共有的生活圈里，对于这些肆意泛海漂移的移民来说，国家与国境并不是排他的、专属于某一群体的，这只是获取财源和更好生活的一种方式；然则移民群体一旦踏入异乡，依然面临着一系列的社会、文化适应性问题，由于彼此社会、生活活动的交集，在原住民与移民之间，不可避免地播下了若干矛盾的种子，因此在双方的心理认识上愈发觉察到了"自我"与"他者"原本存在一些需要调和的隔膜：原住民会发现，随着这些海上移民的到来，很多东西被打乱了，经济上日益窘迫、政治上面临风险、环境上遭到破坏；移民们则认识到，不管怎样，侨居他乡总会在心灵上有一种漂泊之感，怀念"山东旧布衣"或"君子之国"则成为一种人之常情。

宋代近海航路考述

黄纯艳[*]

宋代海上贸易除了空前繁荣的与海外诸国的贸易，还有较海外贸易更为频繁、规模更大的近海贸易，近海贸易也包括进出口商品在国内市场的贸易，形成了有相对独立性的近海区域市场。相对于以几个设置市舶司的港口为始发点的射线式的远洋航路，近海航路连接了南至广南、闽浙，北到京东、河北所有沿海地区，并且把内河航运和远洋航路连接起来。梳理近海航路对于更加具体地考察宋代近海贸易、沿海地区社会经济发展、国内市场的关联有重要意义。宋代与海外诸国的远洋贸易航路学者们已做了深入的研究，[①]冯汉镛、曹家齐对宋代近海航路也做了研究。两位学者皆使用"国内海道"的概念，本文使用"近海航路"，以更准确地包容不同政权并与中国境内远洋航路相区别。本文也试图从以下几个方面对已往的研究有所补益：一是对近海航路分段及其特点更加具体的梳理；二是近海航路与远洋航路及内河航运的连接；三是补充若干更细致的新的资料；四是

---

[*] 黄纯艳，云南大学历史系教授。

[①] 曹家齐《唐宋时期南方地区交通研究》第四章第二节"通外海道"（华夏文艺出版社 2005 年版，第 129—134 页）、张锦鹏《南宋交通史》第五章"南宋海外交通（一）"、第六章"南宋海外交通（二）"（人民出版社 2008 年版，第 162—225 页）都论述了宋朝与高丽、日本和南海诸国的海上交通路线。孙光圻《中国古代航海史》（海洋出版社 1989 年版）、孙光耀《中国古代对外贸易史》（广东人民出版社 1985 年版）也简要地论及宋代与海外诸国的交通。

对一些史料判断的错误。① 本文拟在前人研究的基础上对此做初步探讨，以推动这一问题的研究。

一　明州以北的近海航路

本文所指近海航路是联系宋代中国沿海地区之间交通的航线。根据地区间交通联系程度和中转状况，大致可以将宋代近海航路由北向南分成以下几段：登州以北；密州至明州（含长江口分路）；明州至泉州（含温州、福州）；泉州、福州至广州；海南岛与大陆。这几条航路也有交叉，如广州可直达明州，泉州也可直达海南岛。广州、泉州、明州三大贸易港在近海航路中发挥着最重要的枢纽港作用，其中背靠经济最发达的江南地区并通过浙东运河连接内河航运网的明州在近海航行和贸易中的枢纽地位尤其重要。

登州在北宋前期曾是与高丽通使和贸易的起点，随着宋辽关系的紧张，登州成为海防重地，与高丽的交往转至明州。除联系高丽外，登州还有前往辽东半岛苏州间的近海航线。北宋"建隆以来，熟女真由苏州泛海，至登州卖马"，而且女真卖马较为频繁，"常至登州卖马"。雍熙战争后辽朝用武力阻断了女真往宋朝的通道，登州到苏州的航路中断了，宋神宗曾一度想恢复航路，重开"市马"，而未得，② 但直到宋徽宗朝这条航线"故道犹存"。宋徽宗与金朝结海上之盟，先后派郭药师、马政等到金朝约夹攻辽，都是从登州"由海道入苏州"。金朝遣李善庆等使宋也是走苏州到登州的海路。③ 当时苏州是金朝的边防重镇，政和七年宋朝高药师等受命出使金朝，自登州航海"到彼苏州界，望见岸上女真兵甲多，不敢近而回"，这些兵是

---

① 冯汉镛《宋朝国内海道考》《文史》第二十六辑（中华书局1986年版）、曹家齐《唐宋时期南方地区交通研究》第四章第二节"国内海道"（第119—128页）。两人对近海航路未根据其特点明确分段，对山东半岛以北航路所论甚略，对里洋（浙西）航路，以及闽浙、广南近海航路的论述还可更为细致，两人都未论述近海航路与内河航线及远洋航路的关联，对若干关键资料还可补充。另，曹文将象山县境之象山港内渡船错误理解为象山与明州间的航路，误将《岭外代答》对交趾洋"三合流"的论述置于琼州海峡，其实这两条资料都与近海航路无关。

② （宋）徐梦莘：《三朝北盟会编》卷三《政宣上帙三》，重和二年正月十日丁巳条，上海古籍出版社1987年影印本，第20页。

③ （宋）宇文懋昭：《大金国志》卷一《太祖武元皇帝上》，商务印书馆1936年版，第4页。

"女真巡海人兵"。① 登州到苏州的航路沿途循庙岛列岛，"自登州泛海，由小谢、驼基、末岛、棋子滩、东城、会口、皮囤岛"，抵苏州关下。赵良嗣宣和元年三月二十六日自登州出发，四月十四日抵苏州，② 全程航行十九日。金朝灭北宋后，这条完全在金朝境内的航路仍在使用，金朝曾"由海道漕辽东粟赈山东"，并"高其价直募人入粟，招海贾船致之"。③ 这条航线还是商人的贸易之路。

北宋时因地近辽朝，宋朝严格限制民间船只从南方往登州贸易。熙宁以前编敕就规定了"客旅商贩不得往高丽新罗及登、莱州界，违者并徒二年，船物皆没入官"。庆历编敕和嘉祐编敕都有此规定，熙宁、元丰和元祐也重申了这一规定。④ 京东东路沿海被划为"禁海地分，不通舟船往来"，只有崇宁五年以前海盐实行钞法时短暂允许京东东路"客人借海道通行，往淮南等州军般贩盐货"。但随即"行下沿海地方分，令依旧权行禁绝百姓船"。⑤ 虽然"山东沿海一带，登、莱、沂、密、潍、滨、沧、霸等州，多有东南海船兴贩"，但都是走私航路。⑥ 但官方漕运有时还走海路，如天禧元年，"诏江淮发运司漕米三万硕，由海路送登、潍、密州"。⑦ 另如大中祥符四年，"以登、莱州艰食，令江淮转运司雇客船转粟赈之"；⑧ 明道年中，京东路发生饥荒，宋朝"转海运粮斛"赈济，⑨ 走的都是淮南东路沿海到胶东半岛以北的航路。包拯还说到宋朝曾运京东三十五万石粮食，"转海往沧州"，和雇客船，"一年可发得两运"。⑩ 南宋初，吕颐浩说到京东、河北沿海航路：京东诸郡"潍、密、登、莱、青州皆海地道分，自来客旅载南货，至密州板桥镇下卸"。河北诸郡"滨、沧州乃海地道分，自来商旅贩盐行

---

① （宋）徐梦莘：《三朝北盟会编》卷一《政宣上帙一》，政和七年八月三日条，上海古籍出版社1987年影印本，第3页。

② （宋）徐梦莘：《三朝北盟会编》卷四《政宣上帙四》，宣和元年三月六日丙午条，第25页。

③ （元）脱脱：《金史》卷一二八《武都传》，中华书局1975年版，第2772页。

④ （宋）苏轼：《苏文忠全集·东坡奏议》卷八《乞禁商旅过外国状》，明成化本。

⑤ （清）徐松：《宋会要辑稿》刑法二之四六，中华书局1957年版，第6518页。

⑥ （清）徐松：《宋会要辑稿》刑法二之一五八，中华书局1957年版发，第6574页。

⑦ （清）徐松：《宋会要辑稿》食货四二之六，中华书局1957年版发，第5564页。

⑧ （清）徐松：《宋会要辑稿》食货五七之五，中华书局1957年版发，第5813页。

⑨ （宋）张方平：《乐全集》卷二四《论京东饥馑请行赈救事》，宋刻本。

⑩ （宋）包拯：《包孝肃奏议集》卷一〇《请支拨汴河粮纲往河北》，清文渊阁《四库全书》本。

径"。他建议将福建等路海船积聚于明州，"前去沂、密州"。"京东海北界边海去处亦如浙东海岸，有居民市井"，可以买到粮食，[1] 沿线城镇和市井为航路提供了支撑。河北黄骅市海丰镇遗址已发掘的部分出土数量巨大的瓷器，90%是定窑、磁州窑，也有南方的龙泉窑和景德镇窑产品。[2] 海丰镇宋代属沧州。这也是当时南北方近海走私贸易存在的重要证据。可见，明州、密州前往胶东半岛以北的近海航路从未曾中断。

由于登州受到限制使位于山东半岛南面密州成为山东沿线最重要的枢纽港，它"东则二广、福建、淮、浙，西则京东、河北、河东三路"，[3] "系南北商贾所会去处"。"密州接近登、莱州界"，[4] 联系北方的近海航线就是绕过山东半岛，到达登州和莱州，向南则依次经淮、浙、福建，连通广南。吕颐浩将密州到两浙的近海航路分为两条：一是浙东路，即"抛大洋，至洋山、三孤、宜山、岱山、猎港、岑江，直至定海县"；二是浙西路，即"自通、泰州南沙、北沙转入东筌、料角、黄牛垛头放洋，至洋山，沿海岸南来，至青龙港，又沿海岸转徘徊头至金山，入海盐县澉浦镇黄湾头，直至临安府江岸"。[5] 浙西线也可到明州。"海舟自京东入浙，必由泰州石港、通州料角、崇明镇等处"，"次至平江（苏州）南北洋，次至秀州金山，次至向头"。[6] 向头位于钱塘江口南侧定海县。

浙东路又称为外洋航路，浙西路称里洋航路，而除这两条航路以东的深海航路称为大洋航路，即"自新旧海州入海言之，则其所经由者有三路"：一路是"自旧海发舟，直入赣口羊家寨，迤逦转料，至青龙江、扬子江，此里洋也"；二路是"自旧海发舟，直出海际，缘赣口之东杜、苗沙、野沙、外沙、姚刘诸沙，以至徘徊头、金山、澉浦，此外洋也"，此路虽与上述浙西路南线有所不同，但都是直指浙江口的航路；三路是"自旧海放舟由新海界，分东陬山之表，望东行，使复转而南，直达昌国县之石衕、

---

① （宋）吕颐浩：《忠穆集》卷二《论舟楫之利》，宋刻本。

② 张春海：《海丰镇遗址：宋金"海上丝路"北起点?》，《中国社会科学报》2014 年 8 月 4 日。

③ （元）脱脱：《宋史》卷一八六《食货志下八》，中华书局 1977 年版，第 4560 页。

④ （清）徐松：《宋会要辑稿》刑法二之六二，中华书局 1957 年版，第 6526 页。

⑤ （宋）罗濬：《宝庆四明志》卷三《叙郡下》，宋刻本。

⑥ （元）脱脱：《宋史》卷三七一《沈与求传》，中华书局 1977 年版，第 11542 页。

关呑，然后经岱山、岑江、三姑以至定海，此大洋也。"①

这三条航路南北最重要的两端就是明州和密州。南宋时登州和密州都已归金朝版图，上述所言航路主要从海防角度而言，但往山东航路仍以走私贸易的形式而存在，仍有"闽、越商贾常载重货往山东贩卖"。于是南宋对"沿海州军兴贩物货往山东者，已立定罪赏"，但"尚有冒法之人，公然兴贩"。②吕颐浩曾说，浙东、福建和广南船货要往京东、河北，一般先集结于明州。南宋谋划袭击京东、河北诸郡时，计划先"聚集福建等路海船于明州岸下"，准备停当，再"前去沂、密州"，"以扰伪齐京东河北及平营诸郡"。③刘豫谋划袭击定海县，"调登、莱、沂、密、海五郡军民之兵且二万人，屯密之胶西县"，④把密州作为集结港。

这三条航路都可看作密州南行的航路。外洋航路和大洋航路都是走深海航线，利用季风航行，"趁南风而去，得北风乃归"。⑤虽然"有大洋、外洋风涛不测之危"，但这两条航路取直线，速度快，所以吴潜曾说，如果金人南下，最可能走的航路就是外洋航路，因为里洋航路"旷日持久，迂回缓行，使人知而避之。此转料从里洋入扬子江一路潜以为决不出此"，"若论二洋形势则外洋尤紧"。⑥绍兴三十一年金海陵王命苏保衡从海路袭击宋朝，大军集结于密州胶西县。李宝奔袭朝密州金军走的就是外洋航路。八月甲寅李宝船队"发江阴"，"放苏州大洋"。当时正值西北风，船队逆风被吹散，被迫"退泊明州关澳，追集散舟"，九月壬辰后由明州关澳出发，十月庚子至海州东海县，共经九日。⑦外洋航路充满危险，李宝军"中流飓风漂溺过半"⑧。但里洋航路金人并非不可逾越。绍兴元年金人船五十

① （宋）梅应发：《开庆四明续志》卷五《九寨巡检》，清刻宋元四明六志本。
② （宋）李心传：《建炎以来系年要录》卷三五建炎四年秋七月丙午，上海商务印书馆1936年版，第689页；《宋会要辑稿》刑法二之一五七，中华书局1957年版，第6574页。
③ （明）杨士奇等：《历代名臣奏议》卷九〇《吕颐浩论舟楫之利》，清文渊阁《四库全书》本。
④ （宋）李心传：《建炎以来系年要录》卷七八绍兴四年七月丁丑，上海商务印书馆1936年版，第1282页。
⑤ （明）杨士奇等：《历代名臣奏议》卷九〇《吕颐浩论舟楫之利》，清文渊阁《四库全书》本。
⑥ （宋）梅应发：《开庆四明续志》卷第五《九寨巡检》，清刻宋元四明六志本。
⑦ （宋）李心传：《建炎以来系年要录》卷一九二，绍兴三十一年八月甲寅、九月壬辰；卷一九三，绍兴三十一年十月庚子，第3161、3171、3178页。
⑧ （宋）袁燮：《絜斋集》卷一五《冯公（湛）行状》，中华书局1985年版，第254页。

余艘犯通、泰，并占领了海门县，任命知县、主簿等官。①

里洋航路循岸而行，途经数州，较为复杂，长江口以北，"料角水势湍险"，长江口以南的"苏（州）洋之南海道通快，可以径趋浙江"，便于航行②。但楚州以北又易行，"楚州傲船，泛海至密州板桥镇，不过三二日"。③ 难行的航路是楚州至通州一段，因沭河、黄河、淮河和长江入海口泥沙堆积，航路水浅多沙，最有效的航行船只是平底船。绍兴三年，宋将徐文叛逃伪齐，"以舟师过青龙镇，遂至海门县。尽弃南船，掠民间浅底湖船，放洋而去。沿海制置使仇悆、都统制阎皋、神武中军统领朱师闵合兵追之，不及"。④ 徐文放弃南船，选择平底湖船，说明所走的显然是北上里洋航路，如果是南下明州，或只出外洋、大洋航线，南船比平底船更有优势。在这条航路上航行需要乘潮而行，潮退则停，"缘趁西北大岸，寻觅洪道而行，每于五六月间南风潮长四分行船，至潮长九分即便抛泊，留此一分长潮以避砂浅，此路每日止可行半潮期程"。⑤ 沈与求讲到这条航路也有风险，到"料角水势湍险，一失水道则舟必沦溺，必得沙上水手方能转棹"。⑥ 此航路虽然难行，但风险还是小于外洋和大洋航路。所以该航路是商人惯行航路。"盖海商乘使巨艘，满载财本，虑有大洋外洋风涛不测之危"，该航路只要掌握好潮汐时节，就是"保全财货之计"，⑦ 特别是里洋航路的南段近海贸易较为频繁。至道元年王瀚说："取私路贩海者不过小商，以鱼干为货。其大商自苏、杭取海路，顺风至淮、楚间，物货既丰，收税复数倍。"⑧ 这些商人都是从事近海贸易，往高丽和日本贸易都从明州直出大洋。南宋人有人分析，金人如果南下，很可能选择这条航线："若曰山东之贼欲送死鲸波，则自胶西放洋，绕淮东料角诸沙之外，自有径截洪

---

① （清）徐松：《宋会要辑稿》兵二九之二二，中华书局 1957 年版，第 7303 页。

② （宋）王应麟：《玉海》卷一五《绍兴海道图》，清文渊阁《四库全书》本。

③ （宋）李焘：《续资治通鉴长编》卷三四一，元丰六年十一月甲子，上海古籍出版社 1985 年影印本，第 3196 页。

④ （宋）：李心传：《建炎以来系年要录》卷六五，绍兴三年五月丙辰，上海商务印书馆 1936 年版，第 1097 页。

⑤ （宋）梅应发：《开庆四明续志》卷五《九寨巡检》，清刻宋元四明六志本。

⑥ （宋）李心传：《建炎以来系年要录》卷五四，绍兴二年五月癸未，第 959 页。

⑦ （宋）梅应发：《开庆四明续志》卷五《九寨巡检》，清刻宋元四明六志本。

⑧ （清）徐松：《宋会要辑稿》职官四四之三，中华书局 1957 年版，第 3365 页。

道直达前所谓嘉兴之金山，不必更放大洋不测之渊而至定海"。①

里洋航路沿途有多个站点。有人指出，"海道虽亘数千里，其要害不过数处"，② 这条航线自密州而南，先经海州，有东海县处于航线之中。其次入楚州。楚州是淮河和黄河入海口，东面临海，"抵接淮海，与山东沿海相对"，对内可通运河。南宋时楚州官置"海船二百余只，搬运海州军粮、间探之类"，③ 楚州盐城县是南宋产盐重地，也是此航路上的重要泊船之处。洪适任淮东总领，主持将集聚于镇江的纲米，通过运河，经扬州、泗州输"往楚州盐城县，分付龚涛津运入海"，④ 再通过海路运往海州。宋朝派人到盐城县筹集海船，盐城知县龚尹"曾有官造多桨舡二十余只，及裕口羊家寨有海舡数十只"。⑤ 南宋末年，盘踞山东的李全意欲图谋南宋，就是以海州和楚州为基地。他从青州南下海州，在海州训练海战。绍定元年，七月李全"提兵三万如海州"，"大阅战舰于海洋"，八月李全往青州，九月再到海州，"治舟益急，驱诸崗人习水"。次年李全又往涟水军和海州视察战舰。而楚州是他"据扬州以渡江，分兵徇通、泰以趋海"，南图南宋的基地。他在楚州大造战船，着力经营海上力量，并从楚州"遣海舟，自苏州洋入平江、嘉兴告籴，实欲习海道，觇畿甸也"。他的"籴麦舟过盐城县"，走的就是里洋航路。绍定二年（1229 年）李全攻占盐城县城，同年又攻占楚州。⑥ 徐文叛逃伪齐，率"海舟六十、官军四千三百泛海至盐城县"。⑦ 建炎三年宋军全线败退，韩世忠在盐城收集散兵败卒，"走盐城县，收散卒，得数千人"，然后自盐城"以海舟还赴难"，抵达常熟。⑧ 说明盐城是里洋航路上重要的港口。再入泰州，有上文言及的泰州石港。此航线南端

① （宋）梅应发：《开庆四明续志》卷五《新建诸寨》，清刻宋元四明六志本。

② （宋）韩元吉：《南涧甲乙稿》卷一九《右朝请大夫知虔州赠通议大夫李公墓碑》，中华书局 1985 年版，第 383 页。

③ （宋）佚名：《宋史全文》卷二五上，乾道五年四月辛卯，黑龙江人民出版社 2005 年版，第 1711 页。

④ （宋）洪适：《盘洲文集》卷四一《过江措置津运札子》《乞令漕臣备办馈运舟船札子》，《四部丛刊》景宋刊本。

⑤ （宋）洪适：《盘洲文集》卷四一《过江催发米纲札子》。

⑥ （元）脱脱：《宋史》卷四七七《李全传下》，中华书局 1977 年版，第 13841 页。

⑦ （宋）李心传：《建炎以来系年要录》卷六七，绍兴三年八月丙戌，第 1130 页。

⑧ （宋）李心传：《建炎以来系年要录》卷二一，建炎三年三月癸巳，第 459 页。

的通州"东北正系海口,南接大江,最为要害"。[①] 通州的要害之处是料角和崇明,苏州(平江府)则有黄牛垛头和许浦。[②] 秀州金山和明州向头也是重要站点。[③] 韩世忠还说:"明州定海、秀州华亭、苏州许浦、通州料角,皆海道要地"。[④] 都是明州至密州航路上的要地。

二 明州以南的近海航路

杭州、明州往南,如果不去外国贸易,则只走近海航路,即"若商贾只到台、温、泉、福买卖,未尝过七洲、昆仑等大洋"。[⑤] 明州以南近海航路可以分为明州至泉州、泉州(福州)至广州、海南岛与大陆三个单元。宋朝市舶条法规定往日本和高丽贸易的商船只能从明州出发,泉州至发放往南海航路的贸易公凭。也就是说,明州和泉州间的航路只是近海航路,这条航路中间温州是重要中转港。温州"海育多于地产,商舶贸迁",号称"一片繁华海上头","从来唤作小杭州"。[⑥] 温州和台州是浙东路近海航路上除明州外最重要的港口。建炎四年"浙西以银十万两、钱十万缗籴之,储于华亭县。浙东以银十万两籴之,储于越温、台州"。[⑦] 备非常之需。宋高宗避难至台州章安镇时,江淮发运副使宋辉"自秀州金山村以海舶运米八万斛、钱帛十万贯匹至行在"。[⑧]

《宝庆四明志》记载明州向南到温州的航路:"至昌国县,乘西南风,不待潮径至舟山头登岸,风不顺,泊大、小谢港口,或大、小茅山,候潮回方行。"昌国县往南,有奉化县鲒埼镇及辖下袁村市"皆濒大海,商舶往来,聚而成市"。再向南"至象山县,乘东北风行,一泊乌崎头,再泊方门,三泊陈山渡头步,至县一十五里"。象山县南一百里有东门寨"当海道

---

① (宋)李心传:《建炎以来系年要录》卷八,建炎元年八月戊午,第 226 页。

② (宋)韩元吉:《南涧甲乙稿》卷一九《右朝请大夫知虔州赠通议大夫李公墓碑》,中华书局 1985 年版,第 383 页。

③ (宋)王应麟:《玉海》卷一五《绍兴海道图》,清文渊阁《四库全书》本。

④ (清)徐松:《宋会要辑稿》兵二九之三五,中华书局 1957 年版,第 7310 页。

⑤ (宋)吴自牧:《梦粱录》卷一二《江海船舰》,商务印书馆 1939 年版,第 108 页。

⑥ (宋)祝穆:《方舆胜览》卷九《瑞安府》,中华书局 2003 年版,第 154 页。

⑦ (宋)李心传:《建炎以来系年要录》卷三四,建炎四年六月甲午,第 684 页。

⑧ (宋)李心传:《建炎以来系年要录》卷三一,建炎四年正月丙午,第 615 页。

之冲，舟舶多舣于此"。① 象山县往南依次进入台州和温州境内。建炎三年末至四年初宋高宗在金兵追击下，入海逃亡就是走明州至温州海上航路。宋高宗从昌国直达台州港口章安镇，未在奉化和象山境内停泊。从章安镇出发后，先后停泊松门、青澳门，到达温州港。从温州返回明州，在温州境停泊管头、海门，在台州境停泊松门、章安镇，自章安直达定海县境。宋高宗从明州至温州，除了在章安镇逗留的时间外，全程用时 14 天。从温州返回明州全程用时也是十四天。尽管往返途中各因阻风、搁浅、大雾等不同原因耽误过行程，但这些自然因素是航行中的常见情况，可以说 14 天是这段航路所需通常日程。② 但纲运的航程却要长得多。天圣四年十一月以前规定温州到明州的纲运限 45 日内到达，因考虑到虽然"军梢用心挽驾"，仍可能"内有船或遇便风时月别无阻滞"，此后"不约日限"。③

温州向南航路上第一个重要港口是福州。福州作为福建路路级治所，在近海航路中地位较对外贸易大港的泉州更为重要，是福建近海航路的中心，"北抵永嘉，南望交广"。"北睨淮浙，渺在天外，乘风转舵，不过三数日。岁小俭，谷价薄涌，南北舰捆载倏至"。④ 蔡襄曾这样评价福州在福建水路交通中的地位："福建一路州军建、剑、汀州、邵武军连接两浙、江南路。乘船下水，三两日可至福州城下，其东界连接温州，并南接兴化军、泉州、漳州，各在海畔，四向舟船可至。闽中诸州皆福州为根本。"⑤ 绍兴初，广东转运判官周纲从广东运米十五万斛，"自海道至闽中，复募客舟赴行在。"⑥ 就是将福州作为广米输往两浙的中继站。

《淳熙三山志》记载自福州福清县南端的迎仙港向北到温州的海道，共十五潮：一潮自迎仙港乘半退里碧头；二潮过洛化洋牛头门泊寄沙；三潮

---

① （宋）罗濬：《宝庆四明志》卷一四《奉化县志卷第一》、卷四《郡志卷第四》、卷二一《象山县志全》，宋刻本。

② 参见（宋）赵鼎《忠正德文集》卷七《建炎笔录》，清文渊阁《四库全书》本；（宋）王明清《挥麈第三录》卷一，上海书店出版社 2001 年版，第 211 页；《宝庆四明志》卷一一《郡志十一·车驾巡幸》，宋刻本。

③ （清）徐松：《宋会要辑稿》食货四二之一一，中华书局 1957 年版，第 5567 页。

④ （宋）祝穆：《方舆胜览》卷一〇《福州》，中华书局 2003 年版，第 164 页。

⑤ （宋）蔡襄：《端明集》卷二一《乞相度开修城池》，宋刻本。

⑥ （宋）李心传：《建炎以来系年要录》卷九〇，绍兴五年六月辛未，上海商务印书馆 1936 年版，第 1498 页。

至燕锡泊婆弄湾；四潮至海口镇；五潮泊大小练；六潮出练门至东西洛止，七潮泊慈湾；八潮至刘崎；九潮至角埕、荻芦；十潮至罗源港；十一潮至官井洋港；十二潮泊斗米；十三潮泊松山港；十四潮泊圆塘；十五潮过沙埕港，泊莆门寨。① 进《建炎以来系年要录》载：温州总辖海船王宪曾"献策，乞用平阳莆门寨所造巡船为式。"② 可见泊莆门寨已入温州界。

自北而来，过温州铜盘山、半洋礁等处而入福州京，自南而来者，自兴化南啸山、南匿寨等处可入福州境。福州境内沿海航线上有多处要害，即"涵头、迎仙、江口、岩浔、商屿、波浪澳、小练等处乃行劫商船之所也。中间西之小练山，东之荻芦头，乃南北出入之关"。特别是荻芦寨是控扼温州至福州航路的关键，"若于此把断，使南不得以过北，北不得以过南"。此外宋朝在这条航路福州境内多个要害之处设有巡检，保障航路通畅。福清县有海口巡检，即北宋前期的钟门巡检，职责是"掌海上封桩舶船，其令出海巡警"，"巡栏香药"，"巡捉私茶盐矾、防护番船"。又有水口巡检，"路当要冲，最为透漏私贩地方"，故驻兵把守，巡捕私茶盐。福清县还设有南匿巡检和松林巡检，都负有"催纲、巡捉私茶盐矾"等责。长溪县有烽火巡检，实为长溪、罗源、宁德、连江、长乐、福清沿海六县巡检，职责是"往来海上收捕"。罗源县设有南湾巡检，宁德县设有两县巡检。怀安设有五县寨巡检。闽县有刘崎巡检，所管闽安镇"枕居海门，为舟船往来冲要之地"，该巡检职责是"监纳商税兼沿海县分巡检"，巡捉私盐。③

福建的泉州、漳州也是近海航路上联系广南和两浙的重要中继站。建炎四年宋高宗令广东籴粮十五万斛，福建十万斛，"并储之漳、泉、福州"。④ 泉州自元祐二年设市舶司，是进出口商品的集散地，在福建近海贸易中自然也有非同一般的地位。真德秀说到经过弹压，"泉、漳一带，盗贼屏息，番舶通行"，⑤ 两州都沿海航路的重要港口。泉州外围的石井港等也

① （宋）梁克家：《淳熙三山志》卷六《地理类六》，清文渊阁《四库全书》本。
② （宋）李心传：《建炎以来系年要录》卷一九一，绍兴三十一年七月癸酉，第3142页。
③ （宋）梁克家：《淳熙三山志》卷一九《兵防类二》、卷二四《秩官类五》。
④ （宋）李心传：《建炎以来系年要录》卷三四，建炎四年六月甲午，第684页。
⑤ （宋）真德秀：《西山文集》卷八《泉州申枢密院乞推海盗赏状》，清文渊阁《四库全书》本。

有"客舟至海到者，州遣吏榷税于此"。① 此外，围头湾也是"舟船可以久泊"，"实为冲要"②。漳州处"建州、泉、潮之间，以控岭表"，③ 在近海航路上也有重要作用。"漳州旧有黄淡头巡检一员，号为招舶"。④

泉州设置市舶司以前，福建商船须到广州领取往海外的贸易公凭，而设市舶司以前泉州已是"舶商岁再至，一舶连二十艘，异货禁物如山"，⑤ 也可见泉州与广州之间近海航路商船往来频繁。二广及福建沿海是海盗最猖獗的地区，"福州山门；潮州沙尾州、渌落；广州大奚山；高州硐州"都是海盗聚集之所，⑥ 两广到福建间繁荣的航路运输是海盗生存的基础。广州到福建的近海航路中潮州是重要中转港。潮州农桑发达，"稻得再熟，蚕亦五收"，⑦ 粮食丰富。建炎四年宋朝派人在潮州收购粮食，一批"就潮州装发三纲，每纲各一万硕，经涉大海，于今年（绍兴元年）正月内到福州交卸了足"，另一批"于潮州装发纲运，前来温州交卸"。⑧ 福建地方政府也曾募人往潮州、惠州，收割季节在地头收籴粮食。⑨ 宋代潮州盛产瓷器，主要供给出口，韩江下游的凤岭港是重要的商贸港，出土了大量宋代船板、船桅、船缆等古船残骸。揭阳港在宋代是很大的粮食出口港，同时也具有外贸港口的性质。⑩

广州以西近海航路可联系广西雷、廉、钦诸州。其中钦、廉两州是广东以西近海贸易中的主要港口。元丰年间，根据曾布的建议："钦、廉州宜各创驿，安泊交易人，就驿置博易场。"⑪ 宋代舶商总结了这条航路的情况："自广州而东，其海易行。自广州而西，其海难行。自钦、廉而西，则尤为难行。盖福建、两浙滨海多港，忽遇恶风，则急投近港。若广西海岸皆砂

---

① （清）方鼎：乾隆《晋江县志》卷二《城池》，清乾隆三十年刻本。
② （宋）真德秀：《西山文集》卷八《申枢密院措置沿海事宜状》。
③ （宋）祝穆：《方舆胜览》卷一二《漳州》，中华书局2003年版，第224页。
④ （宋）蔡襄：《蔡忠惠公集》卷二一《乞相度沿海防备盗贼》，《丛书集成初编》本。
⑤ （宋）晁补之：《鸡肋集》卷六二《杜公（纯）行状》，《丛书集成初编》本。
⑥ （清）徐松《宋会要辑稿》兵一三之二三，中华书局1957年版，第6979页。
⑦ （宋）祝穆：《方舆胜览》卷三六《潮州》，中华书局2003年版，第644页。
⑧ （清）徐松《宋会要辑稿》食货四三之一八，中华书局1957年版，第5581页。
⑨ （宋）朱熹：《晦庵集》卷二五《与建宁诸司论赈济札子》，（台）商务印书馆1983年版。
⑩ 黄挺、杜经国：《潮汕古代商易港口研究》，《潮学研究》第一辑，汕头大学出版社1994年版，第53—68页。
⑪ （清）徐松：《宋会要辑稿》食货三八之三三，第5483页。

土，无多港澳，暴风卒起，无所逃匿。至于钦、廉之西南，海多巨石，尤为难行。"钦州和廉州之间的海中有象鼻砂，沙碛长数百里，隐在海波中，深达数尺，海舶遇之辄碎。钦州往西，近海航路可至交趾。交趾来钦州，"率用小舟，既出港，遵崖而行"①。钦州城西行，"大海扬帆一日至西南岸即交州朝阳镇"。这条航路上有几个重要水口，成为航路停泊点和海防军镇：有咄步砦从"咄步水口入海路，至交趾朝阳镇"；抵掉军铺从"抵掉水口入海，至交趾朝阳"；如洪镇从"洪水口入海，至交趾朝阳镇"。廉州西行，海路经钦州，通交趾。中间也有多个重要水口，作为停泊点："有谭家水口、黄摽水口、藏涌水口、西阳水口、大湾水口、大停水口，并入海之路"，最重要的停泊点是鹿井砦，"在州西南，控象鼻，涉大水口入海，通交州水路"。

廉州东行，海路可通雷州，航路中有"三村砦，在州东南，控宝蛤湾，至海口水路，东南转海至雷州递角场"。雷州"递角场抵南海，即琼州对岸，泛海一程可至琼州"，并可通海南岛的万安、昌化、吉阳军。雷州向东自本州"谭源泛海，入罗场，接吴州县，从通江水，从吴川上水，至化州"。化州向东则"入恩、广州，通江、浙、福建等路"。②

海南岛完全靠海路与大陆联系，"官吏文书，商贾往来，皆取道于海"。③ 笔者在《宋代海外贸易》中曾指出海南岛与大陆往来有三条主要航线④：一是广西沿海诸州到海南岛："雷州徐闻县递角场直对琼管，一帆济海，半日可到"，"雷、化、高、太平四州地水路接近"雷州递角场，"正与琼对，伺风便一日可达"；⑤ 二是广州到海南，这条航路也是南海贸易商船出入广州的必经之路。广州是"外国香货及海南客旅所聚"之地。⑥ 《宋史·张鉴传》载，张鉴知广州时"有亲故谪琼州，每以奉附商船寄赡之"，

① （宋）周去非：《岭外代答》卷一《地理门》，中华书局1985年版，第13页。
② （宋）曾公亮：《武经总要》前集卷二〇《边防》，清文渊阁《四库全书》本。
③ 苏过：《斜川集》卷五《论海南黎事书》，清知不足斋丛书本。
④ 黄纯艳：《宋代海外贸易》，社会科学文献出版社2003年版，第282页。
⑤ （宋）周去非：《岭外代答》卷一《琼州兼广西路安抚都监》，中华书局1985年版，第11页；（元）脱脱：《宋史》卷二八四《陈尧叟传》，中华书局1977年版，第2904页。
⑥ （宋）李焘：《续资治通鉴长编》卷三一〇，元丰三年十二月庚申，上海古籍出版社1985年影印本，第2904页。

可见往来于广州和琼州之间的商船一定十分频繁；三是泉州至海南。闽浙商人根据季风规律定期往来于海南。"岁杪或正月发舟，五六月间回舶。若载鲜槟榔才先则四月至"。① 每年"闽、越海贾惟以余杭船即市香。每岁冬季，黎峒俟此船方入山寻采，州人从而贾贩，尽归船商"。②

三　近海航路与远洋航路及内河航路的联系

宋代市舶条法规定，设立市舶司的港口是远洋贸易的发舶港。自开宝四年子阿广州设第一个市舶司，北宋元祐元年以前在广州、杭州和明州设立了市舶司，元祐二年和三年增设了密州和泉州市舶司。密州市舶司存在时间不长，且主要是接纳广、泉、明三州的转口贸易。南宋主要发舶港主要设立市舶司的广州、泉州和明州。关于宋代市舶条法学者们已有丰富的研究。③ 市舶条法规定，设立市舶司的港口才具有发放贸易公凭的职权。元丰三年市舶条法规定了"诸非广州市船司辄发过南蕃纲舶船，非明州市舶司而发过日本、高丽者以违制论"。这条法除规定广州和明州市舶司发舶区域的划分外，也说明当时除这两港外，其他港口都不能发放往外国的贸易公凭。第二点在元丰八年条法得到更明确说明："诸非杭、明、广州而辄发海商舶船者以违制论。"④ 只是增加了当时有市舶司的杭州发舶规定，杭州在港口功能上实际从属于明州。

为了防止走私透露，海船必须经发舶港检查登记人员货物，直接发往贸易地，回舶时必须回"元发舶地"接受检查抽税。《元祐编敕》规定了由海道往外蕃兴贩者必须申请公据（凭），登记"人船物货名数、所诣去处"，"回日许于合发舶州住舶，公据纳市舶司"。⑤ 崇宁四年，泉州商人李充在明州领取公凭，从明州发舶，前往日本贸易，"李充公凭"所附市舶条法说到，商人往诸蕃及海南州县，"于非发舶州舶者，抽买讫，报元发州验

① （宋）赵汝适：《诸蕃志》卷下，中华书局1985年版，第41页。
② （宋）陈敬：《陈氏香谱》卷四，清文渊阁《四库全书》本。
③ 系统性的代表成果有［日］藤田丰八《宋代市舶司与市舶条例》（商务印书馆1936年版）、石文济《宋代市舶司的职权》（《宋史研究集》第七辑，台北中华丛书编审委员会，1974年）。
④ （宋）苏轼：《苏文忠全集·东坡奏议》卷八《乞禁商旅过外国状》，明成化本。
⑤ 同上。

实销籍"。但是实际上还是在发舶州抽解。该公凭明确规定：明州市舶司"出公凭付纲首李充收执，禀前项敕牒智慧，前去日本国，经他回，赴本州市舶务抽解。不得隐匿透越"。① 隆兴二年还有臣僚奏请重申发舶州抽解的规定："三路舶船各有司存。旧法召保给据起发，回日各于发舶处抽解。近缘两浙舶司申请随便住舶变卖，遂坏成法。乞下三路照旧法施行。"②

在出海市舶司所管除与外国的贸易，还包括宋朝近海贸易。关于海上贸易的《庆历编敕》于海路商贩者除"不得往高丽新罗及登、莱州界"外，"若往余州并须于发地州军，先经官司投状，开坐所载行货名件、欲往某州军出卖"，经三个有物力人担保，即可领取公凭往其他州军贸易。这是明确针对近海贸易的规定。《嘉祐编敕》重申了《庆历编敕》的内容。《熙宁编敕》也是关于近海贸易的规定，较前两个编敕增加了"先牒所往地头，候到日点检批凿公凭讫，却报元发牒州"的内容，即只能前往公凭所登记的地点贸易。③

上述关于发舶港的划分只是针对中国出海贸易的商人，而非诸蕃国来华商人。两浙路在宋光宗和宋宁宗先后停罢杭州、江阴军、温州、秀州市舶务后，"凡中国之贾高丽与日本、诸蕃之至中国者，惟庆元得受而遣焉"。在说明南宋前期一度有两浙路五个港口可发放往日本和高丽贸易船舶的同时，也说明这些港口在设市舶务时都接纳外国（诸蕃）商人来贸易，包括庆元港。因而庆元港的抽解也有关于"化外蕃船"、海南占城船。④ 有"高丽、日本及蕃南贩舶"的抽解规定。⑤ 但是，来华外商也不论是从宋朝政府抽解博买管理，还是外商贸易方便需要，他们还是会集中于设立市舶司的港口。

由上述可见，在泉州设市舶司以前，明州和广州是远洋贸易的发舶港，且前者发放往高丽和日本公凭，后者发放往南海诸国公凭。泉州设立市舶司后也成为往南海诸国贸易的发舶港。明州往高丽的航路并与上文所言近

---

① ［日］《朝野群载》卷二〇《异国》，［日］黑板胜美编《新订增补国史大系》本，［日］吉川弘文馆1938年版，第452页。

② （元）马端临：《文献通考》卷二〇《市籴考一》，中华书局1986年版，第202页。

③ （宋）苏轼：《苏文忠全集·东坡奏议》卷八《乞禁商旅过外国状》。

④ （宋）罗濬：《宝庆四明志》卷六《叙赋下》，宋刻本。

⑤ （宋）梅应发：《开庆四明续志》卷四《诸县寨名》，清刻宋元四明六志本。

海三条航路皆不重合，而是从定海出发，经舟山群岛东部海域直通高丽，即"由明州定海放洋，绝海而北"。往高丽时，从招宝山、虎头山、经沈家门、梅岑、浪港山，出大洋。回明州则自入浪港山，过潭头，过苏州洋，到栗港、蛟门、招宝山，定海、明州。① 从日本到明州，"贾舶乘东北风至"，② 也是直出舟山群岛以东的大洋。成寻来宋朝，到宋朝近海的苏州洋石帆山，经明州徐翁山、烈港、虎顶（头）山、招宝山，到明州。③ 船只有可能走的近海里洋和外洋航路都可"直达前所谓嘉兴之金山，不必更放大洋不测之渊而至定海也"，因而有人说，"定海水军虽得控扼之地，然于防制倭、丽则有余，而于遮护京师则不足"，④ 也说明明州通高丽、日本的远洋航路与宋朝近海航路完全不同。

　　商船自泉州往东南亚，直出海南岛东部的深海航线，即《梦粱录》所言"若欲船泛外国买卖，则自泉州便可出洋，迤逦过七洲洋，舟中测水约有七十余丈。若经昆仑、沙漠、蛇、龙、乌、猪等洋"。⑤ 清人陈伦炯《海国闻见录》卷上指出"七洲洋在琼岛万州之东南"，即海南岛东面，昆仑洋在"七洲洋之南"。周达观《真腊风土记》说昆仑洋在真腊国外海，从温州往南海诸国，过七洲洋、交趾洋，过占城，由昆仑洋入真腊国海港。泉州往南海的商船"以冬月发船，盖藉北风之便，顺风昼夜行，月余可到（阇婆国）"。⑥ 从泉州直航东南亚，并不停靠闽粤沿海港口。

　　朱彧《萍洲可谈》卷二称，广州往东南亚，则"自小海至溽洲七百里。溽洲有望舶巡检司，谓之一望。稍北又有第二、第三望。过溽洲则沧溟矣。商船去时至溽洲少需以诀，然后解去，谓之放洋"。《元丰九域志》卷九《广南东路》载，广州"南至本州界五百二十里"。所谓距广州七百里且设有巡检的溽洲一定在珠江口，因为自珠江口入大海一二百里内不再有岛屿。

---

　　① （宋）徐兢：《宣和奉使高丽图经》卷三《封境》、卷三九《海道六》，中华书局 1985 年版，第 7、135 页。

　　② （宋）罗濬：《宝庆四明志》卷六《叙赋下》，宋刻本。

　　③ ［日］成寻：《参天台五台山记》第一，载《史籍集览》第二十六册，すみや书房，日本昭和四十三年（1968 年），第 650—652 页。

　　④ （宋）梅应发：《开庆四明续志》卷五《新建诸寨》，清刻宋元四明六志本。

　　⑤ （宋）吴自牧：《梦粱录》卷一二《江海船舰》，商务印书馆 1939 年版，第 108 页。

　　⑥ （宋）赵汝适：《诸蕃志》卷上《阇婆国》，中华书局 1985 年版，第 7 页。

也就是说，广州远洋航路是从珠江口入大海，直达东南亚。

通过明州、泉州和广州的远洋航线都不是循岸而行的近海航线，它们与近海航路的只交汇于明州港、泉州港和广州港三个点上。这也符合市舶条法的规定。商船往海外，市舶司有检空官检查船只货物，"凡舶船之方发也，官必点视，及遣巡捕官监送放洋"①，而且监视其进入远洋航路。当然走私活动仍然存在，商船"候检空讫，然后到前洋各处逐旋（将走私物品）搬入船内，安然而去"。② 这是不符宋朝制度的非法行为。

近海航路，特别是密州以南的近海航路，贸易频繁，构建了一个繁荣的近海区域市场，南至广南，北至福建、两浙、淮南、京东沿海地区经济的互补交流、远洋进口品向国内市场的转输、内地商品向沿海及外国的销售都通过近海航路和近海市场实现。近海航路与内河航路有着密切联系，其中联系区域最广、最主要的通道是长江、钱塘江、浙东运河、珠江，此外温州、福州、泉州、潮州、廉州等港口也都有河流与腹地相连。

长江口向北联系里洋航路，在淮南段可以通过淮（黄）河口进入运河，南达扬州，北抵开封，与内河航运联系起来。同时有一条盐城向西到高邮的盐河，也连接了近海航路和运河。"自高邮而盐城，为东西之盐河"，即"自高邮入兴化，东至盐城而极于海"的通航河道。这条盐河"客舟通行"，往来于盐城与运河。③ 盐河之名的由来是因这条航路主要是将淮南盐"自通、泰、楚运至真州，自真州运至江、浙、荆湖"。④

船只自密州南下，也循海岸而行，绕料角、崇明向西进入长江，从许浦"东出海门料角之间，势与胶西相直"，⑤ 转过料角即连通密州航路。南宋时有人从海防的角度指出"通州管下料角最系贼船来路紧切控扼去处"，⑥ 说明料角是扼守里洋航路的要地。向南联系浙西沿海及明州。长江口的黄

---

① （元）马端临：《文献通考》卷九《钱币考二》，中华书局 1986 年版，第 98 页。
② （宋）包恢：《敝帚稿略》卷一《禁铜钱申省状》，民国宋人集本。
③ （宋）陈造：《江湖长翁集》卷二四《与奉使袁大着论救荒书》，明万历刻本、《宋史》卷九七《河渠七》，中华书局 1977 年版，第 2392 页；（清）徐松：《宋会要辑稿》方域一六之三八，中华书局 1957 年版，第 7594 页。
④ （宋）李焘：《续资治通鉴长编》卷一一三明道二年十二月戊申，上海古籍出版社 1985 年影印本，第 1019 页。
⑤ （宋）孙应时：《重修琴川志》卷一《许浦水军寨》，清道光影元抄本。
⑥ （清）徐松：《宋会要辑稿》职官四〇之一〇，中华书局 1957 年版，第 3162 页。

姚镇是"二广、福建、温、台、明、越等郡大商海舶辐辏之地。南擅澉浦、华亭、青龙、江湾牙客之利,北兼顾迳、双浜、王家桥、南大场、三槎浦、沙泾、沙头、掘浦、萧迳、新塘、薛港、陶港沿海之税,每月南货商税动以万计"。① 福建和广东的商人还有进入江阴、镇江、江宁:"连江接海,便于发舶,无若江阴"。② "闽、广客船并海南蕃船,转海至镇江府买卖至多",及有"兴贩至江宁府岸下者"。③ 近海航路还通过吴淞江联系苏州和秀州,"有海道客旅兴贩物货,沿江湾浦边枕吴松大江,连接海洋,大川商贾舟船多是稍入吴淞江,取江湾浦入秀州青龙镇"。④ 海商可通过吴淞江转运河到苏州:"闽、粤之贾乘风航海,不以为险,故珍货远物毕集于吴之市。"⑤ 南宋在防务划分上将自池州上至荆南府作为江淮防,而将自太平州下至杭州作为海防。江淮防以客舟二百艘分番把隘,海防以海舟六百艘防扼。⑥

海船通过海道聚于明州(庆元府),有两条水道转往内河:一是钱塘江,二是浙东运河。吴自牧《梦粱录》卷一二《江海船舰》说到"浙江乃通江渡海之津道","其浙江船只,虽海舰多有往来……明、越、温、台海鲜、鱼蟹、鲞腊等类亦上掸通于江浙"。除了各种大小船只外,还有海舶、大舰"皆泊于江岸"。沿海航行可以沿钱塘江向内地深入到婺州和衢州。如"海船般贩私盐,直入钱塘江,径取婺、衢州货卖"。⑦ 宋高宗移跸临安后,闽、广、温、台等处钱物到明州后,由定海进钱塘江,到杭州,但因为"自定海至临安海道中间,砂碛不通南船",而采用海船在明州卸货,再"雇募湖船腾剥,就元押人由海道直赴临安江下"。而在驻跸绍兴时则是通过浙东运河运输物资,"闽、广、温、台二年以来海运粮斛钱物前来绍兴府,并系至余姚县出卸,腾剥般运",转用浙东运河船运至绍兴。⑧ 日本僧

① (清)徐松:《宋会要辑稿》食货一八之二九,中华书局1957年版,第5122页。

② (宋)李心传:《建炎以来系年要录》卷一九〇,绍兴三十一年五月丙辰,上海商务印书馆1936年版,第3136页。

③ (清)徐松:《宋会要辑稿》食货五〇之一一,中华书局1957年版,第5662页。

④ (清)徐松:《宋会要辑稿》食货一七之三六,中华书局1957年版,第5101页。

⑤ (宋)朱长文:《吴郡图经续记》卷上《海道》,江苏古籍出版社1999年版,第18页。

⑥ (宋)李心传:《建炎以来系年要录》卷二〇,建炎三年二月庚申,第424页。

⑦ (清)徐松:《宋会要辑稿》食货二六之四,中华书局1957年版,第5235页。

⑧ (清)徐松:《宋会要辑稿》食货四三之一八,中华书局1957年版,第5581页。

人成寻入宋，到明州后"不入明州，直向西赴越州"，到萧山，入杭州，就是走浙东运河。① 此外，明州经过苏州洋海路也有进入长江的航线。曾有明州士人陈生进东京赶考，"于定海求附大贾之舟，欲航海至通州而西焉。时同行十余舟"。② 这条航路上往来的船只还不少。

广州通过三条江，把近海航路与内河航路联系起来：一是联系端州和广西的西江；二是联系惠州、潮州的东江；三是联系韶州的北江。李曾伯说"西江，如融、柳、象、浔、藤等州皆在此江之滨，直透南海"。③ 广东盐销往广西也从西江水运，"广东产盐多而食盐少，广西产盐少而食盐多。东盐入西，散往诸州，有一水之便"。④ 南宋时明橐说到广东沿海的食盐走私活动，"大船则出入海道作过，停藏於沿海之地。小舟则上下东、西两江。东江则自广至於潮、惠，西江则自广至於梧、横"。⑤ 北江水路至南雄，陆路越五岭，可进入赣江，连接长江，是广州纲运的主要线路。《岭外代答》卷一"五岭"条载："入岭之途五耳，非必山也。自福建之汀入广东之循、梅，一也；自江西之南安逾大庾入南雄，二也；自湖南之郴入连，三也；自道入广西之贺，四也；自全入静江，五也。"第二条是广州港通向内地的主要路线。广州的进口品就是通过这条道路运往内地。嘉祐八年以前，广东境内官府纲运还是陆运，即"岭南陆运香药入京"。嘉祐八年刘蒙正受命改革运输办法，改为"自广韶江溯流至南雄，由大庾岭步运至南安军，凡三铺，铺给卒三十人，复由水路输送"。⑥ 自广州沿北江水运，仅大庾岭至南安军一段陆运，再转赣江水运。第三条路线是广南物货进入湖南的道路，自湖南郴州入广东连州，经北江支流湟水可入北江，到广州。

除了以上联系内河的主要水道外，其他近海港口也有河流与内地相连。广南钦州、廉州、潮州诸港都可连接内地。钦州是广州以西重要港口。嘉靖《钦州志》卷三载，钦州有"钦江一水上通灵山，下达防城，商贾时集"，越过灵山即达横州，沿白石水（洛清江）至桂州，过灵渠，进入湘

---

① ［日］成寻：《参天台五台山记》第一，第652—653页。

② （宋）张邦基：《墨庄漫录》卷三，中华书局2002年版，第83页。

③ （宋）李曾伯：《可斋杂稿》续稿后卷九《回庚递宣谕奏》，清文渊阁《四库全书》本。

④ （宋）周去非：《岭外代答》卷五《财计门》，中华书局1985年版，第51页。

⑤ （清）徐松：《宋会要辑稿》食货二六之二一，中华书局1957年版，第5244页。

⑥ （元）脱脱：《宋史》卷二六三《刘蒙正传》，中华书局1977年版，第9101页。

水。"海南四州军及钦、廉、雷、化、高皆产盐州军",盐场皆"滨海,以舟运于廉州石康仓,客贩西盐者自廉州陆运至郁林州,而后可以舟运"。①《岭外代答》卷一"五岭"条所言"入岭之途"第一条"自福建之汀入广东之循、梅"是潮州通向内地的主要道路。汀州处于韩江上游,"南通交广,西接赣水,南接潮海"。② 顺韩江南下即到潮州,"每岁秋冬,田事既毕,往往数十百为群,持甲兵旗鼓,往来虔、汀、漳、潮、循、梅、广七州之地"③。潮州在宋代盛产瓷器,也顺韩江入海,外销南海诸国。④

北宋设有递铺,由福建到江西信州,但实际上"福建纲运多由海道",所置铺兵也"仅成虚设",⑤ 主要通过海路到明州,与内地联系。闽北仍通过河流将物资运至泉州和福州,然后纲运北上,或外销南海诸国。《宋会要辑稿》载:"泉州城当二江会流,纲船顺流至者多为风患漂溺。"⑥ 所谓二江,就是晋江的两条支流东溪和西溪。德化、永春、安溪都产瓷器,通过东、西二溪,顺晋江到泉州。⑦ 福州有闽江联系闽北邵武、建宁、南剑诸州,朱熹曾筹划在福州沿海诸县收籴商人贩来的粮食,然后用溪船运至建宁府等受灾州县。⑧ 邵武、建宁、南剑三州生产的瓷器也通过闽江运至福州外销,⑨ 当然同时闽北诸州的其他物资也通过闽江运至福州。温州也与福州、泉州一样,与内地的联系主要通过海路。南宋人在谈到漕运上供物资时说,两浙诸州都有水路联系杭州,唯"温、台、处州不通水路"。⑩ 所谓不通水路是指没有内河与杭州相连。但是永嘉江上游龙泉窑所产瓷器远销亚非各国,就是通过永嘉江运到温州。⑪ "南海I号"试掘的瓷器有多件龙泉窑产品,

① (宋)周去非:《岭外代答》卷五《财计门》,第49页。

② (宋)祝穆:《方舆胜览》卷一三《汀州》,中华书局2003年版,第229页。

③ (宋)李焘:《续资治通鉴长编》卷一九六,嘉祐七年二月辛巳,上海古籍出版社1985年影印本,第1810页。

④ 黄纯艳:《宋代海外贸易》,社会科学文献出版社2003年版,第258页。

⑤ (清)徐松:《宋会要辑稿》方域一〇之五〇,中华书局1957年版,第7498页。

⑥ (清)徐松:《宋会要辑稿》食货四六之一一,中华书局1957年版,第5621页。

⑦ 林忠干等:《闽北宋元瓷器的生产与外销》,《海交史研究》1987年第2期。

⑧ 朱熹:《晦庵集》卷二五《与建宁诸司论赈济札子》。

⑨ 林忠干等:《闽北宋元瓷器的生产与外销》,《海交史研究》1987年第2期。

⑩ (清)徐松:《宋会要辑稿》食货四七之一八,中华书局1957年版,第5621页。

⑪ 叶文程:《宋元时期龙泉青瓷的外销及其有关问题的探讨》,《海交史研究》1987年第2期。

同时有福建闽清义窑、德化窑、磁灶窑、江西景德镇窑等产品。① 可见泉、福、温州诸港通过内河与本路或本州内地联系仍有重要意义。

四 结论

宋代近海航路从大的方面可以明州为中点，分为南北两大段。北段又可以密州为界，分为密州至山东半岛以北及密州至明州两段。前一段受政治局势影响最强，北宋时仅官方航运畅通，而民间航运大多数时期被禁绝。后一段分里洋、外洋和大洋三路，也受到政治局势影响，里洋航路沙多水浅，需乘潮航行。明州以南航路可分为明州到福州（泉州），福泉到广州两段，福州和泉州是重要的中继站。明州以南航路受政治影响甚小，往来繁荣，明州至温州，温州到福州，广州以西钦州、琼州等都有站点频繁的航路。

远洋航路通过设立市舶司的几个重要港口与近海航路相连，使远洋贸易通过严密的近海航路与近海市场和国内市场联系起来。近海航路通过长江、钱塘江、浙东运河、珠江可与国内河运系统相联系。与内地河运系统不能直接相连的温州、福州、泉州、潮州等港口也通过河流与本路或本州内地相连，成为本路和本州物资出海的通道。近海航路是近海市场与内地市场、海外市场连接的中介。宋代沿海地区间的经济互补，浙、闽、粤沿海地区商品经济发展，以及繁荣的海外贸易都与近海航路的发展密切相关。

---

① 广东省文物考古研究所编：《"南海I号"的考古试掘》，科学出版社 2011 年版，第 48—87 页。

1815—1869 年影响浙北地区台风序列重建与路径分析

郑微微　唐　晶　杨煜达[*]

中国是世界上遭受台风影响最严重的地区之一。台风是全球重要而复杂的天气系统，是气象气候学和灾害学研究的重点。探索台风活动规律，需要从长时段把握其演变特征。然而，器测气象资料的历史较短，不足以支撑长期规律的研究。中国历史文献中保留了大量的气象信息，是历史气候研究的重要代用资料。Kam – biu Liu 等最早将历史文献中记载的台风事件应用于台风研究，证明了利用历史文献资料进行台风研究的可行性。[①]梁有叶和张德二（2007 年）提取方志资料中的台风活动资料，建立了 960—1911 年登陆中国沿海台风年表，并重点分析了台风与 ENSO 事件的关系。[②]徐明和杨秋珍使用方志，结合现代台风灾害的成因和特点，确定了台风灾害的基本判别准则，并初步揭示了历史时期中国沿海台风活动的区域性。[③]潘威和王美苏等建立了提取台风记录、剔除非台风事件的资料采集处理标

＊　本文系教育部全国优秀博士学位论文作者专项资金资助项目（201114）、浙江省哲学社会科学规划重点项目（12JCLS01Z）、复旦大学九八五三期项目（2011RWXKZD022）研究的阶段性成果。

郑微微，浙江师范大学环东海与边疆研究院副教授；唐晶、杨煜达，复旦大学历史地理研究中心讲师。

①　Kam – biu Liu, Shea C, Louie K. S., A 1000 – year History of Typhoon landfalls in Guangdong Southern China, Reconstruction from Chinese, Historical Documentary Records, *Science*, 2001, 308（5729）, pp. 1753 – 1754.

②　梁有叶、张德二：《最近一千年我国的登陆台风及其与 ENSO 的关系》，《气候变化研究进展》2007 年第 2 期。

③　徐明、杨秋珍、应明等：《影响华东台风 500 年历史资料重建方法》，《中国气象学会年会气候变化分会场论文集》2007 年版。

准，建立了清代江浙沿海入境台风频次和受影响天数的序列。① 张向萍和魏学琼等提取长三角历史文献中风、雨、潮等现象的记录建立了台风数据库，制定了辨识历史台风的依据，重建了 1644—1949 年长三角地区历史台风频次序列，并对典型台风事件进行了重建。② 这些研究利用以方志为主的文献资料探讨了千年以来我国东部沿海台风的变化规律，也为利用历史文献辨识台风提供了重要的方法上的参考和借鉴。但方志关注的重点在于灾害本身，对于台风活动的记载有很强的选择性，普遍存在漏记情况。加之大量台风信息分辨率仅仅到月、年，不易进行高分辨率台风问题的讨论。显然，历史台风的精细化研究需要更高分辨率的文献资料支撑。本文尝试搜集整理清代日记，提取其中的天气信息，在高分辨率下重建 1815—1869 年影响浙北地区③的台风序列，并根据日记中的地面风向记录对台风路径进行判断和分析。在此基础上，利用日记对典型台风事件的描述，更清晰地重建其发生过程。

一 资料与方法说明

1. 基本资料情况

本文作者近几年搜集大量日记资料，建立了内容丰富的日记天气信息数据库，这里主要采用其中 1815—1869 年 7 部以江、浙两省境内为记录中心的日记作为核心研究资料（见表1）。

表1 日记天气信息基本情况

日记	地点	时间	作者简况	详略
管庭芬日记	海宁州（今海宁县）、钱塘县（今杭州市）	1815—1865 年	管庭芬（1797—1880），字培兰，清浙江海宁州人	详细

① 潘威、王美苏、满志敏等：《清代江浙沿海台风影响时间特征重建及分析》，《灾害学》2011 年第 1 期；《1644—1911 年影响华东沿海的台风发生频率重建》，《长江流域资源与环境》2012 年第 2 期。
② 张向萍：《基于方志资料重建长江三角洲地区 1644—1949 年台风历史》，硕士学位论文，北京师范大学，2011 年；张向萍、叶瑜、方修琦：《公元 1644—1949 年长江三角洲地区历史台风频次序列重建》，《古地理学报》2013 年第 2 期。
③ 本文所说的浙北地区，是指以海宁、杭州、绍兴、余姚为代表站点的浙江北部地区，包括今浙江省杭州湾两岸的嘉兴地区、杭州地区和绍兴地区。

日记	地点	时间	作者简况	详略
瓶庐日记	余姚县、山阴县（今绍兴市）	1839—1862 年	佚名，清浙江山阴人	详细
越缦堂日记	会稽县（今绍兴市）	1854—1857 年 1865—1869 年	李慈铭（1830—1894），字式侯，清浙江会稽人	详细
翁心存日记	杭州市、吴县（今苏州市）、昭文县（今常熟市）	1825—1849 年	翁心存（1791—1862），字二铭，清江苏常熟人	详细
柳兆薰日记	吴兴县（今湖州市）	1860—1865 年	柳兆薰，清江苏吴江县人	简略
雪烦山房日记	吴县（今苏州市）	1854—1858 年	徐僖，字梦白，清江苏吴县人	简略
杏西篠榭耳日记	吴县（今苏州市）、南京、上海等	1860—1881 年	植槐书舍主人，清江苏吴县人	简略

　　虽然本文采用的日记都逐日记录天气，但记录的天气内容详略不同。记载简略的仅记录每日阴、晴、雨、雪等基本情况，而记载详细的还记录一日内天气的变化，分辨率达日以下。如《越缦堂日记》记载绍兴 1858 年 8 月 30 日天气："早晴，上午雨又大风，午大雨，下午阴，晡时大风雨……是夜风雨达旦。"同时，由于几部日记天气信息记载的习惯不同，使得天气描述存在系统性差异，其中分辨率高的四部日记对于"风"的记载差异对台风辨识影响最大：《翁心存日记》几乎记录每日的风向与强度变化；《瓶庐日记》部分日期记录风力与风向；《越缦堂日记》与《管庭芬日记》则只记录风力较大的强风。

　　除日记资料外，本文还使用清代方志与档案资料中相关台风记录，主要来源于整编资料。方志资料主要使用张德二主编的《中国三千年气象记录总集》（以下称"文献 1"）；① 档案主要使用水利电力部水管司科技司、水利水电科学研究院编的《清代长江流域西南国际河流洪涝档案史料》（以下称"文献 2"）、《清代浙闽台地区诸流域洪涝档案史料》（以下称"文献

---

　　①　张德二主编：《中国三千年气象记录总集》，凤凰出版社 2004 年版。

3")和《清代淮河流域洪涝档案史料》（以下称"文献4"）。①

2. 资料处理方法

（1）影响浙北地区台风的辨识原则

与方志主要记录台风灾害后果不同，日记以记录天气为主，因此本文判定影响该区域的台风主要以风雨等天气要素为判定标志。依据历史气候研究的"均一性"和"将今论古"的原则，采用历史对比分析法，根据现代台风发生时的显著特征，判断日记记载的天气是否由台风造成。

根据王国华等制定的影响杭州的台风定义是：凡热带气旋（台风）进入25°—30°N，115°—125°N区间，杭州辖域内7个国家气象观测站有一个站点出现≥7级大风或日降水量≥50mm，定义为影响杭州的台风。蒲福风级表定义的7级大风，对应于"全树摇动，迎风步行不便"的现象。由于杭州是代表站点之一，辨识清代影响浙北地区的台风，可以将此标准作为参照。② 参考这一定义，结合日记记录天气的特征，制定影响浙北的台风的辨识原则，即在5—11月，如果满足下列条件之一者，则认为有一次台风影响浙北地区：①狂风记录。如"飓风""风雨狂猛""狂风""风狂飙""风壮厉""大风拔木"，或沿海记载有"风潮"。②暴雨记录。"瓦沟如倾注""雨浪浪竟日不绝"，且在相同日期或相近日期内方志或档案中记载沿海有明显风或潮现象的记录相对应。③记录有明显强东北风或东北风转向的情况，如"东北风极大"、东北风"转东南"或"转西北"。不过，不同日记在风的描述上详略不同，对"风"记录较详细的《翁心存日记》《瓶庐日记》尽管记录风向转变，还必须有强风描述才能判定为台风。

（2）非台风情况的排除

在复杂的天气变化中，有许多除热带气旋以外的天气过程也可能造成上述风雨情况，因此，需要排除其他天气系统的影响。根据王东生等的研究，与台风造成类似天气的有寒潮、局地性龙卷风、梅雨期间的强降雨、

---

① 水利电力部水管司科技司、水利水电科学研究院编：《清代长江流域西南国际河流洪涝档案史料》，中华书局1991年版；《清代浙闽台地区诸流域洪涝档案史料》，中华书局1998年版；《清代淮河流域洪涝档案史料》，中华书局1988年版。

② 王国华、缪启龙、宋健等：《杭州市气象灾害风险区划：台风和暴雨洪涝灾害的风险区划》，气象出版社2012年版。

雷暴等天气过程。① 因此，本文在识别台风时排除以下情况：①虽有大风雨，但仅为短时雷雨交加或者"雨雹"现象，认为是夏日雷暴或强对流天气。半日以内的风雨记录，如果方志资料没有江浙沿海风或潮记录对应则不认为是台风影响。如《管庭芬日记》记载，1854 年 7 月 22 日，海宁"晴，晚雷声殷然蛟风拔木，微雨即止"。这显然不是台风影响。②虽然有大风，但风向始终以西北为主，或风雨后出现冬季降温现象则认为是冷性气团过境。如《管庭芬日记》中记录，1820 年 10 月 3 日，海宁"晴，晨大风，天渐作寒"。③6—8 月有连续超过 10 日以上的连阴雨，一般判定为梅雨降水。

（3）多部日记日期重合情况的处理

由于几部日记有重合时段，考虑到日记作者观察的时段可能互相错开，当出现记录日期重合时，则以风雨记录时间最早和最晚、风雨描述程度最强烈的记录为准。当相同日期不同地点都有风向记录时，可以将两地风向进行整合。如《管庭芬日记》记载，1858 年 8 月 30 日，海宁"晴雨无定，东北风极大"。《瓶庐日记》则记载，8 月 31 日，山阴（绍兴）"风雨比昨略小，转西风，凉甚"。可以认为，浙北地区 8 月 30 日东北风，8 月 31 日转为西风。

二　1815—1869 年浙北地区影响台风序列重建

1. 1815—1869 年影响浙北地区台风序列频次特征

根据上述方法，对 1815—1869 年影响浙北地区的台风进行识别，并对识别出的台风进行编号（如表 2 所示）。其中，1816—1819 年、1831 年无日记资料的年份，采用方志与档案资料中的天气记录，按照潘威等的辨别方法进行判定补充。②

---

① 王东生、屈雅：《西北太平洋和南海热带气旋的气候特征分析》，《气象》2007 年第 7 期。

② 参见潘威、王美苏、满志敏等《清代江浙沿海台风影响时间特征重建及分析》，《灾害学》2011 年第 1 期。

表2   1815—1869 年影响浙北的台风起始日期序列

编号	起始日期	编号	起始日期	编号	起始日期	编号	起始日期	编号	起始日期	编号	起始日期
1	1815/8/2	11	1826/7/28	21	1833/7/26	31	1843/10/1	41	1851/8/27	51	1857/9/3
2	1816/9/21	12	1827/8/1	22	1833/8/8	32	1844/8/21	42	1852/8/11	52	1857/9/6
3	1817/8/1	13	1827/9/12	23	1834/7/24	33	1845/8/1	43	1853/7/23	53	1858/8/30
4	1820/8/29	14	1829/9/24	24	1834/8/3	34	1846/9/4	44	1853/9/12	54	1858/9/12
5	1822/8/11	15	1830/9/7	25	1834/8/28	35	1847/9/2	45	1854/7/29	55	1860/8/14
6	1823/8/6	16	1830/9/9	26	1835/7/9	36	1848/7/19	46	1854/8/25	56	1861/8/31
7	1823/8/12	17	1830/10/6	27	1835/9/25	37	1848/8/1	47	1855/8/21	57	1861/9/22
8	1823/8/19	18	1831/9/3	28	1837/8/24	38	1848/8/5	48	1855/9/6	58	1864/7/13
9	1825/8/16	19	1832/9/10	29	1841/9/28	39	1848/8/15	49	1856/8/13	59	1867/8/30
10	1825/8/23	20	1832/9/13	30	1843/9/1	40	1850/9/17	50	1857/7/16	60	1868/7/17

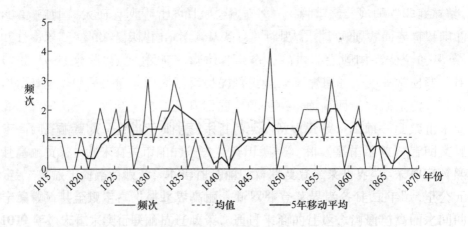

图1 1815—1869 年浙北地区台风逐年影响频次序列

统计发现，1815—1869 年浙北地区共遭受台风影响 60 次，年均 1.09
次。有 15 个年份并未受影响，占 27.3%；23 个年份只有 1 次影响，占
41.8%；12 个年份即 21.8% 的年份有 2 次台风影响；1830 年、1834 年、
1857 年有 3 次台风影响；受台风影响最多的是 1848 年，有 4 次台风影响。
重建浙北地区逐年受台风影响频次序列（见图 1），可以发现，台风影响频次超过平均值的时段集中在 1823—1835 年和 1848—1861 年，而受台风影响频次较低的时段集中于 1815—1822 年，1836—1847 年和 1863—1869 年，这与潘威等重建的影响华东地区台风频次序列基本一致。①

2. 不同资料系统研究结果比较

以往的历史台风辨识与序列重建研究以方志与档案为核心资料，与本文的资料来源属于不同的资料系统，对两种研究的结果进行比较，可以对比出两类资料各自的特点。

王美苏使用方志与档案对入境江浙地区的台风进行辨识，并将入境范围划分成了宁绍、太湖东部、温台三个区域，辨识出 1815—1869 年入境江浙的 55 次台风，其中入境包含本文所指浙北地区在内的宁绍地区的 26 次。② 本文共辨识出影响浙北地区的台风 60 次，其中与王美苏识别出的入境江浙的台风有 37 次是一致的。由此可见，档案和方志所辨识出的影响温台和太湖东部的台风，很大比例上也对浙北地区产生影响。王美苏识别出的入境江浙地区的台风有 16 次未在日记中有体现，其中 13 次入境地区在太湖东部和温台地区，另有 3 次（起始时间分别是 1836 年 9 月 21 日、1836 年 10 月 11 日和 1861 年 9 月 7 日）显示影响到宁绍地区。这 3 次台风基本上仅影响宁波沿海 1 个或 2 个县的部分区域，台风势力小，可能因此未对本文所指浙北地区产生明显影响。本研究识别出影响浙北地区的台风有 23 次在王美苏的研究中未有体现，并且本文辨识出的影响浙北的台风平均每年 1.09 个，而方志资料辨识出的年均入境宁绍地区仅 0.47 次。以上对比数据不难发现，日记天气信息对台风的识别能力大大高于方志资料。

杭州是本文涉及站点之一，大体可以代表浙北地区情况。王国华等统计了 1951—2009 年影响杭州的台风，平均每年 1.5 个。③ 而本文研究结果与之相比有一定差距，意味着可能仍然有未被辨识出的台风。显然，相对于方志与档案资料，日记资料辨识台风也有一定的缺憾：一方面仅仅通过

① 参见潘威、王美苏、满志敏等《1644—1911 年影响华东沿海的台风发生频率重建》，《长江流域资源与环境》2012 年第 2 期。

② 王美苏：《清代入境中国东部沿海台风事件初步重建》，硕士论文，复旦大学，2010 年。

③ 王国华、缪启龙、宋健等《杭州市气象灾害风险区划：台风和暴雨洪涝灾害的风险区划》，气象出版社 2012 年版。

天气描述很难辨别台风的强度；另一方面由于研究范围局限在小区域，不能全面考察台风过程，在某些双台风的识别中存在困难。例如，从1853年7月23日起，绍兴和海宁显示有长达8日的台风影响，而前引王美苏根据档案资料判断，这实际上是两次台风过程，单纯凭借日记无法区分两次台风（研究时段内仅此一次，为突出两套资料区别，未对日记辨识序列进行补充）。可见，在历史台风研究中，日记资料可以大大提高台风的识别度。尽管如此，方志与档案资料对于全面把握台风特征仍十分重要。只有使用不同时空尺度、不同来源的文献资料，方能复原出历史台风的完整面貌。

三 1815—1869年台风路径与特征分析

台风是呈逆时针旋转的热带气旋，受台风影响地区近地面风向会因此发生改变，而风向的转变又可以反映台风中心与观测地点的相对位置关系。台风中心正北刮东北风，正西刮西北风，正南刮西南风，正东刮东南风。因此，当一地风向由东北转西北通常意味着台风自观测地点南部或东南运行至东部或东北部，而风向由东北转东南一般意味着台风中心自观测点南部或东南运行至西南或西部。当然，实际风向要更复杂。徐家良就1971—2002年对影响上海的风向分布进行统计，认为当台风在福建、浙江登陆时，上海大风的风向主要是东南偏东风；台风近海北上，大风的主导风向是东北偏北风。① 清代浙北地区的情况有所不同。就日记记载来看，风向转变以"东北转西北""东北转东南"的情况最为常见。

根据风向转变规律，通过整理日记中的风向描述，可以判定台风中心相对于浙北的行进路径（见表3）。与前引王美苏根据以方志重建的少数台风行进路径等进行对比检验，如表4所示，两套资料系统判定的台风路径结果是一致的。在60次台风中，可以判断其中36次台风来自东南海域，并可以判断其中32次台风经过浙北地区时的相对路径。其中，台风自浙北以东北行的有19次，浙北以南登陆西北行的有10次，自浙北以东北行后紧接着登陆西行的有2次，浙北以南登陆后西行最后又转向东北的台风有1次。

---

① 徐家良：《台风影响上海时风速风向分布特征》，《气象》2005年第8期。

在可识别的台风中，浙北以东北行自东部影响本区的台风（东路）有 21次，明显多于浙北以南登陆主要自西部（西路）影响本区的 11 次台风，这与前引王国华等做出的影响杭州的台风路径东路与西路比例大体相当的结论差别较大。识别出的西路台风偏少，除了与未能全部识别所有台风路径的有关外，也可能与西路台风登陆后经过下垫面摩擦影响本区时风雨势力偏弱，不易从日记天气记录中辨识出来有关。

表 3　　　　　　　**1815—1869 年影响浙江北部台风行进相对路径**

风向描述	路径判断	台风编号
东北风转西北风	浙北以东北行	9、10、26、27、29、30、31、32、37、40、41、45、46、48、50、52、53、55、57
东北风转东南风或始终为东风或始终为东南风	浙北以南登陆西北行	5、8、11、12、20、21、39、42、43、54
东北转西北转西南	浙北东侧北行后登陆西行	6、36
东北转西南转西北	浙北以南登陆西北行又转向东北	34
起始风向为东北风，后续改变不明	只能判断自浙北南部靠近	1、13、49、56

表 4　　　　　　　**方志与日记信息判定的台风路径对比**

依据方志研究的结果		依据《日记》研究的结果	
日期	行进路径	行进路径	日记记载风向
1823 年 8 月 6 日	长江口登陆，西北行	浙北东侧北行，至北部陆西行	东北—西北—东南
1835 年 8 月 25 日	舟山登陆，北行	海宁以东向北行	东北—西北
1843 年 10 月 1 日	镇海登陆，北行	海宁以东向北行	东北—西

　　尽管本文未能判断出所有的相对路径，因而不能对研究时段的台风路径比例结构进行整体分析。但 1835—1844 年与 1850—1861 年的 8 次和 18次台风中，不能确定路径的分别为 1 次和 5 次，西路台风分别为 0 次和 3次，东路台风为 6 次和 10 次，可以确定这两个时段内东路台风的确多于西

路。影响本区的东路台风,多为台风登陆浙江沿海或附近海域后转向东北
的台风。王志烈等认为,转向台风的发生通常与副高脊线位置偏东、大陆
西风槽东伸有关。① 而本文发现,这两个时段内东路台风75%都发生于8月
20日以后,与副高可能已经南撤东退的环流背景相吻合。

四 典型台风事件重建

利用分辨率较高的日记资料,结合方志与档案资料重新研究历史时期
的台风事件,可以获得对台风的更清晰的认识。

1. 1857年9月3—8日双台风事件

1857年是台风多发的年份,其中9月3—8日在江浙一带出现的台风引
起的风、雨、潮等灾害。在以往研究中,曾被认为是一次登陆转向台风。
而通过多部日记与方志、档案综合来重建其过程,可以发现并非如此。

这一时段的台风对我国江浙地区的影响,可以分为3个阶段(见表5)。

第一阶段,9月3—4日台风。日记记载,3—4日绍兴连续风雨。而文
献2、文献3中浙江巡抚晏端书上奏,"七月十五六日"(即9月3日和4
日),杭州府、嘉兴府、湖州府、宁波府、台州府、绍兴府、金华、衢州
府"风雨连朝"。由奏报来看,这次台风很可能是从台州或宁波地区登陆,
然后一路西行,影响整个浙江中北部地区后减弱消失。文献2中两江总督
何桂清上奏,在9月4日夜间,宝山县"遇东南飓风大起",也说明台风在
宝山以南登陆西北行,宝山以北所受影响已经很小,苏州则以晴为主。

第二阶段,9月5—6日台风间歇期。根据表6,9月5—6日,海宁、
绍兴、苏州虽然有降水,但基本都没有强风记录,而方志与档案也没有浙
江与江苏这两日的风雨致灾情况。因此,可以认为5—6日江浙没有受到台
风主体的影响。

第三阶段,9月7—8日台风。9月7日绍兴与海宁先刮起强东北风,说
明台风再次从南部海域而来。至夜间,两地风向都转西北。而苏州"夜大
雨",说明此时台风已经北行到距离三地东侧很近的海域。8日绍兴、海宁

① 王志烈、胡坚、丁一汇:《西北太平洋风场对台风路径的影响》,《应用气象学报》1991年第4期。

仍持续西北风，说明台风继续北上，中心仍在绍兴、海宁一线的东侧到东北。北上过程中对江苏各地的影响，主要发生在长三角地区。苏州 8 日"狂风大雨"，而文献 1 中提到这两日川沙"大风雨潮溢"，青浦"大风雨"，松江"大风潮海溢"，如皋"海溢决堤"，但对江苏内陆其他地区影响不大，只有靖江自 9 月 3 日以后"东北风五日，潮大涨"。因此，台风很有可能并未登陆，而只是擦过江苏南部沿海，故如皋再往北不再有台风影响记录。

表 5　　　　　　　　　　1857 年 9 月 3—8 日日记天气记录

站点	9 月 3 日	9 月 4 日	9 月 5 日	9 月 6 日	9 月 7 日	9 月 8 日
海宁	阴……午后有雷雨即止，夜复风雨达旦	风雨日夕不绝	晴，东风甚大……	风雨，晚稍见日光，中宵又雨	阴雨……夜风转西北极大，复雨	阴雨，西北风极大
山阴（绍兴）	晨晴，上午渐阴，午后陆续大风雨，直至五更	陆续风雨如小风潮，夜同	晴，上午犹有风，午雨点	雨，自五更起	镇日东北风雨，夜西北风，雨甚大	仍西北大风雨凉，夜西北大风，无雨
吴县（苏州）	晴，晚雨	晴	晴，更余大雨	雨……雨下如注	阴，夜大风雨	狂风大雨竟日

从上述过程来看，自 9 月 3—8 日影响江浙的是两个不同的台风，9 月 3—4 日宁波与台州之间登陆后西行逐渐减弱，主要影响了浙江中北部地区，9 月 5—6 日基本处于间歇状态。7 日开始，又有一个台风从东南海域来，擦过江浙沿海影响浙北、苏南和上海地区。如果 3—8 日是登陆转向台风，则浙北不可能在第三阶段首先刮东北风又转西北风。在没有日记高分辨率天气信息的情况下，单靠方志与档案资料，这种情况确实容易误判。

2. 1861 年 8 月 30 至 9 月 1 日干台风

文献 3 中九月十八日王有龄奏："绍兴府属之山阴、会稽、萧山、诸暨、上虞、嵊县，台州府属之天台、仙居，温州府属之平阳，处州府属之青田等各禀报……二十五日至二十七八日（即 8 月 30 日至 9 月 1 日和 2 日——引者注）狂风骤雨，昼夜不息。兼之潮汛过大，水往内灌，禾棉俱被吹折淹浸，一时未能消退。"这次台风主要影响浙江沿海地区，据王有龄所奏档案，不免会认为在此次台风影响下，温州府、台州府、处州府、绍兴府都遭受到狂风暴雨的袭击。但实际上，从日记记载情况来看（见表6），虽然绍兴、海宁两地风力很大，但基本处于晴雨之间，降水不大。这种风力大而降水很少的台风，气象学上称之为"干台风"。《瓶庐日记》作者也记录，绍兴为"干风潮"，即为干台风之意。造成干台风的原因主要是由于台风水汽来源不足，与水汽供应条件、水汽输送通道等因素有关。这种台风单凭方志与档案资料，容易对台风灾情造成误判。

表6　　　　　　　　　　1861年8月30日至9月1日天气记录

站点	8月30日	8月31日	9月1日	9月2日
海宁	晴雨无定	晴雨仍无定，东北风极大	晴，雨倏变风仍大，有残月	晴
山阴（绍兴）	忽阴晴雨，日夜大风，干风潮	大风同昨夜，风稍息	阴晴雨，惟风阵稍缓	同昨，风阵更暖。

五　结论

通过上述考察和分析，可以得出以下几点结论：

（1）为提高历史台风研究的分辨率，本文使用了清代日记作为核心资料。提取了其中的天气信息，并制定了符合日记记录特点的影响台风辨识标准。日记以天气记录为主，因此辨识台风要以天气现象为主要辨识依据。

（2）识别出了1815—1869年影响浙北地区的共60次台风。从台风影响频次来看，1823—1835年和1848—1861年影响浙北地区台风发生频次偏高。

（3）根据气旋风场的原理，使用日记天气信息，可以判断出36次影响浙北台风的来向，并判断出其中32次台风相对浙北地区的行进路径。发现1835—1844年与1850—1861年两个时段内自浙北以东北行台风明显多于浙北以南登陆西北行台风，可能与这两个时段台风发生偏晚，副高位置已经东撤有关。

（4）使用日记资料结合方志档案资料中的天气信息，辨识出 1857 年 9 月 3—8 日的台风不是转向台风，而是一个双台风事件，而 1861 年 8 月 30 日影响浙北的台风为干台风。

（5）相对于方志与档案资料，日记天气信息分辨率更高，以日记为资料，不仅可以提高历史台风研究的精度与准确度，还能够对历史台风进行更高分辨率的问题的讨论，比如判断与分析台风路径，或对台风事件进行更准确的重建等。通过不断积累古代日记、文集中的高分辨率天气信息，并探索其使用方法，历史台风研究可以进入一个新的更高的研究阶段。

筑城与拆城：近世中国通商口岸城市成长扩张的模式与特征

刘石吉*

前　言

　　"城"（walled‑city）是中国文化的特殊产物与重要标志，它构成了汉文化圈人文地理的独有景观，在人类文明发展中占极重要地位。历史上，中国人很早便是建造城墙的民族。在中国文化的地景上，就构造、象征和机能的意义来看，在各种"墙"中，可说以环绕和确定都市界限的"墙"最为重要。城墙的建造无疑被认为象征了居于城内，在地方上为首的统治阶层。"城"代表的即是都市，也是城墙。在传统中国，几乎所有的都市人口均生活在"城墙都市"之中。一个没有城垣的市集，从某种意义上来说，是很难称为都市的。

　　19世纪40年代以后，通商口岸体制（treaty ports system）在中国沿海沿江兴起，直到清末。这些口岸城市总数超过100个，影响近代中国社会经济与政治文化至深且巨。通商口岸是西方文化在中国的主要据点，也是近代中外关系的重要舞台。在这里形成了一种特殊的阶级（如买办阶级），以及特殊的边际文化（marginal culture）。不平等条约、租界、治外法权、协议关税、外资的引入等，都在通商口岸进行，对近代中国造成重大影响。通商口岸固然根植于传统的商业据点，但通商口岸的港埠设计及都市规划，无疑是一种西方模式——德人在青岛，英人在香港、上海、厦门的都市设计都是显例。这些新兴都市与传统城墙都市在精神面貌上大不相同，它所

---

　　* 刘石吉，（台）"中央研究院"人文社会科学研究中心暨近代史研究所研究员。

代表的文化意义也与传统"城乡一致性"（urban – rural continuum）的文化特质不同，这就像托尼（R. H. Tawney）形容的"镶饰在老旧长袍周围的新式花边"（a modern fringe was stitched along the hem of the ancient garment.）。[1] 在通商口岸城市中，原有的城墙被拆除，租界里新马路与新市区形成十里洋场，也逐渐与广大的内陆乡村隔离。中国的"经济国界"逐渐向内陆移动，造成近代"都市中国"与"乡村中国"的隔绝，破坏了传统的城乡一致性，使近代城乡趋于两极化（urban – rural dichotomy），城乡开始对立。这不仅是中国城市发展的一大转型，也是近代中国社会经济的一大变革，影响到政治文化的大动荡，而传统城墙都市的时代也宣告结束。[2]

直到清末（1911 年），中国境内各类城垣及城墙都市超过 2000 座。本文仅选取上海、天津、汉口、重庆等近代重要的港埠城市为例证，观察分析历史上筑城与近代拆城的动机、过程与特征意义。

一 上海

上海为今日中国四个直辖市之一，目前所辖 17 区及 1 县（崇明），实已包括清代松江府全部及太仓直隶州大部分地区。但直到清末，上海城市范围及行政建置仍属县城的层级，其上属是松江府（设于华亭、娄县两个附郭县城）、江苏巡抚（驻苏州府城，亦即吴县、长洲、元和三个附郭县）、两江总督（驻江宁府城，上元、江宁两县附郭）。上海设县于元至元二十九年（1292年），置县 261 年后，迟至明嘉靖三十二年（1553 年）始筑城。在此之前，上海地区曾有阖闾城、沪渎垒、筑耶城等古城，唯已荒废难考。[3]

唐宋之后，中国经济重心南移，上海逐渐崛起于历史舞台。北宋熙宁十年（1077 年），设上海务，以征商税。南宋绍兴十九年（1149 年），置市

---

① R. H. Tawney, *Land and Labor in China*, London, 1932; Boston: Beacon, 1966, p. 13.

② 参见刘石吉《城郭市廛——城市的机能、特征及其转型》，收入刘石吉主编《民生的开拓——中国文化新论·经济篇》，（台）联经出版事业公司 1982 年版，第 303—341 页；陈正祥《中国的城》，收入《中国文化地理》，生活·读书·新知三联书店 1983 年版，第 59—100 页。

③ 参见刘石吉《城市·市镇·乡村——明清以降上海地区城镇体系的形成》，载入邹振环、黄敬斌主编《江南与中外交流》，复旦大学出版社 2009 年版，第 406—407 页；《上海研究资料》，中华书局 1935 年版，第 363—369 页。

舶提举司、榷货场。咸淳三年（1267 年），置上海镇。元初，又设市舶司及都漕运万户府。以后置县筑城，建立衙署，确立城市规模。明至清初，上海商品经济进一步发展。清康熙二十三年至二十四年（1684—1685 年）设江海常关，雍正八年（1730 年）移苏松道驻上海，乾隆元年（1736 年）改称分巡苏松太兵备道，此即上海道台之始。道光二十三年（1843 年），上海成为开放的第一批通商口岸（treaty ports）之一。咸丰四年（1854 年）年后，由外人管理海关（洋关），并设立工部局（Municipal Council）、会审公廨。直到此时，上海的行政地位始终很低，属于松江府管辖（府城设于华亭、娄县两个附郭）。至清末，上海依然只是县级建制。1911 年，始将自治公所改名为上海市政厅。中国城市真有"市"的建制是在 20 世纪 20 年代以后。1928 年国民政府北伐后，上海设置特别市，始正式称市。

宋末元初上海设置镇，进而设县，实源于经济发达，聚落人口日渐成长增加，行政管理之需要；明代上海筑城，则为了防御外力入侵，也具有与四野乡村分隔界限的意义。东南沿海自宋代以后，大致兵革不兴，承平无事。宋金交兵、元军攻宋及明初与张士诚之战，上海微受波及，但"闾里晏然"，"素无草动之虞"，依然无恙。但明中期倭寇入侵东南各地，嘉靖（1522—1566 年）之后日益严重。嘉靖元年（1552 年），倭船犯境，大肆抢掠，县署民房被焚，知县潜逃，上海官绅始有筑城之议。次年，邑人顾从礼奏请筑城，其《请建上海城疏略》云：

上海，宋市舶司所驻之地。元至元二十九年设县，治原无城垣可守。盖一则事出草创，库藏钱粮未多；一则地方之人，半是海洋贸易之辈，武艺素所通习，海寇不敢轻犯，虽未设城，自无他患。今编户六百余里，殷实家率多在市；钱粮四十余万，四方辐辏，货物尤多。而县门外不过一里即黄浦，潮势迅急，最难防御。所以嘉靖戊子等年，屡被贼劫烧，杀伤地方乡官商人居民，不下百有余家。盖贼自海入，乘潮劫掠，如取囊中，皆由无城之故。伏望轸念钱粮之难聚，百姓之哀苦，敕工部会议，开筑城垣，以为经久可守之计。①

---

① （清）同治《上海县志》卷二《建置上海城池》，清同治十一年刊本。

知府方廉集众筹议，勘定基址，征集捐赋，督工筑城。明人潘恩《筑城记略》载：

> 上海故未有城。嘉靖癸丑，海寇肆虐者数矣。群凶觊觎，攘臂首至，民无固心，受祸尤酷。郡侯方公［即知府方廉——引者注］忧之，曰："斯城不筑，是以民委之盗也。"乃建议城之。公以忠诚之心，集众思之益，酌以义，布以公，发以果。于用，取田赋之禆益者；于工，取佣民之受直者；于费不足，附以钱库之羡者，计日商工劝分，庀役不恣于素。故大功遄举，民罔告劳云。①

上海绅民踊跃捐输，拆屋献地，倾囊助役，竟于两个月中筑成一座周长为9里、高2丈4尺的城垣，辟有陆门6座，即朝宗、跨龙、仪凤、晏海、宝带（小东门）、朝阳门，以及水门3座，"环抱城外，通接潮汐"。万历二十六年（1598年）加高城墙，护以巨石，并增开水门1座。晚清抵抗太平军时，又加开障川门。城垣之建，确立了上海旧城区的基本格局。②

上海开埠后，商业日盛，经济发展突飞猛进。西方列强租界的相关设立和兴盛，对华界影响冲击日大。租界内辟马路大街，筑码头堆栈，建华屋丽宅，兴办洋行、银行、商场店铺，开设各种娱乐场所。时人有诗云："租界鱼鳞历国分，洋房楼阁入氤氲；地皮万丈原无尽，填取申江一片云。"③十里洋场出现于旧城北郊，城市中心由百年老城移转到新兴租界内。清末邑人李钟珏（平书）《廿年一瞥》论上海说：

> 其在通商以前，五百年中如在长夜，事诚无足称道。通商以后，帆樯之密，马车之繁，层楼之高矗，道路之荡平，烟囱之林立，所谓文明景象者上海有之；中外百货之集，物未至而价先争，营业合赀之徒，前者仆而后者继，所谓商战世界者上海有之。然而文明者，租界之外象，内地则闇然也；商战者，西人之胜算，华人则失败也。④

---

① （清）同治《上海县志》卷二《建置上海城池》，清同治十一年刊本。
② 同上。
③ 顾炳权：《上海洋场竹枝词》，上海书店出版社1996年版，第14页。
④ 熊月之主编：《稀见上海史志资料丛书》第3册，上海书店出版社2012年版，第454页。

　　租界洋场的兴旺，对照着上海县城的没落。此时的上海县城垣，城基砖泥堆积，老旧颓坏日甚，城门低隘，车马壅塞，行旅不便。加以租界非法扩张，越界筑路日渐严重。法人即有将上海县治移设闵行镇，拆毁县城，以其地并入法租界，"填沟渠以消疫疠，修道路以利交通"之议。"与其为他人口实，不如先自拆之。"光绪二十六年（1900 年），上海邑绅李平书等人即已有拆城之意念，他们极力主张"拆城垣与筑周围之马路，填城濠设轨道以行汽车，与租界衔接"。① 光绪三十二年（1906 年）二月，地方士绅姚文枬领衔具禀上海道呈请拆城，略云：

　　上海一隅，商务为各埠之冠，而租界日盛，南市日衰。推原其故，租界扼淞沪咽喉，地势宽而展布易；南市则外濒黄浦，内偪城垣，地窄人稠，行栈无从广设。城中空地尚多，而形势梗塞，以至稍挟资本之商，皆舍而弗顾。绅等朝夕筹思，舍自拓商市，无由抵剧烈之竞争；舍亟拆城垣，无由期商业之自立。窃维城垣之设，所以防盗贼而限戎马，表治所而卫仓狱。欧洲古制，亦复相同。近数十年，策军事海防者，多注重炮台而不尚城守。埃及罗马之名城视同古器，柏灵、巴黎之都会即藉市场。参互而观，可为明证。且天津拆城，而商市骤盛；汉口拆城，而铁路交通。是即以中国设城之本意言之，亦正可仍其意而不必泥其法。②

　　姚氏所请，得到上海道台袁树勋的支持。《上海市自治志》公牍甲篇载袁氏《呈请拆上海城垣文》曰：

　　城垣之设，本古人重门击柝御暴之意，原无轻议拆除之理。惟上海为通商总汇，城厢、租界同在此二三十里之中，而租界则商务日盛，地段则日推日广，南市则以城垣阻隔，地窄人稠，无可展布，非唯有碍商务之进步，且益外人以轻视之心。盖所赖于城垣者，无非谓藉此可以保卫人民、衙署、仓库、监狱起见。今租界洋行林立，人民、公署、银库、监狱较华界倍形吃重。彼只倚巡捕、团丁为之戒备，而我顾专恃城垣以为防守，使

---

① 熊月之主编：《稀见上海史志资料丛书》第 3 册，上海书店出版社 2012 年版，第 456—458 页。
② 《上海市自治志》公牍甲篇，1915 刊本，27a。

外人见我并无防御土匪之实力，殊为非计。且沪城本不高厚，砖名无实，徒形其陋而已。况考察租界之所以兴盛，则以有马路交通之故。今我自治之地，仅城厢、南市一隅，马路仅只两条，中间复有城垣间隔，车马既不通行，行旅苦不方便。仕商巨富固无城垣居住者，即在租界觅食小本经纪，亦都不吝租金以寄居于租界之中，以致城内、租界地价房价相去数十百倍。一盛一衰之故，内轻外重之情，其显着逼切若此。若不及时变通，与民更始，日后市情凋敝之象，将更不可胜言。

窃思……拆城筑路，非唯无弊，且有四益：就城基改作马路，东西南北环转流通，外而南市沿浦，内而西门外一带，马路可以联络照应，一也。清理城内河浜，填作马路数条，徐图扩充收效，二也。填河应筑大阴沟，可将城砖代用，有余更可修沿河破岸，三也。房地市价增涨，民情振奋，收捐以办善后，事能持久，四也。目前筹计，已有此四益，日后利赖自更无穷。是拆城筑路一事，即属创举，亦应毅然为之。况天津业有成案，商务兴旺，民情安谧，尤为明证。

但拆城之议在当时却引发一场争议。守旧派反对拆城，以为祖宗之物不可毁，城垣之设可以保全地方，消弭隐患。为此，他们成立"城垣保存会"，呈文督抚请禁拆城。光绪三十四年（1908 年），上海道台蔡乃煌召集拆城、保城两派士绅议决，终以增辟城门、筑造马路的折中方式解决。次年，新辟 3 座城门，并将原有城门 3 处拓高放宽。至此，上海县城共有 10 座城门。唯此时城垣仍为障碍之物：城西、北、东北三面为租界，无以发展；城南和东南通道有限，外依黄浦江，内逼城垣，难以拓展回旋。

1905—1914 年为上海地方自治运动时期，特别是"上海城厢内外总工程局"（1905—1909 年）和"上海城厢内外自治公所"（1909—1911 年）成立的六年中，以李平书、姚文枬等为首的绅商在上海城市建设与地方公务上扮演了重要角色。可以说，这是近代中国地方自治、市政建设、市民社会与城市民主的先驱。拆城工作与上海自治运动关系密切，是当时上海开明士绅的重要主张之一。[①] 辛亥革命后，在上海民政总长李平书及士绅姚

---

① 参见周松青《上海地方自治研究（1905—1927）》，上海社会科学院出版社 2005 年版，第162—174 页。

文枬等的积极推动下，上海市政厅组成"城濠事务所"，筹款集役，于 1912
年初开工拆城，先拆东南两处城基，后沿西北顺城而拆，城濠下埋设瓦筒
作为阴沟，其上修建马路。1913—1914 年，筑路工程完成，取名民国路与
中华路，加上陆续兴建的新马路，将旧城与租界、城外华界紧密联系起来，
融成了近代上海的核心市区。①

二　天津

比起黄河流域各地城邑的悠久历史，古代天津由于远离政治中心，其
城市聚落的出现显然较迟。天津位于海河及大清、子牙、卫河、南北运河
的交汇点及入海口，自来河海要冲地位巩固。东汉末年，曹操曾在此区开
凿河渠，转运军粮。进入唐代此地出现"三会海口"名称，与北平郡相提
并论，显现其重要性。但直到 13 世纪女真人统治时，始有直沽寨出现。从
此，天津逐渐成为北方诸朝国都所在的重要附属城市。没有金、元、明、
清北京的建都，便没有天津的形成与发展；而没有天津的转输、供给与保
障，北京也不能发挥帝国首都的职能。②

元朝于直沽设漕运都指挥使，延祐三年（1316 年）置海津镇。明建文
四年（1404 年），设置天津卫。清康熙元年（1662 年），设户部钞关于卫城
北门外河畔；七年（1668 年），长芦盐政由北京移驻；十六年（1677 年），
盐运使司衙门也由沧州移驻此地。雍正三年（1725 年），改天津卫为州，
隶河间府，旋升直隶州；九年（1731 年），再升直隶州为天津府，另设天
津镇总兵及海防同知，河道总督也由山东济宁州移驻。由此，天津从军事
城邑转变为地方行政中心。

明建文四年置天津卫时，便于次年筑城，是为天津城垣之始。当时在
今南运河与海河之间的小直沽营建卫城，费时 1 年，为土筑。城垣周长 9
里，呈矩形，俗称"算盘城"，辟有 4 门，以河为池。卫城之筑主要是军事
上的考虑，但也具有保护漕运及经济发展的效果。明成祖永乐十九年
（1421 年）正式迁都北京后，天津更成为拱卫都城安全的海上门户。由于

---

① 郑祖安：《百年上海城》，学林出版社 1999 年版，第 5—8 页。
② 罗澍伟主编：《近代天津城市史》，中国社会科学出版社 1993 年版，第 10 页。

天津地势低洼，常有水患，城垣屡遭浸泡冲击，年久失修，多处坍塌，弘治六年（1493年）加以重修，甃以砖石，并筑城楼。重修后的城垣，"平看俯瞰，回出尘垢"，更为壮观。明清战乱之际，天津卫城破坏严重，断壁残垣比比皆是。清初又连续遭受水患，淹及城砖18层，洪水倒灌入城，城内低洼处甚至可以行船。于是，康熙十三年（1674年），天津总兵赵良栋再次重修，近城周围民房尽行拆除，在离城三丈外另筑城垣，加深城濠，并筑石闸引海河绕城四面，改善了城内居民的用水问题。雍正三年（1725年），洪水又淹达城砖十三层。为了防洪抗洪，天津再次重修城垣，主要由盐商安尚义、安岐父子出资捐修，巩固城基，加厚城墙，疏浚城濠。此次重修，工程极浩大，雍正皇帝特将卫城西门赐名为卫安门，或有褒奖安家父子之意。乾隆（1736—1795年）年间，天津曾先后9次修城，唯工程较小，只在城角加筑城楼而已。清以前，天津城内为土路。清初始于城北、东门内外修石板路，乾隆四年（1739年）又修筑北门外及沿海河堤道以抵挡水灾，方便旅行，并渐建设一系列桥梁、渡口。①

在明代，天津的中心商贸区主要在城外沿海河西岸上下延伸。在此区域内，"百货交集，商贾辐辏，骈阗逼侧"，"素封巨室，率萃河干"。而作为统治据点的卫城，除军政衙署外，"屋瓦萧条，或为蒿菜"，城四角尚为水洼。弘治（1488—1505年）年间，城内外有10个市集，其中城内5个集市发展迟缓，城外沿河则集市日旺。虽筑有城垣，却不具城垣城市的封闭性，反而拥有无城垣城市的经济特色。至清乾隆年间，天津城垣可说已沦为象征性的饰物而已。②

清道光二年（1822年），直隶总督为召集团练，在天津城内外修筑18个土堡，设义民局与保甲局，为地方性半官方社会管理系统。第二次鸦片战争后，鉴于旧天津城垣无法保卫城市，僧格林沁奏请在城外增筑濠墙，计划修筑作为城市防卫工程的城外之城，周长36里，距旧城3—6里不等，大致符合当时天津城市的基本范围，但旋即在英法联军逼迫下被废弃。天

---

① 罗澍伟主编：《近代天津城市史》，中国社会科学出版社1993年版，第77—78页；郭蕴静主编：《天津古代城市发展史》，天津古籍出版社1989年版，第83—85页、118—120页。

② 罗澍伟：《一座筑有城垣的无城垣城市——天津城市成长的历史透视》，《城市史研究》1989年第1辑。

津也在 1860 年开放为通商口岸，九国租界区陆续建立。

清代后期，天津几乎完全摆脱旧城的束缚，沿运河、海河自西北向东南发展，整个城市沿河分布，初步形成了条状城市雏形，城居人口、城市小区大致依地域区块分布。根据 1846 年版的《津门保甲图说》，此时天津县人口 442334 人，其中近 57% 的绅衿、近 96% 的盐商、近 80% 的应役、75% 的铺户和 55% 的负贩集中于城内，而铺户和负贩又占县城内户口数的 53%，可谓"逐末者众"。海河干流为城市发展主轴，因此东南地区村镇集中，人烟稠密，人口与户口数仅次于城区（城区人口估计约有 25 万）。开埠后，人口激增：1895 年天津城市人口达 587666 人，1903 年为 326552 人，1906 年为 356503 人（其中租界人口 68053 人），1917 年为 600746 人（其租界人口 119150 人），1936 年达到 1081072 人（其中租界人口 173624 人）。①

1900 年八国联军占领天津时，列强成立"都统衙门"（Tientsin Provisional Government），对天津城和濠墙周围地区行使管辖权，以后更扩大范围至城市安全、市政工程、道路建设、河道疏浚等。"都统衙门"成立后，陆续拆毁城墙，改建环城马路，全长 4.5 公里，宽达 24 米，7 条路线遍及天津旧城区及租界，扩建城内街道，铺设碎石大道，改造租界内外道路，修筑穿越各国租界之中立马路，主持下水道改造工程（用拆下的墙砖建造大型砖砌暗沟，后来天津地方政府也下令将城内四街旧渠改筑砌砖明沟），增建沿河码头，疏浚海河，管理城市卫生。1903 年引进汽车（上海于 1902 年引进），1906 年比商电车电灯公司开设有轨电车。电车、汽车及人力车为市民提供方便交通工具，扩大了市民活动范围，加速了人流、物流节奏，也沟通了新旧市区和租界的联系。根据辛丑和约规定，天津城墙被迫于 1902 年拆除，这使天津名副其实成为一座无城垣的开放城市。这是近代拆城的

---

① 参见罗澍伟主编《近代天津城市史》，中国社会科学出版社 1993 年版，第 99、454—457 页；刘海岩：《空间与社会：近代天津城市的演变》，天津社会科学出版社 2003 年，第 51、103—104 页；陈雍：《明清天津城市结构的初步考察》，《城市史研究》1995 年第 10 辑。

先驱，也成为同时期上海拆城运动的范例。①

三　汉口（武汉）

武汉地区城邑的起源，不是因商业，也不是因统治阶级设立政治中心的需要，而是为了开疆拓土，屏障都城而形成的军事堡垒。最早的盘龙城，距今约 3500 年，在离今武汉市区不远的黄陂县，为长江流域第一座商代古城。东汉末年在汉阳筑却月城，是为武汉市区历史上出现城堡之始。三国时，孙权曾以鄂城为都，在今武昌蛇山依山筑夏口城以拱卫之。唐代扩大夏口城，并改修砖城。明初，江夏侯周德兴再次扩修，建有九道城门。②

隋唐以后，随着商品经济发展，军事性的城堡转化为镇邑，武汉双城阶段（即武昌、汉阳两城镇）逐渐形成。进入明代，江夏县与汉阳县分别是武昌府（省城）及汉阳府的附郭县。到明成化（1465—1487 年）年间，在武昌、汉阳之外，又兴起汉口，呈现三镇新格局。清乾隆《汉阳府志》卷一载，汉口"肇于明中叶，盛于（天）启、正（崇祯）之际"。明初，汉口尚是无人居住之芦苇荒洲，成化年间汉水北移，汉阳一分为二，南岸为汉阳，北岸为汉口。正德元年（1506 年），明政府定汉口、长沙为漕粮交兑口岸（后增设荆州、岳阳），同时淮盐亦以汉口为转运港口，由是汉口经济迅速发展，取代了昔日商务繁荣的汉阳刘家隔。汉口虽兴起较晚，但后来居上，成为漕粮、淮盐、茶叶等主要转运中心，商品流通量巨大，号称"九省通衢"，为天下"四大镇""四大聚"之一。③

---

① 近代天津发展的主要动力是商业，尤其是盐业。以盐商为主的天津城市绅商及精英，在组织商会、水会、团练及其他公益团体、慈善事业，修筑道路城墙工程，捐资办学，从事地方自治运动中扮演不可或缺的角色，对天津"市民社会"的形成功不可没。他们在社会上取得尊贵的威望，但其独立自主性似不能太夸张。他们的角色"渊源于官方的鼓励和保护，以服务广大市民，但其组织并非开放性的"；"他们的活动是增强社会的稳定性，而不是对国家权威构成挑战"。不过，明清以来天津是否存在一个"市民社会"，似值得再讨论。参见关文斌《近代天津盐商与社会》（天津人民出版社 1999 年版），或其英文著作，Kuan Man Bun, *The Salt Merchants of Tianjin: State - Making and Civil Society in Late Imperial China*, Honolulu, 2001。

② 皮明庥主编：《近代武汉城市史》，中国社会科学出版社 1993 年版，第 16—26 页。

③ （清）刘献廷：《广阳杂记》卷四，中华书局 1957 年版。另参见（清）范锴《汉口丛谈》卷二，湖北人民出版社 1999 年版；王葆心《续汉口丛谈》卷一，湖北教育出版社 2002 年版。

在武汉三镇中，武昌为全省政治、文化中心，汉阳为地方行政中心，汉口的行政地位起初相对较低，不能与武昌、汉阳相比。它向来是汉阳县辖地，明中叶始设汉口镇巡检司。清雍正五年（1727 年）分设仁义、礼智两巡检司，并移驻汉阳府同知、通判，其行政地位开始提升。咸丰十一年（1861 年），根据《天津条约》，汉口正式开埠，次年成立江汉关，由移驻汉口的汉黄德分巡道兼理。光绪二十五年（1899 年），汉口专属行政建置夏口厅正式成立，但仍隶属于汉阳府。民国初，改夏口厅为夏口县。1926年设武汉市政委员会，1927 年又成立武汉特别市，后又升为国民政府行政院直辖市。

从汉口的发展过程来看，它是一个很典型的"无城垣城市"。明崇祯八年（1635 年），汉阳通判袁焻在汉口镇北修筑"袁公堤"，以防后湖之水南浸，堤外掘土成深沟，即为玉带河，加以长江、汉水沿江堤防的修筑，汉口渐形成四面设防的市区。从此，北岸水患大减，聚落、商业迅速发展，逐渐超过南岸。清同治初年，汉阳知府钟谦钧为抵制捻军，加强防务，在汉口后湖一带修筑土堡，长 11 里，堡基为木桩，堡垣砌红石，开辟 7 门。这项工程主要由汉口绅商胡兆春、熊建勋、刘璘等集资银 25 万两协助建成。此堡之兴建，抵挡了水患，堡内低洼之地尽填平为民居，而堡内原有袁公堤已失去挡水功能，遂被填平改建街道（今市区长堤街），使市区扩大不少，为汉口沿江发展奠定了基础。①

明代至清中叶，汉口处于木船航行时代，码头和街巷大致沿汉水分布。咸丰十一年开埠之后，汉口进入轮船时代，以长江为主航线，沿江码头仓库林立，形成新的滨江市区。5 个外国租界的相继成立，使汉口东北沿长江以下原来荒芜之狭长地带，逐渐形成一个有规划的现代城市。汉口对外贸易发展，北岸玉带河、后湖一带日渐繁荣。光绪三十一年（1905 年），湖

---

① 关于这项工程，William T. Rowe 在他享誉学界的名著 *Hankow*（1989：288 - 295）中，有较详尽的论述，并特别强调这条长堡对汉口发展的重要意义。但他将"堡"译为"Wall"，称汉口堤堡为"中国最坚实的城垣之一"，声称"此城完全为汉口商业精英领导市民所建"，这显然是误解了防洪用的堤堡与一般城墙的不同意义，也忽略了官方筑堡、筑城的角色。事征之史实及中国城墙都市之传统规制，汉口并未正式筑城。至于他在著作中倡言汉口在 18、19 世纪时已有"市民社会"（civil society）及"公共领域"（public sphere）出现，享有一种早期的"城市自治"云云，则大有商榷余地。参见黄宗智主编《中国研究的范式问题讨论》，社会科学文献出版社 2003 年版。

广总督张之洞在汉口筹建长堤，号为"张公堤"，全长 23.76 公里，高 6米，宽 8 米，耗费银两 80 万，由地方绅商集资协建。堤成后，襄河故道的后湖地区十几万亩低洼之地得以开发，使汉口市区扩大了 7 倍，加上京汉铁路于光绪三十二年（1906 年）通车，城区开发同步进行，同治初年修筑的堤堡已失去防卫及防水功能，乃于光绪三十三年（1907 年）拆除，旧基修建为后湖马路（现为汉口闹市中心中山大道至江汉路段），此为汉口第一条近代马路。由此，汉口从沿河走向沿江发展的近代市街格局大致形成。①

1926 年底，武昌城墙始议拆除。武昌市政厅成立拆城委员会，拟定分期分批拆城，估计全城 3000 余丈，需工费 27 万元，拟招商办理，唯成效不彰，后来地方政府主动办理，武昌市民亦自动拆城，直接原因是北伐期间，军阀军队凭借城墙顽抗，造成重大伤亡。但内在深层原因还是商业发展、市区扩张以及武汉三镇合一的趋势。千年以上的武昌城垣是传统官僚行政统治的标志，对近代工商发展和城市建设形成障碍，也形成三镇互不统属的壁垒，拆城实为大势所趋。②

四　重庆和广州

重庆的历史可以追溯到先秦时期。源于古巴国的国都，已筑有城邑。秦灭巴后，筑城江州，为巴郡首府。三国蜀汉时，都护李严筑江州大城，周 16 里，面积约 2 平方公里。晋、隋、唐三代，于重庆地区设渝州，其政治地位不如益州（成都）。入宋以后，随着商品经济发展，重庆地区的政治地位逐渐提高。北宋时置恭州，南宋淳熙十六年（1189 年）升为重庆府。嘉熙三年（1239 年），守臣彭大雅为抗御南下蒙元军队，重修重庆城，其规模较旧城大两倍。可见，秦至隋唐五代，巴郡城垣以政治、军事机能为主，地位日渐式微。直到宋代由于区域经济发展，州府城工商日渐繁荣，重庆始从政军中心的城邑，渐向以政治、军事、经济、文化为中心的多功能城市发展。③

---

① 皮明麻主编：《近代武汉城市史》，中国社会科学出版社 1993 年版，第 111—113 页。
② 同上书，第 340—341 页。
③ 隗瀛涛主编：《近代重庆城市史》，四川大学出版社 1991 年版，第 56—84 页。

明代置重庆府（巴县为附郭）和重庆卫，在各州县建里甲，在城内立坊厢。明初，指挥戴鼎在原宋城址基上砌筑石城，确立了明清两代重庆城的范围；又置川东兵备道，管辖重庆府、卫各州县及附近土司。清康熙二年（1663 年），总督李国英在重庆补筑城垣，加强城防，另有重庆镇总兵驻防。清代的重庆城，周 12 里，辟有 9 门，其中 6 城门紧临长江，2 门沿嘉陵江，只有通远门与陆地相连。全城以山脊线为界，分为上、下半城，北宽而高，南窄而低。下半城较繁荣，主要商业区沿江延伸，码头多分布于此，区官署行政中心也在此。明清之际长期战乱，四川人口锐减。清初以降，招民开垦，移民大量增加，城市商业日盛，城市社会逐渐形成。清中叶时，城区部分街市已是以工商人口为主。

重庆江北原江州城旧址，到明中叶发展形成江北镇，乾隆十九年（1754 年），移重庆同知驻此，置江北厅，城区始跨嘉陵江两岸，唯迟至清嘉庆年间始筑厅城（土筑）。明清两代城外沿江一带，居民渐突破城墙限制，形成街市，明代设附郭 2 厢，清代为附郭 15 厢，以棚户为主，季节性居民为多数。可以说，嘉庆（1796—1820 年）之后，重庆有两个城区，即巴县与江北厅城。

重庆从城邑到城市的发展过程，主要是"因商而兴"。它的兴起与长江上游的经济整体发展是分不开的，其中宋、明、清代商品经济的活跃更是关键。米、糖、盐、茶及其他农副产品在此集散转输，促使商业繁荣，人口密集，城市功能不断增强。1876 年根据中英《烟台条约》，光绪十九年（1893 年），重庆正式开埠，从此由一个封闭型的区域中心走向开放型的近代城市。1927 年为省直辖重庆市，1929 年改市公所为市政府，1939 年升院辖市，1940 年为陪都。1954 年为四川地级市，1997 年更将重庆升为直辖市。其城市人口，1824 年仅有 6.5 万人，1910 年增至 25 万人，1937 年增至 47 万余人，1945 年更高达百万人以上。①

重庆市区范围基本上是在明清两代的巴县城（即重庆府城）及江北厅城内。1921 年始议开拓市区，但其拆城之起非来自外力压迫（重庆只有日本租界一处，于 1901 年设立，但范围不大，另城西通远门内有各国领事

---

① 隗瀛涛主编：《近代重庆城市史》，四川大学出版社 1991 年版，第 380—402、459—468 页。

区），而是由 1926 年后的四川省省长刘湘、重庆商务督办杨森等"军阀"所发动，主要计划将江北县城发展为新商埠区，以新城区建设为主，旧城改造辅之。为此，成立商端口工程局，向市商会各绅商筹款 20 万元，先后拆除城门瓮城，城内街道改造加宽，明沟暗渠也加以整理，并在城郭外建公路。1926 年，重庆市政公所改为重庆商埠督办公署，1927 年设市政厅，内设工务处专司市政建设。原先计划是要在城内主要街道建马路，但因部分市民反对，原定马路暂缓，乃决定以城外拓展带动城内街巷整理，对城内不修马路的街巷均"拆退台阶，锯短屋檐，改修突出之建筑，取消栅栏，撤宽火墙，拆卸爬壁房屋，修补街面"，共整建 84 条街。至 1927 年，重庆城内已是"全城除僻街委巷碍难整理外，均焕然一新，夷然坦途"。1929年确定市区总体规划，以马路建设为重点，带动新开街道的片区建设，确定三方干线，分别延伸入旧城，以此带动旧城街市改造。至 20 世纪 30 年代中期，城区面积扩大 2 倍，新开市区缓和了狭窄市区与城市发展不协调的矛盾。旧式交通工具滑竿、轿子渐为黄包车、汽车所取代，街面改为覆瓦式，人行道铺石，两侧设下水道，市容大为改观。随着江北、南岸的发展，原为稀疏村落的西部区域逐渐兴起，以拓展城西通远门外原有坟场为新市场区，并建成连接城内与城外新市场区的第一条现代马路。又以磁器口、沙坪坝为中心，形成文化、工业区，北碚则成为新的卫星城。重庆向近代城市迈出重要一步，也为战时首都奠定了良好的条件和基础。①

广州地区在秦汉时曾筑有任嚣城、赵佗城（番禺故城）等古城。北宋时修筑东、西城（即广州旧城），奠定了后世广州城垣的基本格局。明初，永嘉侯朱亮祖扩建旧城，以后再扩至越秀山麓，南临珠江，周 21 里，设门8 座。明中期，又增建新城。清初，建翼城，直到清末。明清两代，广州府城（南海、番禺两县附郭）驻有总督、巡抚、将军、粤海关监督、盐运使等大员。

清光绪十二年（1886 年），粤督张之洞在广州珠江北岸兴建码头堤岸120 丈，始筑马路。宣统初，咨议局绅呈请拆卸各城以便交通，时广州将军兼粤督增祺以为城垣不宜拆毁，罢其议。辛亥革命后，都督胡汉民设工务

---

① 隗瀛涛主编：《近代重庆城市史》，四川大学出版社 1991 年版，第 461—465 页。

司，计划拆城垣改筑新式街道，仍未果。1918 年 10 月，广州设市政公所，置总办、坐办，负责拆城、规划街道。1920 年 9 月，粤军司令兼省长陈炯明首倡地方自治，设广州市政厅。1921 年 2 月，正式成立广州市（这也是中国最早的建制市），孙科为市长，致力于市区马路之拓宽建设，逐渐完成拆城工程。①

五　结语

本文论及的上海、天津、汉口、重庆及广州等城市，先后于 19 世纪后期开放为通商口岸（即条约港口，treaty ports），但在开埠之前数百年，均已发展成为地方贸易与区域经济中心，都具有悠久长远的城市历史（这与后起的大连、青岛、香港大不相同）。以近现代的发展态势看，将之视为通商大埠，实理所当然。如果回归历史，将其纳入"历史名城"之列，均亦当之无愧。

传统时代的城市，主要是行政体系中的一环。各级行政中心，基本上都筑有城垣。一座没有城垣的"城市"，并不具备作为地方统治中心的条件，某种意义上讲也不能算是一座真正的城市。明清以后，虽然兴起不少以经济机能为主的大市镇，但其行政等级并不高——如果它不被升格为县城，就不能也不必筑城，多数只分驻低层佐贰官员及军队而已——即使其经济地位已超越县城、府城。直到清末，上海在行政层级上仍只是县城，天津与重庆是府城，武昌与广州虽是省城，但汉口直到 19 世纪末才取得县级的地位。这些城市逐渐发展繁荣，经济机能日显，城市社会形成，行政管理也日趋繁复。中央政府以派驻高层官员（品级高于知府或知县）的方式来补充调剂、征税弹压，例如道员、同知、盐运使、市舶司、钞关、常关、卫所、总兵之置。开埠之后，更有海关，甚至通商大臣之设。

从城市形成发展来看，城垣之筑是防御保卫之需要，但城垣也确定了初期的城市范围，成为城区与郊野农村地区的界限。为了保境安民，城垣不断重修增补，或原土筑城墙甃以砖石，而市区的不断扩大，也使得各时

---

① 杨万秀主编：《广州简史》，广东人民出版社 1996 年版，第 388—389 页。

期城垣的整修必须相应加大加固。但受制于行政阶层与等级城制，城垣扩筑几乎赶不上市区的发展扩张。上海、天津是其显例，两地的城垣后来均构成障碍，沦为饰物，成为"筑有城垣的无城垣城市"。重庆的双城（巴县与江北厅）在筑城时已大致确定了城区范围（也可能是地形所限），直到20世纪20年代以后才渐向西郊扩张。汉口没有城垣，但地方官以修堡筑堤的方式来捍卫及防洪，并借着这种筑堤拆堤的过程，来不断扩大新市区。

筑城工作通常由地方官主导，各地士绅民众捐输助修。明清以来城市商人在此担负重要角色，上海、汉口、天津都是显例。但是否能由此种城市精英协助筑城的个案中，引申解释为在前近代中国城市自治或市民社会已经浮现，仍有待争论验证。

清末各地的拆城过程情况不一。天津被迫拆城为八国联军后《辛丑条约》规定，亦为城市发展所需，可说无所争议。20世纪20年代重庆拆城由地方军阀主持，具有较妥善的市区改造计划，新旧城区建设同时进行，阻力不大，也未受外力影响。广州的情况也是如此。上海20世纪初的拆城活动主要由邑绅发起，虽然取得地方官员支持，但曾遭到保城派人士的顽强抗拒，初期只能由公论议决采取拆中方式办理，辛亥革命后才顺利完成拆城。这项拆城运动起于地方官绅及市民的自觉，颇能与彼时积极进行中的城市改造工程及新兴的地方自治思潮契合，略备近代社会运动的特质。民族主义、城市民主的诉求，市民自治意识的醒觉，在上海拆城运动酝酿过程中已经较清楚地体现出来。①

---

① 参见李达嘉《上海商人的政治意识和政治参与（1905—1911）》，《"中央研究院"近代史研究所集刊》1993年第22期；周松青《上海地方自治研究（1905—1927）》，上海社会科学院出版社2005年版；方平《晚清上海的公共领域（1895—1911）》，上海人民出版社2007年版；Mark Elvin, "The Administration of Shanghai, 1905 – 1914", in Mark Elvin & G. W. Skinner eds, *The Chinese City Between Two Worlds*, Stanford, 1974, pp. 239—262。

略谈江南文化的海洋特性

陈国灿[*]

近年来，学术界围绕江南文化的讨论相当活跃。人们从各自的角度出发，或就江南文化的历史形态和地域特征进行宏观透视和解读，或就江南文化的有关现象展开具体考察和分析，取得了一系列成果。[①]不过，有一点似未引起学者们的足够重视，那就是江南文化的海洋特性问题。事实上，江南文化虽不是典型的海洋文化，但濒海而起、依海而兴的历史传统，使之呈现出诸多不同内陆文化的文明特质和属性，走了一条颇具特色的发展道路。

一 灵活变通：江南文化的海洋性格

纵观江南文化的历史发展过程，可以看出一个颇为突出的特点，那就是异常灵活的适应性和应变能力。这固然与江南文化求真务实的价值取向有关，但更重要的是其海洋性格的体现。海洋不仅哺育了江南文明的地域体系，也在很大程度上塑造了江南文化的地域性格，使之善于根据环境变化和实际需求，适时调整，灵活应对，从而保持不断发展的活力。

从历史的角度讲，江南文化灵活变通的性格在地域文明的肇始阶段便已有所显现。有关考古发现，江南文化源起于典型的农耕文明。早在史前

---

* 陈国灿，浙江师范大学环东海与边疆研究院教授。

① 这方面的讨论，较系统的有刘士林的《江南文化的诗性阐述》（上海音乐学院出版社2004年版）和《江南文化精神》（上海交通大学出版社2009年版），胡晓明的《文化江南札记》（华东师范大学出版社2007年版），孟庆琳、晓倩、骏灵的《品读江南》（济南出版社2007年版），刘士林、洪亮、姜晓云的《江南文化读本》（辽宁人民出版社2008年版），张中、钱理群、王栋生的《江南读本》（华东师范大学出版社2010年版）等。

时代，江南地区的稻作农业就完成由原始锄耕和耜耕形态到犁耕形态的演进，达到当时历史条件下的较高水平。[①] 但江南文化的兴起，并不是农耕文明的简单发展和延续，而是伴随着对农耕文明的调整和变通。春秋战国之际，吴、越政权相继在江南崛起。面对诸侯纷争强者胜的时代环境，为了增强国势，两国统治者均采取发展农商的经济政策，强调"农伤则草木不辟，末病则货不出"，[②] 从而突破了"以农为本"的农耕意识，开辟了农商互利的新型经济模式。与此同时，作为江南土著的於越人将大量精美的青铜器用于生产和军事领域，而不是像中原地区那样主要充当象征等级和秩序的礼器，则进一步反映出江南文化不拘传统、灵活变通的品质。据不完全统计，从新中国成立到 20 世纪 90 年代中期，在绍兴地区陆续出土的越国青铜品中，只有 7 件属于礼器，而生产工具有耨 3 件，锄 32 件，铲 11 件，镬 9 件，镰 3 件，凿、削、斤、斧等 100 余件，这当中还不包括 1959 年绍兴城东西施山越国遗址所出土的大量青铜工具；兵器类也有 50 多件，其中剑 18 件，矛 20 件，戈 2 件，矢镞 13 件。[③] 正如有学者所指出的：

　　於越人生活的区域在历史时期早期是一片广阔的沿海平原，由于咸潮卤涩，垦殖困难，他们面临着巨大的生存压力。在长期的争生存、求发展的过程中，逐渐形成了於越人富有特色的民族文化。我们注意到这样一个事实：当中原国家大规模铸造精美的青铜礼器时，於越人却将青铜这种珍贵的金属材料主要用于制造工具、农具和兵器，这种选择典型地反映了於越人在文化品格和价值取向上与中原汉人甚至楚人不同的特质，他们把"耕"和"战"视为国家事务的重中之重。如果说越国取得彪炳千秋的业绩的基础是经济繁荣与军事强大的话，那么，在国力强盛的背后支撑着的，则是於越人精勤耕战的文化品格和经济为本的价值取向。[④]

　　相对而言，在与中原文化的交汇和融合过程中，江南文化灵活变通的

①　范毓周：《江南地区的史前农业》，《中国农史》1995 年第 2 期。
②　（汉）袁康、吴平辑录：《越绝书》卷四《计倪内经》，上海古籍出版社 1985 年影印本。
③　方杰主编：《越国文化》，上海社会科学院出版社 1998 年版，第 125、129、132 页。
④　梁晓燕：《从青铜农具兵器看於越人的文化品格》，《东方博物》2004 年第 4 期。

性格有着更为充分的体现。从全国范围来看，中原华夏文化曾长期处于主导地位，并以强势的姿态不断将周边文化纳入自身体系之中。秦汉以降江南地区由所谓"化外"蛮夷之域到"化内"文明之邦的转变，实质就是融入以中原为核心的大一统文明体系。表面上看，从西汉中期司马迁笔下"地广人稀""呰窳偷生"的地域景象，到六朝时期"忠臣继踵，孝子连间，下及贤女，靡不育焉"①的社会风尚，江南地区不仅完全被中原文化同化了，而且在北方持续战乱和动荡的环境下，一度成为中原文化的活动中心。但实际上，江南文化不是被动地接受中原文化，而是自主灵活地应对中原文化的冲击。一方面，在主动积极地吸收中原文化的基础上，进行地域文化的自我调整和重构，故其向"化内"的转变较其他中原周边区域显得更为快速，也更为平和；另一方面，根据自身特点和需要，不断改造有着鲜明内陆文明特征的中原文化。于是，原本以清谈和浮虚为特点的玄学走向平实，逐渐与儒、佛融为一体；因烦琐、迷信和脱离实际而入消沉的经学转向简约和务实，由此获得新的发展活力；门阀士族制度虽形式上仍得以延续，其强调门第等级的核心价值观却在走向解体，南朝历代皇帝无一不出身庶族，便是对士庶有别观念的一种颠覆。可以说，通过对自身文明传统的"扬弃"和对中原文化的"异化"，江南文化在成功摆脱与华夏"正统"相对应的蛮夷"异端"角色的同时，又在大一统文化体系中确立起一种与众不同的"另类"形态。这种"另类"倾向，随着江南社会的持续发展而不断强化，最终导致中原地区主导大一统文化的格局走向解体。

公元8世纪前期宏伟壮观的"盛唐气象"，展示了处于鼎盛状态的中原文化的自信与浪漫，也预示着中原文化即将面临由其内陆农耕文明本质所决定的发展"瓶颈"。相对而言，江南文化灵活变通的性格使之不仅继续保持进一步发展的活力，而且实现了向主流文化的全面飞跃。

两宋时期全国经济和文化重心南移过程的完成，既是中国传统文明地域发展格局的一种重大调整，更是由江南地区所引领的一场社会变革。有学者认为，宋代中国社会的变革，"是由农村时代向城市时代推进的社会构造的变化和由宗教时代向学问时代演变的文化形态的变化"。②说此期中国

① （晋）陈寿：《三国志》卷五七《虞翻传》裴注引《会稽典录》，中华书局2000年版。
② ［日］佐竹靖彦：《宋代时代史基本问题总论》，《宋史研究通讯》1997年第2期。

社会开始由农耕文明时代转向城市文明时代，似值得商榷，但以江南地区为代表的城市文明的转型，确是此期社会变革的一个突出表现。它直接带来两方面的后果：一是商品经济的兴盛，突破了中原文化主导下的传统农耕经济模式；二是"雅俗共体"的市民文艺的活跃，改变了传统文化"雅""俗"分离的二元结构。① 不仅如此，江南地区在全国经济和文化领域引导地位的确立，也引发中国文化整体性格的相应变化。对此，有学者有一番总结的论述，其略云：

> 我国古代经济重心在 11 世纪后半叶完成其南移过程，此点意义十分重大。因为这从根本上改变了战国秦汉以来我国经济一直以黄河流域为重心的经济格局；同时经济重心区域由于向东南方向移动，而更加靠近拥有优良海港的沿海地区，为封闭型的自然经济向开放型的商品经济过渡提供了某种历史机遇。②

从更为广阔的时空范围来看，在专制统治日益僵化的明清两代，江南地区继续保持经济发达、文化昌盛的局面；晚清以降，面对西方文化的大举冲击，江南地区又率先走上近代化的道路；改革开放以来，江南地区在现代化进程中依然走在全国前列。所有这些，都充分体现了江南文化异常灵活的海洋特性，显示出其对不同时代环境和外来挑战的极强适应能力。

二 开放包容：江南文化的海洋心态

整体而言，海洋文明往往较内陆文明更具开放性，对其他文化也有着更大的包容性。在这种海洋特性的影响下，江南文化在漫长的历史发展和演变过程中始终能够保持自主开放、兼容并包的地域心态。

不可否认，作为典型内陆文明形态的中原文化也曾表现出开放包容的特性。如果说汉唐时期大一统文化的形成与兴盛，很大程度上得益于中原

---

① 陈国灿：《传统的颠覆：宋代江南市民文化的"雅"与"俗"》，《中国社会科学报》2010 年 4 月 22 日。

② 葛金芳：《中国经济通史》第五卷，湖南人民出版社 2003 年版，第 838—839 页。

文化对域内周边文化开放包容，那么"丝绸之路"的兴起，则反映了中原文化对域外文化的开放与包容。但中原文化的开放包容是以强烈的"夷夏观"为基础的，是以"天下正统"自居的华夏在充满自信的情况下，对"旁枝末叶"的蛮夷的一种宽容、恩赐和接纳。因此，随着发展活力的逐渐消退，进而丧失原有的优势地位，中原文化便由开放转向封闭，由包容转向排斥。

江南文化则不同。作为一种由华夏文明体系之外的海隅蛮夷发展起来的地域文化，其内在意识更多地注重不同文明之间的平等地位，而不是严格的尊卑贵贱之分，文化交流既不是一方以强势压制和同化另一方，也不是构建上下有别的等级秩序，而是彼此自主地开展双向互动。由此出发，江南社会以积极主动的态度来应对中原文化的强势扩散，通过对中原文化的自主开放和吸收、调整，而不被中原文化同化的方式，在继续保持自身地域文化个性的同时，成功地实现了由"化外"到"化内"的转变。也正因为如此，历史上江南地区一直走在全国对外开放的最前列，其中最典型的是宋代和近代两个时期。

两宋时期江南地区的对外开放，首先表现为沿海口岸体系的形成和腹地空间的拓展。虽然江南地区的对外交流口岸在宋代以前就已存在，但数量很少，彼此孤立，而且受到政府的严格控制。入宋以后，江南沿海的对外口岸大幅增加，除了杭州（临安）、明州（庆元）、温州、台州、镇江（润州）、江阴、华亭等诸多口岸城市，又有青龙、澉浦、章安、上海、江下、黄姚、顾迳、双滨、王家桥、南大场、三槎浦、沙泾、沙头、掘浦、萧迳、新塘、薛港、陶港、江湾等一批口岸市镇，由此形成了主导性口岸、辅助性口岸、补充性口岸等多个层次。与之相联系，对外开放的地域空间也由沿海向区域内地扩展，甚至在一定程度将广大的长江中上游地区带入开放活动之中。其次是开放领域和范围的扩大。一方面，海外贸易迅猛发展。有学者估计，整个东南沿海地区，"北宋中期每年的进出口总额为1666.6万缗，北宋后期每年进出口总额为2333.4万缗，南宋绍兴晚期每年的进出口总额为3777.8万缗"。① "海外贸易的繁荣渐渐改变了中国人对外

---

① 熊燕军：《宋代东南沿海地区外向型经济成分增长的程度估测及其历史命运》，《韩山师范学院学报》2007年第1期。

部世界的看法，原先偏远无名的东部和南部沿海地区渐渐成为中外贸易和文化交流的重要地区"，"这样，中国人的内陆民族性格就渐渐获得某些海洋民族的特征。"① 另一方面，文化领域的对外开放也达到前所未有的水平，中外人员往来频繁，彼此交流领域涉及宗教、教育、哲学、文学、音乐、舞蹈、书画、科技等方面。其开放的对象，除了高丽、日本等东亚国家，还包括东南亚、南亚、西亚乃至东非地区。据有关学者的统计，有宋一代，与江南有直接或间接贸易关系和文化往来的国家和地区，在今东亚和东南亚范围的有 37 个，在今印度及孟加拉湾沿岸的有 26 个，在今红海周围及东非沿海的有 15 个。② 特别需要指出的是，此期江南地区的对外开放主要是由民间力量主导的。规模庞大的海商群体不仅是中外经济交流的主力军，在推动文化开放和政治交往方面也发挥了重要的作用。据朝鲜文献《高丽史》记载，从高丽显宗三年（宋真宗大中祥符五年，1012 年）到高丽忠烈王四年（宋帝赵昺祥兴元年，1278 年），先后赴高丽贸易的宋商有 130 批次，其中确知人数的 87 批次，合计达 4955 人。③ 这当中，有相当部分便属于江南海商。如高丽显宗九年（宋真宗天禧二年，1018 年）四月，有江南人王肃子等 24 人；高丽显宗二十二年（宋仁宗天圣九年，1031 年）六月，有台州人陈惟志等 64 人；高丽靖宗四年（宋仁宗宝元元年，1038 年）八月，有明州人陈亮、台州人陈维绩等 147 人；高丽文宗三年（宋仁宗皇祐元年，1049 元）八月，有台州人徐赞等 71 人。另据有关学者考证，北宋时期，赴日本的宋商船队可以判明的也有 70 多批次。④ 如果考虑到江南海商成员几乎衍括了不同的社会阶层，则不难看出，开放实是整个地域社会的基本心态。与此同时，又有大批海外人员涌入江南，或经商，或留学，或传教，或游历，有的短暂停留，有的长期定居，不再回国。南宋学者周密说："今回回皆以中原为家，江南尤多，宜乎不复回首故国也。"⑤ 这里所说的"回回"，是指来自阿拉伯地区的穆斯林。他们为江南发达的经济和富有

---

① ［美］费正清：《中国：传统与变迁》，世界知识出版社 2000 年版，第 153—154 页。
② 黄纯艳：《宋代海外贸易》，社会科学文献出版社 2003 年版，第 31—33 页。
③ 杨渭生：《宋丽关系史研究》，杭州大学出版社 1997 年版，第 269—279 页。
④ 王勇、郭方平等：《南宋临安对外交流》，杭州出版社 2008 年版，第 108 页。
⑤ （宋）周密：《癸辛杂识》续集卷上《回回沙碛》，清文渊阁《四库全书》本。

包容性的社会环境所吸引，纷纷前来定居和生活。临安清波门外的聚景园原本是皇家苑囿，到南宋末年已成为穆斯林的公共墓地。对此，当地官府和民众并未做出激烈的反应，而是采取了默认的态度，坦然处之。显然，宋代江南地区对外开放局面的形成，固然与赵宋政府"守内虚化"的统治政策和相对较为宽松的统治方式有关，但更主要的是江南社会开放包容的文化心态在新的历史环境下的具体体现。

晚清以降，面对西方文化的强势冲击和挑战，中国社会表现出多种不同的应对态度：第一种是坚守固有的文化传统，盲目排外；第二种是极力推崇西方文化，主张"全盘西化"；第三种是自主开放，积极应对，以兼容并包的方式实现中西文化的有效整合。由上海引领的江南社会无疑是秉持第三种应对态度的典范。从中外合璧、艺术交融的建筑文化，到本地沪剧、越剧与国剧京戏和西方话剧、芭蕾舞等百花争艳的舞台文化；从有着浓烈乡土气息的古典吹奏与来自欧美交响乐、铜管乐、管弦乐等交相辉映的音乐艺术，到传统水墨艺术与西洋油画相结合的"海上画派"；从传统酒楼茶馆与西餐馆、咖啡厅并存的饮食文化，到中西交融的社会礼仪、服饰风尚、婚丧形态，诸如此类，不一而举。这些以上海为代表的"海派文化"风格，充分地反映了近代江南文化"灵活开放、汇纳百川、兼容并蓄"的特征，不仅成功地实现了与西方文化的有效整合，而且进一步走出国门，开始全面融入世界文化体系之中。

三 开拓创新：江南文化的海洋精神

从某种意义上讲，灵活的性格和开放的心态更多地属于江南文化的外部特征。如果我们对江南文化作进一步的历史考察和分析，可以发现隐藏在这些特征背后更深层次的因素，那就是"勇于开拓，善于创新"的海洋精神。

正如前文所指出的，江南文化虽源于农耕文明，但又突破了传统农耕文明的一般模式。如果说春秋中后期崛兴于江南的吴、越政权基于王室衰微、诸侯纷争的现实，因地制宜，开拓了农商互利的经济发展道路，由此成功地实现国势的快速提升，加入到大国争霸的行列，那么唐宋之际江南经济的飞跃和变革，某种意义上讲，属于新的历史环境下，充分利用地理条件的优势，实现陆海经济共同发展的结果。一方面，依托肥沃的水乡平原和便捷的水路交通，形成发达的农耕经济和活跃的商品市场，推动农商之间由简单的互利关系上升到产业互动的层次。南宋前期颇为活跃的浙东事功学派积极倡导"农商一事"的思想，强调"商藉农而立，农赖商而行"。① 这与其说是江南部分社会精英对长期以来历代中原政权顽固坚守"农本商末"观念的一种反动，不如说是他们对当时江南社会经济现状的理论反思和总结。另一方面，借助地处沿海的自然条件，积极开发海洋经济，开拓海外市场。在出口方面，除了丝绸、瓷器等传统手工业产品，还包括金银饰品、铜铁器具、钱币之类的金属制品，漆器、草席之类的日用品，纸、墨、笔之类文化用品，玩具、伞、扇之类的工艺品，粮食、盐、茶叶、酒之类的食用和饮用品等。宋宁宗嘉定十年（1217 年）三月，有臣僚上言谈到江南沿海粮食走私情况时说："沿海州县，如华亭、海盐、青龙、顾迳与江阴、镇江、通、泰等处，奸民豪户广收米斛，贩入诸蕃，每一海舟所容不下一二千斛，或南或北，利获数倍。"② 粮食输出是宋政府一再严令禁止的，但在高额利润的驱动下，商贩们仍私下大量贩运海外。在进口方面，由原来主要局限于香料、珍珠、象牙等高档消费品，扩大到药材、矿产、手工制品、加工食品等诸多普通物品。修撰于南宋中期的《宝庆四明志》详细记录了当时经由庆元府（今浙江宁波市）输入的细色（高档）和粗色（普通）货物品种，其中来自高丽的分别有 6 种和 34 种，来自日本的分别有 7 种和 6 种，来自占城等东南亚地区的分别有 17 种和 61 种，来自其他海外地区的分别有 48 种和 22 种。可以说，对外贸易已成为地域经济不可忽视的重要组成部分，甚至决定了部分沿海州县社会的兴衰。南宋前期，位于长江口南岸的常州江阴县呈现出空前的繁荣，就是基于活跃的海外贸易。民国《江阴续志》卷二一引建炎二年（1128 年）《复江阴军牒》云："本县为临江海，商旅般贩浩大，所收税钱过迭常州之数。"同样，曾是"富商巨

---

① （宋）陈亮：《陈亮集》（增订本）卷一二《四弊》，中华书局1987年版，第140页。
② （清）徐松辑：《宋会要辑稿》食货三八之四三，中华书局1997年版。

贾、豪宗右族之所"① 的华亭县青龙镇，到南宋后期已是一片萧瑟，也是因为江河淤塞，海舶渐稀所致。正是随着越来越多的生产和消费活动与海外市场发生联系，江南经济在一定程度上呈现出朝外向型方向发展的趋势。

从都市文明发展演变的角度，可以进一步认识江南文化开拓创新的精神。历史上，我国传统都市形态最初是在中原地区的主导下发展起来的，其突出特点是强烈的依附性。由于各级城市大多是以政治和军事据点为依托形成的，其首要功能是充当不同层次统治中心的角色，由此沦为专制政权强化社会控制的一种工具。与此同时，高度发达的自然经济和根深蒂固的小农意识极大地限制了城市发展空间，使之处于农耕文明的附属状态。在大一统的国家体制下，江南地区的都市文明在一段时期也基本遵循了这种"标准"模式。不过，江南社会深层蕴藏的"异端"意识，决定了其都市文明发展不可能始终走一条"中规中矩"的道路。早在六朝时期，江南城市开始崛兴，便已呈现出与中原城市有所不同的发展趋向。"川泽沃衍，有海陆之饶，珍异所聚，故商贾并凑"；"小人率多商贩，君子资于官禄，市廛列肆埒于二京。"② 透过当时中原文献对江南城市发展状况的这些描述，可以看出其商业化的社会特征已初露端倪。在此基础上，晚唐以降，江南地区便承担起城市变革引领者的角色。唐宋之际城市形态的转变，其外在表现是以政治控制为目的的传统坊市制全面解体，城市经济、社会和文化功能显著增强，实质是伴随着市民阶层的发展壮大，城市开始真正形成自身的文明体系。就城市社会而言，各种行业组织的大量出现，是市民群体意识觉醒的反映，表明市民阶层越来越多地以自主的方式处理社会关系，从而呈现出市民社会的某些特征；就城市经济而言，商业、服务业、手工业、文化业、娱乐业等经济活动的空前兴盛和产业化趋向，意味着市民经济逐渐成为社会经济体系相对独立的组成部分，由此确立起有别于农耕经济的物质文明形态；就城市文化而言，市民文艺的活跃，不仅打破了传统文化"雅""俗"对立的二元结构，而且推动文化重心的进一步下移，走向大众化、世俗化和商业化；就城市观念而言，市民意识不再局限于重商

---

① （元）徐硕：《至元嘉禾志》卷一九，陈林《隆平寺经藏记》，《宋元方志丛刊》本，中华书局1990年影印本。

② （唐）魏徵等：《隋书》卷三一《地理志下》，中华书局2000年版。

逐利的价值观，也蕴含了平等自主的社会观、追求富裕的人生观和自由开放的生活观。但江南都市文明的变革并不只限于城市的转型，还表现为作为新兴都市形态的市镇在广大农村的广泛兴起和发展。尤其是到明清时期，江南地区的市镇，无论是数量之多、规模之大、空间分布之密集，还是工商业经济发展水平之高、专业化分工之精细、市场体系之发达，抑或文化之发达、教育之发达、社会生活之丰富多彩，都非同期全国其他地区所能比拟，基本完成了由乡村工商业集聚地到新型经济都市的转变。① 从表面上看，市镇的兴起和发展，是城市活动突破城墙的限制向乡村扩展的结果，但实际上更多地属于乡村文明自身内在变革的产物。由于江南乡村经济从来就不是标准的以小农家庭为单元的自给自足形态，也没有根深蒂固的小农意识，因而能在社会变革的历史进程中独领风骚，走上自主的乡村城市化道路。及至近代，江南地区都市文明的变革依然走在全国各地的最前列。上海迅速崛起，一跃成为远东首屈一指的现代国际大都市，便是其中的典范。

显然，有人将江南社会开拓创新的传统精神归结为实用主义的价值观，视之为"实用至上"的投机意识，甚至将其与缺乏目标的盲动和不顾一切的蛮干等同起来，这无疑是一种片面的认识和庸俗的解释。江南文化的开拓创新精神是一种理性的现实主义，是重视从实际出发，审时度势，因时而异，顺势而变，不断进取的价值取向的内化。

---

① 有关明清时期江南发展及其城市化状况，参阅拙著《中国古代江南城市化研究》，人民出版社2010年版，第236—270页。

漳州沿海福佬地区与山区客家地区
"谢安信仰"的比较

张晓松　毛　丽*

迄今为止，闽台地区专门探讨闽南"谢安信仰"的论著几无，更无将客家及福佬"谢安信仰"进行比较的，只有一些论著在探讨"王爷信仰"时涉及一些"谢安信仰"的相关内容。本文试就漳州沿海福佬地区与山区客家地区的"谢安信仰"做一番专题考察和比较分析。

一　漳州"谢安信仰"源起于沿海福佬地区

关于漳州沿海地区的"谢安信仰"，长期以来被人们广泛引用的是《漳浦县志》的记载："谢东山庙，浦乡在处皆有之，相传陈将军自光州携香火来浦，五十八姓同崇奉焉。"据此，人们多认同谢安香火是由陈元光从北方传入的。《漳州府志》更是明确判定："谢广惠王即晋谢安石也，陈将军元光奉其香火入闽启漳，漳人因而祀之。"《平和县志》亦有类似说法："邑人多祀广惠谢王，其源起于陈将军。"后两种说法估计都是参照了《漳浦县志》的记载，因为谢安"广惠圣王"之称号应为唐以后所封。而《漳浦县志》所言的"陈将军"应为归德将军陈政，因为唐总章二年（669年）陈政率部入闽，陈元光随之。然而，陈元光出生于唐显庆二年（657年），随父入闽时才12岁，所以《漳州府志》说"陈将军元光奉其香火入闽启漳"是不正确的，今人认为谢安香火是陈元光由北方传入亦是以讹传讹了。

《漳浦县志》所谓"浦乡在处皆有之……五十八姓同崇奉焉"云云，

---

* 张晓松，闽南师范大学教授；毛丽，闽南师范大学研究生。

显然是把谢安当成家乡神、保护神来崇祀了。至于陈政为何携谢安香火南下，不仅因为陈政和谢安是河南老乡，而且也同样都是远离家乡到南方定居，最后在南方建立奇勋。陈政觉得自己的经历与谢安相似，也希望能像谢安那样建功立业，更相信谢安会保佑他们，所以特地带上了谢安的香火。

漳州目前所知供奉谢安宫庙年代最早的有两座，即山区的南靖船场新溪尾寺和沿海的龙海颜厝的古县大庙。

南靖船场的新溪尾寺，据称是唐上元二年（676 年）由陈元光的部属将谢安的香火带到那里的，此时距陈政 669 年入闽才 7 年，可能性不大，只能存疑。该庙称原址在庵坑山麓，建于武则天天册万岁元年（695 年），后因山洪暴发，庙宇被冲塌，迁至新溪尾石洞内。至明天启二年（1622 年），始在洞外建庙，延续至今。现庙内存有铜香炉一只，香炉底铸"大唐真定年制"字样。查唐并无"真定"年号，历史上亦无哪个朝代用"真定"作年号，所以该香炉并不能作为该寺是建于唐代的凭证。

比较可靠的是龙海颜厝的古县大庙，又称谢太傅庙、广应圣王庙、积苍庙等。该庙历史悠久，最早为南朝梁时设龙溪县的县衙所在。清康熙《龙溪县志》载："梁为南安郡地。大同六年（540 年），九龙戏于江，乃建龙溪为属邑。"唐垂拱二年（686 年）设置漳州后，仍为龙溪县衙。唐贞元二年（786 年），漳州州治从漳浦迁龙溪，县随州移，龙溪县衙也随之迁走，空出的县衙被当地人改作了供奉谢安的庙宇。故该庙迄今仍保留有七级台阶，且庙门也保留了"凹"字形的衙门形式。古县大庙应是目前所知比较可靠的、漳州最早供奉谢安的庙宇，迄今已有 1218 年历史了。

二 "谢安信仰"与"王爷信仰"的关系

"谢安信仰"与"王爷信仰"有何关系？"谢安信仰"是否属于"王爷信仰"？这些问题在大陆不是问题。大陆学者基本都把"谢安信仰"与"王爷信仰"区分开，认为"王爷信仰"基本是"瘟神信仰"。林国平《闽台民间信仰源流》称："闽南地区的瘟神称之为'王爷'，人数远不止 5 位，多达 360 位", 这其中并不包括"谢安信仰"。① 郑镛在《闽南民间诸神探寻》一书中更明确说: "闽南民间崇拜的神祇中数量最多、最为普通的是 '王公'与'王爷'。王公大凡是指历史上的忠义贤孝人物神化者, 如开漳圣王陈元光、广惠圣王谢东山、广泽尊王郭忠福等, 而王爷则指瘟神。……'公'与'爷'一字之差, 却神属不一, 来历各异, 不可不明辨之。"② 段凌平《漳台民间信仰》亦称: "'王爷'本来认为是瘟神, 是漳台最流行的民间信仰之一。"③ 所以大陆学者都是把谢安列入"忠义贤孝之神""先贤先圣"或地方保护神之类, 而与"王爷信仰"不挨边。

但在台湾, 谢安却被列为王爷之一, "谢安信仰"也成为"王爷信仰"之一种。较早提出这一观点的是台湾学者刘枝万, 他在 1983 年发表的《台湾之瘟神信仰》一文中提出了瘟神信仰有六个阶段的演变: 先是死于瘟疫之厉鬼, 再成取缔疫鬼、除暴安良之瘟神, 再演变为海神, 再为医神, 再演变为保境安民之神, 最后成为万能之神。他认为谢安和三山国王、大德星君、中坛元帅、广泽尊王、有应公等等皆可归入王爷之列。④ 另一台湾学者林美容亦同意刘枝万的观点, 她在《高雄县王爷庙分析》一文中将台湾的王爷信仰概述为以下诸说: (一) 瘟神说; (二) 厉鬼说; (三) 功列英灵说; (四) 郑国姓说; (五) 演变说; (六) 角头说; (七) 庄头说; (八) 区域说。并说有些比较有疑义的, 则采纳居民之认定, 如果居民视其属王爷类, 或称其为王爷, 则纳之。如林园乡王公广应庙主祀谢府王公, 即晋朝谢安, 其生日居民称王爷公生日。而且这也不是高雄县的孤例, 台南地方也有称谢安为王爷的情形发生。⑤ "谢安信仰"之所以在台湾会被纳入"王爷信仰"之中, 是因为"王爷信仰"传入台湾后发生了演变, 其范围扩大了许多, 如刘枝万最后把它扩大到万能之神, 林美容亦扩大到功烈英灵等。康无惟在《屏东县东港镇的迎王祭典——台湾瘟神与王爷信仰之分析》一文中也作如是说: "王爷不是单一的神明, 还包括不同性质的神

---

① 林国平:《闽台民间信仰源流》, 人民出版社 2013 年版, 第 93 页。
② 郑镛:《闽南民间诸神探寻》, 河南人民出版社 2009 年版, 第 266 页。
③ 段凌平:《漳台民间信仰》, 厦门大学出版社 2011 年版, 第 307 页。
④ 刘枝万:《台湾之瘟神信仰》,《台湾民间信仰文集》, (台) 联经出版社 1983 年版。
⑤ 林美容:《高雄县王爷庙分析》, (台)"中央研究院"《民族学研究所集刊》, 第 88 期。

明。一般认为，成为'王爷'的神明都是瘟神；其实，还要包括自然神明、地方守护神、不详身世的厉鬼或疫鬼，以及一些历史人物等。"① 正如大陆学者郭志超所言："王爷信仰是中国瘟神信仰在闽台产生的地方性变异。"②

其实，"王爷信仰"在大陆也由原来的瘟神崇拜发生了演变，虽然从现在送王船（火烧王船）仪式仍可看出瘟神崇拜的影子，但后来逐渐演变为正神崇拜。闽南民间相传：一则，元末元顺帝时，顺帝令新进的 36 名进士戏谑张天师，结果全部被雷击而死。天师悯其无辜，请天帝追封为代天巡狩王爷。这个传说已有向正神演变的趋向了。二则，王爷之一的池王爷，本名池然，为明万历进士，在调任漳州道台赴任途中，在同安与一差官模样人相遇，投机相交，差官告之他奉玉帝旨意要到漳州播撒瘟疫，池然为保护漳州生民，取瘟药自食身亡。人们感其舍身为民的精神，尊为王爷祀之。亦有说池王爷为唐初开封人，任太守，在任时，有瘟疫神化为士人与之结交，一日告之玉皇要其撒播瘟疫，池惧，骗其瘟疫药自吞之而死，死后百姓建庙奉祀。另有丁王爷，也是遇瘟神来撒播毒药而夺之自食，身死成神。在这里，王爷崇拜已转为正神崇拜了，但仍与瘟神有关。此后，又有为民献身的抗倭英雄、勤王为民的官员等都被闽南民间奉为王爷。显然，在大陆王爷崇拜已完全转为正神崇拜了，只是崇拜的神类还没像台湾那样扩大到那么广的范围而已。

三　沿海福佬与山区客家"谢安信仰"的现状及比较

据不完全统计，目前漳州地区奉祀"王公""元帅""广惠圣王"等的宫庙计 154 座（见表 1），而比较确切奉祀"元帅""谢府元帅""广惠圣王"的庙宇有 61 座，占 40%。说其"不完全统计"，是因笔者所知的就有一些奉祀谢安的宫庙未被统计进去，而"王公"中有一部分亦是供奉谢安的，称"元帅"的多为供奉谢玄、谢石的，亦可算谢安信仰范围。由此可知，漳州地区属"谢安信仰"的宫庙至少在 100 座左右。

---

① 郑志明编：《宗教与文化》，（台）学生书局1990年版，第297页。
② 郭志超：《闽台王爷信仰与郑成功的关系》，《泉州民间信仰》第13期。

表1 漳州地区奉祀"王公"（包括谢安、谢玄等）宫庙统计

序号	场所名称	供奉主神	始建时间	建筑面积（M²）	管理组织	详细地址
芗城区（12 处）						
1	弥勒坑正顺庙	广惠圣王	明朝	80	庵庙管理	金湖村弥勒坑
2	顶田下正顺庙	王公	清朝	320	管委会	青年亭 1 号
3	王爷庙	王公	元朝	125	宫庙管委会	古塘村
4	丰乐庙	王公	解放前	50	老人协会	丰乐村
5	埔仔下庙	王公	解放前	50	老人协会	丰乐村
6	紫云庵	王公	解放前	46	老人协会	岱山村下岱山
7	济林庵	王公	解放前	42	老人协会	岱山村竹林社
8	护国庙	王公等	清朝	190	老人协会	福林村边
9	永和宫	王公二王	明朝	660	老人协会	蔡前村
10	通远庙	谢安元帅	明朝	300	通远庙理会	龙眼营 14 号
11	诗浦正顺庙	谢府王爷	后晋	358	管委会	诗浦社区
12	岳口德进庙	谢府元帅	宋朝	340	管委会	丹霞星城 B 区 1 幢前
龙文区（2 处）						
1	坑尾广惠圣王庙	广惠圣王	解放前	140	老人会	龙文区蓝田镇梧桥村坑尾社
2	嘉应庙	谢府元帅	解放前	220	老人协会	龙文区朝阳镇登科村内林街
龙海市（27）						
1	名地庵	王公	1923 年	400	理事会	九湖镇庵兜村
2	王公庙	王公	明代	200	理事会	程溪镇塔潭村顶楼
3	王公庵	王公	明朝	200	理事会	程溪镇塔潭村下楼
4	正顺庙	王公	解放前	200	老协	田边村南山
5	广应庙	王公	明朝	150	理事会	上洋村
6	田中祖庙	王公	1949 年	100	理事会	长边村
7	沐恩庵	王公	解放前	100	老协	文苑村洪厝
8	恒山庵	王公妈、元帅爷	明朝	400	理事会	九湖镇恒春村
9	上坪庵	王公爷	清朝	200	理事会	程溪镇上坪村

续表

序号	场所名称	供奉主神	始建时间	建筑面积（M²）	管理组织	详细地址
龙海市（27）						
10	王公庙	王公元帅	解放前	150	老协	北溪头村陈店
11	正顺庙	王妈	解放前	120	老协	田边村塘内
12	元帅庙	王孙元帅	民国前	120	老协	霞兴村下州社
13	南波宫	谢府元帅	解放前	400	老协	榜山镇许厝村
14	元帅庙	谢府元帅	明朝中期	180	理事会	登地村
15	正顺祠	谢府元帅	解放前	140	轮流	芦洲村云梯社
16	元帅庙	谢府元帅	解放前	120	轮流	平宁村严溪村
17	景阳宫	谢府元帅	古庙	100	老协	海平村
18	积苍庙	谢圣王	563 年	350	理事会	古县
19	翼晋宫	谢元帅	明朝	120	轮流	榜山镇平宁村
20	莲堂庙	广惠圣王	1665 年	800	理事会	南边村
21	碧霞宫	广惠圣王	乾隆	520	理事会	楼埭村树兜社
22	天惠宫	广惠圣王	明朝	400	理事会	河福村
23	昭庆宫	广惠圣王、蔡妈	解放前	240	轮流	园仔头社福浒
24	元帅爷公	元师公	1925 年修	133	理事会	紫泥镇巽玉村
25	科山家庙	元帅爷	解放前	400	老协	榜山镇柯坑村
26	崇德宫	元帅爷	明朝	250	轮流	港尾镇省山村
27	溪尾庵	元帅爷	解放前	100	理事会	上洋村
漳浦县（61 处）						
1	王公庙	王公	解放前	11	理事会	绥安镇中心旧市场
2	庵前王公庙	王公	1983 年	13	理事会	盘陀镇割埔村庵前自然村
3	王公庙	王公	1986 年	15	理事会	湖西乡后溪村
4	王公庙	王公	解放前	15	理事会	绥安镇南门王顶
5	西庙	王公	解放前	15	理事会	南浦乡大坪村
6	王公庙	王公	解放前	15	理事会	大南坂下楼队部
7	王公庙	王公	解放前	15	理事会	大南坂下楼楼内
8	海口王公庙	王公	清朝	16	理事会	前亭镇江口村

续表

序号	场所名称	供奉主神	始建时间	建筑面积（M²）	管理组织	详细地址
			漳浦县（61处）			
9	王公庙	王公	1994年前	20	理事会	霞美镇溪仔寨内自然村
10	岑后王公庙	王公	1994年前	20	理事会	霞美镇山岭岑后自然村
11	田墘王公庙	王公	1994年前	20	理事会	霞美镇溪仔前山社内
12	王公庙	王公	1994年前	20	理事会	霞美镇五社西崎头
13	王公庙	王公	1994年前	20	理事会	霞美镇五社香山
14	王公庙	王公	解放前	20	理事会	绥安镇半径社
15	王公庙	王公	解放前	20	理事会	赤湖镇山油村岩兜社
16	王公庙	王公	清朝	20	理事会	深土镇埭头寸
17	西井王公庙	王公	100多年前	26	理事会	前亭镇江口西井
18	王公庙	王公	解放前	26	理事会	绥安镇千秋楼北
19	社庙	王公	1992年	28	理事会	前亭镇桥仔头村后亭
20	王公庙	王公	1985年	30	理事会	湖西乡城内村
21	王公庙	王公	1983年	30	理事会	杜浔镇徐坎村雉川社
22	下厝庙	王公	1984年修	30	理事会	杜浔镇过洋村下厝自然村
23	梁山王公庙	王公	解放前	30	理事会	绥安镇圣仔头社
24	王公庙	王公	清朝	30	理事会	深土镇锦江村
25	割后村陈井王公庙	王公	清朝末	30	理事会	长桥镇割后村陈井自然村
26	王公庙	王公	1994年前	35	理事会	霞美镇五社下周
27	王公庙	王公	解放前	35	理事会	绥安镇飞星社
28	王公庙	王公	解放前	35	理事会	旧镇镇后垅石牛尾
29	王公庙	王公	1980年	50	理事会	旧镇镇梅宅公路边
30	王公庙	王公	历史悠久	60	理事会	杜浔镇徐坎村负佳川村
31	王公庙	王公	历史悠久	60	理事会	杜浔镇徐坎村雉川自然村
32	广惠尊王庙	王公	2000年维修	70	理事会	六鳌镇新厝村顶社
33	吉林圣王庙	王公	1994年前	100	理事会	古雷镇油沃村师堂顶
34	王公庙	王公	解放前	120	理事会	旧镇镇上蔡下蔡村
35	王公庙	王公	解放前	130	理事会	旧镇镇苑上下示路边
36	圣堂宫（庙）	王公	解放前	150	理事会	绥安镇绥东溪仔林

续表

序号	场所名称	供奉主神	始建时间	建筑面积（M²）	管理组织	详细地址
漳浦县（61处）						
37	王公庙	王公	明朝	150	理事会	旧镇镇秦溪村社内
38	黄仓庙	王公	清朝、1998年维修	150	理事会	绥安镇黄仓村
39	古田王公庙	王公	1997年建	160	理事会	旧镇镇山仔村
40	割后村割后尾寺堂	王公	清朝	180	理事会	长桥镇割后村割后尾
41	王公庙	王公	解放前	220	理事会	杜浔镇林苍大松脚
42	王公庙	王公	历史遗留	250	理事会	绥安镇鹿溪村上角
43	王公庙、元帅庙	王公、元帅	1944年	25	理事会	杜浔镇林前村林口社
44	圣王庙	广惠尊王	解放前	15	理事会	赤土乡西林乾祖厝边
45	圣王庙	广惠尊王	解放前	40	理事会	赤土乡城埔
46	圣王庙	广惠尊王	解放前	40	理事会	赤土乡水磨寨仔社内
47	圣王庙	广惠尊王	解放前	100	理事会	赤土乡社里祖厝附近
48	慈云宫	广平尊王	历史悠久	20	理事会	杜浔镇过洋村
49	元帅爷庙	元帅爷	解放前	18	理事会	赤土乡古陂作业区部边
50	白灰元帅爷坛	元帅王公	1978年	30	理事会	杜浔镇近城白灰自然村
51	铁府元帅	元帅公	1994年前	24	理事会	古雷社西林村崎厝社
52	元帅爷公庙	元帅公	1994年前	20	理事会	霞美镇溪仔前山社内
53	元帅庙	元帅公	1990年	30	理事会	杜浔镇院边村下黄社
54	元帅庙	元帅公	1993年	30	理事会	杜浔镇院边村过田社
55	元帅爷公庙	元帅公	1994年前	20	理事会	霞美镇溪仔前山社内
56	元帅庙	元帅公	1990年	30	理事会	杜浔镇院边村下黄社
57	元帅庙	元帅公	1993年	30	理事会	杜浔镇院边村过田社
58	元帅公庙	元帅	1994年前	180	理事会	古雷镇岱仔自然村中
59	元帅爷庙	谢府元帅	1982年	12	理事会	佛昙镇花林
60	元帅爷庙	谢府元帅	1992年	14	理事会	佛昙镇下坑村
61	后雄王公庙	谢惠王（谢安）	解放前	50	理事会	赤湖镇南蜂村后雄社

续表

序号	场所名称	供奉主神	始建时间	建筑面积 （M²）	管理组织	详细地址
云霄县（4处）						
1	元帅爷庙	元帅爷	解放前	150		东厦镇浯田村
2	元帅爷庙	元帅爷	清朝	80	管委会	下河乡世坂村
3	元帅爷庙	元帅爷	清朝	40		莆美镇前涂村
4	元帅爷庙	元帅爷	解放前	30		下河乡孙坑村
诏安县（8处）						
1	灵慧大庙	王公	约400年前	480	老人会	深桥镇仕江村
2	三王公庙	王公	明代	50	老人会	深桥镇深桥村埔仔前
3	大庙	王公	1973年	40	老人会	桥东镇林中村
4	王公庙	王公，王妈	1403年	150	老人会	白洋乡上蕴村
5	凤寨庙	王公妈	1987年9月建	150	老人会	深桥镇凤寮村
6	大庙	大使公	清朝	320	老人会	山东德州林头村
7	大庙	大使公	明朝	300	老人会	四都镇西桥村
8	黄厝地头庙	大使公	宋末	60	老人会	梅州梅山村黄厝
南靖县（12处）						
1	山城下潘庵	王公				山城镇下潘村下潘社
2	靖城园中央庵	王公				靖城镇下割村
3	靖城廊前庵	王公				靖城镇廊前村
4	龙山平安堂	王公				龙山镇竹溪村
5	龙山南冲庙	王公				龙山镇双明村
6	书洋华愕宫	王公				书洋镇奎坑村
7	梅林王公庙	王公				梅林镇璞山村
8	靖城石壁庙	王公王妈				靖城镇珩坑村
9	靖城观音山庙	王公王妈				靖城镇阡桥村
10	靖城古湖庵	元师爷				靖城镇古湖村
11	靖城寨内庵	元师爷				靖城镇大房村
12	靖城东洋庵	元师爷				靖城镇大房村

续表

序号	场所名称	供奉主神	始建时间	建筑面积（M²）	管理组织	详细地址
平和县（20 处）						
1	崇福堂	王公	1789 年	2500		平和县九峰镇复兴村
2	王公庙	王公	原始	128	管委会	小溪坑里村
3	朱安宫	王公	1938 年	82	管委会	小溪高南村
4	下庵庙	王公	清朝	60		芦溪镇漳汀坎脚
5	王公庙	王公	1990 年	46	管委会	文美村下学
6	王公庙	王公	原始	23		三坑村
7	广积庙	王公	1918 年	20		际头林
平和县（20 处）						
8	王公庵	王公	1942 年	15	管委会	黄井村上蜂
9	三五公庙	王公	1865 年	15		前岭北坑
10	长利庙	王公	原始	15		金兴村长利组
11	清水庵	王公王妈	清朝	62		积垒村
12	郭坑庵	王公王妈	1982 年	60		三五村
13	镇南宫	王公爷	1876 年	46		高南村
14	王供庵	王爷宫	1992 年	26		大溪宇盆村
15	少庆堂	王爷元帅	1992 年	100		隆庆村村边
16	元帅庙	元帅	原始	70		五寨新塘
17	元帅庙	元帅	1982 年	39		芦溪镇东槐松仔
18	元帅庙	元帅	1876 年	20		前岭村岭头
19	元帅庙	元帅	1826 年	15		前岭山兜
20	佛祖庙	元帅观音	1673 年	236	管委会	五寨优美村
长泰县（8 处）						
1	兴隆宫	王公	清朝	100	老协会	古农农场共同作区兴加山
2	东鸣宫（人行庵）	王公	明朝	40	群众轮流	岩溪镇顶山村
3	永安宫	王公	清朝	18	管理小组	岩溪镇圭后村高美

续表

序号	场所名称	供奉主神	始建时间	建筑面积（M²）	管理组织	详细地址
4	双凤宫	王公		16	群众轮流	枋洋镇石横村后料
5	清帝庵（水兴宫）	王公、王妈	清朝	242	群众轮流	岩溪镇石铭村白庄
6	镇山宫	王公、王婆	清朝	80	群众轮流	兴泰工业区十里村3组
7	龙日宫	王公、王婆	1876年	12	村民小组	枋洋镇江都村龙林
8	西口宫	元帅公	明朝	80	管理小组	武安镇城关村

关于"王公"信仰，有人认为，"王公大凡是指历史上的忠义贤孝人物神化者，如开漳圣王陈元光、广应圣王谢东山、广泽尊王郭忠福等"。① 也有人认为，"'王公'是一个村庄或一个地区的保护神。这些'王公'都是历史上对社会有贡献的人物被神化，或有的是道教的神灵被崇奉"，如广平尊王、广惠尊王、开漳圣王、广泽尊王、玉圣尊王、罗林尊王、梁山王、三山国王等。② 这里对"王公"的定义有二：一是"王公"应是正神崇拜，是历史上对社会有贡献的忠义贤孝人物的神化者；二是"王公"应为历来都被封为"王"者，或有"王"的称号者。据林祥瑞统计，漳浦县称"王公庙"而奉祀谢安的有七八座。但在民间，称"元帅"庙的不一定供奉的就是谢安，甚至称"谢元帅"庙的亦是奉祀谢玄的。就表1所列情况来看，漳州地区奉祀谢安的宫庙大约在60座，当然，准确翔实的数字还需进一步的田野调查来核实。

总体而言，福佬地区奉祀谢安的宫庙数量远远超过客家地区，而且客家地区奉祀谢安的宫庙仅在客福交叉地区如九峰、长乐等地才有，纯客家地区几乎没有发现有主祀谢安的宫庙，可见《漳浦县志》《漳州府志》等

① 郑镛：《闽南民间诸神探寻》，河南人民出版社2009年版，第266页。
② 林祥瑞：《漳浦的"王公"信仰》，见《漳浦文史资料》1—25辑合订本（1981—2006）下册，漳浦县政协编，2007年。

载谢安香火是由"陈将军"即陈政集团带来是正确的,它最早应是只在福佬地区流行,后来才传到福佬交叉的客家地区。

现将福佬地区与客家地区奉祀谢安的宫庙各取四座为代表,将其始建年代及沿革、配祀神灵、建筑、仪式及活动(包括乩童情况)、故事传说等各项内容列表如下(见表2)。福佬的四个宫庙由芗城、龙文、龙海三个地区选取,客家则是选取了福客交叉地区的平和九峰、长乐两乡镇的宫庙,选取的宫庙应都能比较典型地代表福客地区的谢安信仰状况。

表2 客家与福佬谢安宫庙状况比较一览

有关状况	福佬地区				客家地区			
	翰林嘉应庙(龙文朝阳登科)	顶田霞正顺庙(芗城城巷口)	古县大庙(龙海颜厝)	诗浦正顺庙(芗城区新桥诗浦村)	崇福堂(平和九峰)	福庆堂(平和长乐联胜)	普济堂(平和九峰太极)	永隆庙(平和九峰苏洋)
始建年代及沿革	始建于清康熙年间,"文革"后重修	据传始建于南宋末年,清道光十五年、光绪八年、民国三年重修	据传始于唐贞元年间,清雍正、嘉庆、道光、咸丰、宣统和民国时期均有修葺	始建明代	始建于元末、明洪武四年扩建、清康熙四十年重修	始建于明洪武十八年,清朝咸丰辛酉年和民国壬申至甲申年间的两次大修缮	始建于明初洪武年间,清道光十三年、民国十六年曾经修葺一新,废于"文化大革命"期间,2009年再度重修	始建于元元顺帝至元六年,明洪武二十一年扩建。明景泰四年永隆庙迁建现址。清同治三年庙宇烧损,同治五年重修。"文化大革命"毁损,1983年后多次修缮和扩建

续表

有关状况	福佬地区				客家地区			
	翰林嘉应庙（龙文朝阳登科）	顶田霞正顺庙（芗城巷口）	古县大庙（龙海颜厝）	诗浦正顺庙（芗城区新桥诗浦村）	崇福堂（平和九峰）	福庆堂（平和长乐联胜）	普济堂（平和九峰太极）	永隆庙（平和九峰苏洋）
配祀神灵	大妈、二妈、谢玄、土地公、伽蓝王	大妈、二妈、谢玄、谢石、应雪夫人、妈祖、水仙王、八王爷、关圣帝君、平安君赵子龙、元天上帝（正顺庙称为"元天上帝"）、虎将爷、哪吒、法主公、玉皇大帝、三界公、兄弟尚书（俗称大使公、二使公）、伽蓝大王、开山太保、土地神	谢石、谢道韫、大妈、二妈	两个夫人，谢玄，天上圣母、玄天上帝、太保公和福德正神	内宫第一夫人、第二夫人、哪吒、吴真人、十八罗汉、五显帝、保人大夫、地头爷、天上李老君、闾君天子帝、蛇王神仙、五谷主、三界爷、弥勒佛、释迦牟尼、观音等	内宫二夫人、释迦牟尼、大弥勒佛、观音及文武侍者、阎罗王、唐三藏、地藏王、太上老君、蛇王神仙、千里眼、杨祝智、五显帝、顺风耳、五谷帝、关帝爷、十八罗汉、婆姐神、伯公伯婆、	王姆、王孙、三祖、弥勒佛、文殊童子、金元宝童子、观音大娘、二娘、三娘、唐三藏、五显帝、张世杰、文天祥、三太子、神农、土地公、注生娘娘、注死娘娘、周仓、关公、关平、张飞、四月八爷	大妈、谢玄、哼哈二将、弥勒佛、阿兰、迦叶、城隍、金吒、木吒、哪吒、保生大帝、阎君、三平祖师、张天师、五谷神、十八罗汉

续表

有关状况	福佬地区				客家地区			
	翰林嘉应庙（龙文朝阳登科）	顶田霞正顺庙（芗城巷口）	古县大庙（龙海颜厝）	诗浦正顺庙（芗城区新桥诗浦村）	崇福堂（平和九峰）	福庆堂（平和长乐联胜）	普济堂（平和九峰太极）	永隆庙（平和九峰苏洋）
仪式及活动（乩童情况）	1. 嘉应庙庆：农历十二月十二日 2. 神明全体出巡：春节期间，有时两年一次、有时三年一次（原有乩童，解放后失传了）	1. 社庆：每年十月初十，有时会有踩炭火仪式 2. 谢安诞辰：每年农历十二月二十七 3. 哪吒鼓	1. 谢安诞辰：每年农历十二月二十七 2. 诸神出巡：农历正月初四至初七	1. 正月初九拜天公，诸神出巡。 2. 五月初五，谢玄寿辰 3. 十一月二十七日谢安寿辰 4. 玄天上帝、妈祖、土地公等寿辰	1. 王公诞辰：农历三月二十八 2. 王公出巡：农历正月初四（乩童一名，九峰福田村人，常驻庙里）	1. 王公诞辰：农历三月二十八 2. 普渡：农历七月十六至二十 3. 王公出巡：正月初三至正月十三，每三年出巡一次（乩童两名，本地人，需致电才来）	1. 王公出巡：正月二十（乩童一名，本地人，需致电才来）	1. 王公诞辰：农历三月二十八 2. 王公出巡：农历正月初五至十二 3. 普渡：农历七月十二（乩童一名，本地人，需致电才来）
传说故事		谢玄玩泥巴	小虾米炒蒜叶		1. 木建庵 2. 不吃鸡的由来	1. 治病救人，献木建庵 2. 雷劈柳树精 3. 陈氏为何称尊王为"姑丈公" 4. 鸡不作为王公之牺礼之第二种说法		

分析表 2 所列内容可以看出：

第一，从始建年代看，福佬的四座宫庙分别为唐、南宋末、明及清初，而客家的则相对较集中，均建于元末或明初，这与历史沿革有关。福佬地区是闽南谢安信仰的发源地，所以其宫庙始建的时间不一，早的很早，晚的亦晚。平和原属南靖，南靖于元后期英宗至治二年（1322 年）置县。可以想见，置县后人口聚集，交流扩大，福佬的民间信仰也随之传入，所以宫庙始建的时间相对集中。

第二，从配祀的神灵看，民间信仰的宫庙一般供奉的神灵都比较繁杂，但作为闽南谢安信仰的发源地，谢安宫庙配祀的神灵相对要少些，不会太繁杂。像翰林嘉应庙及古县大庙还是很纯的，翰林嘉应庙仅配祀谢安夫人大妈、二妈、谢玄及土地公、伽蓝，而土地公、伽蓝闽南民间信仰宫庙几乎都有配祀，土地公作为一方地主、伽蓝则据说扮演宫庙总管的角色。古县大庙仅配祀谢石（谢安弟）、谢玄（谢安侄）、谢道韫（谢安侄女）及大妈、二妈，均为谢安一家人。诗浦正顺庙仅配祀两个夫人，谢玄，天上圣母、玄天上帝、太保公和福德正神，其中天上圣母、玄天上帝是寄放于此的。顶田霞正顺庙最杂，配祀神达 23 个，但谢安一家及土地、伽蓝占了 7 个，而禹王、妈祖及八王爷则属寄放（原庙已毁）。相比之下，客家地区的宫庙则繁杂得多，少的有 32 尊，多的达 45 尊，而且客家的宫庙基本都有供如来、观音、弥勒佛、阎罗君及十八罗汉等佛寺诸神，这说明客家地区的谢安信仰宫庙的职能更广泛，功能更多。

第三，从仪式活动看，福佬地区的宫庙仪式相对简单些，主要就是做戏和出巡，有的庙还是两年或三年出巡一次。顶田霞正顺庙因为祀神较杂，所以仪式相对多些，比如有踏火仪式、哪吒鼓表演等。客家地区的则要复杂、隆重得多，一般都有请道士做法事，出巡的规模也更大、更隆重，还有"王公走轿"等各式各样丰富多彩的活动。

无论福佬或客家地区，凡谢安诞辰日都要举行盛大的庆祝活动。有意思的是，在我们的调查中，发现各地宫庙关于谢安诞辰的日子说法不一。据我们目前的资料统计，关于谢安的诞辰日至少有五种说法（见表3）。在福佬地区的谢安宫庙，谢安的诞辰都在年底，而客家地区的则都在年初。从传播的情况看，应以福佬地区的时间较为可靠。

表3 不同宫庙谢安诞辰日

宫庙	谢安诞辰日
南靖船场新溪尾寺	十一月二十六
芗城龙眼营通元庙	
漳浦乌石谢东山庙	
龙海东园南边村蓬堂庙	
芗城巷口顶田霞正顺庙	十二月二十七
龙海颜厝古县大庙	
平和九峰崇福堂	三月二十八
平和长乐联胜村福庆堂	
龙文蓝田梧桥坑尾广惠圣王庙	十一月二十七
芗城区新桥诗浦村正顺庙	
平和九峰苏洋永隆庙	二月二十八

值得注意的是，在福佬地区的谢安宫庙，我们没有发现有乩童的现象，仅龙文朝阳嘉应庙称解放前有乩童，解放后失传了。而客家的四座谢安宫庙，每一座都有自己的专职乩童。而乩童作为谢王公在现实世界中的化身，其神通广大，几乎无所不能，既使宫庙的香火兴旺，又使其信仰影响日隆，远近闻名。作为客家地区谢安信仰的一个重要特色，乩童现象十分引人注目。其实在我们的田野调查中了解到，漳州原来不少宫庙是有乩童的，但在解放后基本都失传了。平和九峰、长乐地区的乩童现象应该是同其地处偏僻山区有关，所以这一历来被视为"封建迷信"的现象才得以保存下来。

乩童在谢安宫庙中扮演了什么角色？又起了什么作用？下面我们以九峰崇福堂的乩童为例说明之。

崇福堂的乩童，名曾坤生，男，现年57岁，九峰福田村人，文盲，会说客家话及少许闽南话和几句普通话。23岁始做乩童，做乩童前为理发学徒，现有一子一女及一孙子。我们曾目睹了他神灵附体的全过程：先是在谢安神像前插香，然后趴在神像前的桌上，似入定朝拜状，约5—10分钟后突然跳起（神灵附体了），大力拍打桌子，双眼紧闭，口中发出意义不明的"嗒""扑哧"等声音，以解答来问事之人的疑难。乩童旁有一配合之人，一边解释乩童话语的意思，一边给乩童递法器（令旗、宝剑、毛笔、印章等），不时还喂乩童喝口水。乩童则接过旗、剑挥舞、毛笔画符、印盖章，前后持续了20—30分钟，来问事的人达四五十人。求拜者所求之事甚广，有求医看病的，求出门、行车安全的，做生意求财的，求学业的，求子的，婚嫁问吉利的等。求拜者以九峰本地人为多，也有附近村镇及县城、漳州市区、诏安、厦门及广东，偶尔也有四川、北京、台湾来的。这个乩童是可以走动的，不时会被请到外地问事，可请到厦门，甚至安徽、北京、四川、辽宁等地，只要随身带上令旗、宝剑等物即可，至时只要点香，王公就可以附身了。

按我们的观察，觉得那个配合、解释之人更重要。那是个本地老者，约60岁，高中文化，已与乩童曾坤生合作了十多年。因为来者各地都有，而且还有求医问药的，所以他会普通话、客家话、闽南话、潮州话，还略懂医药知识（他要根据乩童不明意义的"嗒""扑哧"等语开出简单的中药方）。比起乩童来，可算是博学多才了。我们与之访谈，他说自己这个角色不是谁都可以扮演的，要长期培训，跟随他多年，且需有一定的资质。此前他带过一个徒弟，带了几年觉得不行就辞退了。①

乩童曾坤生神灵附体结束后，我们与他进行了访谈。问他是如何被选中当乩童的？他说庙里的王公神像在"文化大革命"中被毁了，"文化大革命"后约1979年时，本地信众欲重塑王公塑像，但却不知王公的相貌、身长。此时正在干活的曾坤生突然失去意识，似乎有人在推他一样，一路从福田村跑到崇福堂，原来是王公选中了他，通过附身曾坤生，告知信众王公的相貌、身长。从此以后，曾坤生便作为王公选中的乩童，在庙里服务了。我们问他王公是如何附体上身的？上身后会有意识吗？他说，趴在桌上入定时，会突然像有道光投到身上一样，王公就附体。王公上身后，虽然自己是闭着眼睛的，但却好像有一面镜子一样，问事人的相貌、个人状态等都被王公了解得很清楚，但醒来后自己却没什么记忆了。

求乩童问事是有条件的。第一，每月逢农历三、六、九休息，不问事，其他时间一般是上午问事，下午有时也会来。平均每天有四五十人。其次，家中有白事的要过21天后才能来问事。我们观看的那一天，有一信众问事

---

① 需要说明的是，除了崇福堂外，福庆堂、普济堂、永隆庙的乩童都不需要翻译，且都说普通话。

被乩童拒绝，说家里有白事尚未过 21 天。第二，进过坐月子人房间的也不能来问事。第三，乩童本人家有白事的话，也要过 21 天才能被神灵上身。我们观看的那次，一信众告诉我们，曾坤生父亲刚过世几天，没满 21 天，所以他昨天过来问事，王公一直不肯附体，后经十几个信众一起跪拜求告，半个多小时后王公才附体。

有意思的是，作为王公的乩童，曾坤生本人并不是个王公虔诚的信徒，因当地王公香火兴旺，他也只是随大溜来祭拜一下王公。即使是被王公选为乩童后，他也只是和本地人一样，逢年过节来祭拜一下。

第四，从故事传说看，福佬地区谢安宫庙的故事传说较少，且都是比较"正面"的。顶田霞正顺庙的谢玄会跑出来和附近的小孩一起玩泥巴，这和南靖山城武庙传说周仓会跑出来与小孩一起玩耍的故事一样，增加了神灵的可爱与亲和力。古县大庙的谢安则视众生平等，不嫌弃穷人的一碗小虾米炒蒜叶，这个传说也提高了神灵的可信度和威信。而客家地区谢安宫庙的传说不仅多、内容丰富多彩，而且"正面""负面"都有，"负面"的还不少。"正面"的有宣扬其神通广大，治病救人、为民除害、涨水运木等。"负面"的则有好色，帮人找回了一头牛，居然要人家的一个大闺女做夫人；强取，竟然运用法力强行向商人化缘木材；法力有限，堂堂王公居然打不过一个白蛇精。其实这些传说故事虽然听起来似乎是"负面"的，但仔细一琢磨，它使得神灵更世俗化、更人性化。神也是人嘛，也有七情六欲，也有不足之处，反而更贴近百姓，更可亲可爱。从上述故事传说中的"蛇精""树精""化木建庵"等元素，也可反映出客家地区（山区）的特色。因客家人生存的环境，衍化出这些传说，既是他们对神灵职能的扩展，也反映出他们内心的祈盼。

总的来看，因为我们选取的客家地区都是福佬与客家交界的地方，相对封闭落后一些。所以从谢安信仰来看，虽然庙里供奉的神灵貌似繁杂些，其实从根本上反显得"纯"些、"诚"些；而福佬地区作为谢安信仰的最早的传入地和闽南地区的起源地，由于地处沿海地区，商品经济发达，社会发展进程更快，其信仰反显"淡"些、"简"些。具体表现在以下几个方面：

第一，娱神仪式。王公寿诞的庆典和王公出巡是客、福地区都要进行的仪式，但比较而言，客家地区的仪式要隆重得多。如九峰崇福堂的王公寿诞的庆典，年年必庆，由庙理事会和各分会主事共同主办，邀请道士做醮三日，请剧团演戏三台，寿礼在大殿举行单堂祭，醮堂设在庵大门前的广场，演戏于庵右侧的戏台。仪式分为发表（迎神）、祭祀和送神三个程序。每一个程序的举行，由 10 个以上的道士和 18 个理事会、分会主事（下称执事者）主持。执事者人人身着长衫礼服，头戴礼帽，站立在道士后面，分两排横队，严肃而恭敬地进行三跪九叩首。

在出巡仪式上，福佬地区很少专门的王公出巡，大多是庙里的诸神一起出巡；而客家地区都是王公专门出巡，且极其隆重。如崇福堂每年农历正月初四准备，初五出巡，至十一日。初四选定吉时，王公、王尊等金身下殿。殿中置面盆，盆中放着一条新毛巾和清净的泉水，一尊一套进行沐浴。浴后，更换新龙袍、新帽、新腰巾。此时关上堂门，严防近期参加过白事、入过月内间（坐月子）和刚吃过狗、牛肉等人进庙。出庙时鸣钟鼓，应届庙宇理事、各分会主事，身着礼服，分别护卫在神像两边，手掌握着轿杆，神采奕奕，行三进三退，急速出庙。庙外迎接的信士，均是年轻力壮的男子汉，即刻迎上扛轿，振臂擎举，高迎金身出巡。当庙内钟鼓敲响时，庙外铳炮齐鸣，锣鼓喧天。出巡所经的四个乡镇、几十个村庄分设为六个分会（清嘉庆以前设 12 个分会），从初五到初十，王公依次到各会各村庄巡视一日，道士、戏班随同。分会理事、民众中的信男代表，人人身穿长衫马褂，手捧长香，顶礼膜拜，并组彩旗队、锣鼓队、舞龙队、八音阵、铳队等，轰轰烈烈地护驾迎驾王公。在各村庄伯公前，摆上神桌，乡民备办水果、红粿、糕饼、糖果等供品，鸣放鞭炮，接迎王公等尊神驾到，以求村里平安。至正月十一日，庙宇理事会、各分会主事，组织旗、鼓、铳队于础溪，迎接王公尊神到各会村庄巡视圆满回归。当日，还在庵对面，隔碧溪的河畔上九和亭两侧举办"到坪"（现称物资交流大会）。王公神像回庵时，还要举行"王公走轿"活动，彩旗招展，锣鼓喧天中，侍立在庵前一群群朝气蓬勃的青年小伙子，个个身强力壮，腰系红布巾，按顺序分成组次，待王公等神像一到广场，一哄而上，紧接轿杆，双臂擎起，绕圈使劲跑。周边助威的观众，高声喝彩，赛铳队更是忙个不停。小伙子们短时间内互为交换，高抬神像越跑越快，穿梭如箭，尊神犹如骑上骏马，在疆场奔腾。"王公走轿"这活动达两个多小时之久。完毕，与出庙礼节相同，庙里的首事、理事会成员，手握轿杆，在广场上三进三退，急速入庙。

第二，乩童现象。乩童是王公在现实世界的具体体现，是王公在人间的化身和代言人。乩童现象的存在与消失，与地理环境、社会变迁及信众的信仰需求等一系列的因素有关。在我们的调查中，福佬地区供奉谢安的宫庙已不存在乩童现象（当然供奉其他神灵的宫庙亦无乩童），而客家地区的谢安宫庙都有乩童，有些宫庙甚至不止一个，说明两个地区在地理环境、社会变迁及信众的信仰需求等方面都存在明显的差异。

第三，寄神现象。所谓"寄神"，即是别处庙里的神灵因庙宇拆迁或被毁坏，神像无处安置，暂时或长期地寄放于此。这种现象在福佬地区比较常见，但在客家地区则鲜见。如顶田霞正顺庙的妈祖和大禹，妈祖原在下田霞妈祖庙、大禹在禹王庙，因妈祖庙和禹王庙因为拆迁已经不在了，所以都被寄到正顺庙供奉。正顺庙内供奉的八王爷，也是原庙不在了，被寄于此的。诗浦正顺庙的妈祖和玄天上帝，原在永安宫和未安宫，因永安宫和未安宫现已不存在了，所以被寄到诗浦正顺庙供奉。说起来妈祖和玄天上帝还都是比较大的神灵，但因各种原因，人们已无意再为之重建宫庙，这在一定程度上正反映了福佬地区信仰上的"淡"与"简"。

海外华人社会发展及其对华关系演变

——马来西亚美里市个案研究

黄晓坚[*]

美里市是马来西亚砂拉越州美里省省会，是一座以华人为主体的新兴城市，邻近文莱国。美里也是马来西亚最早的石油生产地，石油开采业是其早期的主要经济支柱。其后期的经济发展，则着重于土产、木材业、油棕种植业、造船业以及旅游业。

* 黄晓坚，韩山师范学院教授。

美里在2005年5月20日升格为旅游城市，成为马来西亚第十个城市，更是唯一一个不是州首府的城市。该市有人口30余万，其中30%—40%是华族，还有依班族、马来族等其他众多民族。华族之中，以福州人、客家人等族群势力较大，广府人、漳泉人、潮州人、海南人和莆仙人也有一定数量。美里华人社会经济活跃，社团组织健全，华文教育和传统文化保留得比较好，是开展海外华人社区研究的理想对象。不过，与马来西亚其他地区甚至砂拉越州的其他城市如古晋、诗巫相比较，该市华人历史既不够悠久，亦未曾经历过重大历史事件，因之除本地个别学者如田英成（田农）[1]、徐元福、蔡宗祥[2]等对砂拉越兼及美里华社史料和历史有所撰述外，长期以来并未受到海外华人研究学者的较多关注。[3] 尤其是中国大陆学者，对于东马、砂拉越既鲜有研究，更遑论美里了，显然，这与该市在砂拉越和马来西亚的影响力相比，并不相称。有鉴于此，笔者及课题组针对美里市华人社区进行口述历史访谈及研究，想必稍具弥补之功与创新意义。

一　调研缘起与实施

为便于深入研究当代东南亚华侨华人的历史、现状和未来走向，并对东南亚华侨华人与中国在经济、政治、教育、文化上的互动关系有更加全面、系统的直观认识，自2011年下半年起，笔者将近年华侨华人研究工作的重点确定为两个基本方向：一是潮汕侨乡研究，从田野考察起步；二是海外华人研究，由口述历史做起。这样设计的目的，是期望将华侨华人研究对象放在海内外的特定时空框架内进行双向、全面的观察，以期更加客观地把握华侨华人社会的发展趋势及与中国侨乡的联系脉络。据此，笔者

---

①　田英成博士已出版的相关研究著作有《砂拉越华族社会结构形态》（1977年初版，1991年再版）、《砂拉越华族史论集》（1986年）、《森林里的斗争——砂拉越共产组织研究》（1990年）、《砂拉越华族研究论文集》（1992年，与饶尚东合编）、《砂华文学史初稿》（1994年）、《砂拉越华人社会的变迁》（1999年）、《田农文史论集》（2004年）等。

②　徐元福、蔡宗祥：《美里省社会发展史料集》，美里笔会，1997年。

③　关于砂拉越华人的研究，著名学者有饶尚东、田英成、刘子政、黄建淳等。以往学者的研究方向主要集中于古晋及客家人（刘伯奎）、诗巫及福州人、广东人（黄世广、蔡增聪、朱敏华），兼及国际共运（蔡存堆）、华文教育（黄招发）等。

及课题组成员陆续在中国粤东侨乡和东南亚华人社会选点进行侨情研究，美里华人口述史即是此一系列研究的重要组成部分。当然，选定美里作为海外华人口述历史研究的起点，也是因为受到美里房屋发展集团拿督刘绍慧先生及其属下刘欣怡女士的盛情邀约和鼎力支持，他们为调研组无偿提供了从食宿、交通到联络等诸多便利。而在调研计划的实施过程中，调研组与华社各属公会领袖、文教机构精英们均能通力合作，他们不仅乐于腾出宝贵时间亲自接受访谈，而且毫无保留地为调研工作提供了必要协助。

2011年9—10月，笔者和陈俊华教授、陈海忠博士、杨姝硕士三位同事首赴美里市进行为期20天的田野考察。在拿督刘绍慧老先生及其高足刘欣怡小姐的周密安排、关照下，经著名历史学者、老报人田英成（田农）先生的热情指点，我们对美里市各属籍、各阶层华人的45位代表人物做了口述访谈，形成约120小时的录音资料，并通过走访砂拉越华族文化协会、美里市立图书馆和对当地华人庙宇、义山、社区等的实地调查，搜集到大量文献、碑铭、影像资料。回国后，我们请在校大学生将大部分录音资料转换成约70万字的文档资料，然后结合访谈提纲、访谈笔记和相关文献、碑铭、影像资料，由访谈者各自进行整理、加工。此后，我们曾于2013年2月再次赴美里增补核实资料，还曾对来华探亲、贸易的访谈对象进行再次访谈，并适当增加了少量有价值的访谈对象。计划在此基础上，由笔者负责统稿、编辑，最终形成一部约50万字的口述史成果——《从森林中走来——美里华人口述历史》。

二 访谈对象及访谈重点

依受访人履历、职业背景及所属社会阶层，访谈对象大致涉及党政、工商、社团、文教四种类别，以及采访小组随机采访的普通人士。需要说明的是，由于每位受访人身份特征的多重性，其类别的划分只是相对的。

工商英才。涉及美里房屋发展集团执行董事主席、资产数以百亿计的潮籍首富、拿督刘绍慧，著名福州籍木商、福盟有限公司董事、美里"五大金刚"之一、拿督刘久健及美里华人公会会长、拿督刘郑振汉兄弟，以及美里中华工商总会理事长、拿督沈福源，经营影楼的普通商家洪木诚，等等。侧重探讨当地华人经济的发展道路，华商与政界的特殊关系，华商在中国的投资、贸易、公益活动及其新动向。

党政俊杰。涉及原砂拉越人民联合党中央副主席李旭同，曾上山参加森林斗争的原砂拉越共产党女党员、现任马来西亚河婆同乡会联合总会会长温素华，美里市第一任市长黄汉文，以及作为政府与华社联系桥梁的各级华人社区领袖"天猛公"林松友、"本曼查"李旭同、"本固鲁"朱祥南、"甲必丹"邱祖根及其夫人沈女士，等等。侧重探讨战后砂拉越、马来西亚的政治发展，华人社会的政治架构，以及华人、马来人、土著人三者之间的民族关系。

社团领袖。涉及华社各区域性"联合会""总会"及各地缘、血缘、业缘"公会"领导人，如美里华人社团联合会会长、广惠肇公会主席苏美光，马来西亚河婆同乡会联合总会秘书长陈效良，潮州公会主席陈德烈，世界朱氏联合会会长朱祥南，参与多个公会青年团工作的刘欣怡等。侧重探讨最近30年来华人社团职能的变化，社团工作的努力方向，西方宗教对华人社会的影响，以及华人社团与中国之间的联系与交往。

文教精英。涉及砂拉越资深报人、作家、历史学者、美里笔会前主席田英成（田农），砂拉越著名华人作家、学者徐元福、蔡宗祥、李佳容，美里廉律理工学院院长黄永章，廉律中学校长、拿督房按民和魏巧玉，培民中学校长郑尚信，以及培民中学华乐团指挥谭万祥，美里瑞狮团总团长郑春伟，潮剧老艺人许其禄等。侧重探讨美里华人社会的移民历史，华文教育的发展现状及面临的挑战，中华传统文化和族群文化的传承与弘扬，以及砂拉越、马来西亚华文文学。

普罗大众。涉及砂拉越早期甲必丹后人、华小教师林建南，20世纪50年代初期，因受潮州家乡土改冲击由新中国南来谋生的吴焕新，业余潮剧演员吴奕娟，以及活跃于美里华社的年轻一代等。侧重探讨所在各个阶层及特定职业华人的社会生活，力图对前四大类别受访人的访谈资料进行有益的补充，避免使受访者局限于精英阶层和上流社会，从而更加全面客观地反映美里华社的状况，进一步丰满美里口述历史的内容。

从访谈对象的遴选上看，调研既注重在当地华社有阅历、有地位、有影响的上层人物，也兼顾散布于社会各阶层、各界别的华社人士，因此具有相当的典型意义和包容度。从访谈内容的设计上看，调研既重视当代海外华人与祖籍国中国的联系与交往，也关注影响华社长期生存与发展的重大问题，因此具有明确的资政考量和针对性。这样，就使得本项口述历史有别于一般意义上的人物宣传和传记，而且具有较高的学术研究价值。

三　研究与思考

在访谈资料的基础上，结合文献、碑铭和影像资料，笔者试图对美里华社的历史和现状进行专题探讨。

（一）移民历史

美里早期是个以漳泉人、潮州人、广府人、海南人和客家人为主要族群的华侨社会。早在19世纪末20世纪初，即有华人先民移居美里，至今在华人义山仍然遗存有他们的墓地。当时从中国往砂拉越的移民，通常坐大船先到新加坡，停留几天后，再换乘小船转赴古晋、诗巫或美里。

华人移居美里曾经有过几次高潮。首先是20世纪初的石油开采。1910年美里发现石油后，随着石油工业的兴起，大量香港华人劳工涌入美里，使原本一个小渔村的美里迅速繁荣起来。20年代，很多河婆人、客家人从砂拉越的古晋等地移居美里，他们主要从事农耕。20世纪50年代初，由于中国大陆土改，又有一批中国移民来美里谋生。60年代木材业的兴起，加上70年代邻近地区政治动荡后，美里吸纳了大量华人再移民，尤其以来自马鲁帝、诗巫的福州人居多。

然而，最近几十年来，美里华人的人口流向发生了趋势性的变化。自20世纪50年代以来，来自中国的移民已基本断绝，改革开放后的新移民也极为罕见；相反，华人年轻一代由留学、婚姻渠道移民新加坡、澳大利亚等发达国家的较多。一般来说，出国留学的华裔子弟选择回美里发展的，都是有家庭事业背景的人士。因此，美里华社在经历了大半个世纪的扩张后，目前基本处于稳定发展状态。

（二）经济活动

一般认为，美里到现在为止比东马其他地方经济好的原因，第一是有油田，第二是有大片的森林、可以在森林里开辟油棕园，第三是接近文莱、文莱人大量周末自驾来这边消费，所以它的经济一般都比较好。

在 20 世纪初开采石油之前，美里即有来自漳泉、潮州的华人从事商业零售和土产收购。此后，华人特别是客家人移居美里数量大增，除从事捕鱼、零售外，他们多从事垦殖，种植树胶、胡椒、稻谷并养殖家禽家畜。六七十年代后，随着伐木业的兴起及受砂拉越周边地区社会动荡的影响，福州籍华人从诗巫、马鲁帝等地大量移居美里"做木山"。他们从做木山起家，积累了大量资本，然后联手马来族政界人士，大规模地投资于油棕种植业及油棕加工业，获得了可观稳定的收益，主导了当地支柱产业和经济发展方向。美里华人的经济形态，经历了由战前的垦殖业、捕鱼业和零售业到当代伐木业、种植业、航运业、批发业和房地产业、旅游服务业等支柱产业的转变，华人在当地经济生活中具有举足轻重的地位。

美里华人的经济活动，多与资源型产业共生。在树胶价格低落、渔业资源枯竭、石油开采由陆地转向海洋、伐木业因环保风暴影响而成为夕阳产业的背景下，这里的华人多能适时调整经营方向，与时俱进。当前，华人的主要经营领域已集中在油棕种植业和旅游房地产业，并产生了一批成功的著名商家，如从事油棕种植业的福盟公司董事经理、拿督斯里刘久健，[①] 从事旅游房地产业的美里房屋发展集团执行董事主席、拿督刘绍慧等。[②]

值得注意的是，从美里华商的若干访谈个案可知，当地华人的经济活动正朝向集团化、规模化发展，投资金额巨大。以油棕种植业来说，无论是大片土地购买、开发、种植还是棕油提炼，均需要动辄数千万元以上马币的资金投入。因此，华人多合股组成大公司从事这一行业。不过，在土地的获取、公司的运作等方面，华人仍然受到土著掌权者的控制。因此，也只有那些具有政界背景、获得官方支持的少数华人，才能取得大规模土

---

① 福盟有限公司现有油棕种植面积为 6 万公顷（计划 10 万公顷），每公顷可产 40 公斤果实（近期油棕果实市价平均约为每吨 650 元马币）。

② 拿督刘绍慧近期已开发的项目，包括 2000 英亩（12000 亩）的"禧纳定"综合发展区（美里卫星城），四星级的美乐酒店；计划开发的项目还有一座人工岛及大型儿童乐园，古晋"中央广场"及一栋 21 层酒店等。

地资源及经营许可，得以长袖善舞、一展宏图，并在对社会有所回馈后，获得马来苏丹等渠道授予的"拿督""拿督斯里"等各种荣衔。也有一些华人受马来人之托，代为经营产业。

（三）政治参与

砂拉越华人未能在当今马来西亚国家和地方政治棋盘中居于支配地位，并不意味着他们对政治的漠视。实际上，受新中国成立的鼓舞，至少从 20 世纪 50 年代初开始，他们中的不少热血青年就为争取实现自己的政治理想而奔走呼号，直至走进森林顽强抵抗，走过了多年的曲折道路。同样地，美里华人的政治参与，亦经历了漫长的岁月风霜。

经由 20 世纪五六十年代的抗争和挫折，砂共中的部分成员在 1970 年后逐渐通过砂拉越人民联合党（简称"人联党"）参加执政党联盟——国民阵线，参与政党政治，以维护华族利益为主要诉求。① 在森林里坚持武装斗争的"北加里曼丹人民解放军"等，亦在 90 年代初走出森林，融入社会，不少人在商界打拼成功。② 对于过去的这段特殊历史，美里华人无论是是否亲身经历，一般均能给予客观公允的评价。与此相关的是，对于砂拉越加入马来西亚，美里华人并不认同，认为国家不平等的经济政策导致东马的长期落后，使当地各民族的经济权益受到剥夺和侵害。而部分华人长期以来未能拿到公民权，也影响到华社对国家政治的认同。③

不过，近年来被视为保守腐败的人联党正受到代表华人年轻一代的民主行动党的严峻挑战，并在 2011 年的议会选举中失利。民主行动党是反对党联盟——人民联盟的成员，成立于 1966 年，主张民主社会主义。在摒弃了武装斗争的政治路线后，华人政党政治的后续发展及其对华社的潜在影响，值得我们关注。

（四）社团组织

我们看到，美里华社可谓麻雀虽小五脏俱全。据研究，当地最早建立

---

① 访谈对象"邦曼查"（后改任"天猛公"）李旭同，即是美里"人联党"的代表人物。
② 这方面的代表人物，有访谈对象美里河婆同乡总会主席温素华。
③ 据访谈对象美里省华人社团联合会会长苏美光口述。

的华人社团组织为琼州公所,成立于 1924 年。[①] 至今,美里华人社团为数已达 60 多个,其中属籍公会 12 个,姓氏公会也不少。从名义上说,美里华人社团的最高代表机构是美里省华人社团联合会(简称"美里华总"),属籍公会和姓氏公会都是它的会员单位;美里华总具有代表华社向政府提呈要求、反映华社意见、维护华社利益的职能,多年来,它也就华小师资的教育问题及交通、医药等民生问题做出很多呼吁。但实际上,由于华总只是个松散的社团机构,内部矛盾突出,缺乏必要的权威,其社会影响力终归有限。

与"华总"这样的机构相比,传统的"公会"社团组织在会员内部的团结方面显然做得更好,也更有凝聚力(特别是姓氏公会)。不过,其功能多局限在会员教育、福利和娱乐的框架内,难以代表华社向政府争取本民族的权益。而在近年来的发展中,"公会"届期过短(一般只有两年)、论资排辈现象比较突出,社团领袖职位往往成为华商博取社会资本和名望的台阶,因此未能吸引更多的年轻一代华人参与其间。对此,许多"公会"均颇具危机感,纷纷以举办各种传统文化活动及"青年领袖训练营"等方式徐图改善,以增强其社会影响力。其努力方向及实际成效,值得研究、探讨。

值得注意的是,在美里华社,还完整保留着一套殖民地时期遗留下来的华人社区领袖委任制度,[②] 以此作为政府与华人社会联系的桥梁和纽带。从职能上看,早期华人社区领袖在沟通政府与华社关系上,曾经起过重要作用。但在当代马来西亚的政治架构中,它的一些重要职能早已被代议士及社团机构所取代。[③] 无论是天猛公还是邦曼查、本固鲁或者甲必丹,在某种意义上,它更多的是履行为所在社区华人反映诉求、调解纠纷、提供法律公证的职能,其代表华社联系政府的职能已经大大弱化。

---

① 据访谈人徐元福口述。
② 砂拉越华人社区领袖的额数,大致上按省、县、镇、村设置,分别是天猛公、邦曼查、本固鲁和甲必丹。
③ 《专访——天猛公林松友:纠正偏差,避免误解,政府部门要有"自己人"》,《诗华日报》2011 年 10 月 1 日。

（五）华文教育

美里华文小学被纳入国民教育体系后，境遇较好，而在华人大量迁入城市后，许多华小已经成为以土著学生为主体的公立学校，这客观上拉近了华族与伊班族等土著民族的关系，有利于巩固华人的地位。不过，近年来，政府在华小经费投入及分配上，出现一些问题，特别是在华小师资缺额的配备上，倾向于选派不谙华语的非华裔人士出任教师和校长，有淡化华校色彩之意，对华小未来发展十分不利，因此也受到华社的强烈控诉和激烈抗争。

至于独立中学，则在华社的艰难守护、台湾的大力扶持和中国崛起的多重影响下，得到维持和发展，但也面临着诸多挑战和抉择。美里有两所独中，一为培民中学，一为廉律中学。美里廉律中学参照沙巴的做法，在数理科采用英文教学上，闯出了一条新路，获得社会的认可，学校规模不断扩大，生源呈现多元化。不过，此举虽与学生未来出国留学、国际接轨关系甚大，却与传统的华文教育理念相悖，被视为离经叛道，因此一直不受马来西亚董教总的承认，近年来更已成为华人社会争执不已的焦点问题。

无论如何，从美里华裔中小学生的华文程度来看，当地坚守的华文教育，可谓成就斐然。围绕着华小教育的维持和独中改制的探索，华社与政府之间跳"恰恰舞"、华社与董教总的角力，今后仍将持续下去，孰胜孰败、孰对孰错，时间自然会做出分晓。

（六）传统文化

美里华社由不同华人族群构成，都或多或少地保留了各自特色的文化风俗。每年的清明、端午、中秋、春节，是华社的四大传统节日，各乡属公会通常都会举办庆祝活动，姓氏公会及祭祖文化得以保留。市内各式庙宇齐全，有佛教的居士林、德教的紫星阁，尤以大伯公庙及其庆典游行最为著名。

不过，受西方文化的冲击以及当代港台、中国大陆文化的影响，海外华社呈现出文化多元化现象，华侨华人的传统文化传承乃至宗亲文化、宗教信仰，均已受到严重冲击。东南亚和美里华社也不例外，它显示出华社不同教育、宗教背景的对立与矛盾。宗亲文化较有凝聚力，但被基督徒所排斥；乡属文化极富区域特色，却遭遇到华语化、中华大文化的冲击，亟须抢救。因此，由华社开明人士和文化精英所引导的文化传承努力，便显得尤其难能可贵，亦成为推进中国文化走向世界和实施文化强国战略可资依托的力量。但就方言、戏剧等传统文化在东南亚的传承前景而言，美里的访谈案例则给出了清晰的答案——在全球化浪潮的冲击下，在西方文化、基督教文化和当代新马、港台、大陆华语文化的重重夹击下，海外中华传统文化若失去原乡文化的活水源头、缺少与中国侨乡的文化交流，不能与时俱进、推陈出新，适应本土化、现代化的要求，终不免走向式微的结局。也许，美里培民中学华乐团的成功，以及新山柔佛古庙游神的文化嘉年华现象，能够对美里华人乃至东南亚华人传统文化传承的努力，带去更多有益的启示。

（七）民族关系

美里华人所面临的多民族社会堪称和谐，这跟华人社会的努力是分不开的。

华人在美里市是主要族裔，在社会经济生活上居于强势地位，并在一定程度上参与了市政管理。尽管如此，华人还是处处注意维护不同民族之间的平等和谐关系，尊重对方的宗教文化和生活方式。因此，在美里市区可以定时听到回教徒用高音喇叭播出的祷告声，而没有华人去干涉；工地上可以见到为依班人盖的基督教堂，而华人老板是拜神的。在罗东有两间毗邻的回教堂和基督教堂，停车位是共用的，都没有发生过什么冲突，彼此相安无事。美里市区建成的"扇子公园"和"同心塔"，由华族、马来族、依班族三种建筑风格构成，寓意各民族人民同心同德建设美好家园，已成为美里著名的地标。

诚然，种族和谐状况跟民族融合程度有极大的关联。"因为现在的美里，随着异族、异国通婚的普遍化，民族融合进程的加快，已经越来越难以区分民族属性了。土著也会华语，面孔也变白了。时间很重要，它能消除、弥合种族的各种差异。"①

此外，在社会分工上，经一个多世纪的磨合，华族、马来族、达雅族业已形成互相制衡的三角关系，并在职业分布上形成马来人执政、华人经商、土著务工的基本格局，这无疑也是种族关系和谐有序的重要基础。

不过，在上述三角关系中，土著的一角相对来说显得比较脆弱。如何打开土著向政界、商界的上升通道，平衡各民族的参政权、财产权，应是维系当地社会长期和谐稳定、奠定美里华族世代福祉的关键所在。

（八）对华交往

民国时期及 20 世纪八九十年代中国改革开放前期，美里华人与中国原乡存在普遍的侨汇、捐赠和投资行为，关系密切。但中小企业在华投资因政策、市场变化，多以失败告终，这在华社产生了较大负面影响。近十余年来，鉴于华社第一代中国移民日趋减少，加上中国经济快速发展，美里华人已鲜有向祖籍亲属寄汇、捐款的案例，这种行为方式已基本绝迹。

值得注意的是，近年来，随着大量中国商品的外销，华人中小企业受到很大的冲击，美里华商亦难以幸免。庆幸的是，在蒙受重大损失后，美里华商及时改变经营之道，变工为商，转而经销中国商品博取商业利润，其与中国的交往方式代之以互惠互利的来华集中采购、大宗商品销售等贸易行为。② 一些大型企业集团，也直接从中国进口原材料，③ 甚至定制大宗机械设备如拖轮等。④ 毫无疑问，中国经济的迅猛发展，对海外华人来说既是挑战和竞争，也是合作共赢、互惠互利、加快自身发展的"独特机遇"。

与经济交往并行的，是寻根祭祖旅游、传统文化的交流。近年来，来自中国侨乡的民系文化，对美里华人的社会生活产生了重要影响。以潮州公会来说，该会即在拿汀吴秀珠的推动下，举办了大量学讲潮语、排演潮剧等活动，期望借由民系文化认同的提升，达至潮属族群的"小团结"，并最终实现华社的"大团结"，增强美里华人的凝聚力。至于美里华商组织员

---

① 访谈对象、美里市首任市长、拿督黄汉文口述。
② 据访谈对象、本固鲁朱祥南口述。
③ 据访谈对象、拿督刘绍慧口述，其美乐酒店所用建材多由中国进口，并有一子常驻深圳采购。
④ 据访谈对象、拿督斯里刘久健口述。

工赴中国旅游、组织廉中学生赴福建侨乡举办"中国寻根之旅"夏令营活动等，也是华社试图强化与中国祖籍地文化联系、留住华人文化之根的崭新现象。①

　　美里华社对华交往的变化，不是偶然、孤立的个案现象，它是最近十余年来海外华人与中国重新定位角色、建立新型关系努力的一部分。这一系列的深刻变化同时昭示，我国沿袭多年的借力东南亚华人社会的侨务工作，亟须作战略性调整。

四　结语

　　运用口述史的方法研究海外华人问题，在以往的研究中并不多见，已知的只有关于猪仔华工、归国华侨的口述录等少量个案，且都是在国内进行访谈的。究其原因，即在于我国学者出国机会较少，以及做海外华人口述史需要耗费大量的时间和交通食宿成本。本文作为涵盖华人社会历史和现状的综合性研究个案，它的实施，是国内学者运用团队力量、借助华社支持，在海外华人研究上进行的一次重要探索，在学术上具有鲜明的原创性。

　　诚然，口述历史的最大问题，就在于其真实性和可靠性，美里华人口述历史也不例外。由于受访人的记忆能力、表述风格各不相同，所述史实难免有不尽准确之处；采访人在比对文献资料、核实基本事实方面，也有作业不够扎实之处。尽管如此，如此众多的访谈个案和研讨话题汇集在册、同时聚焦，当能在一定程度上起到互相参证、还原真相之功。笔者希望，作为一个综合性的研究项目，美里华人社会的口述史访谈及其后续研究成果，能够为深入观察当代东南亚华人社会发展动态及其与中国社会互动关系的变化，打开一扇便捷、直观的窗口。

---

　　①　据访谈对象、拿督斯里刘久健口述。

信仰导向：方国珍与浙东佛教势力的政治互动

李鹏飞 *

元顺帝至正八年，"以贩盐浮海为业"①的浙东台州路黄岩州洋屿人方国珍，率兄弟子侄聚众入海为盗，建立海上武装，反抗官府统治。在元末众多势力割据中，方国珍明显带有浓重的地方割据性质和海盗色彩。其拒绝章子善提出的北上攻取天下的建议，虽然被认为缺乏乱世的雄才大略，但从其在混乱的元末时代可以割据浙东三路近二十载，"保境安民，以俟真人之出"②，在投降朱元璋时所说"保境安民"，不单是作为失败者向朱元璋表明诚意的投降话语，也表明了方国珍在乱世时割据一方的想法。浙东温、台、庆元三路等地区在元末的动荡中，与方国珍紧紧联系在一起。

在航海技术相对落后的时代，面对恶劣的天气和海上航行的疾病及深处大海中不见陆地的迷茫，海上信仰尤不可或缺，从海龙王信仰，到观音菩萨信仰、天妃信仰，抑或是沿海地区的一些地方海神信仰，海上信仰是参与海上活动的民众的精神寄托。元代大规模进行海上活动，天妃信仰被确定为元代官方航海活动的海上信仰。方国珍作为海上势力，其存在与海洋息息相关，但史料表明方国珍并非崇信天妃，在方国珍进攻台州的过程中，曾纵火焚毁了台州路天妃庙，③作为元代官方承认的海上信仰，其庙宇并没有得到作为海上势力的方国珍的保护。至正十二年二月，江浙行省参知政事的樊执敬督海运于平江时遭到方国珍袭击，其时樊执敬"督海漕事，

---

* 李鹏飞，浙江师范大学人文学院历史系研究生。

① （清）张廷玉：《明史》卷一百二十三·列传第十一《方国珍》，中华书局 1974 年版，第 3697 页。

② （明）宋濂：《宋濂全集·故资善大夫广西等处行中书省左丞方公神道碑铭》，浙江古籍出版社 1999 年版，第 1147 页。

③ （明）刘基：《刘基集·台州路重建天妃庙碑》，浙江古籍出版社 1999 年版，第 175 页。

用牲牢祠天妃庙"①，而方国珍选择在元官方祭祀天妃时发动袭击，可见其不敬天妃之心。官方认同的天妃信仰并没有得到纵横浙东沿海的方国珍的认同。而大量材料证明了方国珍及家族对佛教的信仰。以往学者很少涉及方国珍的海上信仰及其与佛教的联系。本文将对方国珍与江南地区佛教的种种活动进行研究，探讨方国珍对佛教的信仰及方国珍与佛教之间的政治互动。

一　元代浙东佛教环境

1. 佛教的发展情况

来自北方草原的蒙古人在政治军事上严密控制所占有的地区，但在对待各民族的文化和宗教信仰方面，却是一种开放、包容的态度，甚至加以优待和提倡。元代作为文化、宗教多元的社会，佛教、道教、基督教和伊斯兰教等各种宗教都在这一时期得到传播和发展。而事实上，无论是对元政府还是民众生活，影响最大的宗教依然是佛教。

在佛教兴盛的江浙行省，于至元二十八年设立了江南行宣政院，治杭州，至顺年间废行宣政院，立广教总管府于各地，隶属于宣政院，以僧人为总管，又设达鲁花赤一职，僧俗并用。除此之外，地方上的僧官还有僧录、正副都纲、僧正等职，一般由政府任命僧人担任。由于元代中央政府对佛教的重视，从中央到地方各级僧官的建立完善，政治制度上的保护使佛教势力迅速膨胀。位于昌国州之东海梅岑山处的宝陀寺，与五台之文殊，峨眉之普贤为天下三大道场。至元十四年，其住持僧如智"捐衣钵之余，建接待寺一所於沈家门之侧，以便往来者之宿顿，朝廷岁遣使降香。"② 僧人建寺接待来往民众住宿饮食，为民众生活提供方便。大德三年"钦奉诏书拨赐鄞县湖田二十顷"③，可见朝廷每年遣使降香，给予赏赐，更是对寺院的一种支持。

---

① （明）宋濂：《宋学士文集》卷五十四《故朝列大夫浙江行省左右司都事苏公墓志铭》，四部丛刊景明正德本。
② （元）冯福京：《大德昌国州图志》卷七《寺院》，清刻宋元四明六志本。
③ （元）袁桷：《延祐四明志》卷十六《昌国州》，清文渊阁四库全书本。

由于各级统治者和民众对佛教的崇拜，佛教在元代得到迅猛发展，大量的佛寺得到修缮和重建。浙东地方政府积极参与到佛教事业的发展建设中。佛寺是佛教宣传的基地，佛寺的修建与维护对于寺院的发展有着很大的影响，政府对佛教的支持表现在对寺院的建设方面，很多寺院建设工程有地方行政长官的参与。至元四年，瑞安僧徒和民众重建仙岩圣寿禅寺山门外之寺塔时，就由瑞安州同知朱文霆为碑刻篆额。① 地方政府对寺院的支持还体现在提供实实在在的土地、资金等物质方面的支持。至顺三年乐清西华山上新建清辉院，乐清县达鲁花赤兼农事阿剌帖木"衍甓大土殿址，纾帑粥膏膴若干亩。"② 除了政府参与外，寺院的花费很大程度上来源于施主的贡献，施主的多寡和施舍多少关乎寺院的兴衰。在佛教的宣扬下，民众为寻找精神寄托，往往给寺院捐献钱物。平阳太平归元禅寺就是由吴良佐独立罄尽家资而成，下文将提及的逆川禅师就曾在寺院建成后住持太平归元禅寺，苏伯衡曾记载过吴良佐建寺之不易，"自昔为浮图氏建大寺，市大田，非王公则戚畹也。吴君一布衣男子耳，十余年而能为王公戚畹之所为，此其材且智为何如！"③ 可见吴良佐为建寺尽心竭力。

元末刘仁本曾记录过当时浙东的佛教传播情况，他以庆元为例，"四明为三佛地，多宝坊兰若，三宗鼎列"④，可见在当时禅、教、律三宗均有发展。元代浙东地区的佛教主要是禅宗与天台宗。浙东天台山因上应台宿，不但风景奇秀，而且因得天地灵气所钟情，为佛教所爱，天台宗即发源在天台山中。浙东也是元代南方禅宗的发展区域，至元二十五年，杨琏真伽召集江南禅教双方公开辩论，史称教禅廷辩，这次事件对元代江南禅宗影响最大，这次辩论是对禅宗的讨伐，经过教禅廷辩，元统治者继续推行崇教抑禅政策，特别是加强了在江南地区的实施。对于唯识宗、华严宗的僧人特别重视，后来朝廷还下旨将江南禅宗著名寺院都改为教寺，这场旷日持久的崇教抑禅斗争至少影响到元代中后期。但南方禅宗作为佛教在南方的主体地位却并没有因此而降低，依旧拥有着强大的实力。元代浙东新建

---

① （元）释廷俊：《重修仙岩寺塔记》，《东瓯金石志》卷十一，中华书局2014年版，第415页。
② （元）释欣笑隐：《华山清辉院碑记》，《永乐乐清县志》卷五《寺观》，天一阁藏明代方志选刊。
③ （元）苏伯衡：《苏平仲文集》卷六《太平归元禅寺记》，商务印书馆1929年版。
④ （元）刘仁本：《羽庭集》卷六《定海县真修寺事迹记》，清文渊阁《四库全书》本。

寺院绝大多数均位于远郊的深山之中，避免尘世之喧嚣纷扰，利于禅定修行，亦可管窥禅宗地位的上升。天童山景德禅寺于明洪武十五年定为天童禅寺，称天下禅宗五山之第二，[①] 是禅宗的重要寺院。历代文人墨客仰天台之名，不惜山高路远而慕名前来者络绎不绝。自南宋以来，因杭州为帝都，越地经济文化日益繁荣。中原之人，或南迁，或避祸，或归隐，而四面环山中间盆地的天台是最好安居之所。尤其是元末天下大乱之际，台州因方国珍割据一方，加之天台山高路险，易守难攻，所以，无论是元王朝，还是朱元璋，都竭力拉拢方国珍，而方国珍则左右逢源于各派势力之间，保得台州一方之平安。因此天台更成为山外之人向往之所，而高僧更是云集而来。

2. 佛教与海上活动

元代天妃信仰成为官方的海上信仰，但是其他海上信仰依然存在。观世音菩萨本为佛教中的信仰，因道场与海相关，逐渐成为民众海上活动的保护者，在面对海上危难时，祈求观世音菩萨保护参与海洋活动民众的平安。张昱在他的诗中记载了佛教及观世音信仰与海上活动相关的事例，张昱，字光弼，自号一笑居士，庐陵人，元末在江浙行省为参谋军府事。他记载"至浦陀洛迦山寺，作佛事七昼夜，祈见海岸观世音及善财岩，七日之间随心应见，大众瞻仰无不庆赞"，并赋诗"丞相函香致此诚，愿深海水救群生，慈悲谓可消诸恶，征伐容将息大兵，金色圆光开宝髻，玉毫妙相珞珠璎，手中示现杨枝露，愿洗干戈作太平。"[②] 赞扬了观世音菩萨海上救助的善行。元代地方官员为保护海运平安也积极祭祀观音，至正二年庆元路总管王元恭为方便海船运粮，在码头建有屋舍，内供奉观音和天妃的神像，以启舟人之敬畏，祈求海运平安。[③] 将观音与天妃两种海神同时供奉，可见虽然天妃是元代官方海洋活动的信仰，但并不仅仅限于一种信仰，可见海神信仰是民众对海上安全的祈求。元代江浙地区航海家族也有以佛教为信仰的例子，如澉浦杨氏家族，陈高华先生《元代的航海世家澉浦杨氏——兼说元代其他航海家族》一文中提及杨氏家族的佛教信仰。除了作

---

① 《雍正浙江通志》卷二百三十，清文渊阁《四库全书》本。

② （元）张昱：《张光弼诗集》卷六，四部丛刊续编景明抄本。

③ （元）王元恭：《至正四明续志》卷三《城邑》，明刻本。

为信仰存在的外，佛教势力也积极参与海上活动，元代的一些诗文集中记载了相关事例。元代诗人方回《走笔送吴僧庆间游明越》一诗中，"明旦乘潮向浙东"① 描写了僧人渡海游明越的情形。

二　方国珍对浙东的统治

1. 方国珍反元

方国珍于至正八年击杀官捕，聚众入海为盗。关于他造反的原因有不同的记载，《元史》记载方国珍"为蔡乱头、王伏之仇逼，遂入海。"《明史》记载"有蔡乱头者，行剽海上，有司发兵捕之，国珍怨家告其通寇，国珍杀怨家，遂与兄国璋、弟国瑛、国珉亡入海，聚众数千人，劫运艘，梗海道。"② 元明两代正史的记载略有不同，但可以看出方国珍的反抗之路，最初是起因于民间的纠纷，而政府的不作为或是处置不公而导致矛盾的激化。生活于元末明初的叶子奇曾对方国珍为何反抗做过记载，"先是蔡乱头剽劫海商，始悬格命捕之，方为台之杨屿人，慕赏功官爵，募众至数千人，时台州总管焦鼎等纳蔡之赂，薄其罪而不加诛，玩忽岁月，方遂入海为寇，官兵皆不战而败，朝廷恐为海运之梗，招安之，即喥之以海运千户。"③《（万历）黄岩县志》中的记载更加详细，"国珍与蔡乱头以争牢盆相仇，州县不与直。"蔡乱头啸聚海上，剽掠漕运，"行省悬格命捕，国珍鸠众欲擒蔡，蔡惧自投于官，总管焦鼎纳蔡赂，薄其罪。"④ 这两则材料清楚地表明，方国珍的反元正是地方政府的不当措施导致的，因元朝当地官府的腐败，不能保护一方，而接受海寇蔡乱头的贿赂，让一个反抗政府，为害一方的人逍遥法外，而准备为政府捉拿盗贼的方国珍却因被怨家诬告而被逼亡命海上。根据宋濂《故资善大夫广西等处行中书省左丞方公神道碑铭》记载，方国珍最初应对方式也并不是反抗，而是"大恐，屡倾资贿吏"，在"度不能继，且无以自白"后才谋于家，方国珍认为"朝廷失政，统兵者玩

---

① （元）方回：《桐江续集》卷二十八《走笔送吴僧庆间游明越》，清文渊阁《四库全书》本。
② （清）张廷玉：《明史》卷一百二十三·列传第十一《方国珍》，中华书局1974年版，第3697页。
③ （明）叶子奇：《草木子》卷三，中华书局2014年版，第49页。
④ （明）袁应祺：《万历黄岩县志》卷七《纪变》，天一阁藏明代方志选刊。

寇，区区小丑不能平，天下乱自此始。今酷吏藉之为奸，吾若束手就毙，一家枉作泉下鬼，不若入海为得计耳。"面对方国珍的入海为寇，郡县依旧无力应对，只能"妄械齐民"以为方国珍，导致人心惶惶，百姓纷纷逃亡方国珍处，旬日即得数千人。当地官府的腐败，错误的应对策略导致了方国珍的反抗，并将当地许多百姓推向了方国珍一方。方国珍开始走上了武装反抗元政府的道路。

方国珍在海上展开武装反抗官府之路，大致有几个原因：一是方国珍及其追随者从小生长于海边，以渔盐为业，非常熟悉海上情况，逃往海上是顺理成章的发展趋势，明初刘基认为元末瓯括地区"民负贩私盐每出入其间，方国珍因挟与为乱。今遗俗未革，宜设巡检司以靖之。"① 可见明初这股势力仍未消亡。二是受到前人起事后走海上的"成功模式"的启发，并在前人的基础，拉起一支规模更大的队伍，成就更大的事业。在方国珍之前，"至正初，李太翁啸众倡乱，出入海岛，劫夺漕运舟，杀使者。时承平日久，有司皆惊愕相视，捕索久不获，因从而绥辑之。"另一个直接促成方国珍起事的反抗官府人物是"剧盗蔡乱头"，他以李太翁为榜样，亦思仿效李太翁的"海上道路"，宋濂《故资善大夫广西等处行中书省左丞方公神道碑铭》载："剧盗蔡乱头闻其事，谓国家不足畏"，复"效尤为乱，势鸱张甚"。这种因反抗官府逃跑海上，而官府最终因奈何不得从而招安，成为海边渔民反抗官府而逃命的一种"模式"，方国珍不禁心向往之。

2. 元政府对方国珍的剿与抚

至正八年十一月，方国珍首次入海为乱后不久，江浙参政朵儿只班率舟师追捕方国珍，追至福州五虎门，国珍自知不敌，焚烧战船准备逃跑，但是元朝军队面对火海，惊慌失措，官兵自溃，本要逃跑的方国珍抓住了元朝送给他的机会，趁乱捉住了朵儿只班，迫使上招降状，元政府授其定海尉。至正十年六月，方国珍再次入海为寇，焚掠沿海州郡，主要活动区域是温州。元廷檄调万户府达鲁花赤哈喇不花、温州路达鲁花赤贴木列思以海舟会集剿捕。后方国珍军至温州外沙，入镇海门劫掠，因变起仓促，官兵皆窜。至正十一年三月，浙东副元帅董传霄带兵镇压，结果舟兵皆惧

---

① （明）邓元锡：《皇明书》卷十四，明万历刻本。

赴水，方国珍夺舟数百，其势愈炽，董传霄仅以身免。同年七月，方国珍在黄岩登岸接受元政府的诏安。至正十二年元廷正在围剿徐州芝麻李起义军，"命江浙省臣募舟师守大江，国珍怀疑复入海以叛。"方国珍恐其兵力被遣，便率兵复入海以叛。三月，在澄江王林洋杀死浙东道都元帅、台州路达鲁花赤泰不华，使人潜至京师，赂诸权贵，仍许降，至正十三年正月，方国珍降元。十月，元授方国珍为徽州路治中，国璋为广德路治中，国瑛为信州路治中。时国珍疑惧不受命，仍拥船 1300 艘据海道，阻绝粮运，陷台州，焚太仓。至正十五年三月，掠温州庆元等路，取慈溪、昌国、余姚；七月，陷温州，至正十六年三月，方国珍复降元，为海道运粮漕运万户，兼防御海道运粮万户。其兄国璋为衢州路总官，兼防御海道事。至十七年，方国珍据温、台、庆元，元朝升国珍为江浙行省参知政事、海道运粮万户如故，使方国珍攻张士诚。方国珍率军进长江，战于昆山，方国珍身先士卒，用五万兵战胜张士诚的七万军队。明日又战，七战七捷，直至城下。逼得张士诚降元，方国珍奉朝命罢兵。至正十八年三月，江浙行省参政；五月，行省左丞、太尉、衢国公，开治庆元，兼海道运粮万户。至正十九年十月，江浙行省平章政事。至正二十五年九月，淮南行省左丞相，衢国公，分省庆元。至正二十六年九月，江浙行省左丞相。

在方国珍逐步控制浙东的过程中，许多当地士绅为维护元朝政权，与方国珍进行对抗。这种对抗表现在很多方面，有表现为直接集结乡兵义勇保护一方的，也有加入元政府阵营出谋划策的。无论哪类人都表现为与方国珍的直接对抗。以己之力，号召乡兵义勇反抗方国珍，如顾圭，"方国珍来寇，集乡兵与战曹娥江，败死。"[1] 叶良器，"团结义勇，征方国珍。"[2]《（康熙）临海县志》洪世安，"方国珍陷台州，率乡勇阻守。"赵宜浩，"方国珍寇乱，率民兵御之。"《（民国）台州府志》记载赵仲年，"有席方国珍势造巨舰，敛乡民，其奴尤横，仲年率乡里少年逐奴而焚其舰。"《（宣统）太仓州镇洋县志》记载，钱塘人杭和卿，"元开海运徙居太仓，充漕户，家高赀，方国珍入寇，和卿散财穀募死士。"《（万历）黄岩县志》记载陈恢，"元末方国珍兵起，恢聚乡族御之，不胜，方诱以利，辄骂不绝

---

① （明）朱国桢：《涌幢小品》卷二十《江涛得完》，明天启二年刻本。
② （明）徐象梅：《两浙名贤录》卷三十一《义兵千户叶良器》，明天启刻本。

口，与战于白枫河，又不胜，退入山中，忧恚成疾卒。"加入元政府阵营，镇压方国珍，如《（康熙）临海县志》陈桎，"方氏兵起，达兼善受命治师，聘为宾客。"濒海豪杰如赵士正、陈子游、杨恕卿、戴甲等倾家募士为国收捕方国珍。方国珍势力北上抵达昌国州。元州达鲁花赤侯帖木儿不花问计于当地豪绅赵观光。赵观光建议"今州兵寡弱，且不谙水战，惟兰、秀二山居民悍勇善斗击，习海事。若募以厚资，示以重赏，其人必乐为我用，用以擒贼，无难矣！"侯帖木儿不花赞同他的计策，由赵观光全面负责，于是"从侯引兵出海，帅府总军民兵同会海门洋。俄而贼船百余艘卒至"，经过两天激战，因寡不敌众而失败。《明史》中对元政府应对方国珍的政策进行评判，认为"天下承平，国珍兄弟始倡乱海上，有司惮于用兵，一意招抚。国珍既授官，据有庆元、温、台之地，益强不可制。国珍之初作乱也，元出空名宣敕数十道募人击贼。海滨壮士多应募立功。所司邀重贿，不辄与，有一家数人死事卒不得官者。而国珍之徒，一再招谕，皆至大官。由是民慕为盗，从国珍者益重。元既失江、淮，资国珍舟以通海运，重以官爵羁縻之，而无以难也。"①

3. 方国珍所施善政

方国珍在其势力范围修缮城防，筑余姚、上虞等城市，至正十九年，方国珍巡视余姚，看到余姚是需要重兵镇守的要地，始议筑城事宜，本意由士兵筑城，因余姚民愿输财效力，兵民同筑，"吾其召鄞县、慈溪、奉化之民分筑之，以纾尔力，其四门用力尤重，吾其给锸厇材，令军士自营之。"② 余姚城筑好后，官属与耆老百姓相庆贺，有了一个安全的环境。至正二十四年，方国珍与其弟国珉及下属商议修筑了上虞城，将修城劳役分与上虞及周边州县，减轻一地压力。③ 方国珍修筑城池主要目的是维持他的统治，抵御其他势力的进攻，但城池的修建同时也保护了城内民众的生命财产安全。

方国珍集团割据浙东，面临东海，从元代起沿海地区常受倭寇骚扰，"倭为东海枭夷，处化外，比岁，候舶趁风至寇海中，凡水中行，而北者病

---

① （清）张廷玉：《明史》卷一百二十三·列传第十一《方国珍》，中华书局 1974 年版，第 3697 页。

② （元）高明：《高则诚集》，《余姚州筑城志》，浙江古籍出版社 1992 年版。

③ （元）汪文璟：《修上虞城记》，《全元文》第五十二册，凤凰出版社 2004 年版，第 362 页。

焉。"百姓深受其害，方国珍认为天子无暇理会东海事，因此代天子消弭倭寇。"恶得不选吾爪牙，俘至麾下。"① 即命将遣士进行剿防，使倭寇不能毒害土地和人民。

三　方国珍及其家族对佛教的参与

1. 资助佛寺

方国珍从最初的劫掠漕运粮到后来割据浙东、控制东南海运，其势力与影响不断扩大。元政府从朵儿只班到孛罗帖木儿再到泰不华，一次次军事镇压的失败及元末糜烂的政治局势已无力剿灭方国珍。而路上运输的阻断，元政府需要大量的海运漕粮以稳定大都，因此掌控元朝海上命脉的方国珍不断获得封官，并一路高升至太尉、江浙行省左丞相，并赐衢国公爵位，节铖浙东，拥有温、台、庆元三路，掌控东南海路。方国珍作为浙东的掌控者，同时也是佛教的信仰者，在拥有权势与财富后积极参加对佛教事业的资助。

方国珍曾捐资修缮过天童山景德禅寺，寺院位于今浙江省宁波市东30公里的鄞县东乡太白山麓。晋永康中僧义兴结屋于山间，有一童子日给薪水，后辞去，曰："吾太白星也，上帝以师笃道行，遣侍左右"，语既不见，天童寺集，由是山名太白，寺名天童。寺后经兵火，唐开元二十年，僧法璿复故迹，建精舍于山麓之东，乾元初相国第五琦请赐名天童玲珑寺，宋真宗景德四年奉敕命改名为天童山景德寺。景定四年僧居敬建千佛阁，元大德五年僧日新增新，赐朝元宝阁额，天历二年阁毁，元末时这座名寺已严重破坏，"堂宇残缺，产入寡薄"，寺院破败却没有足够的收入修缮，至正十八年开始主持寺院事务的僧人元良面对寺院残破的现实情况，"刻心弹力，日以兴建为事"。十九年秋，"左丞方国珍捐己资、助工物"②，在方国珍的财力、物力资助下，寺院很快得到修缮，未逾年即落成，其中仅房屋

---

① （元）乌斯道：《春草斋集》卷八《送陈仲宽都事从元帅捕倭寇序》，上海古籍出版社 1987 年影印本。

② （元）危素：《朝元阁记》，《全元文》第 48 册，凤凰出版社 2004 年版，第 349 页。

就有中间七间，两侧各四间，"左鸿钟右轮藏，下为三门以通出入"①，宏伟壮观，并为寺院铸万铜佛，在这次修缮过程中，大量财力被消耗，"用人力以工计则十万，用粟以石计万有奇，用楮币以贯计百五万"②，寺院收入寡薄，如果不是得到方国珍的资助，大量的人力物力花费是景德禅寺无法承受的。除了修缮寺院外，还"复堰海涂一十七顷"③用于寺院的日常生活需要，为寺院恢复了昔日的辉煌。除修缮景德寺外，方国珍还多次资助佛教事业。在贡师泰的《重修定水教忠报德禅寺之碑》一文中记载，位于慈溪的定水教忠报德禅寺因东南地区的战乱，"徭役繁兴，寺之力益困"，在寺僧的号召和信众的财力资助下修复寺院与佛像，但最终是因分省院于浙东的方国珍等"崇信其道"，"为作佛、菩萨、罗汉诸天龙神像，雕金涂砂，众宝罗络，光彩照耀，一复旧观，赫然为东南诸刹之冠矣。"④ 在方国珍资助大量佛像后，定水教忠报德禅寺再次恢复旧日的壮丽，成为东南名刹。据《（嘉靖）宁波府志》记载，位于鄞县东南的天封寺屡遭毁坏，元至元二十三年复建，泰定三年塔圮，至顺元年重建，后方国珍重修天封塔，⑤ 而《（康熙）鄞县志》载为方国珍弟国珉重建塔院，两者虽记载不同，但无疑都是由方氏家族参与的。《台州府志》记载作为方氏姻亲的南塘戴氏也是信佛的，建屏山庵。⑥ 方国珍除了直接用钱财资助修缮寺院、铸造佛像外，还曾资助印刷佛经，现存于陕西省图书馆的五行本《大方广佛华严经》，由元至正间比丘循规募刻，卷末有多组愿文，其中四十三卷末有愿文记载了方国珍对刊刻经书的资助，"太尉、衡国公、金紫光禄大夫、左丞相兼江浙等处行枢密院事方国珍，施财刊此《华严经》，印施流通。至正乙己岁月日重刊《大方广佛华严经》。"⑦ 从愿文可以看出，这本《华严经》即由方国珍出资刊印的。

---

① 《雍正浙江通志》卷二百三十，清文渊阁《四库全书》本。
② （元）危素：《朝元阁记》，《全元文》第 48 册，凤凰出版社 2004 年版，第 349 页。
③ 同上。
④ （元）贡师泰：《玩斋集》卷九《重修定水教忠报德禅寺之碑》，明嘉靖刻本。
⑤ （明）周希哲：《嘉靖宁波府志》卷十八·志十五，明嘉靖三十九年刊本。
⑥ 《民国台州府志》卷九十四·古迹略上，中国方志丛书，（台）成文出版社 1968 年版。
⑦ 《大方广佛华严经》，陕西省图书馆藏，元刻本。

2. 联结高僧

方国珍将大量财物用于佛教，支持佛教事业，虽然这些钱财对于方国珍来说只是九牛一毛，但对于急需修缮佛寺，传播佛教的僧人来说，却是十分重要的。方国珍同其他佛教信徒一样，为佛教贡献财物，也许是作为地方统治者的作秀，但也表明了他与治下地区佛教的关系非同一般，而与一些高僧的密切关系更证明了方国珍对佛教的信仰。

高僧对于佛寺的作用是不言而喻的，一群平庸的僧人只能带领寺院走向衰落。但名声在外的高僧却可以通过自身影响提高寺院的地位，扩大影响，还可以使寺院迎来更多的檀越，为佛寺带来很大的经济利益。以逆川禅师为例，他在住持太平归元禅寺其间，由于他的影响力，朝廷为太平归元寺赐额，并赐尊号"佛性圆辩禅师"及金襕法衣。燕只不花任职福建行省平章，中途经过温州，专程向逆川禅师请教，并谈论《般若经》，逆川禅师为之讲解明白，燕只不花遂邀请逆川禅师与他一起入闽，并请其住持东禅寺，唐代诗人周朴曾作《福州东禅寺》，中有这样的诗句"瓯闽在郊外，师院号东禅"，可见东禅寺历史悠久。温州平阳人陈高为躲避战乱曾流寓福州，并与逆川禅师有过交往，他记载"福城东门之外一里为金鸡山，山之阳为东禅报恩光孝寺，寺之左右其地多闲旷，虽负城郭无异垧野，逆川顺师来主是寺，于兵毁之后，重建梵宇不再期而成，瓦砾之墟焕然金碧，众屋既备，旧规复完。"① 逆川禅师住持寺院后，布施云集，将废弃破寺变成东南大寺。后又前往住持福州雪峰寺。被时人认为是东南名僧。后方国珍将其迎至温州住持江心寺，并修缮遭战乱焚毁的寺院。当时由方国珍之侄方明善控制温州，方明善想要修缮温州城内年久颓坏的净光塔，明善计划通过苛捐民钱来修复，但逆川禅师认为当时民力凋敝，方明善的强制行为会导致社会动乱，于是凭借自身影响号召城中居民每户月出米 1 升，获米200 石，然而即将建成之时，忽然大台风来袭，完工之塔及塔殿被吹入海中，逆川并不灰心，纠集僧众继续建设，靡钱十万贯终于成就一方古观，规模壮丽。逆川禅师凭借名望，为所在寺院修缮建筑，扩大影响，可见名僧对于寺院的重要作用，同时也可以看出方国珍家族与逆川禅师的关系。

① （元）陈高：《不系舟渔集》卷十二《水竹幽居记》，上海古籍出版社 2005 年版，第 135 页。

此外，根据史料记载，方国珍还与他统治范围内很多高僧有联系。至正十八年，江浙行省咨宣政院，奏起台州瑞岩僧元良主持天童山景德禅寺寺事后，元良为修寺一事尽心竭力，之后在方国珍资助下重修寺院，作为江浙行省的平章政事，并参与修寺的方国珍，"上其事于朝，既赐臣僧元良之号曰善觉普光禅师，遂有赐碑之命"①，方国珍不但为元良所在寺院捐钱捐物修建寺院，还将他的事迹上奏朝廷，为元良争取元政府的赐号。在乌斯道《送阐上人住香山序》一文中，受经于龙山寺的阐上人，在"道益隆而名益著"后"受知于司徒荣禄方公，公命住持同里之香山寺"②。方国珍通过对寺院的资助加强了与僧人间的联系，巩固了他们间的关系。

从方国珍资助的寺院及联系的高僧可以看出方国珍倾向于佛教的禅宗，而他帮助刊印的《华严经》则是华严宗经典。可能的解释是方国珍并不是严格的佛教信徒，只是作为自己政治统治的需要，和海上活动的精神寄托。

四 佛教势力对方国珍的回报

1. 宣传善政

方国珍在所控制地区实行了一些保境安民的政策，同时他本人及家族对佛教事业的支持，佛教势力与方国珍势力结合在一起，作为受益方的寺院和僧人对方国珍也做出了相应的回报，出现了为方国珍立德政碑的现象，将其事迹刻碑宣传，使"万民讴歌，德音不忘"。《天一阁明州碑林集录》中收录一篇由僧人所立的方公德政碑，此碑立于方国珍控制四明、鄞县后第二年，即至正二十年。在碑铭中记载了方国珍的大量善政。第一，由于元末东南战乱，百姓不能自保，等到方国珍分兵镇御，使百姓在乱世得到相对安定的生活环境，普通百姓关心的不是谁是统治者，而是稳定的社会。第二，方国珍虽然割据浙东，但仍尽心事元，为元政府海运漕粮，治舟舡，具糇粮，并且派军队严密保护，使元朝的海运事业得以延续，使都城得到粮食供应。第三，"胥吏辈从民市，直不酬物，民甚病"，官吏扰乱百姓的生活，等到方国珍控制浙东时，严令官吏毋得多输民租。第四，凡官方所

---

① （元）危素：《朝元阁记》，《全元文》第48册，凤凰出版社2004年版，第349页。
② （元）乌斯道：《春草斋集》卷八《宋阐上人往香山序乌斯道》，上海古籍出版社1987年影印本。

作器物，皆由官府自己承担费用，不得扰民。第五，面对旱灾，方国珍"徒跣行百里，披荆榛一日夜"，虔恪为民祈雨，虽然是政治作秀，但其为民的姿态也值得称赞。第六，"幕府僚佐，皆能勤恤民隐，以襄美政。"其中刘仁本就是一例，在庆元时凡兴学建桥及修上虞石塘诸多善政，即由刘仁本提出，皆被方国珍采用。宁海人詹鼎，有才学，为方国珍府都事，判上虞，有治声。第七，僧人所需糇粮，皆由方国珍赐予。正是由于这些政绩及对佛教的支持，结果郡之士庶与吴释氏子莫不戴公恩。面对"海壖肃清，黎氓底宁"的大好环境。寺院僧人为方国珍"树石而纪德"，无可厚非。虽然作者说"惟述其仁民之功，而不言其及己之惠"①，但从中依然可以看到寺院获得了方国珍的资助，也可以说这个功德碑是寺院僧人对方国珍的回报，也许其中并非完全真实，但是却肯定了双方不一般的关系。

2. 驻军佛寺

"天下名山僧占尽"，佛教讲究修己，历来寺庙建在山中静地以利于修身养性。中国寺庙建筑多依山而建，"深山藏古寺"，讲究内敛含蓄，将自然纳入其中，建筑与自然融为一体，正是天人合一的体现，这就是中国的寺庙常选址于名山幽林的原因。而由于宣传佛法，普度众生的需要，一些寺庙也建在城中或城市周围。无论寺庙建在何处，一般都是建筑巍峨，易守难攻，因此在元末战乱之际，佛寺成为军队驻扎的军事堡垒。在方国珍割据浙东期间，他的军队曾多次驻军佛寺。元至正十八年，方国珍扩张势力范围，遣其侄方明善攻占温州，在方明善统治温州初期，即选择屯兵千佛寺。② 由于方明善刚占领温州，各方势力错综复杂，并非所有势力都服从方氏集团的统治，岷冈王子清即是一个代表，他因不服方国善而被擒杀。其好友楠溪刘公宽为报王子清之仇，招募义勇，夜间率众袭镇海门，进入千佛寺，方明善在部下护卫下逃脱，刘公宽敛兵退保溪山，后刘公宽为其部下所害。方明善后来再次攻入温州，因战乱使千佛寺遭到破坏，因此改筑砦天宁寺以居，方国璋及明善弟方文举在听闻温州的变故后，立刻率军前往温州支援方明善，方文举选择立砦于净居寺以助防守。③ 在温州地区，

---

① 《方国珍德政碑》，《方国珍史料集》，浙江大学出版社 2013 年版，第 10 页。
② 叶嘉楠：《方国珍寇温始末》，《方国珍史料集》，浙江大学出版社 2013 年版，第 56 页。
③ 同上书，第 56 页。

方国珍家族从屯兵千佛寺，到后来驻军天宁寺和净居寺，都选择了易守难攻的佛寺作为驻扎的地点。将军队驻扎在佛寺，除了佛寺易于防御的因素外，另外也反映了方氏家族与佛寺的密切关系，与佛寺的僧人的熟识和相互间的信任，才可以安心地驻扎于此。当然驻军佛寺将战乱引入佛门清静地，佛教寺院在元末的战争中很难避免被破坏的命运。

浙东佛教与方国珍间的关系是密切的，从寺院接受财物资助和高僧与方氏家族间的交往到佛教立碑宣传方国珍的善政和军队驻扎佛寺，从正常的交往转变为政治间的共赢。《（嘉靖）永嘉县志》记载"有被虏僧至，持国珍乞招安状，遂缴呈浙省。"① 可以看出由僧人转交方国珍的乞招安状，可见佛教势力对方国珍政权的参与。

元代寺院积聚了大量财富，部分僧徒鱼肉乡里，在民众中的积怨甚深，使得寺院在元末起义中成为攻击的对象，成为盗贼和起义军获取军资的重要途径，导致寺院荒败，僧徒散去。杨维桢说："海内兵变，三教之厄，浮屠氏为甚。坛塔资为烽燎，幸存者宿为戍舍，沙门之桀，至有易庐改服以从山台野邑，毁去几与会昌之厄等，其能卓然自立，不忍偾其法门者百无一二。"② "及兵戈抢攘之秋，丛林大刹悉为灰烬，东南山水间虽无恙而梵呗之声几绝矣。"③ 可见战乱对东南佛教破坏之严重，"盖自兵祸且一纪，名山圣地、浮图氏之寺宇往往摧拉焚烧，化为狐兔之穴、草莽之墟，独庆元诸刹得以无事。"④ 由于方国珍的保境安民，与佛教间的密切关系，使得他治下的佛寺破坏并没有那么严重。而在方国珍统治下获益的佛教势力则对方国珍的善政进行政治宣传，并参与到各种政治活动之中，两者相互帮助，相互利用，实现了共赢。佛教信仰作为海上信仰的一种是否作为方国珍及其队伍海上活动的直接信仰，还有待进一步探讨。

---

① （明）程文箸：《嘉靖永嘉县志》卷之九，明嘉靖四十五年刻本。
② （元）杨维桢：《东维子文集》卷十《送仪沙弥还山序》，四部丛刊景旧抄本。
③ （元）乌斯道：《春草斋集》卷八《宋闸上人往香山序乌斯道》，上海古籍出版社1987年影印本。
④ （元）危素：《朝元阁记》，《全元文》第48册，凤凰出版社2004年版，第349页。